全国技工院校“十二五”系列规划教材·高级工

中国机械工业教育协会推荐教材

电工基础

（项目式）

主　编　展同军　马永杰

副主编　鲍　伟　姜小华　韩彦芳

参　编　张会彦　林　梅　宿金婕　王　宏

主　审　刘玉章

机 械 工 业 出 版 社

本教材是按照项目化教学组织方式进行编写的，主要内容包括：安全用电、认识常用电路元器件、万用表电路的组装与调试、绕制小型变压器、照明电路的安装与调试、三相异步电动机丫—△减压起动控制电路的安装与调试、延时开关的制作与调试共七个项目。每个项目分为若干个工作任务，通过做一做、想一想、看一看等形式，锻炼和培养学生的动手能力，提高其职业技能；还通过小贴士提示学生应注意哪些问题，方便学生进行自主研究性学习。

本教材图文并茂，通俗易懂。每个项目都有项目能力训练，在内容编排上遵循理论学习的认知规律和操作技能的形成规律，使学生在项目的引领下更好地将理论与实践有机地融合为一体，更加突显了对学生良好的职业情感和职业能力的培养。

本教材可作为高职院校、技师学院、中等职业学校电类及其相关专业的专业基础课教材，也可作为成人高校或高级技能人才的短期培训用书。

图书在版编目（CIP）数据

电工基础：项目式/展同军，马永杰主编．—北京：机械工业出版社，2012.8

全国技工院校“十二五”系列规划教材．高级工

ISBN 978-7-111-38818-0

Ⅰ.①电…　Ⅱ.①展…②马…　Ⅲ.①电工学－高等职业教育－教材
Ⅳ.①TM1

中国版本图书馆 CIP 数据核字（2012）第 150888 号

机械工业出版社（北京市百万庄大街 22 号　邮政编码 100037）
策划编辑：陈玉芝　责任编辑：林运鑫
版式设计：霍永明　责任校对：王　欣
封面设计：张　静　责任印制：乔　宇
北京机工印刷厂印刷（三河市南杨庄国丰装订厂装订）
2012 年 8 月第 1 版第 1 次印刷
184mm×260mm・15 印张・370 千字
0 001—3 000 册
标准书号：ISBN 978-7-111-38818-0
定价：29.00 元

凡购本书，如有缺页、倒页、脱页，由本社发行部调换

电话服务	网络服务
社服务中心：(010)88361066	教 材 网：http：//www.cmpedu.com
销售一部：(010)68326294	机工官网：http：//www.cmpbook.com
销售二部：(010)88379649	机工官博：http：//weibo.com/cmp1952
读者购书热线：(010)88379203	**封面无防伪标均为盗版**

全国技工院校“十二五”系列规划教材编审委员会

序

“十二五”期间，加速转变生产方式，调整产业结构，将是我国国民经济和社会发展的重中之重。而要完成这种转变和调整，就必须有一大批高素质的技能型人才作为后盾。根据《国家中长期人才发展规划纲要(2010—2020年)》的要求，至2020年，我国高技能人才占技能劳动者的比例将由2008年的24.4%上升到28%(目前一些经济发达国家的这个比例已达到40%)。可以预见，作为高技能人才培养重要组成部分的高级技工教育，在未来的10年必将会迎来一个高速发展的黄金期。近几年来，各职业院校都在积极开展高级工培养的试点工作，并取得了较好的效果。但由于起步较晚，课程体系、教学模式都还有待完善与提高，教材建设也相对滞后，至今还没有一套适合高级技工教育快速发展需要的成体系、高质量的教材。即使一些专业(工种)有高级工教材也不是很完善，或是内容陈旧、实用性不强，或是形式单一、无法突出高技能人才培养的特色，更没有形成合理的体系。因此，开发一套体系完整、特色鲜明、适合理论实践一体化教学、反映企业最新技术与工艺的高级工教材，就成为高级技工教育亟待解决的课题。

鉴于高级技工教材短缺的现状，机械工业出版社与中国机械工业教育协会从2010年10月开始，组织相关人员，采用走访、问卷调查、座谈等方式，对全国有代表性的机电行业企业、部分省市的职业院校进行了历时6个月的深入调研。对目前企业对高级工的知识、技能要求，各学校高级工教育教学现状、教学和课程改革情况以及对教材的需求等有了比较清晰的认识。在此基础上，他们紧紧依托行业优势，以为企业输送满足其岗位需求的合格人才为最终目标，组织了行业和技能教育方面的专家精心规划了教材书目，对编写内容、编写模式等进行了深入探讨，形成了本系列教材的基本编写框架。为保证教材的编写质量、编写队伍的专业性和权威性，2011年5月，他们面向全国技工院校公开征稿，共收到来自全国22个省(直辖市)的110多所学校的600多份申报材料。在组织专家对作者及教材编写大纲进行了严格的评审后，决定首批启动编写机械加工制造类专业、电工电子类专业、汽车检测与维修专业、计算机技术相关专业教材以及部分公共基础课教材等，共计80余种。

本系列教材的编写指导思想明确，坚持以达到国家职业技能鉴定标准和就业能力为目标，以各专业的工作内容为主线，以工作任务为引领，由浅入深，循序渐进，精简理论，突出核心技能与实操能力，使理论与实践融为一体，充分体现“教、学、做合一”的教学思想，致力于构建符合当前教学改革方向的，以培养应用型、技术型、创新型人才为目标的教材体系。

本系列教材重点突出了如下三个特色：一是“新”字当头，即体系新、模式新、内容新。

体系新是把教材以学科体系为主转变为以专业技术体系为主；模式新是把教材传统章节模式转变为以工作过程的项目为主；内容新是教材充分反映了新材料、新工艺、新技术、新方法。二是注重科学性。教材从体系、模式到内容符合教学规律，符合国内外制造技术水平实际情况。在具体任务和实例的选取上，突出先进性、实用性和典型性，便于组织教学，以提高学生的学习效率。三是体现普适性。由于当前高级工生源既有中职毕业生，又有高中生，各自学制也不同，还要考虑到在职人群，教材内容安排上尽量照顾到了不同的求学者，适用面比较广泛。

此外，本系列教材还配备了电子教学课件，以及相应的习题集，实验、实习教程，现场操作视频等，初步实现教材的立体化。

我相信，本系列教材的出版，对深化职业技术教育改革，提高高级工培养的质量，都会起到积极的作用。在此，我谨向各位作者和所在单位及为这套教材出力的学者表示衷心的感谢。

原机械工业部教育司副司长

中国机械工业教育协会高级顾问

郝广发

前言

本教材是为满足国家“十二五”发展规划中对技能型人才培养的需求而编写的，适合技师学院、高级技校、高职院校、中等职业学校电类或相关专业学生学习使用。教材在编写中力求做到形式新颖、内容丰富、知识精炼、学练同步、层次分明。为学生学习后续专业课程，提高综合职业能力打好基础。

本教材编写过程中充分贯彻了以课程设置为核心的职业教育教学改革指导思想，用项目化课程模式，把理论知识学习和动手能力培养密切地融合为一体，实现了以能力为本位，以职业实践为主线，以项目课程为主题的模块化专业课程设计和教学改革要求；紧紧围绕完成工作任务的需要来选择和组织课程内容教学，突出工作任务与知识的必然联系，克服了知识衔接不畅、层次不明、抽象空洞的弊端，充分调动学生的学习兴趣和参与热情，着重培养学生的分析问题能力、实践动手能力、综合应用能力与创新能力。

本教材编写过程中尽可能多地充实新知识、新技术、新工艺、新方法，力求突出知识、技术的领先性和实用性，使学生在学习中掌握一些新知识与新技能，如：风能与太阳能技术、磁悬浮列车的原理、仿真软件的应用等。

本教材在编写过程中重视项目的选取和典型任务的确定，既充分考虑基础课是专业课铺垫的特点，又考虑技能的通用性、针对性和实用性。在考虑中职和高职学生认知规律的同时，紧密结合职业资格鉴定考核的相关要求，把工作任务具体化，产生具体的学习项目，增强了学习的实用性、针对性和科学性。

本教材在编写过程中突出了项目教学、任务引领、学做并举的课程思想和体例的创新，与传统的编写模式相比，特色更加鲜明。每个项目的开端都有一个明确的项目描述，突出项目的目的性。每个项目分若干任务与项目能力训练来完成，任务又分为做一做、想一想、知识链接、知识拓展、知识测评等若干个模块，让学生在做中学、学中做，培养和激发学生的学习兴趣。通过小贴士的方式提示学生学习相关知识和技能时需要联想什么、注意什么，方便学生进行自主研究性学习。

本书项目一、二由鲍伟、韩彦芳编写，项目三由姜小华、林梅编写，项目四由宿金婕编写，项目五由张会彦编写，项目六由马永杰编写，项目七由王宏编写，马永杰负责统稿，展同军负责选材、定稿和全书统稿。全书由刘玉章主审。

由于编者水平有限，书中难免存在不足及错误之处，恳请广大读者和同仁批评指正。

编　者

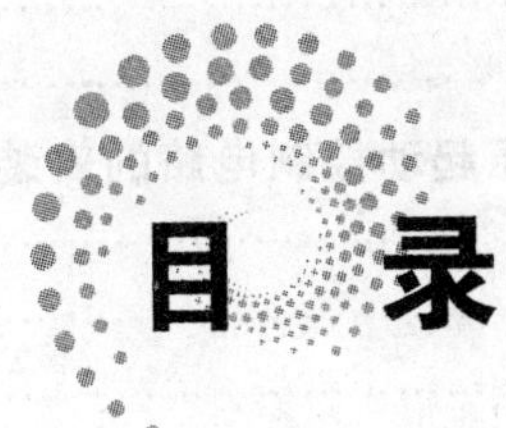

目录

序

前言

项目一　安全用电 …… 1

任务1　认识实训室 …… 1

任务2　安全用电与电气防火常识 …… 3

项目能力训练　仿真触电急救 …… 8

项目二　认识常用电路元器件 …… 10

任务1　认识电阻、电容与电感元件 …… 10

任务2　认识二极管、晶体管 …… 17

项目能力训练　识别与检测常用电路元器件 …… 21

项目三　万用表电路的组装与调试 …… 24

任务1　认识直流电路 …… 24

任务2　学习电路的基本物理量 …… 27

任务3　学习欧姆定律 …… 36

任务4　学习电阻的连接知识 …… 42

任务5　学习基尔霍夫定律 …… 53

任务6　分析复杂直流电路 …… 58

任务7　认识电压源与电流源 …… 63

任务8　学习叠加原理与戴维南定理 …… 71

项目能力训练　MF47型万用表电路的组装与调试 …… 78

项目四　绕制小型变压器 …… 86

任务1　认识磁场 …… 86

任务2　认识铁磁材料 …… 92

任务3　学习电磁感应定律 …… 96

任务4　学习自感与互感 …… 101

任务5　学习磁路定律 …… 108

任务6　认识磁屏蔽和静电屏蔽 …… 112

任务7　认识变压器与电磁铁 …… 114

项目能力训练　小型变压器的制作与测试 …… 119

项目五　照明电路的安装与调试 …… 125

任务1　认识正弦交流电 …… 125

任务 2　分析单一参数正弦交流电路 …… 133
任务 3　分析复杂负载正弦交流电路 …… 145
任务 4　分析串、并联谐振电路 …… 155
项目能力训练　照明电路的安装与调试 …… 163
项目六　三相异步电动机丫—△减压起动控制电路的安装与调试 …… 167
任务 1　认识三相交流电 …… 168
任务 2　分析三相电路 …… 173
任务 3　学习三相异步电动机工作原理 …… 179
项目能力训练　三相异步电动机丫—△减压起动控制电路的安装与调试 …… 184
项目七　延时开关的制作与调试 …… 195
任务 1　认识整流电路 …… 195
任务 2　分析非正弦交流电路 …… 199
任务 3　认识滤波器 …… 205
任务 4　分析 *RC* 串联动态电路 …… 208
任务 5　分析 *RL* 串联动态电路 …… 211
项目能力训练　触摸延时开关的制作与调试 …… 214
附录 …… 217
附录 A　万用表使用方法 …… 217
附录 B　双踪示波器的使用 …… 220
附录 C　Multisim10 仿真软件简介 …… 223
参考文献 …… 230

项目一 安全用电

1

项目描述

电能作为当今社会最重要的能源之一，以各种各样的形式造福于人类，它不仅从根本上改变了当今人类的物质生活，更为人类未来的文明铺就了坚实的道路。在电力与人类生活越来越密不可分的今天，清晰地了解电，掌握电的相关知识是非常有必要的。本项目主要介绍电工实训室的电源配置、电工实训室安全操作规程、触电急救、电气灭火常识与防雷知识等，并通过项目能力训练——仿真触电急救来检测读者对本项目知识点的掌握情况。

知识目标

1. 了解实训室的电源配置及其使用注意事项。
2. 熟悉电工实训室安全操作规程。
3. 了解人体触电的类型及常见原因，并掌握触电急救的方法。
4. 了解电气火灾的防范及扑救常识。

能力目标

1. 了解触电的现场处理措施，掌握人工呼吸法和人工胸外心脏按压法。
2. 能正确选择电气火灾现场处理方法。

任务 1 认识实训室

电工实训是电工课程实践教学的重要环节。电工实训环境包括硬件环境和软件环境：硬件环境主要指电工实训基础建设、实训资源配置等方面的内容；软件环境主要指电工实训制度建设、实训教学计划制定、实训指导书编制、实训考核评价体系建立等方面的内容。下面就让我们一起来看看实训室究竟是什么样的，熟悉一下实训室的工作环境，为将来能够安全而准确地完成各种实训任务打下良好的基础。图 1-1 为某电工实训室布局图。

图 1-1 电工实训室的布局

做一做

1. 指导教师带领学生进入实训室，安排好学生工位。先认真学习电工实训室安全操作规程，然后观察实训台面板，说出所认识的仪器和设备的名称。

2. 依次认识实训台上的旋钮、开关、指示灯和仪表的功能。在教师的指导下，给实训台送电、断电，并利用万用表或验电器测试。

知识链接

一、电工实训室安全操作规程

1）学生进入实训室前，按规定穿戴安全保护用品。进入实训室后，认真阅读实训指导书，掌握电路或设备工作原理，明确实训目的、实训步骤和安全注意事项。

2）室内任何电器设备，未经验电，一般视为有电，不准用手触及。任何接、拆线操作都必须在切断电源后方可进行。

3）学生分组实训前应认真检查本组仪器、设备及电子元器件状况，若发现缺损或异常现象，应立即报告指导教师或实训室管理人员处理。

4）认真阅读实训报告，按工艺步骤和要求逐项逐步进行操作。不得私设实训内容，扩大实训范围（如乱拆元器件、随意短接等）。

5）连接电路时，先接设备，后接电源；组装完毕应先自查，后交教师复查电路，确认无误后，给实训台送电调试，一人监护、一人操作，决不允许学生擅自合闸送电，同时应记录数据和现象；拆电路时，先断开电源，拆掉电源线，再拆设备连接线。

6）实训台送、停电操作流程：

【送电流程】 合上实训台总低压断路器→合上实训台各分路开关→合上实训电路控制开关。

【停电流程】 断开实训电路控制开关→断开实训台各分路开关→断开实训台总低压断路器。

7）实训中应确保人身及设备安全，遇到疑难问题和异常情况，应立即切断电源进行检查，禁止带电操作；排除故障后，经指导教师同意，方可重新送电。

8）实训中途断电，应立刻关掉仪器开关，等候指导教师或实训室管理人员安排。

9）实训结束后，应先关闭仪器电源开关，再拔下电源插头，避免仪器受损，恢复仪器原有状态。经指导教师检查后，方可离开实训室。

二、认识电工实训室电源

在实训台上有实验所需的单相电源、三相电源、直流电源、信号源、开关、常用电工仪表等。图1-2为某实训台电源配置。

图1-2 某实训台电源配置

任务2　安全用电与电气防火常识

随着用电设备种类和数量的迅速增多，意外的触电伤害事故不断增加。触电事故往往发生得很突然，且常在极短时间内就能造成极大的人身伤害和设备烧毁，甚至导致区域内的大面积停电，严重影响了国民生产生活。因此，掌握安全用电和触电急救方法是非常有必要的。

看一看

图 1-3 为几种常见的触电情况，想一想还有哪些行为会造成触电呢？

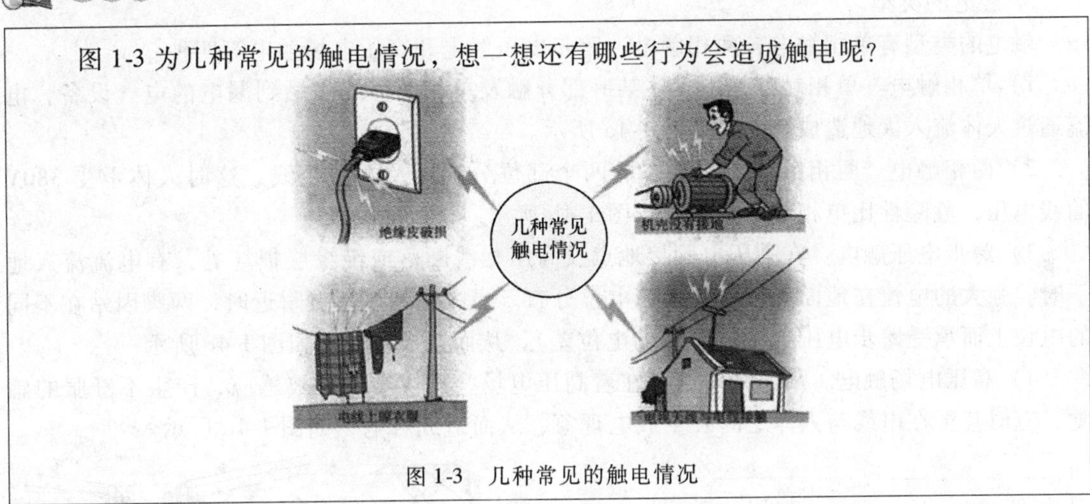

图 1-3　几种常见的触电情况

知识链接

一、安全用电常识

（一）认识触电

1. 触电

所谓触电是指电流通过人体时造成的伤害。这种伤害一般分为电伤和电击两种，见表 1-1。

表 1-1　触电伤害的分类

触电伤害	原因	现象
电伤	电流对人体外部造成的局部损伤	从外观看，一般有电灼伤、电烙印和熔化的金属渗入皮肤（称为皮肤金属化）等伤害
电击	电流通过人体时，使人的内部组织受到较为严重的损伤	会使人觉得全身发热、发麻，肌肉发生不由自主的抽搐，逐渐失去知觉，甚至呼吸停止，心脏活动停顿

2. 影响触电伤害的因素

1）电流的大小与频率。通过人体的电流越大，致命的危害就越大。交流电的危害性大于直流电，一般认为 40 ~60Hz 的交流电对人最危险。

2）电流通过人体的路径。电流通过头部可使人昏迷；通过脊髓可能导致瘫痪；通过心脏会造成心跳停止，血液循环中断；通过呼吸系统会造成窒息。因此，从左手到胸部是最危险的电流路径；从左手到右手、从手到脚也是很危险的电流路径；从左脚到右脚是危险性相对较小的电流路径。

3）通电时间。通过人体的电流时间越长，生命危险性就越大。据统计，触电 5min 内急救，90% 有良好的效果，10min 内有 60% 的救生率，超过 15min 希望甚微。

4）人体电阻。人体电阻越小，危险性越大。人体电阻同人的性别、年龄、皮肤干燥程度、与带电体的接触面积、电源频率及电压等因素有关。一般情况下，人体电阻可按1000～2000Ω 考虑，而潮湿条件下的人体电阻约为干燥条件下的1/2。

5）电压高低。一般来说，当人体电阻一定时，人体接触的电压越高，通过人体的电流就越大，对人体的伤害也越大。

3. 触电的类型

触电的类型有单相触电、两相触电、跨步电压触电和高压电场触电等四种。

1）单相触电。单相触电是指人体某一部分触及单相电源或接触到漏电的电气设备，电流通过人体流入大地造成触电，如图 1-4a 所示。

2）两相触电。两相触电是指人体的两个部位分别触及两根相线，这时人体承受 380V 的线电压，危险性比单相触电更大，如图 1-4b 所示。

3）跨步电压触电。在高压电网接地点及高压相线断落或绝缘层损坏处，有电流流入地下时，强大的电流在地面上形成不同的电位分布。当人走到接地点附近时，两脚因站在不同的电位上而承受跨步电压（两脚之间的电位差），从而造成触电，如图 1-4c 所示。

4）高压电场触电。高压线附近存在着高压电场，人体靠近会被感应，产生不舒服的感觉，有时甚至在电线与人体之间发生放电现象，从而造成触电，如图 1-4d 所示。

图 1-4 触电的类型

a）单相触电 b）两相触电 c）跨步电压触电 d）高压电场触电

（二）安全电压

安全电压是指人体不戴任何防护设备时，触及带电体不受电击或电伤的电压。国家标准制定了安全电压系列，称为安全电压等级或额定值，这些额定值指的是交流有效值，分别为 42V、36V、24V、12V、6V 等几种。通常称 36V 以下的电压为安全电压。

（三）安全标志

1. 安全标志

安全标志是向工作人员警示工作场所或周围环境的危险状况，指导人们采取合理行为的标志。我国《安全标志及其使用导则》中规定了在容易发生事故或危险性较大的场所设置安全标志的原则，并列出了所有安全标志。与电力安全有关的有 35 种主要标志，辅助标志由地方有关部门根据需要设计制作。经常用到的安全标志如图 1-5 所示。

2. 安全色

禁止合闸标志

禁止靠近标志

注意安全标志

当心触电标志

当心电缆标志

图 1-5　安全标志

安全色是表达安全信息含义的颜色。国家规定的有红、黄、蓝和绿四种颜色。红色表示禁止、停止；黄色表示警告、注意；蓝色表示指令、必须遵守；绿色表示指示、通行、安全状态。

（四）触电急救方法

一旦发现有人触电，周围的人员首先应迅速拉闸断电，尽快使其脱离电源，然后对触电者进行现场急救。

1. 脱离电源

发生低压触电事故时，若触电地点附近有电源开关应立刻切断电源，若无电源开关可用绝缘工具切断或挑开电线，使触电者脱离电源。发生高压触电事故时，应立即通知有关部门停电；如果电源开关离触电现场不远，应戴上绝缘手套，穿上绝缘靴，用相应电压等级的绝缘工具断开高压断路器；或者将金属线的一端可靠接地，然后抛掷另一端使电路短路接地，保护装置动作，从而切断电源。

2. 组织抢救

当触电者脱离电源后，应立即组织抢救。组织抢救时具体要做好以下几方面的工作：安排人员正确救护；派人通知有资格的医务工作人员到触电现场；做好将触电者送往医院的一切准备工作；维护现场秩序，防止无关人员妨碍现场救护工作。

3. 现场急救

现场参加急救者可根据触电者受伤害程度的不同，采取相应的措施。

1）触电者有知觉的救护措施。应使触电者安静休息、严密观察，并待医生前来或送医院就诊。

2）触电者无知觉，但心肺正常的救护措施。应使触电者舒服平躺，松开衣服，以利呼吸，四周不要围人，保持空气流通，冷天注意保暖；同时，立即请医生前来或送医院就诊。

3）触电者无呼吸，但有心跳的救护措施。这时可采取口对口（鼻）人工呼吸法及时抢救，具体操作步骤如下：

①　使触电者仰卧，把头先侧向一边，清除其口腔内的血块、假牙及其他异物等，同时迅速松开触电者的衣服、裤带，使其胸部能自由扩张，如图 1-6a 所示。

②　救护人员位于触电者头部偏向的一侧，用一只手捏紧其鼻孔防止漏气，另一只手将其下巴拉向前下方，使其嘴巴张开，准备接受吹气，如图 1-6b 所示。

③　救护人员做深呼吸后，紧贴触电者的嘴巴，向他大口吹气。同时观察触电者胸部隆起的程度，一般应以胸部略有起伏为宜，如图 1-6c 所示。

④　救护人员吹气至需换气时，应立即离开触电者的嘴巴，并放松捏紧的鼻子，让其自由排气，如图 1-6d 所示。

按照上述步骤不断进行，每分钟 12 次。对幼童施行此法时，鼻子不必捏紧，使其漏气，

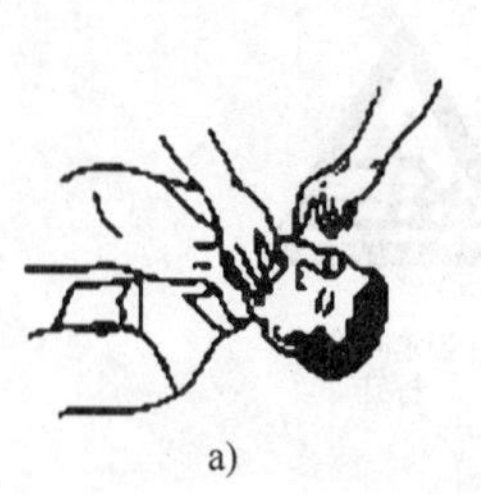
a)

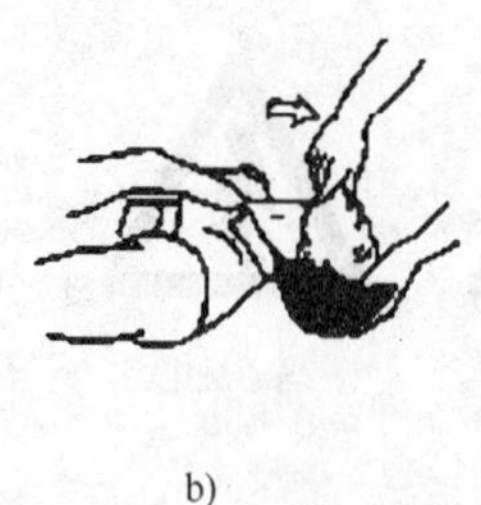
b)

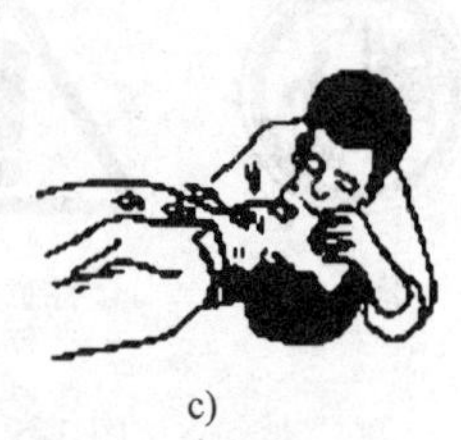
c)

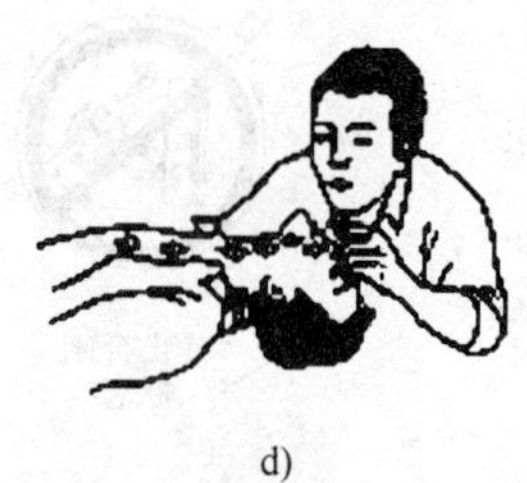
d)

图 1-6　口对口（鼻）人工呼吸法

同时注意胸部不能过分膨胀，以免肺泡破裂。如果张口也有困难，可用口对其鼻孔吹气，效果与口对口吹气相似。

口诀：清口捏鼻手抬颌，深吸缓吹口对紧；张口困难吹鼻孔，5 秒一次坚持吹。

4）触电者无心跳，但有呼吸的救护措施。这时可采用人工胸外心脏按压法及时抢救，具体操作步骤如下：

① 使触电者仰卧，姿势与口对口吹气法相同，但背部着地处的地面必须平坦厚实。然后找准正确的按压位置，将一只手的掌根放在胸骨下 1/3 的部位，中指指尖对准锁骨间凹陷处边缘，如图 1-7a 所示。

② 救护人员跪在触电者一侧或跨在触电者的腰部，两臂伸直，两手掌根相叠，手指上翘，用力垂直向触电者背部方向挤压，如图 1-7b 和图 1-7c 所示。挤压深度成年人以 3 ~4cm 为宜，对儿童用力要稍轻点，挤压深度要稍浅些。

③ 挤压后，掌根迅速放松（但手掌不要离开胸部），使触电者胸部自动复原，心脏扩张，血液又回到心脏，如图 1-7d 所示。

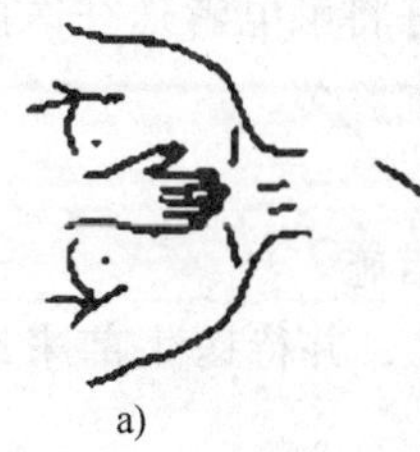
a)

b)

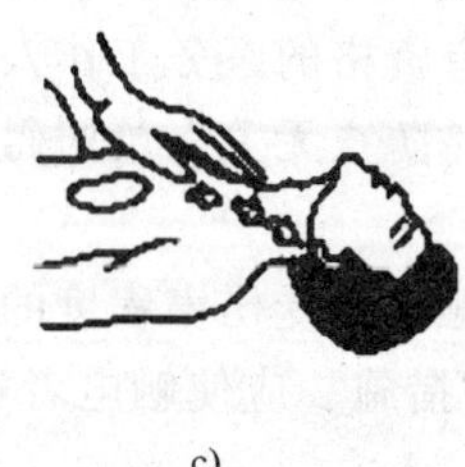
c)

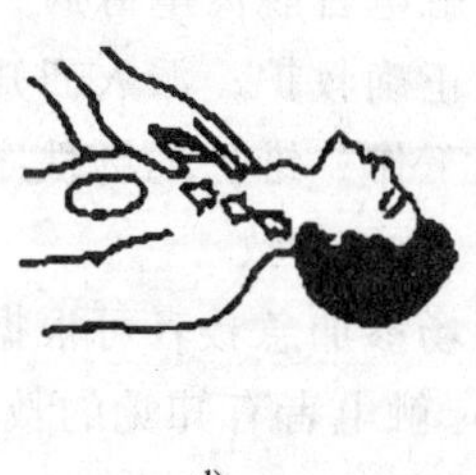
d)

图 1-7　人工胸外挤压心脏按压法

按照上述步骤连续进行，成人每分钟 60 次，儿童每分钟 80 ~100 次，挤压时速度要均匀，用力要适度。挤压是否有效可根据触电者的嘴唇及皮肤颜色是否转为红润，触摸颈动脉、股动脉是否有跳动来判断。

口诀：掌根下压不冲击，突然放松手不离；手腕略弯压一寸，一秒一次较适宜。

5）触电者无心跳、无呼吸的救护措施。应同时进行口对口人工呼吸和人工胸外心脏按压。单人抢救时，每按压 15 次后吹气 2 次，反复进行；两人同时抢救时，一人先按压 5 次，另一人再吹气 1 次，反复进行，如图 1-8 所示。

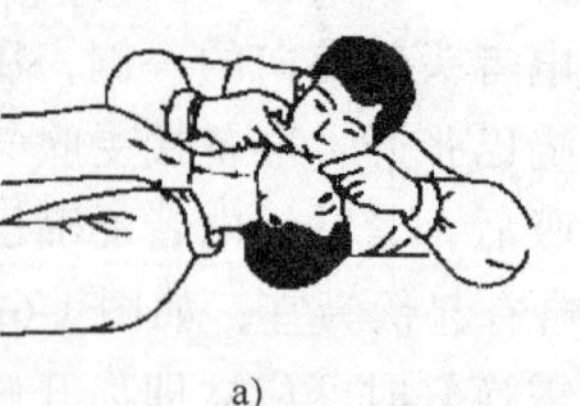
a)

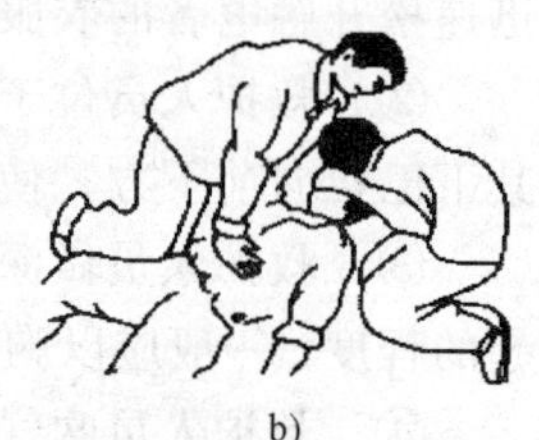
b)

图 1-8　呼吸和心跳都停止的抢救方法
a）单人操作　b）双人操作

二、电气防火常识

1. 电气火灾的成因

电气火灾产生的主要原因：短路、电弧和火花；过载引起电气设备过热；接触不良引起过热；通风散热不良；电器使用不当；雷击等。

2. 电气火灾的防范

1）对用电线路进行定期巡视，以便及时发现问题。

2）在设计和安装电气电路时，导线和电缆的绝缘强度不应低于电路的额定电压。

3）安装线路和施工过程中，要防止划伤、磨损、碰压导线绝缘层，并注意导线连接接头的质量及绝缘包扎的质量。

4）在特别潮湿、高温或有腐蚀性物质的场所内，严禁绝缘导线明敷；在多尘场所，线路和绝缘子要经常打扫，以保持其清洁和干燥。

5）严禁乱接乱拉导线，安装线路时，要根据用电设备负荷情况合理选用相应导线截面。

6）定期检查熔断器，选用合适的熔体，检查电路上所有连接点。

3. 电气火灾的扑救

发生电气火灾时首先应立即切断电源，防止火灾扑救过程中引发触电事故。切断电源时需采用绝缘工具或专用工具；切断电源的地点不能影响后续的灭火工作；前端电线的相线和零线不能在同一位置剪断，防止短路；同时还应防止剪断电线后的接地短路事故或触电者的高空坠落事故。

电气火灾的扑救通常采用二氧化碳灭火器、干粉灭火器或1211灭火器。

知识测评

一、填空题

1. 触电现场急救中，以____________和____________两种急救方法为主。

2. 触电伤害分为__________和__________两种。

3. 常见的人体触电类型有__________、__________、__________和__________。

4. 我国安全电压的额定值分为_____、_____、_____、_____和_____5种等级。

5. 安全色是____________。国家规定的有____、____、____和____四种颜色。

二、选择题

1. 当人触电时，（　　）的路径是最危险的。

A. 左手到右手　　B. 右手到脚　　C. 左手到胸部

2. 发生电气火灾时，首先应（　　）。

A. 首先切断电源，再采用二氧化碳灭火器、干粉灭火器或1211灭火器来扑救

B. 立即采用二氧化碳灭火器、干粉灭火器或1211灭火器来扑救

C. 立即逃跑，这样就可以避免事故发生

3. 触电者无心跳、无呼吸的救护措施为（　　）。

A. 口对口人工呼吸法

B. 人工胸外心脏挤压法

C. 应同时进行口对口人工呼吸法和人工胸外心脏挤压法

4. 电气火灾的扑救通常采用（　　）。

A. 二氧化碳灭火器　　B. 干粉灭火器　　C. 1211灭火器

5. 电气火灾产生的主要原因有（　　）。

A. 短路、电弧和火花

B. 过载引起电气设备过热

C. 接触不良引起过热

D. 通风散热不良、电器使用不当或雷击等

项目能力训练 仿真触电急救

一、训练目标

了解触电急救的有关知识，掌握触电急救方法。

二、知识准备

本项目实训使用触电模拟人来完成，如图 1-9 所示，训练前首先要掌握模拟人的使用方法。

1. 模拟人放置

先把模拟人平躺仰卧在操作台上，将计算机显示器连接电源线，再将外接电源线与人体进行连接。

2. 模拟人工作方式设定

完成连线过程后，打开电源总开关，选择工作方式。工作方式有三种：训练、单人、双人。选择好工作方式后，选择工作频率。工作频率有两种：100 次/分、120 次/分。选择好频率后，自动设定操作时间。

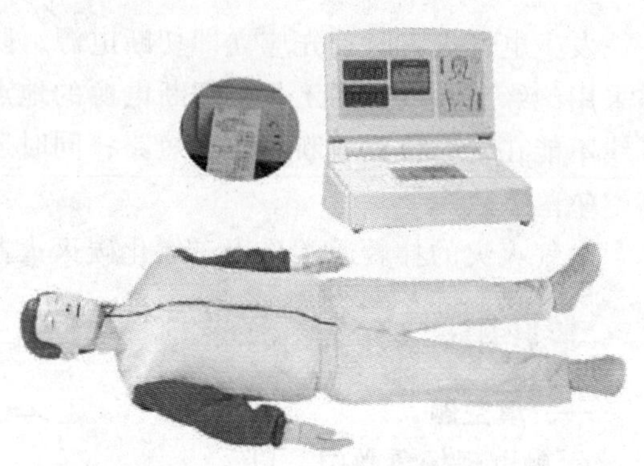

图 1-9 触电模拟人

3. 单人操作步骤

1）先把模拟人放平，头往后仰 70°～90°，形成气道放开的状态，正确人工吹气 2 次（显示器上正确吹气次数显示为 2）；

2）然后进行单人正确胸外按压 30 次（显示器上按压次数显示为 30）；

3）再进行单人正确人工吹气 2 次（显示器上正确吹气次数显示为 4，包括步骤 1）中的 2 次吹气）；

4）再重复步骤 2）、3），进行四次循环；

5）最后显示器上正确按压显示次数为 150，正确吹气次数显示为 12，即告单人操作成功，随之自动奏响音乐，颈动脉连续搏动，心脏自动发出恢复跳动的声音，瞳孔由原来的散大状态自动缩小，说明人被救活。

4. 双人操作步骤

1）基本上与单人操作步骤相同。

2）两人动作必须协调配合，一人按压，一人吹气，以 5∶1 的比例进行；做口对口人工呼吸者，负责开放气道，观察瞳孔，触摸颈动脉搏动。

3）两人分别站在（或跪在）模拟人的左侧和右侧，便于交替进行人工呼吸和心脏按压。

三、训练步骤

1. 使触电者脱离电源的模拟

1）在模拟的低压触电现场让一学生模拟被触电的各种情况，施救者选择正确的绝缘工具，使用安全快捷的方法使触电者脱离电源。

2）将已脱离电源的触电者按急救要求放置在体操垫上，学习如何判断触电者的触电程度。

2. 模拟触电急救（利用触电急救模拟人来完成）

1）要求学生在操作台上练习口对口人工呼吸法和人工胸外心脏按压法的动作和节奏。

2）让学生用触电急救模拟人进行触电急救练习，根据打印输出的训练结果检查学生急救手法的力度和节奏是否符合要求（若采用的模拟人无打印输出，可由指导教师计时，并观察学生的手法以判断其正确性），直至学生掌握该方法为止。

3）填写触电急救技能训练报告，见表 1-2。

四、注意事项

1. 进行口对口人工呼吸时，必须垫上消毒纱布或面巾，一人一片，以防交叉感染。

2. 操作时双手应清洁，女生应擦除口红及唇膏，以防弄脏面皮及胸皮，不允许用圆珠笔或其他色笔涂划。

3. 进行按压操作时，一定要按工作频率按压，不可乱按，以免程序紊乱。如果程序出现紊乱，应立刻关掉总电源开关，并重新开启，以防影响设备使用寿命。

表 1-2　触电急救技能训练报告

<table>
<tr><td colspan="2">班级：</td><td colspan="2">姓名：</td><td>学号：</td><td>得分：</td></tr>
<tr><td colspan="3">日期：</td><td colspan="3">起止时间：　　时　　分 至　　时　　分</td></tr>
<tr><td>序号</td><td>项目</td><td>分值</td><td colspan="2">评分标准</td><td>扣分</td></tr>
<tr><td></td><td></td><td></td><td colspan="2"></td><td></td></tr>
<tr><td></td><td></td><td></td><td colspan="2"></td><td></td></tr>
<tr><td></td><td></td><td></td><td colspan="2"></td><td></td></tr>
<tr><td colspan="6">指导教师签字：</td></tr>
</table>

项目二　认识常用电路元器件

2

项目描述

电子元器件是构成电路及电子产品的基础，了解常用电子元器件的种类、结构、性能，掌握电子元器件的识别和检测方法是学生所必须掌握的技能。通过本项目的学习，要求学生掌握常用电子元器件的识别和检测方法，能用万用表对常用电路元器件进行检测。

知识目标

1. 了解常用电子元器件的性能、主要技术指标、用途等。
2. 掌握电子元器件的识别和检测方法。

能力目标

1. 掌握常用电子元器件的基本检测方法。
2. 能用万用表对电子元器件的性能好坏进行初步判断。

任务 1　认识电阻、电容与电感元件

看一看

图 2-1 为某收音机的电路板，请同学们从图中找出认识的元器件。

图 2-1　某收音机电路板

知识链接

一、认识电阻元件

电阻器作为电路中最常用的元件，通常简称为电阻。电阻在电路中主要起缓冲、负载、分压、分流、保护等作用。

1. 电阻元件的分类及常用电阻元件

1）电阻元件的分类（见表2-1）。

表2-1　电阻元件的分类

序号	分类标准	内　容
1	根据阻值特性	固定电阻、可调电阻、敏感电阻
2	根据制造材料	合金型、薄膜型、合成型
3	根据安装方式	插件电阻、贴片电阻
4	根据用途	负载电阻、采样电阻、分流电阻、保护电阻等

2）常用的电阻元件（见表2-2）。

表2-2　常用的电阻元件

名称	碳膜电阻	金属膜电阻	线绕电阻
外形		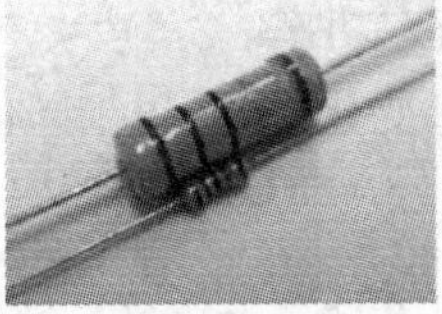	
特性及用途	具有良好的稳定性，高频特性好，阻值范围宽，适用于交流、直流脉冲电路	耐热性及稳定性均好于碳膜电阻器，且体积远小于同功率的碳膜电阻器。适用于对稳定性和可靠性要求较高的场合	体积大、阻值较低，能承受高温，通常在大功率电路中作为降压或负载等来使用
名称	水泥电阻	熔断电阻	排阻
外形	5W6.8ΩJ		A104J
特性及用途	具有体积小、耐振、耐湿、耐热及散热良好、价格低等特性，广泛应用于电源适配器、音响设备、仪器、仪表、电视机、汽车等设备中	是一种具有电阻器和熔断器双重作用的特殊元件。平时具有电阻器的功能，一旦电路出现异常过电流时，它立即熔断，保护电路中的其他重要元器件	精度高、稳定性高、温度系数小、高频特性好。常用于计算机、仪器仪表以及A-D、D-A转换电路
名称	热敏电阻	光敏电阻	贴片电阻
外形		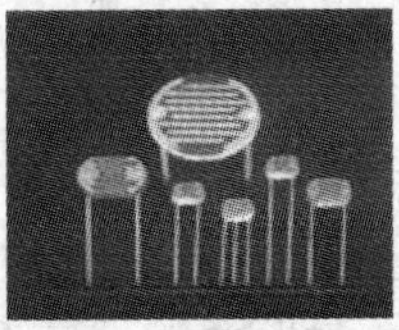	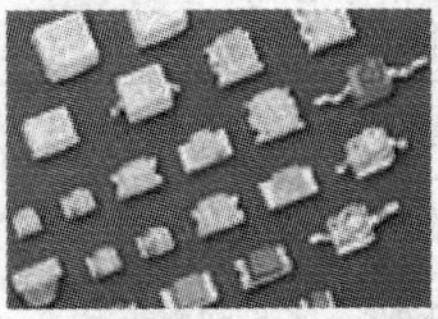

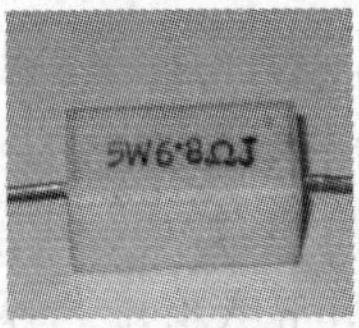

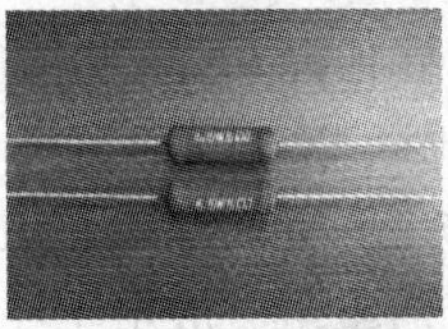

（续）

名称	热敏电阻	光敏电阻	贴片电阻
特性及用途	对温度敏感，不同的温度下表现出不同的电阻值，主要用于温度测量、温度控制、火灾报警等	利用半导体的光电效应制成的一种电阻值随入射光的强弱而改变的电阻器，广泛应用于光电控制领域	体积小、重量轻、性能优良、温度系数小、阻值稳定、可靠性强，使高频设计易于实现，在安装上适合于机器自动装配

2. 电阻元件的主要参数

（1）标称阻值　电阻器上所标的阻值称为标称阻值。电阻的单位为欧姆（Ω），常用单位还有千欧（kΩ）、兆欧（MΩ）。电阻的标称阻值往往和它的实际阻值不完全相符。电阻的实际阻值和标称阻值的偏差除以标称阻值所得的百分数，称为电阻的允许偏差。常用电阻允许偏差的等级见表2-3。

表2-3　常用电阻允许偏差的等级

允许偏差	±0.5%	±1%	±2%	±5%	±10%	±20%
级别	005	01	02	Ⅰ	Ⅱ	Ⅲ

（2）额定功率　电阻器在电路中长时间连续工作不损坏，或不显著改变其性能所允许消耗的最大功率称为电阻器的额定功率。

（3）电阻温度系数　温度每变化1℃，电阻值的相对变化量称为电阻温度系数。温度系数越小，电阻的稳定性越好。

3. 电阻阻值的标志方法

（1）直标法　电阻器的标称值用数字和文字符号直接标在电阻体上，其允许偏差则用百分数表示，未标偏差值的即为±20%。

（2）文字符号法　将需要标志的主要参数与技术指标用文字和数字符号有规律地标志在产品表面上。Ω（欧姆）用R表示，kΩ（千欧）用k表示，MΩ（兆欧）用M表示，GΩ（吉欧）用G表示，TΩ（太欧）用T表示。其组合形式由整数部分、阻值单位符号（R、K、M、G、T）、小数部分和允许偏差组成。例如：8R2，表示8.2Ω电阻；8k2Ⅱ，表示8.2kΩ、允许偏差为±10%的电阻。

（3）色环标志法　用不同颜色的色环来表示电阻器的阻值及允许偏差的等级。表2-4是色环电阻的颜色与数值对照。普通电阻一般用4环表示，精密电阻用5环表示，如图2-2所示。

表2-4　色环电阻的颜色与数值对照

颜色	有效数字	乘数	允许偏差	颜色	有效数字	乘数	允许偏差
黑色	0	$\times10^0$		蓝色	6	$\times10^6$	±0.25%
棕色	1	$\times10^1$	±1%	紫色	7	$\times10^7$	±0.1%
红色	2	$\times10^2$	±2%	灰色	8	$\times10^8$	±0.05%
橙色	3	$\times10^3$	—	白色	9	$\times10^9$	+5%～-20%
黄色	4	$\times10^4$	—	金色	—	$\times10^{-1}$	±5%
绿色	5	$\times10^5$	±0.5%	银色	—	$\times10^{-2}$	±10%

图 2-2 中两个电阻的阻值各为多少？

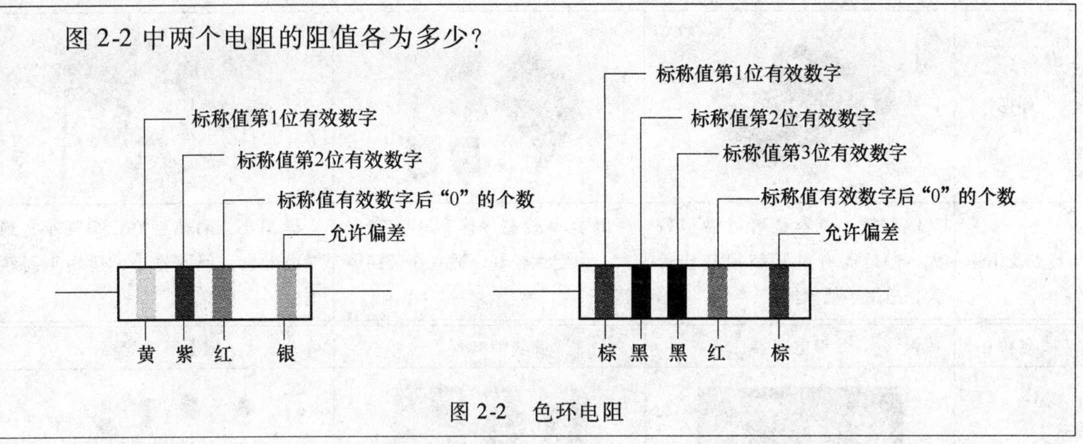

图 2-2　色环电阻

（4）数码标志法　主要用于表示体积较小的电阻（如贴片电阻）的阻值。数码法表示电阻的规则是：用一个三位有效数字表示电阻值的大小，其中前两位数字表示数值的大小，第三位数字表示 0 的个数（9 表示 0.1 倍），单位为 Ω。例如 472 表示 4700Ω，119 表示 1.1Ω。

4. 电阻器的检测

对电阻器的检测主要是看其实际阻值与标称阻值是否相符。具体的检测方法是：采用万用表的欧姆挡，欧姆挡的量程应视电阻器阻值的大小而定，一般情况下应使指针指在标度盘的中间段，以提高测量精度。

二、认识电容元件

任何两个被绝缘介质隔开而又互相靠近的导体，均可构成电容器。电容器所储存的电荷量与两极板间电压的比值是一个常数，称为电容器的电容量，简称电容，用字母 C 表示。它表示电容器储存电荷的能力，用公式表示为 $C=\frac{q}{U}$。电容的单位是法拉，简称法（F）。常用的单位还有微法（μF）、纳法（nF）和皮法（pF）。

1. 电容器的分类及常见电容器

1）电容器的分类。电容器的分类见表 2-5。

表 2-5　电容器的分类

序号	分类标准	种　类
1	根据结构	固定电容、可调电容、微调电容
2	根据介质材料	气体介质电容、液体介质电容、无机固质电容、电解电容
3	根据安装方式	插件电容、贴片电容
4	根据用途	耦合电容、滤波电容、谐振电容、旁路电容等

2）常见电容器。表 2-6 列出了常见电容器的外形、特点及用途。

2. 常见电容器的符号

表 2-7 中列出了常见电容器的图形符号。

表 2-6　常见电容器的外形、特点及用途

名称	纸介电容器	薄膜电容器	陶瓷电容器
外形		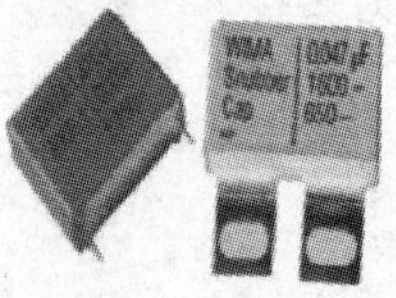	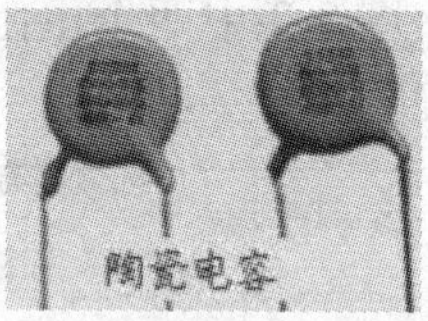
特点及用途	体积较小，容量可以做得较大，但是固有电感和损耗比较大，适用于低频电路	电容率较高、体积小、容量大、稳定性较好，适宜作旁路电容	体积小、耐热性好、损耗小、绝缘电阻大，但容量小，适用于高频电路
名称	云母电容器	玻璃釉电容器	铝电解电容器
外形		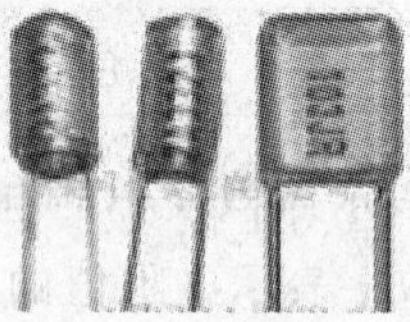	
特点及用途	介质损耗小、绝缘电阻大、温度系数小，适用于高频电路	具有瓷介电容器的优点，且体积更小，耐高温	容量大，有正、负极性，适用于电源滤波或低频电路中
名称	钽电解电容器	铌电解电容器	
外形			
特点及用途	体积小、容量大、漏电流极小、储存性良好、性能稳定、寿命长、绝缘电阻大、温度性能好，用在要求较高的设备中		

表 2-7　常见电容器的图形符号

名 称	电容器	电解电容器	可变电容器	微调电容器
图形符号		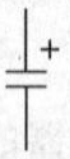		

3. 电容器的主要技术参数

（1）额定电压　电容器的额定电压指电容器在长期可靠工作时，所能承受的最大直流电压。

（2）标称容量　标称容量是指标示在电容上的容量值。

（3）允许偏差　电容器的标称容量与其实际容量之差，再除以标称值所得的百分比称为允许偏差。

4. 电容器容量的标志方法

（1）直标法　将电容器的容量、耐压及允许偏差直接标注在电容器的外壳上，其中允许偏差一般用字母来表示。例如 47nJ100 表示容量为 47nF 或 0.047μF，允许偏差为 ±5%，

耐压为100V。

（2）文字符号法　用文字符号表示电容的单位（n表示nF，p表示pF，μ表示μF）。例如，10p表示容量为10pF，3p3表示容量为3.3pF。

（3）数字标志法　体积较小的电容器常用数字标志法。数字标志法用3位数字来表示容量的大小，单位为pF。前2位为有效数字，第3位表示倍率，即乘以10^i，i的范围是1～9，其中10^9表示10^{-1}。例如，333表示33000pF或0.033μF，229表示2.2pF。

（4）色环标志法　表示方法与电阻器的色环标志法类似，一般只有三种颜色，前两环为有效数字，第三环为倍率，单位为pF。

5. 电解电容器的检测

电解电容是一种常用的有极性电容，可通过外观判断引脚极性：外壳标有负号的为负极；两个引脚中较短的为负极。对电解电容器性能的测量，最主要的是漏电流和容量的测量。

利用模拟万用表测量电解电容器的漏电流时，可用万用表电阻挡（一般用$R\times1k$挡）测电阻的方法来估测，黑表笔接电容器的“+”极，红表笔接电容器的“-”极。此时指针迅速向右摆动，然后慢慢退回。待指针不动时，指示的电阻值越大表示漏电流越小。此时的电阻值就是电容器的漏电阻，一般应大于几百到几千欧。若指针向右摆动后不再摆回，说明电容器已击穿；若指针根本不向右摆，说明电容器内部断路或电解质因已干涸而失去容量。

电解电容器的实际容量与其标称容量差别较大，很难用万用表测量出其准确的电容量，只能比较出它们的相对大小。方法是测电容器的充电电流，接线方法与测漏电流时相同。表针向右摆动的最大幅度越大，说明其容量越大。

对正、负极标志脱落的电容器，还应进行极性判别。可用对调表笔的方式两次测量电容漏电阻，其中读数较小的一次，黑表笔所接为正极。注意：对调表笔测量时，应先对电容放电。

三、认识电感元件

电感器是一种储能元件，它能把电能转变为磁场能，并在磁场中储存能量。电感器用符号L表示。

1. 电感器的分类及常见电感器的外形

（1）电感器的分类（见表2-8）。

表2-8　电感器的分类

序号	分类标准	种类
1	根据结构	空心电感、磁心电感、铁心电感等
2	根据形状	线绕电感、平面电感
3	根据工作特征	固定电感、可变电感
4	根据工作频率	高频电感、低频电感

（2）常见电感器的外形（见表2-9）。

表2-9　常见电感器的外形

名称	空心电感	磁心电感	色环电感	滤波电感
外形			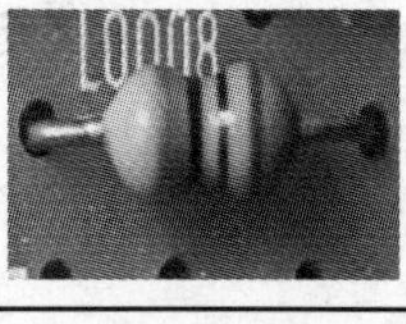	

2. 电感器的型号命名

按照国标规定，电感器的型号命名由四部分组成，如图 2-3 所示。

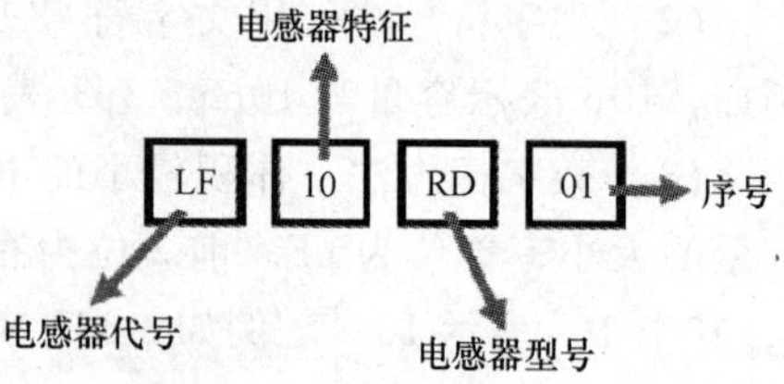

电感器特征

LF 10 RD 01 序号

电感器代号

电感器型号

图 2-3 电感器的型号命名

3. 电感器的标志方法

（1）直标法　在小型固定电感的外壳上直接用文字符号标出其电感量、允许偏差和最大直流工作电流等主要参数。

（2）色环标志法　在电感器的外壳上涂上 4 条不同颜色的环，以反映电感器的主要参数，如图 2-4 所示。数值与颜色的对应关系同色环电阻。

（3）数码标志法　标称电感值采用 3 位数字表示，前 2 位数字表示电感值的有效数字，第 3 位数字表示“0”的个数，小数点用 R 表示，单位为 μH。

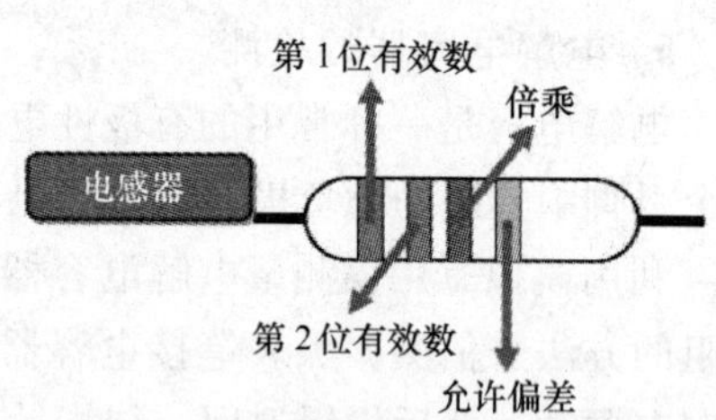

图 2-4 电感器的色环标志法

4. 电感器的主要参数

（1）电感量　电感量是电感的一个重要参数。电感量的基本单位是亨利（H），常用单位有毫亨（mH）和微亨（μH）。

（2）品质因数　品质因数 Q 是衡量电感质量的重要参数。品质因数 Q 越大，损耗越小。

（3）分布电容　由于电感是由导线绕制而成的，这样匝与匝之间具有一定的电容，电感与地之间也有一定的电容。这个电容的存在，使电感的工作频率受到限制，Q 值也下降。

（4）额定电流　电感在正常工作时，允许通过的最大电流称为额定电流，也叫电感的标称电流值。当工作电流大于额定电流时，电感就会过热，甚至被烧坏。

5. 电感器的检测

电感器质量的好坏可通过万用表测量其阻值来判断，一般线圈阻值为几欧姆，甚至更小。若被测电感器的阻值为零，说明电感器内部绕组已短路；若被测电感器阻值为无穷大，说明电感器的绕组或引脚与绕组接点处断路。

知识测评

一、填空题

1. 电阻在电路中主要起____、____、____、____、保护等作用。

2. 某色标法四环电阻的第一、二、三、四色环分别为绿、棕、红和金色，则其标称阻值为________________，允许偏差为________________。

3. 电阻的基本单位为________，电容的基本单位为________，电感的基本单位为________。

4. 对温度敏感，不同的温度下表现出不同的电阻值，这样的电阻称为________。

5. 温度每变化 1℃时，电阻值的相对变化量称为________。

6. 电容器所储存的电荷量与两极板间电压的比值是一个常数，称为____________，简称________，用字母 C 表示。

7. 电感器是一种________元件，它能把电能转变为磁场能，并在磁场中储存能量。电感器用符号____表示。

8. 电容器的额定电压指电容器在长期可靠工作时，所能承受的________。

二、选择题

1. 品质因数 Q 是衡量电感质量的重要参数。品质因数 Q 越大，损耗（　　）。

A. 越小　　B. 越大　　C. 不确定

2. 电感器质量的好坏可通过万用表测量其阻值来判断，若被测电感器的阻值为零，说明（　　）。

A. 电感器内部绕组已短路　　B. 电感器的绕组断路

C. 说明引脚与绕组接点处断路

任务2　认识二极管、晶体管

看一看

你能认出图 2-5 所示的器件中哪个是二极管，哪个是晶体管吗？

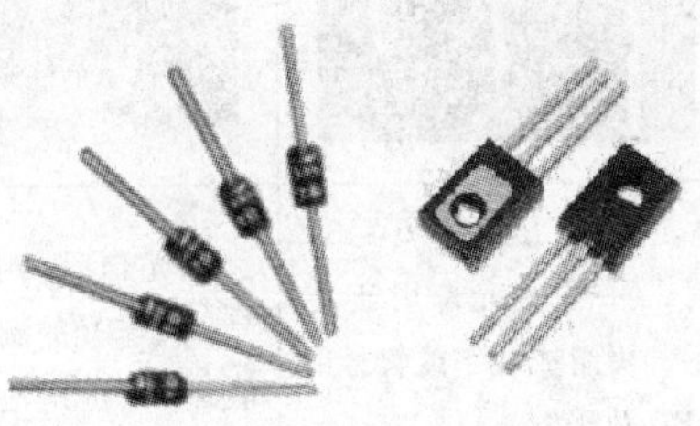

图 2-5　二极管与晶体管

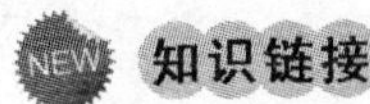

知识链接

一、认识二极管

1. 二极管概述

二极管是一种常见的电子器件，其常用材料为硅（Si）或锗（Ge），对外有两个电极（管脚），分别称为阳极（+）和阴极（-），如图 2-6 所示。二极管内部结构主要是一个 PN 结，所谓 PN 结是指将 P 型和 N 型两种半导体材料制作在一块基片上，在其结合面上形成的一种特殊的薄层，二极管的图形符号为 V，如图 2-6 所示。

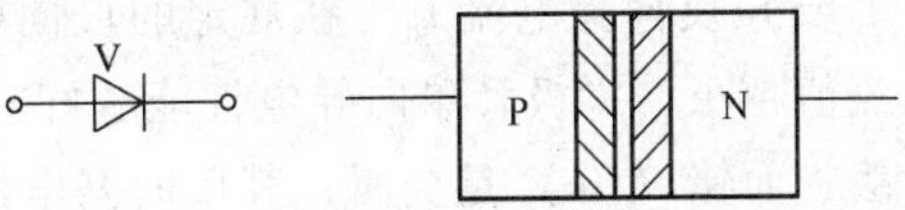

V　P　N

图 2-6　二极管图形符号及其内部结构

2. 二极管的分类及常见二极管

（1）二极管的分类　按材料分为锗管和硅管两大类；按用途分为整流二极管、开关二极管、稳压二极管、检波二极管等；按结构分为点接触二极管和面接触二极管。

（2）常见二极管　常见二极管（见表 2-10）。

3. 二极管的特性——单向导电性

1）二极管加正向电压（正向偏置，阳极接正、阴极接负）时，处于正向导通状态，正向电阻较小，正向电流较大。一般硅管的导通管压降为 0.6～0.7V，锗管为 0.1～0.3V。

表 2-10 常见二极管

名称	整流二极管	检波二极管	稳压二极管	开关二极管
外形				
特点及用途	利用 PN 结的单向导电性，把交流变成脉动直流，即整流	高频特性好，用于检测高频电磁波上的低频信号	稳压限幅、过载保护，广泛用于稳压电源装置中	在电路中对电流进行控制，起到接通或关断的开关作用
名称	变容二极管	发光二极管	光敏二极管	贴片二极管
外形				
特点及用途	利用 PN 结电容随着加到管子上的反向电压大小而变化的特性，在调谐等电路中取代可变电容	正向电压为 1.5 ~ 3V 时，可以发光，用于指示，可组成数字或符号的 LED 数码管	将光信号转换成电信号，用于光的测量或作为能源，即光电池	具有体积小、耗电量低、使用寿命长等特点。焊接时，平贴在 PCB 上，主要用于产品的大规模生产

2）二极管加反向电压（反向偏置，阳极接负、阴极接正）时，处于反向截止状态，反向电阻较大，反向电流很小。

4. 二极管的主要参数

（1）最大整流电流 I_{FM}　二极管允许通过的最大正向工作电流的平均值。如果实际工作时的正向电流平均值超过此值，二极管内的 PN 结可能会因过热而损坏。

（2）最大反向工作电压 U_{RM}　二极管允许承受的反向工作电压的峰值。为了留有余量，通常标定的最大反向工作电压是反向击穿电压的 1/2 或 1/3。

（3）反向漏电流 I_R　在规定的反向电压和环境温度下测得的二极管反向电流值。这个电流值越小，二极管单向导电性能越好。硅（Si）是非金属，其反向漏电流较小，在纳安数量级；而锗（Ge）是金属，其反向漏电流较大，在微安数量级。

5. 二极管的简易测试

（1）直观识别方法　常用二极管的外壳上都印有型号或标记。原则上有色点或色环侧为二极管的阴极。若标记为箭头，则箭头指向为阴极。

（2）检测方法　将模拟式万用表置于 $R\times100$ 或 $R\times1\text{k}$ 挡，其红表笔、黑表笔分别接在二极管的两端，正反两次测量二极管的电阻值。测得阻值较小的一次，黑表笔所接为二极管的正极。如果测得二极管的正、反向阻值都很小，甚至为零，表明管子内部已短路；如果测得二极管的正、反向阻值都很大，则表明管子内部已断路；如果测得的反向电阻和正向电阻之比在 100 以上，表明二极管性能良好。

二、认识晶体管

半导体晶体管又称双极型晶体管，简称晶体管。其制造材料主要有锗（Ge）和硅（Si）。晶体管最基本的作用是放大电流，用它可以组成放大、振荡及各种功能的电子电路。

1. 晶体管的结构

晶体管外部有三个引脚，其内部有三个区、两个 PN 结。晶体管的三个区分别为发射区、基区和集电区，每个区各自引出一个电极分别称为发射极 E、基极 B 和集电极 C。发射区与基区之间的 PN 结称为发射结，集电区与基区之间的 PN 结称为集电结，如图 2-7 所示。晶体管主要有 PNP 和 NPN 两种类型。晶体管的文字符号是 V，图形符号如图 2-8 所示。

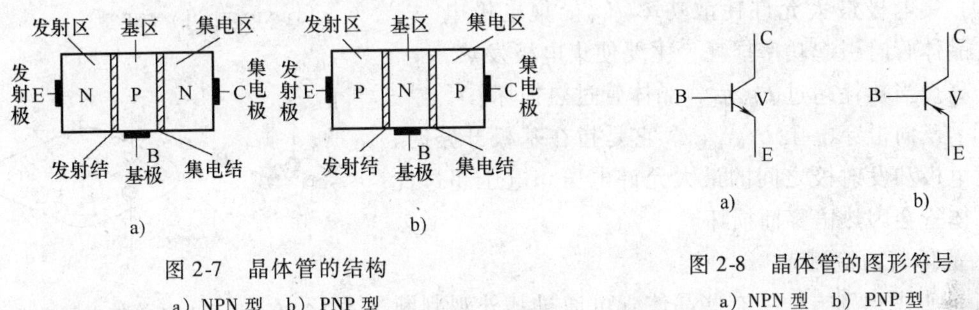

图 2-7 晶体管的结构
a）NPN 型 b）PNP 型

图 2-8 晶体管的图形符号
a）NPN 型 b）PNP 型

小贴士 晶体管在制造过程中有一定的工艺要求，三个区各有特点，所以不能用两个二极管代替晶体管，也不能将晶体管的发射极和集电极颠倒使用。

2. 晶体管的分类及常见晶体管

（1）晶体管的分类 按导电结构分为 PNP 型和 NPN 型；按工作频率分为高频晶体管和低频晶体管；按功率大小分为大功率、中功率和小功率晶体管；按封装形式分为金属封装和塑料封装晶体管。

（2）常见晶体管 常见晶体管见表 2-11。

表 2-11 常见晶体管

名称	大功率低频晶体管	中功率低频晶体管	小功率高频晶体管	光敏晶体管
外形			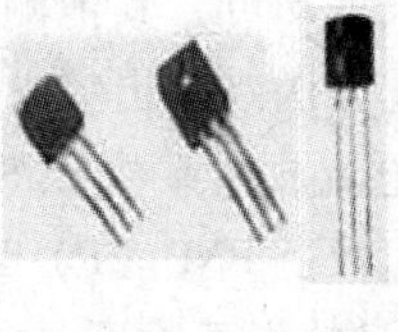	

3. 晶体管的工作特性

晶体管基极电流发生微小变化时，会引起集电极电流的很大变化。这种以小电流控制大电流的作用，就是晶体管的电流放大作用。根据晶体管内两个 PN 结的偏置情况，可把晶体管的工作状态分成 3 种情形：放大状态、饱和状态和截止状态。当晶体管工作在放大状态时，发射结正偏、集电结反偏，三个电极之间电流的关系为：$I_E = I_B + I_C$，如图 2-9 所示。

4. 晶体管的主要参数

（1）电流放大系数 β 表示晶体管电流放大能力的参数。一般 β 值为 20～200。

（2）穿透电流 I_{CEO}　指在基极开路、集电结反向偏置时，集电极与发射极之间的反向电流。I_{CEO}越小，表明晶体管热稳定性越好。硅管的 I_{CEO} 比锗管小得多，因此硅管性能更稳定。

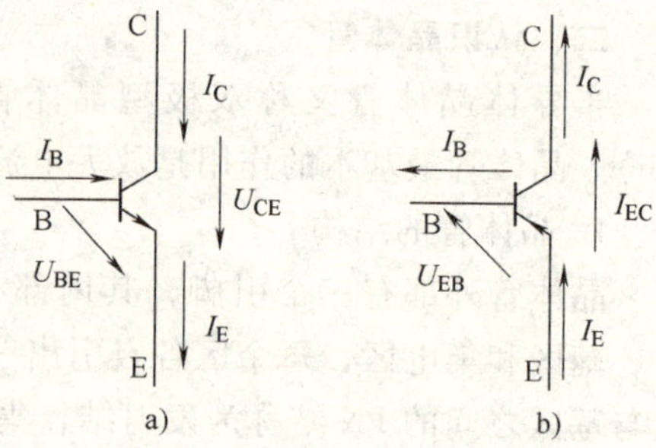

图 2-9　晶体管电流方向

a）NPN 型　b）PNP 型

（3）极限参数。

① 集电极最大允许电流 I_{CM}。集电极电流过大，晶体管 β 值会降低。当 I_C 超过 I_{CM}后，β 将下降到不能允许的程度。

② 集电极最大允许耗散功率 P_{CM}。集电极电流通过晶体管时引起功率损耗，主要使集电极发热，结温升高。当功耗超过 P_{CM}后，晶体管过热损坏。

③ 反向击穿电压 $U_{(BR)CEO}$。它是指在基极开路时，加在集电极和发射极之间的最大允许电压。电压超过此值，晶体管会因热击穿而损坏。

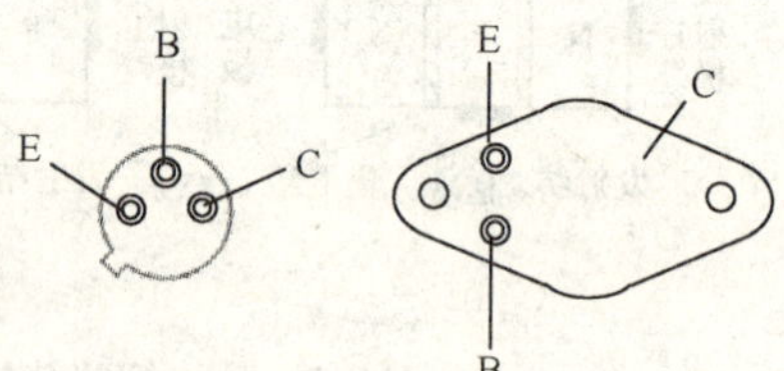

图 2-10　识别晶体管的引脚极性

5. 晶体管的检测

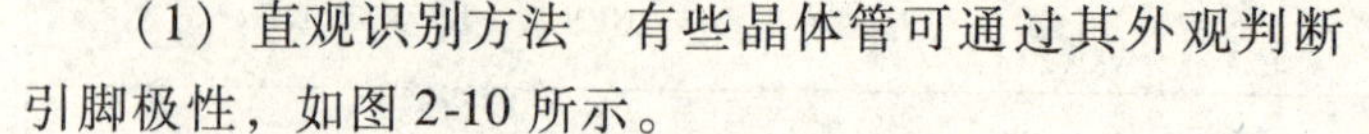

（1）直观识别方法　有些晶体管可通过其外观判断引脚极性，如图 2-10 所示。

（2）晶体管极性的检测

① 基极与管型的判别。对于功率在 1W 以下的中小功率晶体管，可用模拟式万用表的 $R\times100$ 或 $R\times1k$ 挡测量，对于功率在 1W 以上的大功率晶体管，可用模拟式万用表的 $R\times1$ 或 $R\times10$ 挡测量。用黑表笔接晶体管的任意一引脚，再用红表笔分别去接触另外两个引脚。直到测得的两个阻值都很大或都很小时，黑表笔所接为晶体管的基极。若两个阻值都很大，该管为 PNP 型，否则为 NPN 型。

② 集电极、发射极的判别。以 NPN 型晶体管为例，确定基极后，假设剩余两引脚中一个是集电极，将黑表笔接假设的集电极，红表笔接假设的发射极，然后用手捏住基极和集电极（注意：这两个引脚不能直接接触），观察指针的偏转情况并记录下来，再把两个表笔对调，重复上述过程，则偏转角大的一次黑表笔所接引脚为集电极。如果是 PNP 型管子，只需将红表笔代替黑表笔即可，其他测试方法完全类似。若万用表有测量晶体管电流放大系数的功能，也可利用此方法判别出集电极与发射极。

（3）测量晶体管电流放大系数　将万用表的功能选择开关调到 h_{FE}处，把晶体管的三个电极正确插入万用表面板上 PNP（P）或 NPN（N）的 E、B、C 插孔，这时万用表指针会向右偏转，表头 h_{FE}标度盘的指示数即是晶体管电流放大系数。

知识拓展

认识集成电路

集成电路是 20 世纪 50 年代末发展起来的新型电子器件。集成电路是利用半导体技术或薄膜技术将半导体器件与阻容元件，以及连线高度集中制作在一块小面积芯片上封装而成的。晶体管大小的集成电路芯片可以容纳几百个元器件和连线，并具备了一个完整的电路功能。集成电路具有体积小、质量轻、性能好、可靠性高、耗电少、成本低，简化设计、减少调整等优点，给无线电爱好者带来了许多便利。集成电路的外形结构见表 2-12。

表 2-12 集成电路的外形结构

名称	DIP 封装	QFP/PFP 封装	SOIC 封装	BGA 封装	SOJ 封装
外形					

知识测评

一、填空题

1. 二极管是一种常见的电子元器件，其常用材料为____或________。

2. 二极管具有的主要特性是________________性。

3. 晶体管最基本的作用是________，用它可以组成________、________及各种功能的电子电路。

4. 晶体管有三个电极：________，按材料的不同可分为________和________两种，而每一种又有________型和________型两种。

5. 在电路中对电流进行控制，起到接通或关断作用的二极管是________。

6. 根据晶体管内两个 PN 结的偏置情况，可把晶体管工作状态分成________、________和________。

二、选择题

1. 当晶体管工作在放大状态时，三个电极之间的电流关系为（　　）。

A. $I_B = I_E + I_C$　　B. $I_E = I_B + I_C$　　C. $I_C = I_B + I_E$

2. 检测二极管时，如果测得二极管的正、反向阻值都很小，甚至为零，表明（　　）。

A. 管子内部已断路　　B. 管子内部已短路　　C. 管子性能良好

3. 当晶体管工作在放大状态时，发射结和集电结的状态是（　　）。

A. 发射结反偏、集电结反偏　　B. 发射结正偏、集电结正偏

C. 发射结正偏、集电结反偏

4. 硅管与锗管相比较，（　　）性能更稳定。

A. 硅管　　B. 锗管　　C. 一样

项目能力训练　识别与检测常用电路元器件

一、训练目标

1. 掌握电阻色环标志法的识读方法。

2. 掌握用万用表检测电阻、电容、电感的方法。

3. 掌握用万用表检测二极管、晶体管的方法。

二、训练步骤

1. 电阻的识别与检测

1）分别取一个 4 色环电阻和一个 5 色环电阻，记下色环并读出该电阻的标称阻值及允

许偏差，记录于表 2-13 中。

2）用万用表分别测量它们的阻值，并记录于表 2-13 中。

3）分别计算 4 色环电阻和 5 色环电阻的相对误差并记录在表 2-13 中。

表 2-13　电阻的检测结果

色　环	标称值	允许偏差	测量值	相对误差

2. 电容的识别与检测

1）取 10μF 和 100μF 两只电解电容，记下其耐压值和容量标称值。

2）用万用表检测电解电容的极性、漏电阻及质量好坏，把测量结果记录于表 2-14 中。

表 2-14　电容的检测结果

标称值	万用表挡位	耐压值	漏电电阻值	质　　量

3. 电感的识别与检测

1）取一个电感，读出该电感的标称值及允许偏差。

2）用万用表测量电感的损耗电阻，把以上识别与测量的结果填入表 2-15 中。

表 2-15　电感的检测结果

标称值	允许偏差	损耗电阻

4. 二极管的识别与检测

1）取两只不同型号的二极管，用万用表判断二极管的极性，并测量二极管的正、反向电阻，判断其性能好坏，把以上测量结果填入表 2-16 中。

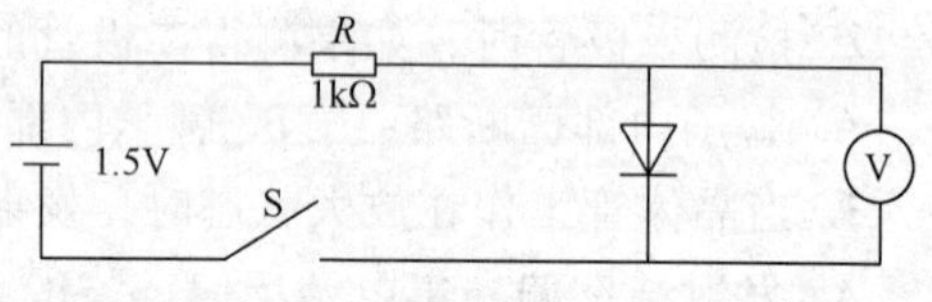

图 2-11　二极管管型判别接线

2）按图 2-11 所示接线，将稳压电源输出调至 1.5V，根据硅管、锗管导通管压降的不同，判别二极管的管型。

表 2-16　二极管的检测结果

阻值 / 型号	正向电阻	反向电阻	正向电压降	管型	质量差别

5. 晶体管的识别和检测

取两只不同型号的晶体管，用万用表进行以下测量：

1）确定基极 B，并判别晶体管是 PNP 型还是 NPN 型。

2）判断晶体管集电极 C 和发射极 E，测量出晶体管的 β 值大小。

把以上测量结果填入表 2-17 中，在图 2-12 中标出引脚名称。

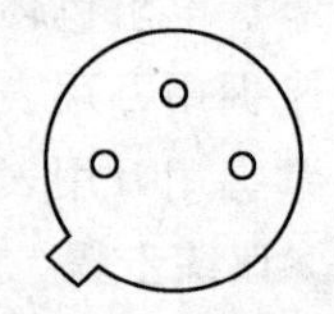
图 2-12　标出晶体管的引脚名称

表 2-17　晶体管的检测结果

晶体管	类　型	β值

三、注意事项

1）使用万用表时，先进行欧姆调零，以保证测量的准确性。

2）判别电解电容极性的过程中，对调万用表的表笔进行二次测量时，应先将电容两极短接一下，然后再测，防止电容器内积存的电荷经过万用表放电，烧坏表头。

项目三　万用表电路的组装与调试

3

项目描述

万用表是一种多功能、多量程的便携式仪表，是电工必备的仪表之一。作为一名电气工作者应该了解其基本的工作原理。在本项目中要求学生掌握电路的基本知识、电路图识读的基础知识、电路的基本分析方法和电烙铁焊接技术；并通过项目能力训练——MF47型万用表的组装与调试来巩固和检测读者对本项目知识点的掌握情况。

知识目标

1. 了解电路的组成、作用和三种工作状态。
2. 理解电路模型的概念，会识读电路图。
3. 理解电流、电压、电位、电动势、电功和电功率的概念以及焦耳定律，并能熟练地进行电路计算。
4. 掌握测量直流电流、电压的基本方法。
5. 理解欧姆定律与负载获得最大功率的条件，会计算导体电阻。
6. 理解电阻串联、并联电路的特点，掌握分压、分流公式的应用。
7. 掌握基尔霍夫定律，能熟练运用各种方法分析与计算复杂直流电路。
8. 了解电压源与电流源的等效变换；理解叠加定理与戴维南定理。

能力目标

1. 掌握电烙铁焊接技术。
2. 会正确选择用电工仪表测量直流电流与电压。
3. 会按图组装与调试万用表。
4. 掌握万用表的使用方法。

任务1　认识直流电路

做一做

1. 按图3-1所示的实物图连接电路。
2. 了解各元件在电路中起的作用。

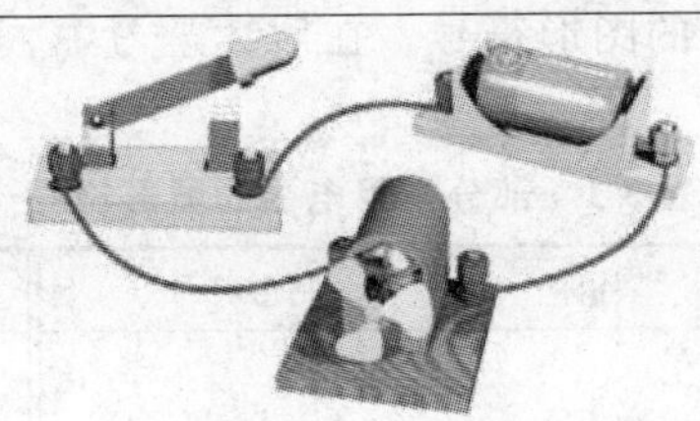

图 3-1　实物连接

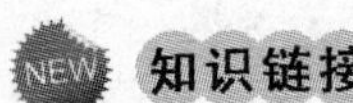

电路就是电流流通的路径。它是由某些电工设备或元件按一定方式组合起来的。日常生活中我们见过的电路有哪些，它们是由什么元器件组成的，能完成什么样的功能？

一、电路的组成与电路模型

直流电路是指电路中电压、电流均不随时间变化的一种电路。掌握直流电路知识是学习本课程的起点。

1. 电路的组成及其作用

任何实际电路都是由一些部件组成的总体。在图 3-1 所示的电路中可以看到，它由小电机（负载）、导线、开关以及电池（电源）组成。

（1）电源　电源是把其他形式的能量转换成为电能的装置，如干电池、蓄电池、太阳能电池、发电机等。电源的作用是为用电器提供符合要求的电压和工作所需的电能。

（2）负载　负载是将电能转换为其他形式能量的用电设备。如电烙铁中的发热元件将电能转换为热能，电灯将电能主要转换为光能等。负载的作用是使用电能。

（3）开关　开关的作用是控制电路的接通和断开。

（4）导线　导线是将电源与负载及开关等连接成一个闭合回路的线状导体。导线的作用是连接设备，提供电流流通的路径，把电源的电能输送、分配给负载。

电路一般都是由以上四个基本部分组成的。电路的作用：一是进行能量的转换、传输和分配；二是实现信号的传递和处理；三是实现信息的存储。

2. 电路模型

与实体电路相对应、由理想元器件构成的电路，称为电路模型。电路模型是对实际电路电磁性质的科学抽象和概括，能近似地描述实际电路的电气特性；其特点是只见参数不见设备，连接形式可变但连接关系不变。实际部件模型化表示后，各元器件都可用规定的图形符号和文字符号来表示。

3. 电路图

用规定的图形符号和文字符号表示电路连接情况的图，称为电路图。例如，画出图 3-1 所示的实物连接图很烦琐，而用规定的图形符号画出电路图却比较容易，如图 3-2 所示。电路图主要反映各元器件的性能和它们之间的连接关系，它不是实物图，也不反映电路中元器件的几何尺寸。

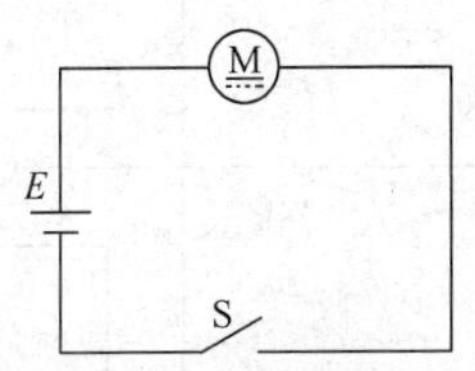

图 3-2　简单的直流电路图

在电路图中，各种元器件都采用国家统一标准的图形和文字符号来表示，表3-1为部分常用电器的图形符号。在后续学习中，我们还将进一步了解其他的图形符号。

表3-1　部分常用电器的图形符号

名称	图形符号	名称	图形符号	名称	图形符号
开关		蓄电池	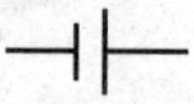	理想电压源	
理想电流源	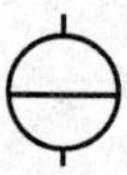	电位器	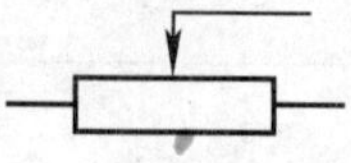	交叉连接导线	
电压表	 V	电容器	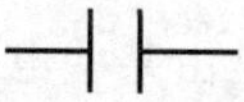	端子	
电流表	 A	线圈		熔断器	
灯		铁心线圈		接机壳	
电阻器		发电机	 G	接地	

二、电路的工作状态及特征

下面以简单照明电路为例介绍电路的三种工作状态及特征，见表3-2。

表3-2　电路中的三种工作状态及特征

电路状态	电路图	特征	说明	注意事项
通路（闭路）	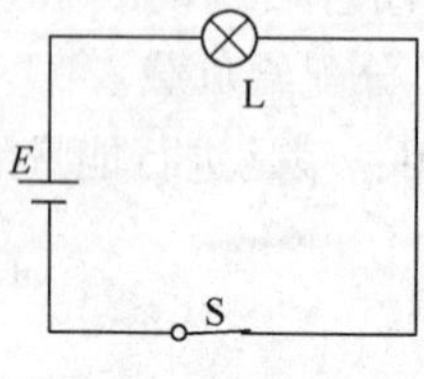 L, E, S	电路中有电流通过（$I\neq0$）	电路正常工作	各电气设备的电压、电流、功率等数值不能超过额定值
断路（开路）	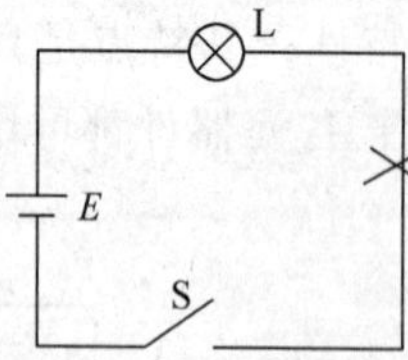 L, E, S	电路中无电流通过（$I=0$）	电路中开关没有闭合，或导线没有连接好，或元器件烧坏，即电路在某处断开	除开关断开的原因外，还有可能是导线与电气设备的连接不牢固
短路	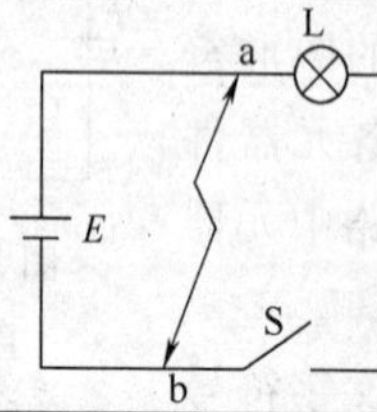 a, L, E, S, b	a、b两点之间短接时，电路中有很大的、超出正常允许值的电流，用电器无法正常工作，连接的电源会发热烧毁，电路会出现火灾事故	导线之间直接连接或导线外绝缘层损坏等	出现短路时引起的大电流会损坏电源或其他设备。在实际中除调试设备需要外，应严防电路发生短路

知识测评

一、填空题

1. 将下列几个元器件的图形符号画在对应的空白处。

灯________　　开关________　　电位器变阻器________　　交叉连接导线________

电压表________　　电流表________　　熔断器________

2. 把其他形式的能转换成为电能的装置称为________。

3. 一般电路都是________、________、________和________四个基本部分所组成。

4. 用规定的________和________表示电路连接情况的图，称为电路图。

5. 电路的工作状态有________、________和________三种。

二、判断题

(　　) 1. 由一些实际电路元件所组成的电路，就是实际电路的电路模型。

(　　) 2. 发生短路时，线路中的电流增加为正常时的几倍甚至几十倍，产生的热量使得温度急剧上升，大大超过允许范围。

(　　) 3. 电路图主要反映各元器件的性能和它们之间的连接关系，它不是实物图，但可以反映电路中元器件的几何尺寸。

三、选择题

1. 电路的作用有（　　）。

A. 进行能量的转换、传输和分配

B. 实现信号的传递和处理

C. 实现信息的存储

2. 电路中有很大的、超出正常允许值的电流出现时，电路可能的状态是（　　）。

A. 通路　　　B. 短路　　　C. 断路

任务2　学习电路的基本物理量

电的情况与水相似。参考图3-3，请同学们想一想“水压与水流的关系”同“电压与电流的关系”有哪些相似之处。

知识链接

电路中有许多物理量，它们可以帮助我们分析电路的基本特征和基本规律，其中最基本的物理量有电流、电压、电位、电动势。只有深刻掌握好这些基本物理量的定义、符号、计算公式、单位及换算关系，才能更好地为将来的实践提供指导性服务。

一、电流

1. 电流的形成

电荷的定向移动形成电流。金属导体中实质上能定向移动的电荷是带负电的自由电子，

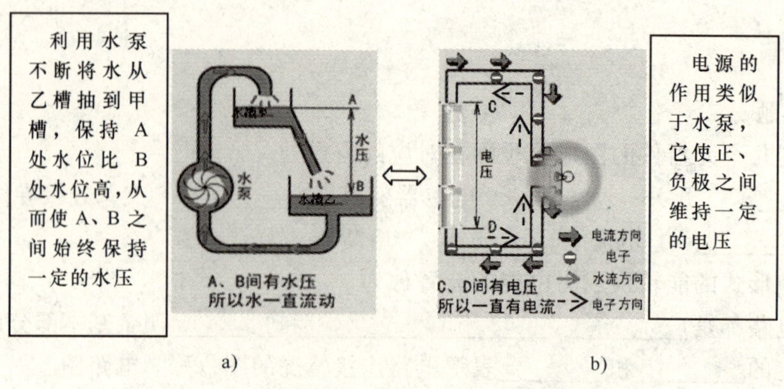

图 3-3 类比分析图

a）水压与水流类比分析 b）电压与电流类比分析

电解液中实质上能定向移动的电荷是正负离子，如图 3-4 所示。

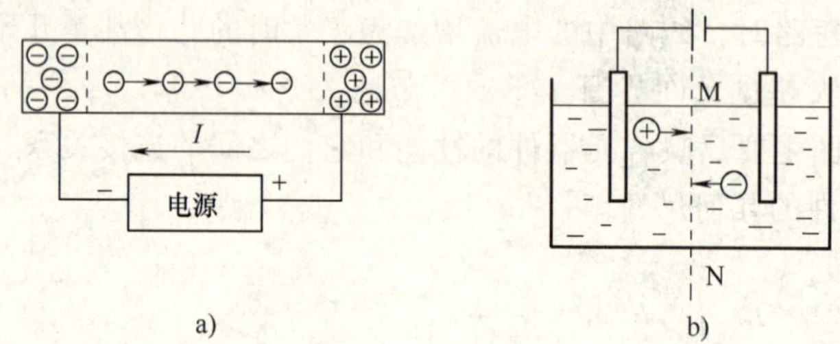

图 3-4 电流的形成

a）金属中的电流 b）电解液中的电流

2. 电流的大小和单位

电流的大小是指在单位时间内，通过导体横截面的电荷量，即

$$I = \frac{Q}{t}$$

式中 Q——通过电路横截面的电荷量，单位为库仑（C）；

t——电路中通过电荷量 Q 所用的时间，单位为秒（s）；

I——电路中的电流，单位为安培（A）。

规定：如果在 1 秒（s）内通过导体横截面的电荷量为 1 库仑（C），则导体中的电流（I）就是 1 安培（A），即 1 安培 = 1 库仑/秒（1A = 1C/s）。

常用的电流单位还有千安（kA）、毫安（mA）、微安（μA），它们之间的换算关系为

$$1\text{kA} = 10^3\text{A} \qquad 1\text{A} = 10^3\text{mA} \qquad 1\text{mA} = 10^3\mu\text{A}$$

3. 电流的方向

习惯上规定正电荷移动的方向为电流的方向，那么自由电子和负离子移动的方向就与电流方向相反。在分析和计算较为复杂的直流电路时，经常会遇到某一电流的实际方向难以确定的问题，这时可先任意假定电流的参考方向，然后根据电流的参考方向列方程求解。

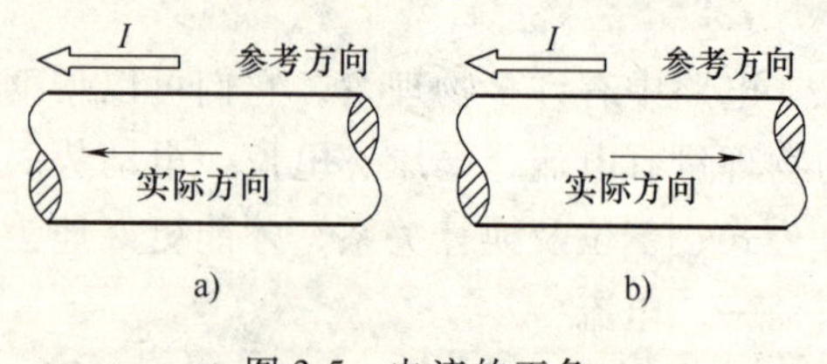

图 3-5 电流的正负

a）$I>0$ b）$I<0$

电流参考方向的两种表示方法：

（1）用箭头表示　箭头的指向为电流的参考方向。

（2）用双下标表示　如 I_{AB} 表示电流的参考方向为由 A 指向 B。

如果计算结果 $I>0$，表明电流的实际方向与参考方向相同，如图 3-5a 所示；如果计算结果 $I<0$，表明电流的实际方向与参考方向相反，如图 3-5b 所示。

4. 电流的种类

1）直流：大小和方向都不随时间变化的电流称为稳恒电流，简称直流，用 DC 表示，如图 3-6a 所示。

2）交流：大小和方向都随时间作相应变化的电流称为交变电流，简称交流，用 AC 表示，如图 3-6b 所示。

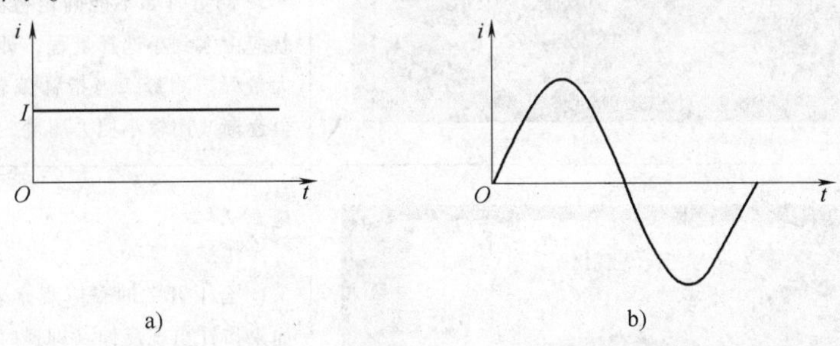

图 3-6　直流电和交流电

a）直流电流（稳恒电流）　b）交变电流

5. 电流的测量

1）对交、直流电流应分别使用交流电流表和直流电流表测量，或分别使用万用表的交流电流挡和直流电流挡测量。

2）万用表测量直流电流。使用万用表测量通过灯泡的直流电流值，其测量过程见表 3-3。

表 3-3　万用表测量直流电流的过程

测量过程	图 示	说 明
电路连接	$I_{出}$　$I_{进}$ 实物接线图	开关(S)　电源(*E*)(1.5V)　灯泡(L)(50Ω)　$I_{出}$ − A + $I_{进}$ 电路原理图
机械调零	机械零点 机械调零旋钮	在使用仪表前，若发现表头指针不在机械零位，为了减少测量误差，首先要进行机械调零。其方法是：先将万用表红、黑表笔分开，再用一字螺钉旋具旋动机械调零旋钮，使指针调整在电流或电压刻度的零刻度线上（即通常所讲的“机械调零”的零位）

（续）

测量过程	图示	说明
选择合适的量程		1. 将万用表量程开关拨至直流电流 DCmA 挡进行测量 2. 选择量程时，应让指针指示在标度尺 2/3 以上的部分，这样测量出的结果才较为准确；因此在测量前应先估计被测电流的大小，以便选择适当的量程。例如测量 45.5mA 的直流电流，应选 50mA 直流电流量程即 DCmA 50 挡 3. 测量时如不能确定被测电流的数值范围，就应由大到小选择量程，即先用直流电流的最大量程挡测量，当指针偏转不到 1/3 刻度时，再逐渐改用较小挡去测量，直到合适为止
正确读数	 合上开关 S，待指针稳定后读数。其方法是：万用表的表盘上有多条标度尺，每一条标度尺上都标有被测量的标志符号，读数时应根据被测量及量程在相应的标度尺上读出指针指示的数值。另外，读数时尽量使视线与表面垂直；对装有反射镜的模拟式万用表，应使镜中指针的像与指针重合后，再进行读数。该图的读数为 31.2mA（所选量程为 50mA）	操作注意事项： 1. 合上开关时，应观察表指针的偏转情况，如果指针出现反偏（即逆时针偏转）或指针正偏过大（超过满偏刻度值），都应立即断开电源开关，待查明原因（电流进线、出线接反或量程选择太小）并排除故障（调换电流进出线线头或重新选择合适的量程）后，方可继续操作 2. 测量时，要将万用表串联在被测电路中进行，正、负极接线必须正确，即红表笔为电流流入端，黑表笔为电流流出端 3. 记录测量的数据时，最后一位数字“2”为估读值，它反映了测量所使用仪表刻度的精确度，不能漏记
工作结束	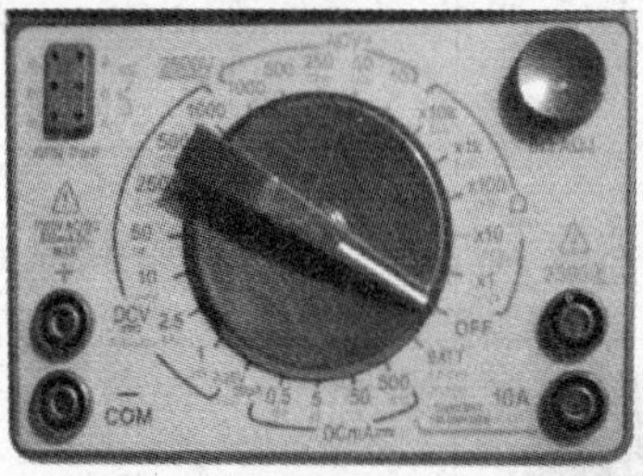	1. 工作结束后，先切断电源，再拆除连接实物的导线，以免发生事故 2. 为防止下次误操作，测量结束后，应将万用表量程开关旋至空挡（或 OFF）处，没有空挡（或 OFF）则将量程开关旋至交流电压最高挡

二、电压与电位

1. 电压

（1）概念　电压又称为电位差，是衡量电场力做功能力大小的物理量。电场力将单位正电荷从 A 点移到 B 点所做的功（W_{AB}），称为 A、B 两点间的电压（用 U_{AB} 表示）。数学表达式为

$$U_{AB} = \frac{W_{AB}}{Q}$$

若电场力将1库仑（C）的正电荷从A点移动到B点，所做的功是1焦耳（J），则AB两点之间的电压大小就是1伏特，简称伏，用字母V表示。除伏特以外，常用的电压单位还有千伏（kV）、毫伏（mV）和微伏（μV），它们之间的换算关系为

$$1\text{kV} = 10^3\text{V} \qquad 1\text{mV} = 10^{-3}\text{V} \quad 1\mu\text{V} = 10^{-3}\text{mV} = 10^{-6}\text{V}$$

（2）电压的方向　电压的实际方向即为正电荷在电场中的受力方向。

（3）电压参考方向　在计算较复杂电路时，常常对电压的实际方向难以判断，因此也要先设定电压参考方向。原则上电压参考方向可任意选择，但如果已知电流参考方向，则电压参考方向应选择与电流参考方向一致。当电压的实际方向与参考方向一致时，电压为正值；反之为负值。

电压参考方向的三种表示方法，如图3-7所示。

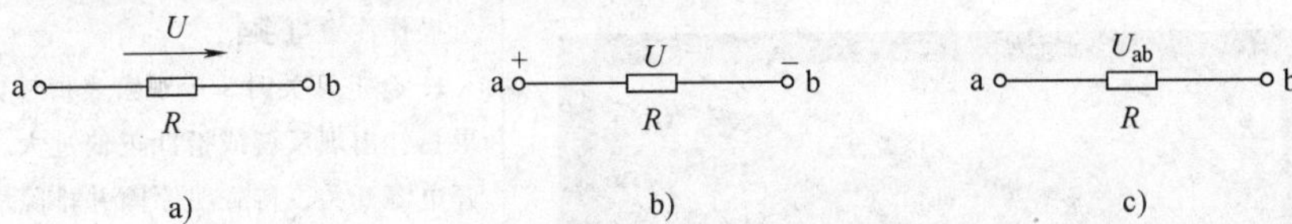

图3-7　电压参考方向表示方法

a）箭头表示（参考方向为箭头所指方向）　b）极性符号表示（参考方向由正指向负）　c）双下标表示（参考方向由a指向b）

（4）电压的测量

①　对交、直流电压应分别采用交流电压表和直流电压表测量，或分别使用万用表的交流电压挡（即ACV挡）和直流电压挡（即DCV挡）测量。

②　万用表测量直流电压。使用万用表测量直流电压值，其测量过程见表3-4。

表3-4　万用表测量直流电压的过程

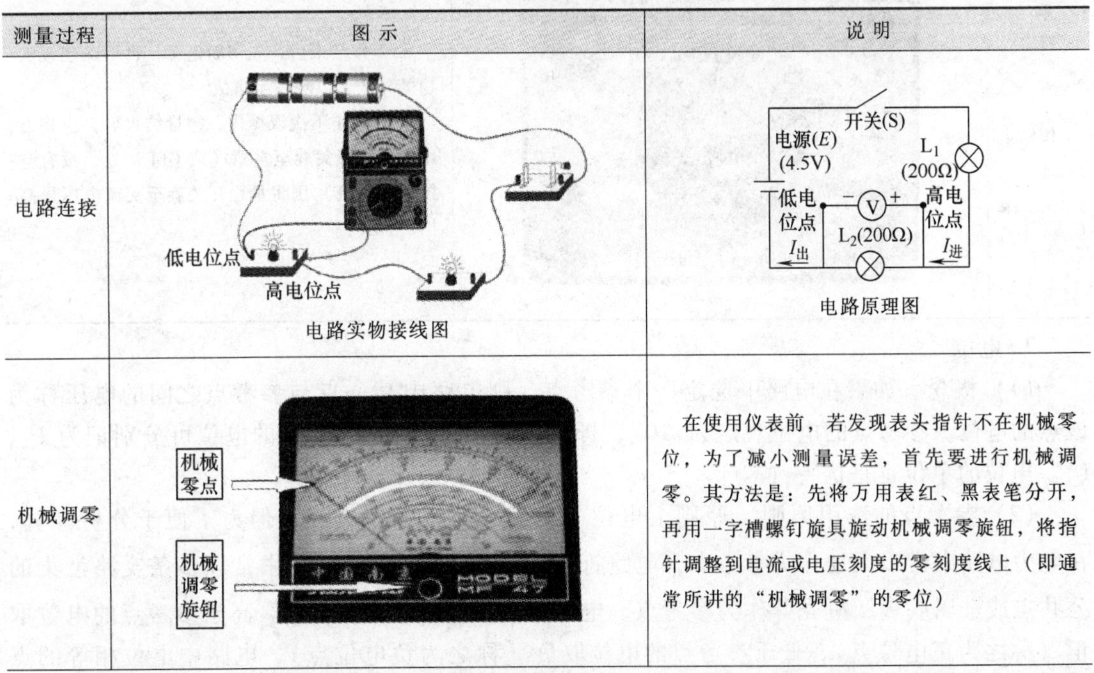

测量过程	图示	说明
电路连接	电路实物接线图	电路原理图
机械调零		在使用仪表前，若发现表头指针不在机械零位，为了减小测量误差，首先要进行机械调零。其方法是：先将万用表红、黑表笔分开，再用一字槽螺钉旋具旋动机械调零旋钮，将指针调整到电流或电压刻度的零刻度线上（即通常所讲的“机械调零”的零位）

（续）

测量过程	图 示	说 明
选择合适量程	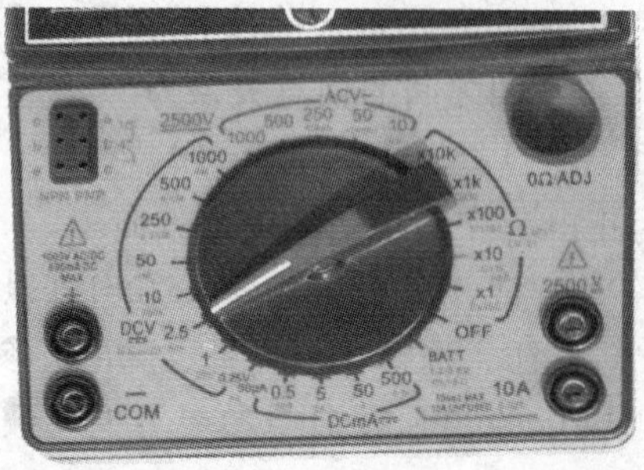	1. 将万用表量程开关拨至直流电压（DCV）挡的适当量程来进行测量 2. 选择量程时，应让指针指示在标度尺2/3以上的部分，这样测量出的结果才较为准确 3. 测量前先估算电压大小以便选择适当的量程 4. 测量时如不能确定被测电压的数值范围，应先将量程开关转至电压挡最大量程，当指针偏转不到1/3刻度时，再逐渐改用较小挡去测量，直到合适为止
进行正确读数	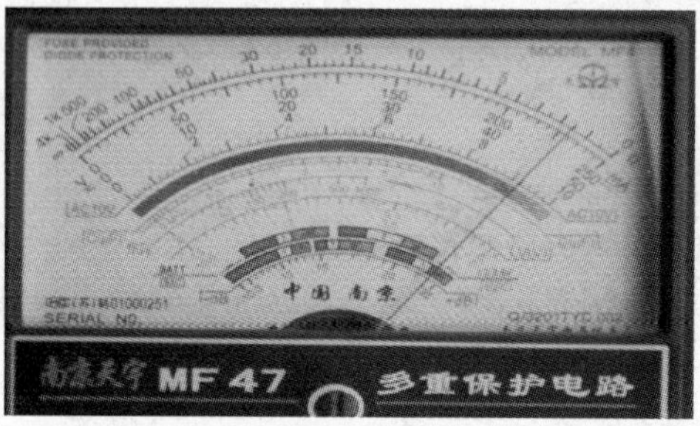 合上开关S，待指针稳定后，读数。方法同表3-3，该图的读数为2.28V（所选量程为2.5V）	操作注意事项： 1. 合上开关时，应观察表指针偏转情况，如果指针出现反偏或指针正偏过大，都应立即断开电源开关，待查明原因并排除故障后，方可继续操作 2. 测量时，要将万用表并联在被测电路中，正、负极连线必须正确，即红表笔应接被测电路的高电位端，黑表笔接低电位端 3. 记录测量的数据时，最后一位数字“8”为估读值，它反映了测量所使用仪表刻度的精确度，不能漏记
工作结束		1. 工作结束后，先切断电源，再拆除连接实物的导线，以免发生事故 2. 为防止下次误操作，测量结束后，应将万用表量程开关旋至空挡（或OFF）处，没有空挡（或OFF）则将量程开关旋至交流电压最高挡

2. 电位

（1）概念　如果在电路中选定一个参考点，则电路中某一点与参考点之间的电压称为该点的电位。参考点的电位规定为“0”，即零电位点，例如a、b点的电位可分别记为U_a、U_b。电位的单位也是伏特（V）。

（2）参考点的选用原则　原则上电位的参考点可以任意选择，但为了便于分析计算，在电力电路中常以大地作为参考点，电路符号为“⏚”；在电子电路中常以多条支路汇集的公共点或金属底板、机壳等作为参考点，电路符号为“⊥”或“⊥”。高于参考点的电位取正（称之为正电位点），低于参考点的电位取负（称之为负电位点），电路中电位相等的点称作等电位点。

（3）电压与电位的关系　电路中任意两点之间的电压就等于这两点间的电位之差，故电压又称为电位差。

（4）电位的测量　测量方法与“电压的测量方法”基本相同，即直流电压表的正接线柱（万用表的红表笔）接被测点，负接线柱（万用表的黑表笔）接参考点。若仪表指针反偏，则被测点为负电位点，这时应调换接线方式后再测量。

三、电动势

（1）概念　电源移动电荷的能力用电动势表示，符号为 E，单位为伏特（V）。

（2）大小和方向　电源电动势在数值上等于电源开路时两极间的电压；电动势的方向规定为在电源内部由负极指向正极，如图 3-8 所示。

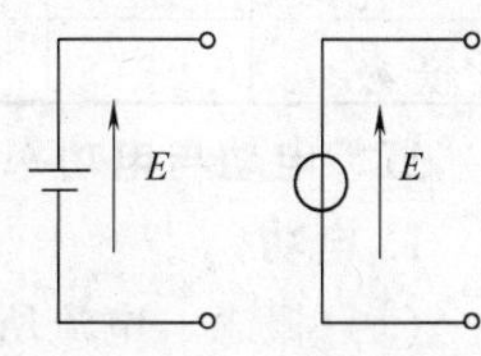

图 3-8　直流电动势的符号表示

四、电路中电压、电位和电动势之间的关系

电路中某点的电位与参考点的选择有关，但两点间的电压与参考点的选择无关。对于一个电源来说，既有电动势，又有端电压。电动势只存在于电源内部；而端电压则是电源加在外电路两端的电压，其方向由正极指向负极。一般情况下，电源的端电压总是低于电源内部的电动势；只有当电源开路时，电源的端电压才与电源的电动势相等（这也是测量电源电动势最有效的方法）。

例 3-1　在同一个电路中，已知 $U_A=10\text{V}$，$U_B=-10\text{V}$，$U_C=5\text{V}$，求 U_{AB} 和 U_{BC} 各为多少？

解：$U_{AB}=U_A-U_B=10\text{V}-(-10\text{V})=20\text{V}$

$U_{BC}=U_B-U_C=(-10)\text{V}-5\text{V}=-15\text{V}$

例 3-2　如图 3-9 所示，$E_1=3\text{V}$，$E_2=1.5\text{V}$，以 B 点为参考点：

（1）求 A、B、C 各点的电位值；（2）求 A、B、C 任意两点间的电压 U_{AB}、U_{BC}、U_{AC}、U_{BA}、U_{CB}、U_{CA}。

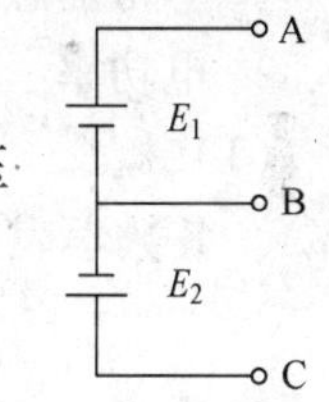

图 3-9　例 3-2 图

解：因为 B 点为参考点，所以 $U_B=0$。

（1）由于 E_1 开路，所以 $U_{AB}=E_1=3\text{V}$。

根据 $U_{AB}=U_A-U_B$，则 $U_A=U_{AB}+U_B=3\text{V}+0\text{V}=3\text{V}$

同理，由于 E_2 开路，所以 $U_{CB}=E_2=1.5\text{V}$。

根据 $U_{CB}=U_C-U_B$，则 $U_C=U_{CB}+U_B=1.5\text{V}+0\text{V}=1.5\text{V}$

（2）$U_{AB}=U_A-U_B=3\text{V}-0\text{V}=3\text{V}$　　$U_{BA}=U_B-U_A=0\text{V}-3\text{V}=-3\text{V}=-U_{AB}$

同理：$U_{BC}=U_B-U_C=0\text{V}-1.5\text{V}=-1.5\text{V}$

$U_{CB}=U_C-U_B=1.5\text{V}-0\text{V}=1.5\text{V}=-U_{BC}$　　$U_{AC}=U_A-U_C=3\text{V}-1.5\text{V}=1.5\text{V}$

$U_{CA}=U_C-U_A=1.5\text{V}-3\text{V}=-1.5\text{V}=-U_{AC}$

同学们如果有兴趣的话，可尝试分别选 A、C 点作为零参考点计算出结果。通过计算，你能找出什么规律来吗？

1）计算结果见表 3-5。

2）规律。

① 电位具有相对性，而电压则具有绝对性。

② 由等式 $U_{AB}=U_A-U_B$ 可知，$U_{AB}=-U_{BA}$。如果 $U_{AB}>0$，则 $U_A>U_B$，说明 A 点电位高于 B 点电位；如果 $U_{AB}<0$，则说明 A 点电位低于 B 点电位。

表 3-5 计算结果

参考点	U_A	U_B	U_C	U_{AB}	U_{BA}	U_{AC}	U_{CA}	U_{BC}	U_{CB}
A 点	0V	-3V	-1.5V	3V	-3V	1.5V	-1.5V	-1.5V	1.5V
B 点	3V	0V	1.5V	3V	-3V	1.5V	-1.5V	-1.5V	1.5V
C 点	1.5V	-1.5V	0V	3V	-3V	1.5V	-1.5V	-1.5V	1.5V

五、电功与电功率

1. 电功

（1）概念　电流所做的功，称为电功（即电能），用字母 W 表示，单位为 J（焦耳）。

（2）大小　电流在一段电路上所做的功等于这段电路两端的电压 U、电路中的电流 I 和通电时间 t 三者的乘积，即

$$W = UIt$$

式中，W、U、I、t 的单位分别为 J、V、A、s，即

$$1\text{J} = 1\text{V}\cdot\text{A}\cdot\text{s}$$

小贴士　电能的另一个常用单位是 kW·h（千瓦时），1 千瓦时即常说的“1 度电”，它是以 1kW 的用电设备工作 1h 所消耗的电能作为一个衡量标准（单位）来表述的。它和焦耳的换算关系为 $1\text{kW}\cdot\text{h}=1000\text{W}\times3600\text{s}=3.6\times10^6\text{J}$。

（3）物理意义　电功的大小反映出负载将电能转换成其他形式能的多少。

2. 电功率

（1）概念　电流在单位时间内所做的功称为电功率，用字母 P 表示，单位为瓦特（W）。其数学表达式为

$$P = \frac{W}{t} = UI$$

式中，P、W、t 的单位分别为 瓦特（W）、焦耳（J）、秒（s），即

$$1\text{W}=1\text{J/s}$$

（2）物理意义　电功率的大小反映出负载将电能转换成其他形式能的快慢程度（俗称“做功能力”的高低或“做功本领”的大小）。

3. 电流的热效应

电流通过导体时使导体发热的现象称为电流的热效应，即电能转换成热能的现象。由实验得出，热量 Q 的大小为

$$Q = I^2Rt$$

即称为焦耳-楞次定律。Q 的单位是焦耳（J），这种热又称为焦耳热。

小贴士　有的地方 Q 的单位习惯用“卡”表示，1 焦耳（J）＝0.24 卡（cal），在这种情况下，公式就转换为 $Q=0.24I^2Rt$（cal）。

4. 负载的额定值

电气设备安全工作时所允许的最大电流、最大电压和最大功率分别称为它们的额定电流、额定电压和额定功率。电气设备在额定功率下的工作状态称为额定工作状态，也称满载；低于额定功率的工作状态称为轻载；高于额定功率的工作状态称为过载或超载。

当实际电压等于额定电压时，实际功率才等于额定功率，用电设备才能安全可靠、经济、合理地运行。由于过载很容易烧坏电器，所以一般不允许出现过载。一般元器件和设备的额定值都标在明显位置，就是警示我们使用时必须严格遵守，如电动机的额定值通常标在其外壳的铭牌上。

知识拓展

电流热效应的利弊

电流的热效应对生产和生活都有重大意义，在我们周围有许多利用电热的设备，如电烙铁、熔断器、电熨斗、电暖器、电饭锅、电烤箱等。电烙铁是利用电流的热效应熔化焊锡进行电子元件焊接的。熔断器的熔体是用低熔点的铅锡合金等制成的，串联在被保护的电路中，利用电流的热效应使熔体因过热而熔断，从而“自动”切断电路中的电流，以达到保护电路和设备的目的。

电流的热效应也有不利的一面，如电动机在运行过程中发热，不仅消耗电能，而且会加速绝缘材料的老化，严重时还会发生事故。因此，在电气设备中应采取防护措施，避免电流热效应所造成的危害。例如，许多电气设备的机壳上都装有散热孔，有的电动机里面还装有风扇，都是为了加快散热。

知识测评

一、填空题

1. 习惯上规定以________移动的方向为电流的方向。

2. 电流表必须________接到被测量的电路中，直流电流表接线柱上标有“+”、“-”标号，测量直流电流时应让电流从“+”接线柱流________，从“-”接线柱流________。

3. 电压表必须________接到被测电路的两端，电压表的________端接高电位，________端接低电位。

4. 电流所做的功称为________，单位时间内所做的功称为________。

二、判断题

(　　) 1. 在开路状态下，开路电流为零，电源的端电压也为零。

(　　) 2. 导体两端有电压，导体中就会产生电流。

(　　) 3. 电路中参考点改变，各点的电位也将改变。

(　　) 4. 功率越大的电器，电流做的功就越多。

(　　) 5. 电源总是释放能量的。

(　　) 6. 发生短路时，电路中的电流增加为正常时的几倍甚至几十倍，而产生的热量又和电流的平方成正比，使得温度急剧上升，大大超过允许范围。

三、选择题

1. 电压是衡量（　　）做功本领大小的物理量。

A. 电场力　　B. 外力　　C. 电场力或外力

2. 电路中任意两点间电位的差值称为（　　）。

A. 电动势　　B. 电压　　C. 电位

3. 电路中两点间的电压高，则（　　）。

A. 这两点的电位都高　　B. 这两点的电位差大　　C. 这两点的电位都大于零

任务3　学习欧姆定律

1. 按照图3-10所示接线，确认电路接线无误后接通直流稳压电源。

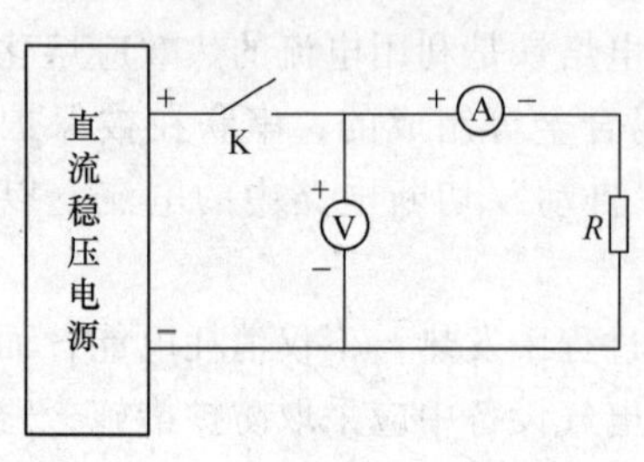

图3-10　电路

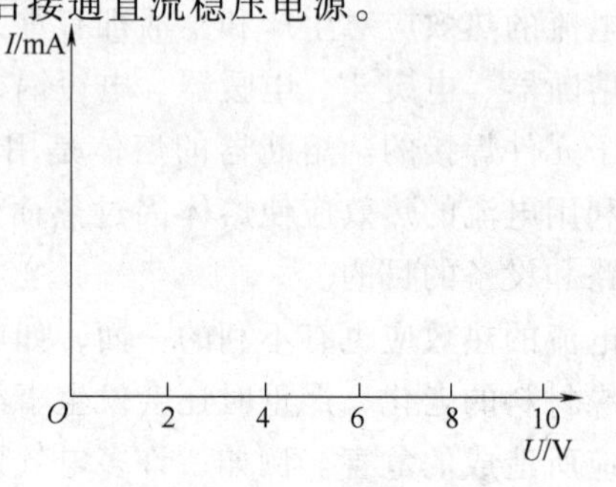

图3-11　*U*/*I* 坐标

2. 将不同的电阻接入电路，改变稳压电源输出电压，使电压表读数分别为0V、2V、4V、6V、8V和10V，观察与每挡电压值相对应的电流值，将测量的电阻值与电流值分别记入表3-6。

3. 根据表3-6的测量数据，在图3-11中绘制出各电阻的电压与电流关系曲线。

表3-6　电阻值与电流值的测量结果

电压值（*U*/V）		0	2	4	6	8	10
电流值（*I*/mA）	*R* = 　Ω						
	R = 　Ω						
	R = 　Ω						
	R = 　Ω						

知识链接

一、电阻定律

导体的电阻是导体本身的一种性质，它的大小决定于导体的材料、长度和横截面积，这一规律称为电阻定律，其数学表达式为

$$R = \rho \frac{l}{S}$$

式中的比例常数 ρ 称为材料的电阻率，单位为欧姆·米，简称欧·米（Ω·m），l、S

的单位分别为 m、m^2。图 3-12 所示为一些材料的电阻率。

电阻率的大小反映了物体的导电能力。电阻率小、容易导电的物体称为导体，金属导体的电阻率一般为 $10^{-8}\sim10^{-6}\Omega\cdot m$；电阻率大、不容易导电的物体称为绝缘体，绝缘体的电阻率一般为 $10^{8}\sim10^{18}\Omega\cdot m$；导电能力介于导体和绝缘体之间的物体称为半导体，半导体的电阻率一般为 $10^{-5}\sim10^{6}\Omega\cdot m$。

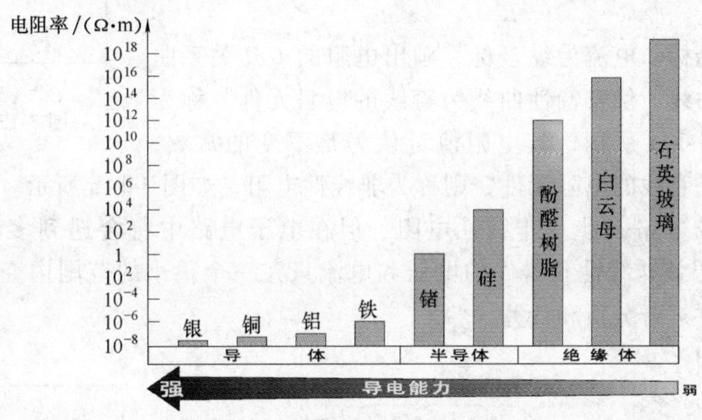

图 3-12　一些材料的电阻率

纯金属的电阻率小，导电性好，所以连接电路的导线一般用电阻率小的铝或铜来制作，必要时还可在导线上镀银；绝缘体的电阻率非常大，为了保证安全，电线的外皮、一些电工用具的手把外壳等都要用橡胶、塑料等绝缘材料制成。

各种材料的电阻率都会随着温度的变化而变化。一般来说，金属的电阻率随温度升高而增大；电解液、半导体和绝缘体的电阻率则随温度升高而减少；而有些合金，如锰铜合金和镍铜合金的电阻几乎不受温度变化的影响，常用来制作标准电阻。一般采用温度系数反映电阻对温度变化的影响。温度系数是指温度升高1℃，电阻所产生的变动值与原阻值的比值。用字母 α 表示，单位是 1/℃。

设温度为 t_1 时，导体的电阻为 R_1；温度为 t_2 时，导体的电阻为 R_2，那么电阻的温度系数为

$$\alpha=\frac{R_2-R_1}{R_1(t_2-t_1)}$$

当 $\alpha>0$ 时，材料的电阻值随温度的升高而增加，这类材料称为正温度系数材料；当 $\alpha<0$ 时，材料的电阻值随温度的升高而降低，这类材料称为负温度系数材料。几种常见材料的温度系数见表 3-7。

表 3-7　几种常见材料的温度系数

材料名称	电阻温度系数 α/（1/℃）	材料名称	电阻温度系数 α/（1/℃）
银	0.0036	铁	0.0062
铜	0.004	碳（非晶态）	-0.0005
铝	0.0042	锰铜	0.000006
钨	0.0044	康铜	0.000005

二、欧姆定律

1. 部分电路欧姆定律

只含有负载而不包含电源的一段电路称为部分电路，如图 3-13 点画线框中所示。部分电路欧姆定律的内容为：导体中的电流与导体两端的电压成正比，与导体的电阻成反比。其数学表达式为

$$I = \frac{U}{R}$$

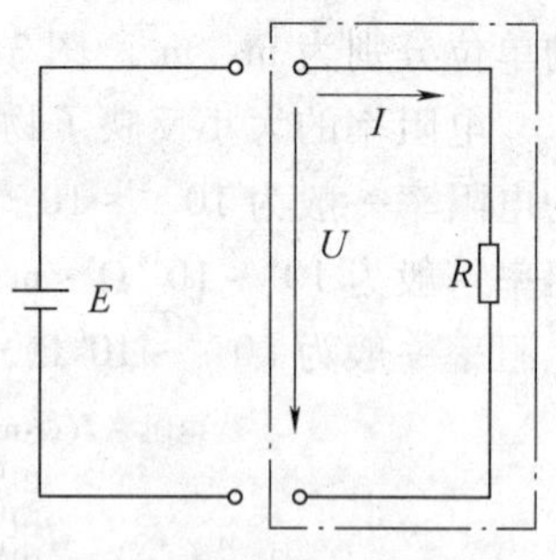

图 3-13　部分电路

以电压为横坐标、电流为纵坐标，画出电阻的 U/I 关系曲线，即伏安特性曲线。伏安特性曲线为直线的电阻元件，称为线性电阻，如图 3-14a 所示，其电阻值可认为是不变的常数；伏安特性曲线不是直线的电阻元件，则称为非线性电阻，如图 3-14b 所示。

本章所讨论的电路不涉及非线性电阻，但在电子电路中将会遇到多种非线性元器件（如晶体管）。如果该非线性元器件的电压和电流只在一个很小的范围内变化，也可将其近似等效为线性元件进行分析和计算。

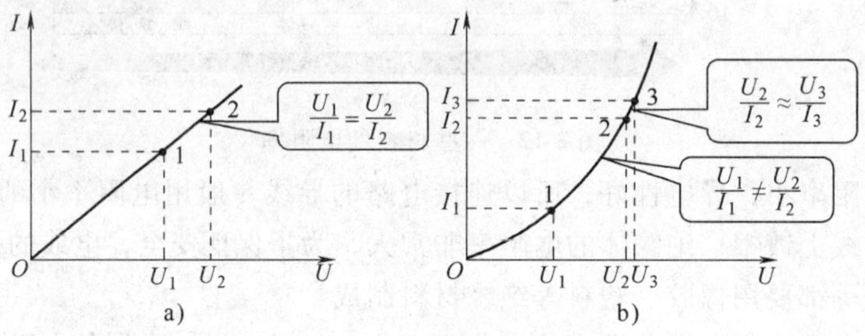

图 3-14　电阻的伏安特性曲线

a）线性电阻的伏安特性曲线　b）非线性电阻的伏安特性曲线

例 3-3　如果人体的最小电阻为 800Ω，已知通过人体的电流为 50mA 时，就会引起呼吸困难，不能自主摆脱电极，试求安全工作电压。

解： $U = IR = 50\times10^{-3}\text{A}\times800\Omega = 40\text{V}$

即安全工作电压为 40V 以下。

2. 全电路欧姆定律

全电路是指含有电源的闭合电路，如图 3-15 所示。电源内部的电路称为内电路，电源内部的电阻称为内电阻，简称内阻。电源外部的电路称为外电路，外电路中的电阻称为外电阻。

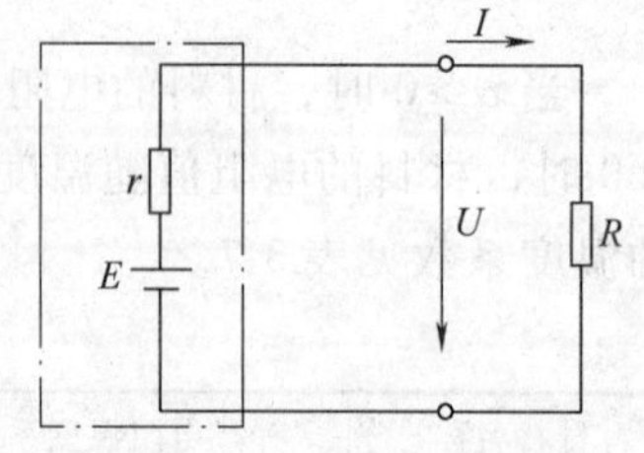

图 3-15　简单的全电路

全电路欧姆定律的内容是：闭合电路中的电流与电源的电动势成正比，与电路的总电阻（内电路电阻与外电路电阻之和）成反比。其数学表达式为

$$I = \frac{E}{R + r}$$

将其变形得到 $E = Ir + IR = U_r + U$，表明电源电动势等于内电路电压与外电路电压（电源端电压）之和。

电源端电压 U 与电源电动势 E 的关系为 $U = E - Ir$。我们把电源端电压随负载电流变化

的关系特性称为电源的外特性，其关系特性曲线称为电源的外特性曲线，如图 3-16 所示。由图 3-16 可知，当电源电动势 E 和内阻 r 一定时，电源端电压 U 随着电流 I 的增大而减小；电源内阻越大，直线越倾斜；直线与纵轴交点的纵坐标表示电源电动势的大小（$I=0$ 时，$U=E$）。

这里应用全电路欧姆定律分析图 3-17 所示电路在三种不同状态下电源端电压与输出电流之间的关系，见表 3-8。

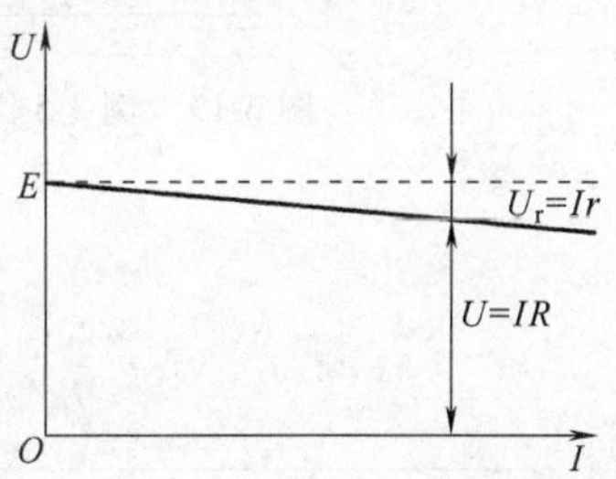

图 3-16　电源的外特性曲线

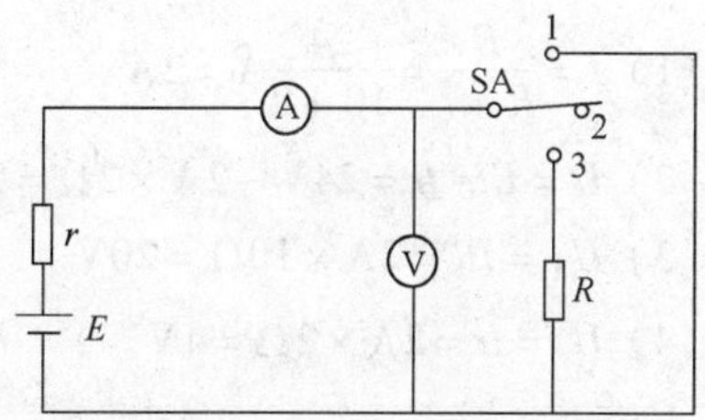

图 3-17　电路的三种状态

表 3-8　电路三种状态下各电量之间的关系

电路状态	开关位置	电流	电压	电源消耗功率	负载功率
断路	位置 2	$I=0$	$U=E$	$P_E=0$	$P_R=0$
通路	位置 3	$I=\frac{E}{R+r}$	$U=E-Ir$	$P_E=I^2r$	$P_R=UI$
短路	位置 1	$I=\frac{E}{r}$ （$I\to\infty$）	$U=0$	$P_E=I^2r$	$P_R=0$

小贴士　电源短路是严重的故障状态，必须尽量避免发生。有时在调试和维修电气设备的过程中，有意将电路中某一部分短路（注意不是将电源短路），这是为了让与调试电路无关的部分暂时不通电流，或是为了便于发现故障而采用的一种特殊方法，这种方法也只有在确保电路安全的情况下才能采用。

例 3-4　有一个量程为 300V（即测量范围是 0～300V）的电压表，它的内阻是 40kΩ，用它测量电压时，允许流过的最大电流是多少？

解： 根据题意可知，可将图 3-18a 看成图 3-18b 所示的电路。由于电压表的内阻是一个定值，所测量的电压越大，通过其上的电流也就越大，所示被测电压为 300V 时，流过电压表的电流最大，允许的最大电流为

$$I_m=\frac{U_m}{R}=\frac{300}{40\times1000}\text{A}=0.0075\text{A}=7.5\text{mA}$$

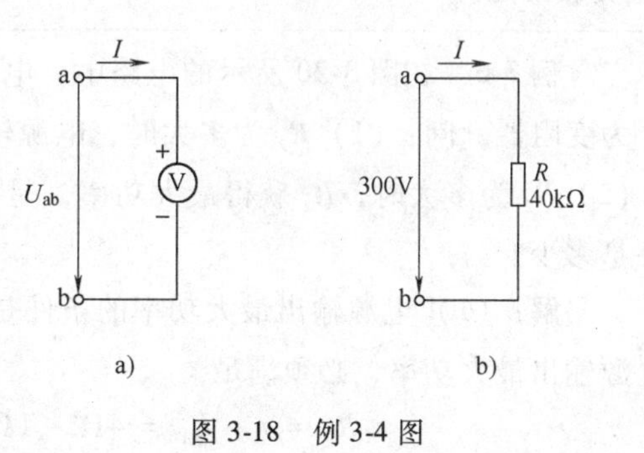

图 3-18　例 3-4 图

即允许流过的最大电流是7.5mA。

例 3-5 在图3-19所示的电路中，已知电源的电动势 $E=24\text{V}$，内阻 $r=2\Omega$，负载电阻 $R=10\Omega$，求：（1）电路中的电流 I；（2）电源的端电压 U；（3）负载电阻 R 上的电压 U_R；（4）电源内阻上的电压降 U_r。

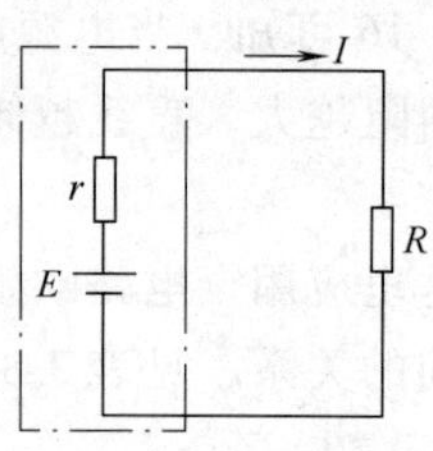

图3-19 例3-5图

解：由全电路欧姆定律可得出

（1）$I=\dfrac{E}{R+r}=\dfrac{24}{10+2}\text{A}=2\text{A}$

（2）$U=E-Ir=24\text{V}-2\text{A}\times2\Omega=20\text{V}$

（3）$U_R=IR=2\text{A}\times10\Omega=20\text{V}$

（4）$U_r=Ir=2\text{A}\times2\Omega=4\text{V}$

3. 负载获得最大功率的条件

当电源电压一定时，电源输出最大功率的条件是什么？或者说负载如何获得最大功率呢？从负载功率的计算式来推导负载获得最大功率的条件，即

$$P=I^2R=\left(\frac{E}{R+r}\right)^2R=\frac{E^2R}{(R+r)^2}=\frac{E^2R}{R^2+2Rr+r^2}=\frac{E^2R}{R^2-2Rr+r^2+4Rr}$$

$$=\frac{E^2}{(R-r)^2/R+4r}$$

由此可知，当电源一定时，E 和 r 都是恒量，只有分母为最小值，即 $R=r$ 时，P 才能达到最大值。

因此，$R=r$ 是电源输出最大功率和负载获得最大功率的条件。电源输出的最大功率（或负载获得的最大功率）为

$$P_{\max}=\frac{E^2}{4R}=\frac{E^2}{4r}$$

当 $R=r$ 时，称为电源与负载匹配。当电源与负载匹配时，电源内阻消耗的功率等于负载功率，所以此时电路的效率只有50%。在强电（如电力配电电路）方面，通常不考虑电源与负载匹配（效率太低）；在弱电（如通信系统、控制电路）方面，较多考虑如何使电源与负载匹配。

例 3-6 在图3-20所示的电路中，电源的电动势 $E=20\text{V}$，内阻 $r=4\Omega$，$R_1=1\Omega$，R_2 为变阻器。问：（1）R_2 为多大时，电源输出的功率最大，是多少？（2）R_2 为多大时，R_2 获得最大功率，是多少？此时电源输出功率是多少？

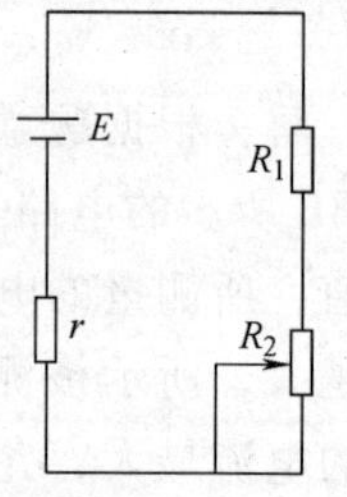

图3-20 例3-6图

解：（1）电源输出最大功率的条件是 $r=R_1+R_2$，所以要使电源输出最大功率，必须满足

$$R_2=r-R_1=4\Omega-1\Omega=3\Omega$$

此时，电源输出的最大功率为 $P_{\max}=\dfrac{E^2}{4r}=\dfrac{20^2}{4\times4}\text{W}=25\text{W}$

(2) R_2 获得最大功率的条件是 $R_2 = r + R_1$（把 R_1 作为电源内阻看待），故

$$R_2 = r + R_1 = 4\Omega + 1\Omega = 5\Omega$$

$$P_{R_2\max} = \frac{E^2}{4R_2} = \frac{20^2}{4\times 5}\text{W} = 20\text{W}$$

此时，电源的输出功率是

$$P = I^2(R_1 + R_2) = \left(\frac{E}{R_1 + R_2 + r}\right)^2 (R_1 + R_2) = \left(\frac{20}{1+5+4}\right)^2 (1+5)\text{W} = 24\text{W}$$

可见，当电路有多个外阻时，某个外阻获得最大功率的条件不一定是电源输出最大功率的条件。

知识拓展

超导现象

1911年，荷兰莱顿大学的卡末林-昂内斯意外地发现，将汞冷却到 -268.98℃时，汞的电阻突然消失；后来他又发现许多金属和合金都具有与汞类似的低温下失去电阻的特性，由于它的特殊导电性能，卡末林-昂内斯称之为超导态。处于超导状态的导体称之为超导体，俗称“超导”。超导体的直流电阻率在一定的低温下突然消失，被称作零电阻效应。将超导体冷却到某一临界温度以下时电阻突然降为零的现象称为超导体的零电阻现象，俗称“超导现象”。

电阻是导体的一种性质，在远距离高压输电过程中，有很多电能白白浪费在输电导线上，按15%的电路损耗来计算，我国每年的电力损失高达1000多亿度电。如果找到了常温下电阻为零的超导材料，用它作输电导线，那么一年节省的电能就相当于新建数十个大型发电厂。如果用超导材料来制造电子元器件，由于没有电阻，就不必考虑散热的问题，元器件尺寸也可以大大缩小，这样就进一步实现了电子设备的微型化。

知识测评

一、填空题

1. 在电工技术中，各种材料按照它们的导电能力强弱一般可分为________、________和________。

2. 导体两端的电压与通过该导体的电流的比值称为这段导体的________，用符号________表示。

3. 温度系数是指温度升高1℃时，电阻所产生的________与________的比值，用字母________表示，单位是________。

4. ____________称为内电路；____________________称为外电路。

5. 流过电阻器的电流 I，与电阻两端的电压 U 成________，与电阻值 R 成________，这个结论就叫做欧姆定律。在电压、电流的参考方向一致的前提下，欧姆定律的数学表达式为________________。

6. 欧姆定律揭示了电路中________、________和________三者之间的关系，是电路的基本定律之一。

7. 电压与电流之间总是具有直线关系的电阻称为________。全部由线性元件构成的电路叫做________。

8. 在全电路中，电流与电源的电动势成________，与电路中的内阻与外电阻之和成________，这个规律称为________。

9. 负载获得最大功率的条件是________________。

二、判断题

(　　) 1. 额定电流为10A的发电机，虽然只接到额定电流为6A的照明负载上，但发电机的最大输出电流应为10A。

(　　) 2. 若某电源的开路电压为120V，短路电流为2A，则负载从电源获得的最大功率是240W。

三、选择题

1. 电阻阻值大的导体，其电阻率（　　）。

A. 一定大　　B. 一定小　　C. 不一定大

2. 一段导线的电阻为 R，若将其从中间对折并合成一条新导线，则其阻值变为(　　)。

A. $\frac{1}{2}R$　　B. $\frac{1}{4}R$　　C. $\frac{1}{8}R$

3. 某电源电动势为5V，内阻为0.2Ω，当外电路断路时，电路中的电流和端电压分别为（　　）。

A. 0A、5V　　B. 25A、2V　　C. 25A、0V

4. 在上题中，当外电路短路时，电路中的电流和端电压分别为（　　）。

A. 0A、5V　　B. 25A、2V　　C. 25A、0V

任务4　学习电阻的连接知识

用万用表的电压挡和电流挡分别对图3-21、图3-22所示的电路进行测量，找出各自电路中电流或电压的规律并总结电路连接特点。

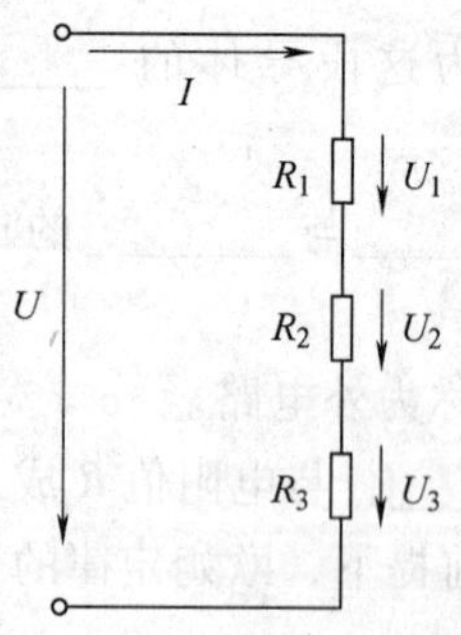

图3-21　电阻串联

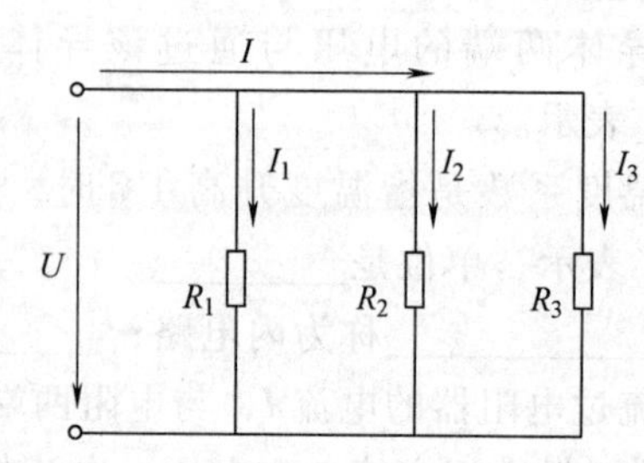

图3-22　电阻并联

知识链接

直流电路中，电阻之间的连接是各种各样的，有串联、并联和串并混联等方式。

一、电阻的串联

把多个电阻逐个顺次连接起来，组成中间无分支的电路，这种连接方式称为电阻的串联。图 3-21 所示就是电阻串联电路。

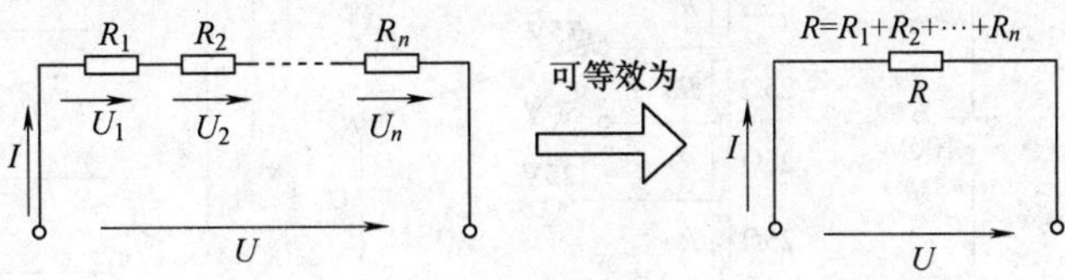

图 3-23　串联电路的等效电阻

1. 电阻串联电路的特点

1）电路中流过每个电阻的电流都相等，即

$$I = I_1 = I_2 = \cdots = I_n$$

2）电路两端的总电压等于各电阻两端的分电压之和，即

$$U = U_1 + U_2 + \cdots + U_n$$

3）电路的等效电阻（即总电阻）等于各串联电阻之和（见图 3-23），即

$$R = R_1 + R_2 + \cdots + R_n$$

4）电路中各个电阻两端的电压与它的阻值成正比，即

$$U_1 : U_2 : \cdots : U_n = R_1 : R_2 : \cdots : R_n$$

可得出，两个电阻串联时，有

$$U_1 = \frac{R_1}{R_1 + R_2}U \qquad U_2 = \frac{R_2}{R_1 + R_2}U$$

此公式称为电阻串联的分压公式。

5）电路的总功率等于各串联电阻消耗的功率之和，且功率与电阻阻值成正比，即

$$P = P_1 + P_2 + \cdots + P_n$$

$$P_1 : P_2 : \cdots : P_n = R_1 : R_2 : \cdots : R_n$$

2. 电阻串联电路的应用

电阻串联电路的应用见表 3-9。

表 3-9　电阻串联电路的应用

获得较大值的电阻	限制和调节电路中的电流
R_1 100Ω　R_2 100Ω R 200Ω	I=10A　E 100V　6Ω R 弧光灯需要 40V电压 10V电流 限流电阻

（续）

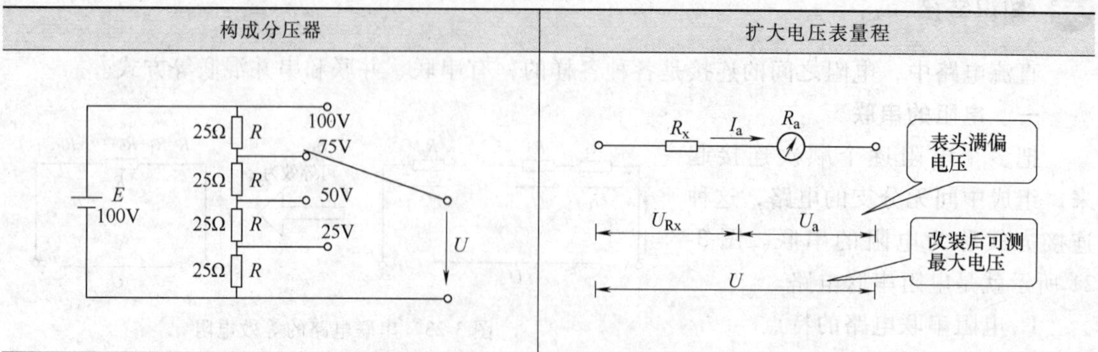

电工仪表所能测量的最大值称为量程。当电路的电压高于万用表电压挡所能测量的最高电压时，我们就需要扩大仪表电压的量程。模拟式万用表就是利用测量机构把过渡电量转换为仪表指针的机械偏转角。它由一只灵敏的磁电式直流电流表（微安表）做表头（其满偏度电流为几微安到几百微安），当微小电流通过表头时就会有电流指示，但表头不能通过大电流，所以必须在表头上串联一定阻值的电阻进行分压，从而实现万用表量程的扩大。

例 3-7　有一只万用表，表头等效电阻 $R_a=10\text{k}\Omega$，满标度电流（即允许通过的最大电流）$I_a=50\mu\text{A}$，如改装成量程为 10V 的电压表，应串联多大的电阻？简要说明扩大仪表电流量程的方法。

解： 参照表 3-9 中扩大电压表量程的图示，结合题意可知：当表头满标度时，表头两端电压 U_a 为

$$U_a = I_aR_a = 50\times10^{-6}\times10\times10^3\text{V} = 0.5\text{V}$$

设量程扩大到 10V 需要串入的电阻为 R_x，则

$$R_x = \frac{U_x}{I_x} = \frac{(U-U_a)}{I_a} = \frac{10-0.5}{50\times10^{-6}}\Omega = 190\text{k}\Omega$$

如需将电压量程扩大到原来的 m 倍，则不难得出串联分压电阻的阻值为 $R_x=(m-1)R_a$。

将 MF47 型万用表直流电压 10V 挡扩大为 20V

步骤如下：

（1）求解串联电阻的阻值　MF47 型万用表测直流电压时的灵敏度为 1V/20kΩ = 50μA，则相当于使用 10V 挡时万用表内阻为 200kΩ，满偏电流为 50μA。根据例题 3-7 的分析方法可求出应串联的电阻为 200kΩ。

（2）选电阻　选一阻值为 200kΩ、1/4W 的电阻，并对其引脚进行去氧化处理。

（3）安装　将选出的电阻串联在万用表的红表笔上，并注意连接一定要牢固。

（4）测量　将万用表调至直流电压 10V 挡（此时实际上是 20V 挡量程），然后用它来测量一节万用表经常使用的 9V 叠层干电池的电压。

（5）读数　根据表盘上 10V 电压标度线读出数值，再乘以 2 即得出测量值。

二、电阻的并联

把两个或两个以上的电阻并列地连接起来，接到电路中的两点之间，这种连接称为电阻的并联。图 3-24 为三个电阻的并联电路。

照明电路以及其他电力负载中，凡是额定工作电压相同的用电器都采用并联的工作方式，这样每个负载都是一个可独立控制的电路，任何一个负载的正常启动或关断都不会影响其他负载的正常工作，从而实现负载额定电压的统一性和标准化。

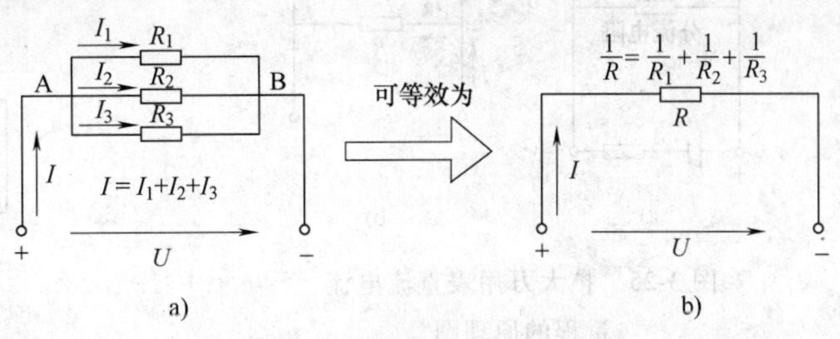

图 3-24　并联电路的等效电阻

a）三个电阻并联的电路　b）等效电路

1. 并联电路的特点

1）电路中各电阻两端的电压相等，且等于电路两端的电压，即

$$U = U_1 = U_2 = \cdots = U_n$$

2）电路的总电流等于流过各电阻的电流之和，即

$$I = I_1 + I_2 + \cdots + I_n$$

3）电路等效电阻（即总电阻）的倒数等于各并联电阻的倒数之和（见图 3-24b），即

$$\frac{1}{R} = \frac{1}{R_1} + \frac{1}{R_2} + \cdots + \frac{1}{R_n}$$

4）电路中通过各支路的电流与支路的电阻成反比，即

$$I_1 : I_2 : \cdots : I_n = \frac{1}{R_1} : \frac{1}{R_2} : \cdots : \frac{1}{R_n}$$

可得出：两个电阻并联时，有

$$I_1 = \frac{R_2}{R_1 + R_2}I \qquad I_2 = \frac{R_1}{R_1 + R_2}I$$

此公式称为电阻并联时的分流公式。

5）电路的总功率等于各并联电阻消耗的功率之和，且功率与电阻成反比，即

$$P = P_1 + P_2 + \cdots + P_n$$

$$P_1 : P_2 : \cdots : P_n = \frac{1}{R_1} : \frac{1}{R_2} : \cdots : \frac{1}{R_n}$$

$$P_n = \frac{U^2}{R_n}$$

2. 电阻并联电路的应用

1）电阻并联的总电阻小于并联电路中的任意一个分电阻，因此，可采用电阻并联的方法来获得较小的电阻。

2）分流。有些场合为了减小流过某元器件的电流，就在这个元件两端并联一个数值适当的电阻进行分流。在电工测量中常用电阻并联的方法组成分流器来扩大电流表的量程，如图 3-25 所示。在表头内阻 R_g 两端并联上一个阻值适当的分流电阻 R_2，可使表头不能承受的部分电流从 R_2 上分流过去。这种由表头和并联分流电阻 R_2 组成的整体（图 3-26 中点画线框住的部分）就是改装后的电流表。如需将量程扩大到原来的 n 倍，则不难得出 R_2 =

$R_g/(n-1)$，如图 3-26 所示。

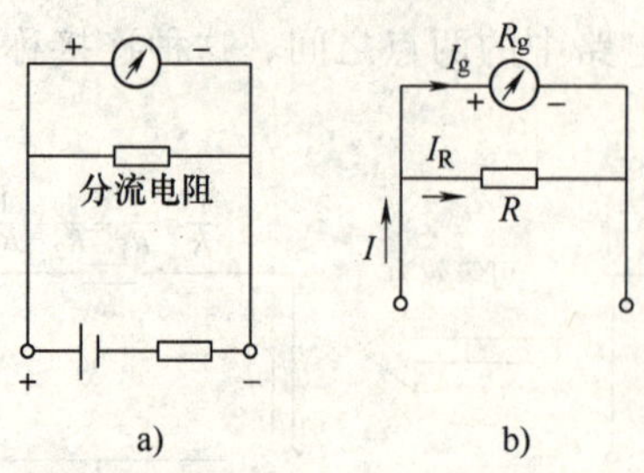

图 3-25　扩大万用表直流电流量程的原理图

a）电路　b）改装表电流分配

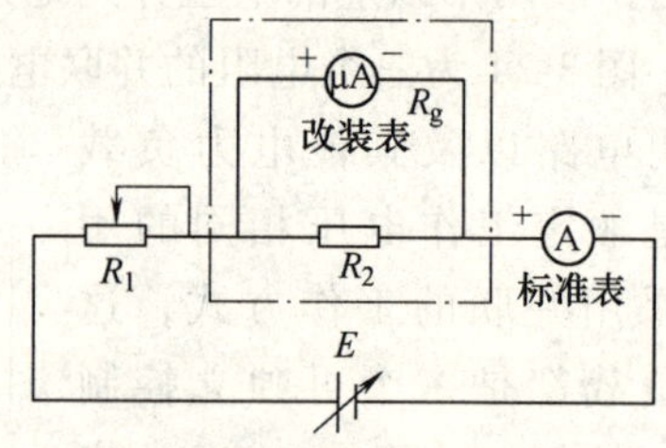

图 3-26　扩大电流表量程的原理图

例 3-8　如图 3-25b 所示，有一内阻 $R_g=5\Omega$，量程 $I_g=50\text{mA}$ 的电流表，如果要将其改装成量程为 500mA 的电流表，问应并联多大的电阻 R？

解法一：

流过分流电阻的电流为　$I_R=I-I_g=500\text{mA}-50\text{mA}=450\text{mA}$

分流电阻两端的电压为　$U_R=U_g=I_gR_g=50\times10^{-3}\text{A}\times5\Omega=0.25\text{V}$

由欧姆定律得出分流电阻为　$R=\dfrac{U_R}{I_R}=\dfrac{0.25}{450\times10^{-3}}\Omega\approx0.56\Omega$

即应并联一只 0.56Ω 的分流电阻。

解法二：

第一步，先计算电流量程扩大倍数　$n=500\text{mA}/50\text{mA}=10$

第二步，计算分流电阻　$R=\dfrac{R_g}{n-1}=\dfrac{5}{10-1}\Omega\approx0.56\Omega$

即应并联一只 0.56Ω 的分流电阻。

小贴士　电功率公式的应用技巧：电功率的数学表达式为 $P=W/t=UI$。对于纯电阻电路，还可以变换为 $P=I^2R$ 或 $P=U^2/R$。

公式 $P=I^2R$ 适合于串联电路功率的计算与比较；公式 $P=U^2/R$ 适合于并联电路功率的计算与比较。

三、电阻的混联

电路中的电阻既有串联又有并联的连接方式称为电阻的混联，如图 3-27 所示。对混联电路中的电阻，有的比较直观，可以直接看出各电阻之间的串、并联关系。一般情况下，可以根据串、并联的特点，判断出各电阻之间的连接关系，将原电路图整理成较为直观的串、并联关系的电路图，用等效变换方法画出其等效电路图，然后再进行求解。

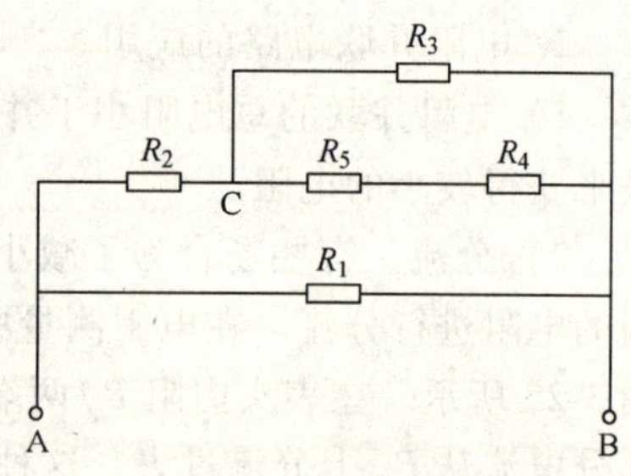

图 3-27　电阻混联电路

例 3-9　在图 3-27 所示的电路中，各电阻的阻值均为 1 欧姆，画出电路的等效电路图，并求出电路 A、B 两点间的等效电阻 R_{AB}。

解： 1）分析出各电路电阻间的串并联关系，并画出各电路图的等效电路图。从图 3-28a 所示的电路中可以看出：R_4 与 R_5 串联后（其等效电阻设定为 R_{45}）再与 R_3 并联（其等效电阻设定为 R_{345}），R_{345} 又再与 R_2 串联（其等效电阻设定为 R_{2345}）。最后，R_{2345} 再与 R_1 并联（其等效电阻设定为 R_{12345}）。其等效电路如图 3-28b 所示。

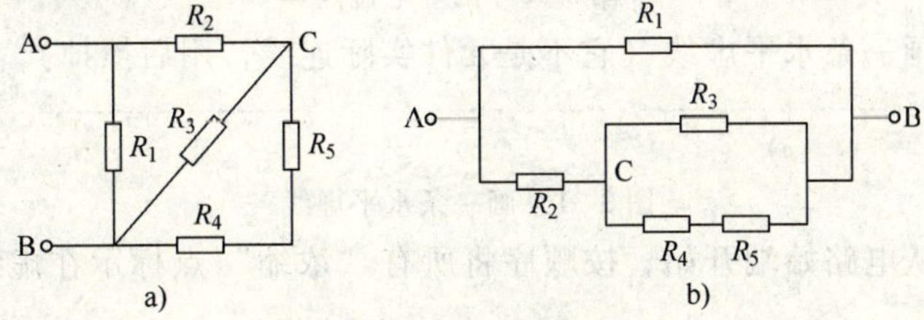

图　3-28

a）混联电路　b）等效电路

2）利用电阻串、并联关系进行求解。R_4 与 R_5 串联后的等效电阻 R_{45} 为 $R_{45}=R_4+R_5=(1+1)\Omega=2\Omega$

R_{45} 与 R_3 并联后的等效电阻 R_{345} 关系式为　$\dfrac{1}{R_{345}}=\dfrac{1}{R_3}+\dfrac{1}{R_{45}}=\dfrac{1}{1}+\dfrac{1}{2}=\dfrac{3}{2}$

则　$$R_{345}=2/3\Omega$$

R_{345} 与 R_2 串联后的等效电阻 R_{2345} 为　$R_{2345}=\quad +R_{345}=(1+2/3)\ \Omega=5/3\Omega$

R_{2345} 与 R_1 并联后的等效电阻 R_{12345} 关系式为

$$1/R_{12345}=1/R_1+1/R_{2345}=$$

由此得出

$$R_{AB}=R_{12345}=5/8\Omega=0.625\Omega$$

四、电阻的等电位等效变换

有些混联电路中的电阻关系比较复杂，不能直接看出各电阻之间的连接关系。复杂电路的等电位等效变换法，就是将电路中导线相连的各点浓缩为一个点，并依次以各点所在位置的顺序进行排序重组的等效变换方法。图 3-29 列出具有代表性的三种混联电路。其等效变换步骤如下：

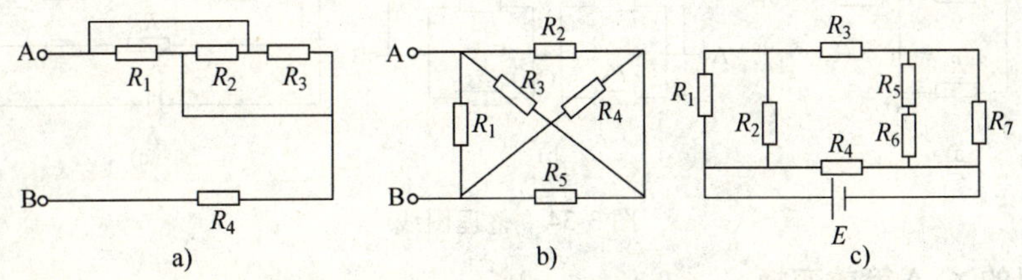

图 3-29　混联电路

（1）圈等电位点　将电路中导线相连的各点（电位相同的点）圈在一起，合并成同一个点来处理，并用字母做好标记，如图 3-30 所示。

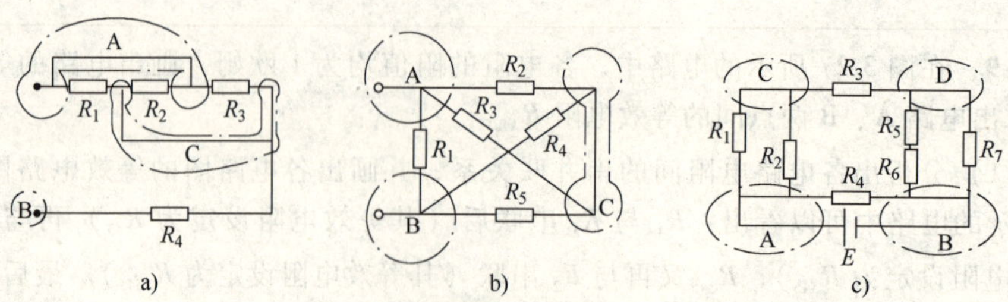

图 3-30　圈等电位点

（2）画虚线　画一条水平虚线（它不是元件实际连线，用后擦掉），如图 3-31 所示。

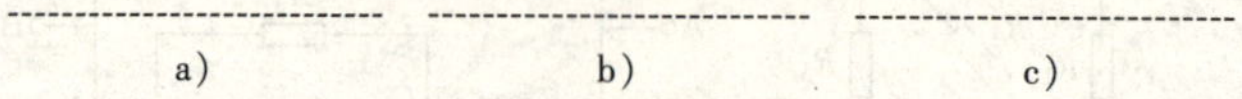

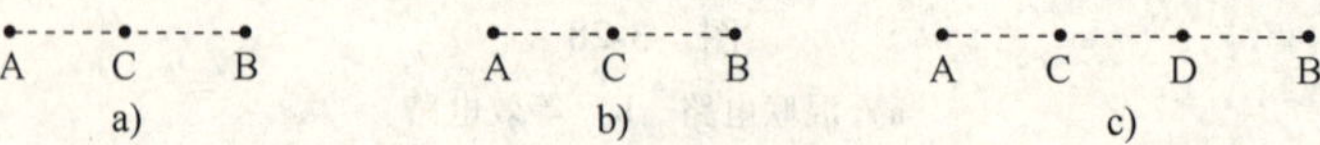

图 3-31　画一条水平虚线

（3）标字母　从电路始端开始，按顺序将所有“浓缩”点标示在虚线上，如图 3-32 所示。

A　C　B
a)
A　C　B
b)
A　C　D　B
c)

图 3-32　在虚线上标字母

（4）连元件　将原电路中各个元件对号入座，并用实线连接到两点之间，如图 3-33 所示。（注意：最右图中 R_5、R_6 应看成是 R_5 与 R_6 相串联的一个电阻，直接连到 D、B 两点之间）。

（5）整理图线　最后对各元件的连接线进行整理（横平、竖直、弯直角），使电路图变得“简单明快”，让人一眼就能判断出各电阻之间的串、并联关系，如图 3-34 所示。

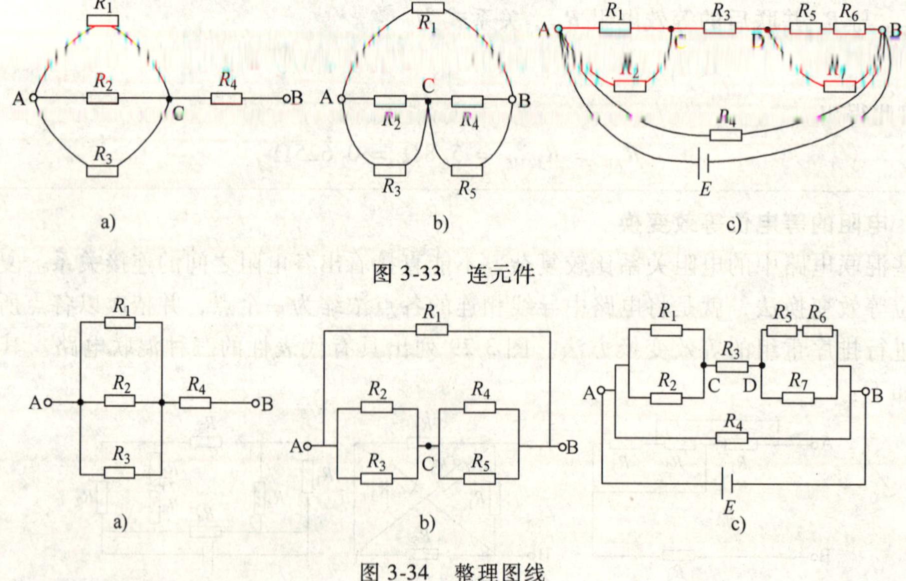

图 3-33　连元件

图 3-34　整理图线

五、电阻的Y-Δ等效变换

电阻的Y-Δ等效变换是复杂电路求解的方法之一。它很好地解决了Y联结和Δ联结之间进行等值互换的问题。

1. 电阻的Y联结和Δ联结

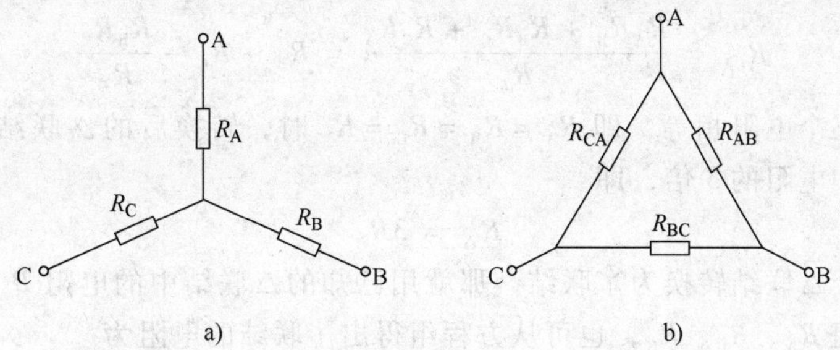

图 3-35　电阻的丫与△联结

a）电阻的丫联结　b）电阻的△联结

1）电阻的丫联结。将三个电阻一端连在一起，另一端分别引出三个接线端，这种连接方式称为电阻的丫联结，如图 3-35a 所示。

2）电阻的△联结。三个端口，每两个端口之间连接一个电阻，这种连接方式称为电阻的△联结，如图 3-35b 所示。

2. 电阻的丫-△等效变换条件

1）对应端口（如 A、B、C 三端口）流入或流出的电流（如 I_A、I_B、I_C）一一相等。

2）对应端口间的电压（如 U_{AB}、U_{BC}、U_{CA}）一一相等。

满足这种条件的两个无源三端网络等效电阻相等。

3. 电阻的丫-△等效变换推理及等值互换公式的求解

图 3-35a 所示的丫联结中 A、B 端的等效电阻为　R_A+R_B

图 3-35b 所示的△联结中 A、B 端的等效电阻为　$\dfrac{R_{AB}(R_{CA}+R_{BC})}{R_{AB}+R_{CA}+R_{BC}}$

两者应相等，即　$R_A+R_B=\dfrac{R_{AB}(R_{CA}+R_{BC})}{R_{AB}+R_{CA}+R_{BC}}$

同理可得 B、C 端，C、A 端的等效电阻关系为

$$R_B+R_C=\frac{R_{BC}(R_{AB}+R_{CA})}{R_{BC}+R_{AB}+R_{CA}}$$

$$R_C+R_A=\frac{R_{CA}(R_{BC}+R_{AB})}{R_{CA}+R_{BC}+R_{AB}}$$

将以上三个式子联立得方程组

$$R_A+R_B=\frac{R_{AB}(R_{CA}+R_{BC})}{R_{AB}+R_{CA}+R_{BC}}$$

$$R_B+R_C=\frac{R_{BC}(R_{AB}+R_{CA})}{R_{BC}+R_{AB}+R_{CA}}$$

$$R_C+R_A=\frac{R_{CA}(R_{BC}+R_{AB})}{R_{CA}+R_{BC}+R_{AB}}$$

如果要将一个丫联结转换为△联结，那就是用已知的丫联结的电阻 R_A、R_B、R_C 来表示△联结的电阻 R_{AB}、R_{BC}、R_{CA}，则从方程组得出由丫联结等效变换为△联结的电阻为

$$R_{AB}=\frac{R_AR_B+R_BR_C+R_CR_A}{R_C}=R_A+R_B+\frac{R_AR_B}{R_C}$$

$$R_{BC}=\frac{R_AR_B+R_BR_C+R_CR_A}{R_B}=R_A+R_C+\frac{R_CR_A}{R_C}$$

$$R_{CA}=\frac{R_AR_B+R_BR_C+R_CR_A}{R_A}=R_B+R_C+\frac{R_BR_C}{R_A}$$

当丫联结的三个电阻相等，即 $R_A=R_B=R_C=R_{\mathrm{Y}}$ 时，转换后的△联结中三个电阻也相等，均为丫联结中电阻的 3 倍，即

$$R_{\triangle}=3R_{\mathrm{Y}}$$

如果要将一个△联结转换为丫联结，那就用已知的△联结中的电阻 R_{AB}、R_{BC}、R_{CA} 来表示丫联结中的电阻 R_A、R_B、R_C，也可从方程组得出丫联结的电阻为

$$R_A=\frac{R_{AB}R_{CA}}{R_{AB}+R_{BC}+R_{CA}}$$

$$R_B=\frac{R_{AB}R_{BC}}{R_{AB}+R_{BC}+R_{CA}}$$

$$R_C=\frac{R_{BC}R_{CA}}{R_{AB}+R_{BC}+R_{CA}}$$

当△联结的三个电阻相等，即 $R_{AB}=R_{BC}=R_{CA}=R_{\triangle}$ 时，转换后的丫联结中三个电阻也相等，均为△联结中电阻的1/3，即

$$R_{\mathrm{Y}}=\frac{1}{3}R_{\triangle}$$

小贴士 巧记“丫-△等效变换”公式

1. 公式：$R_{\triangle}=\dfrac{\text{丫联结电阻两两乘积之和}}{\text{丫联结不相邻电阻}}$　$R_{\mathrm{Y}}=\dfrac{\text{△联结相邻电阻之积}}{\text{△联结电阻之和}}$

2. 公式的记忆。

“丫→△”：分子为电阻两两相乘再相加，分母为待求电阻对面的电阻。

“△→丫”：分子为待求电阻相邻两电阻之积，分母为三个电阻的和。

例 3-10 在图 3-36a 所示电路中，已知 $R_1=2\Omega$，$R_2=4\Omega$，$R_3=5\Omega$，$R_4=R_5=3\Omega$，求a 、b两端间的等效电阻 R_{ab}。

a)

b)

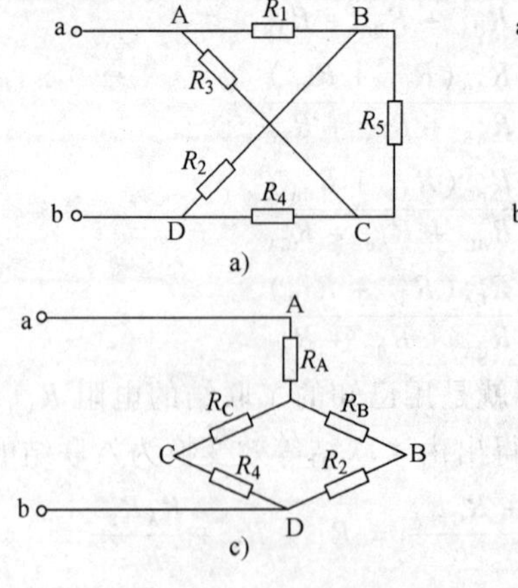

c)

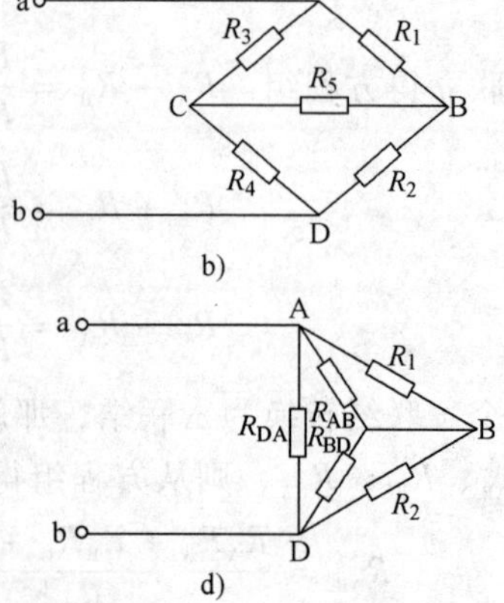

d)

图 3-36　例 3-10 图

解：图 3-36a 所示的电路实际上就是图 3-36b 所示的电桥电路，为求出等效电阻 R_{ab}，可以有两种转换方法。

1）方法一。将图 3-36b 中 R_1、R_3、R_3 构成的△联结转换成丫联结，转换后的结构如图 3-36c 所示，可得

$$R_A = \frac{R_1 R_3}{R_1 + R_3 + R_5} = \frac{2 \times 5}{2 + 3 + 5}\Omega = 1\Omega$$

$$R_B = \frac{R_1 R_5}{R_1 + R_3 + R_5} = \frac{2 \times 3}{2 + 3 + 5}\Omega = 0.6\Omega$$

$$R_C = \frac{R_3 R_5}{R_1 + R_3 + R_5} = \frac{5 \times 3}{2 + 3 + 5}\Omega = 1.5\Omega$$

所以

$$R_{ab} = R_A + \frac{(R_C + R_4)(R_B + R_2)}{R_C + R_4 + R_B + R_2} = \left[1 + \frac{(1.5 + 3)(0.6 + 4)}{1.5 + 3 + 0.6 + 4}\right]\Omega \approx 3.3\Omega$$

2）方法二。将图 3-36b 中 R_3、R_4、R_5 构成的丫联结转换成△联结，转换后的结构如图 3-36d 所示。请同学们利用丫—△公式求解，检验结果是否相同。

一般对这类问题求解都先要对电路的结构进行分析，再确定对哪部分电路进行转换，以使解题过程简捷。

例 3-11　在图 3-37a 中，求流经各个电阻的电流。

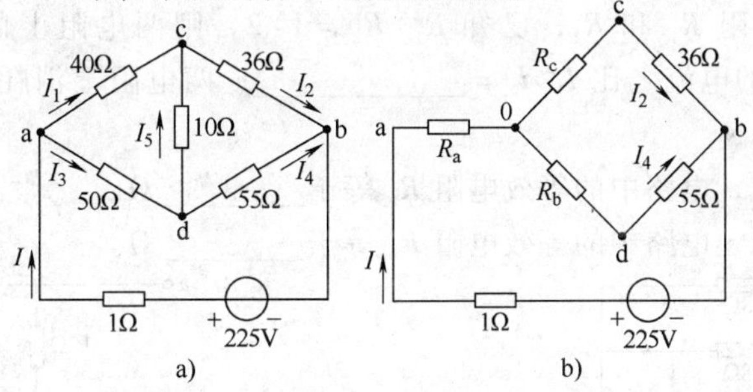

图 3-37　例 3-11 图

解：如图 3-37b 所示，将△联结等效变换为丫联结，得

$$R_a = \frac{50 \times 40}{10 + 50 + 40}\Omega = 20\Omega$$

$$R_c = \frac{40 \times 10}{10 + 50 + 40}\Omega = 4\Omega$$

$$R_b = \frac{10 \times 50}{10 + 50 + 40}\Omega = 5\Omega$$

则由图 3-37b 得

$$R_{ob} = \frac{R_{ocb} R_{odb}}{R_{ocb} + R_{odb}} = \frac{40 \times 60}{40 + 60}\Omega = 24\Omega$$

$$R_{ab} = R_{ao} + R_{ob} = 20 + 24\Omega = 44\Omega$$

$$\begin{cases} I = \dfrac{225}{1+44}\text{A} = 5\text{A} \\ I_4 = \left(\dfrac{40}{40+60}\times 5\right)\text{A} = 2\text{A} \\ I_2 = \left(\dfrac{60}{40+60}\times 5\right)\text{A} = 3\text{A} \end{cases}$$

所以 $U_{ac} = IR_a + I_2R_c = (5\times 20 + 3\times 4)\text{V} = 112\text{V}$

由图 3-37a 得 $I_1 = \dfrac{112}{40}\text{A} = 2.8\text{A}$

由并联分流原理可得 $I_3 = I - I_1 = (5-2.8)\text{A} = 2.2\text{A}$　$I_5 = I_3 - I_4 = (2.2-2)\text{A} = 0.2\text{A}$

知识测评

一、填空题

1. 电阻串联可获得阻值________的电阻，还可以扩大________表的量程；电阻并联可获得阻值________的电阻，还可以扩大________表的量程，工作电压相同的负载几乎都是________联使用的。

2. 两只 8Ω 电阻并联，再串联一只 6Ω 电阻，则其总阻值为________Ω。

3. 通常电灯开得越多，总负载电阻就越________。

4. 有两个并联电阻 R_1 和 R_2，已知 $R_1:R_2 = 1:2$，则两电阻上的电压之比 $U_1:U_2 =$ ________；两电阻上的电流之比 $I_1:I_2 =$ ________；两电阻上消耗的功率之比 $P_1:P_2 =$ ________。

5. 如图 3-38 所示，电路中的等效电阻 R_{ab} 等于________Ω。

6. 如图 3-39 所示，电路中的等效电阻 R_{ab} 等于________Ω。

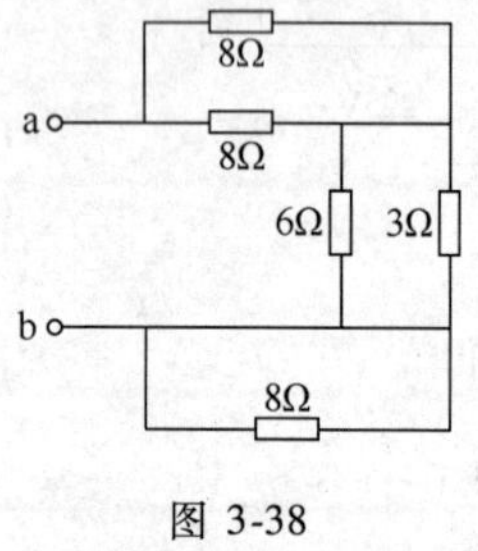

图 3-38

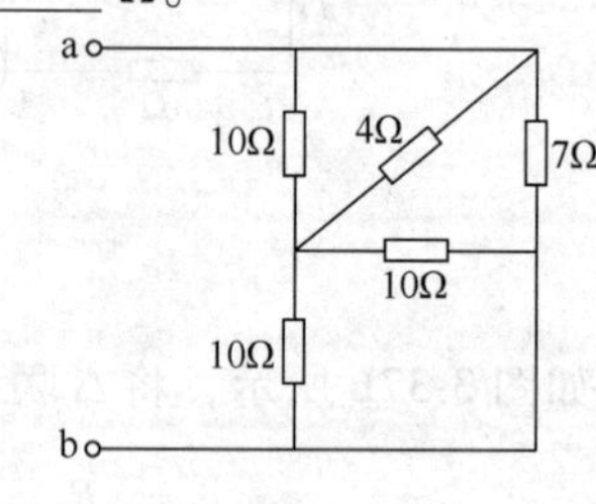

图 3-39

二、选择题

1. 将两只额定值为 220V/100W 的白炽灯串联在 220V 的电源上，每只灯消耗的功率为（　　）（设灯电阻不变）。

A. 100W　　B. 50W　　C. 25W

2. 用一只额定值为 110V/100W 的白炽灯和一只额定值为 110V/40W 的白炽灯串联后接在 220V 的电源上，当将开关闭合时（　　）。

A. 能正常工作　　B. 100W 的灯丝烧毁　　C. 40W 的灯丝烧毁

3. 有一额定值为220V/1000W的电炉，今欲接在380V的电源上使用，可串联的变阻器是（　　）。

A. 100Ω/3A　　B. 50Ω/5A　　C. 30Ω/10A

4. 万用表在测量电压时，应________接入被测电路；在测量电流时应________接入被测电路。（　）

A. 并联；并联　　B. 并联；串联　　C. 串联；串联　　D. 串联；并联

5. 两个8Ω的电阻并联，再串联一只4Ω的电阻，其总阻值为（　　）。

A. 20Ω　　B. 8Ω　　C. 4Ω　　D. 2Ω

6. 标注“100Ω 4W”和“100Ω 25W”的两个电阻串联在一起时，电路中允许加的最大电压为（　　）。

A. 40V　　B. 100V　　C. 140V

任务5　学习基尔霍夫定律

1. 按图3-40连接电路，图中E_1、E_2为直流稳压电源，$R_1=100\Omega$，$R_2=100\Omega$，$R_3=200\Omega$。

2. 将万用表（直流毫安档）串联在各支路中，确认连线正确后，调节E_1、E_2电压值通电测试（调节三组不同的电压值）。将测得的电流值记录在表3-10对应的表格内。

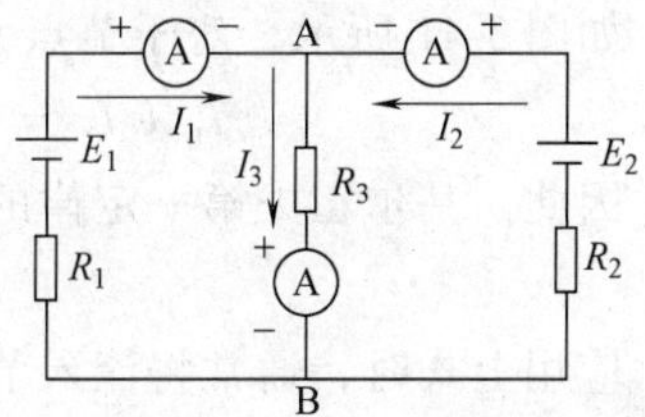

图3-40　基尔霍夫定律的学习

3. 用万用表分别测量两个电源及各电阻两端的电压值，将测得的电压值记录在表3-10对应的表格内。

4. 根据测量结果，分析各电流之间的关系以及电源电压与各电阻两端电压之间的关系。

表3-10　电流值与电压值的测量结果

U_{E1}/V	U_{E2}/V	I_1/mA	I_2/mA	I_3/mA	U_{R1}/V	U_{R2}/V	U_{R3}/V

知识链接

基尔霍夫定律是电路中最基本的定律之一，它概括了电路中电流和电压遵循的基本规律。它既适用于直流电路，也适用于交流电路，对于含有电子元器件的非线性电路也适合。此定律是德国科学家基尔霍夫于1845年提出的，它包含两个定律，即基尔霍夫节点电流定律和基尔霍夫回路电压定律。

一、电路结构术语

（1）复杂电路　不能用电阻串、并联分析方法化简求解的电路称为复杂电路。

（2）支路　流过同一电流的无分支电路称为支路。图 3-40 所示电路中有 3 条支路，即 E_1、R_1 支路；R_3 支路；E_2、R_2 支路。含有电源的支路称为有源支路。图 3-40 所示电路中有 2 条有源支路，即 E_1、R_1 支路；E_2、R_2 支路，不含电源的支路称为无源支路，如 R_3 支路。

（3）节点　3 条或 3 条以上支路的汇合点称为节点。图 3-40 所示电路中有 A 点和 B 点两个节点。

（4）回路　电路中任一闭合路径均称为回路。图 3-40 所示电路中有 A-E_2-R_2-B-R_1-E_1-A、A-E_2-R_2-B-R_3-A、A-R_3-B-R_1-E_1-A 三个回路。

（5）网孔　不包含其他支路的回路称为网孔。图 3-40 所示电路中有 A-E_2-R_2-B-R_3-A、A-R_3-B-R_1-E_1-A 两个网孔。

二、基尔霍夫定律

1. 基尔霍夫第一定律（用 KCL 表示）

（1）定律内容　基尔霍夫第一定律又称节点电流定律，即在任一瞬间，流入某一节点的电流之和恒等于流出该节点的电流之和。用公式表示为

$$\sum I_{入} = \sum I_{出}$$

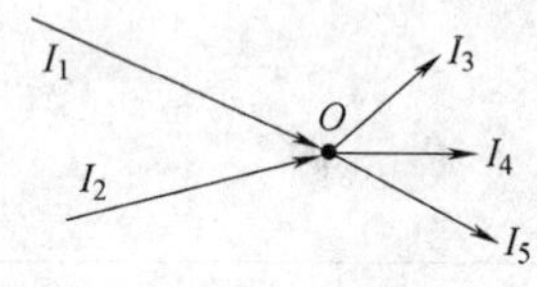

图 3-41　基尔霍夫节点电流定律

如图 3-41 所示，对于节点 O 有

$$I_1 + I_2 = I_3 + I_4 + I_5 \text{ 或 } I_1 + I_2 - I_3 - I_4 - I_5 = 0$$

因此，基尔霍夫第一定律的另一种表述形式为

$$\sum I = 0$$

应用上式时，通常将流入节点的电流取正，流出节点的电流取负。

（2）基尔霍夫节点电流定律的理解　基尔霍夫“节点电流”与水龙头“节点水流”具有相似性，如图 3-42 所示。

水龙头既不耗水，又不储水，所以流入水龙头的水流之和（热水 + 冷水）等于流出总水量（温水）；同理，节点既不耗电，也不储存电（荷），所以流入该节点的电流之和（$I_1 + I_2$）等于流出电流之和（$I_3 + I_4 + I_5$）。

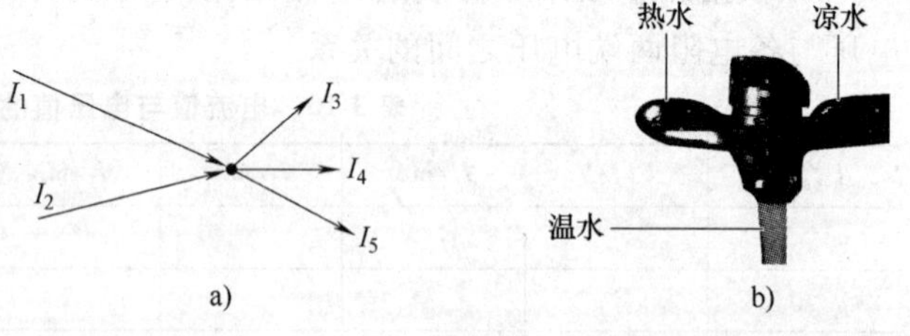

图 3-42　基尔霍夫节点电流定律类比图

a）流入总电流等于流出总电流　b）流入总水量等于流出总水量

基尔霍夫节点电流定律表明电路中的电流具有连续性。电荷在任一节点上既不积累也不消失，这一性质也称为电流连续性原理，是电荷守恒的体现。

要点提示：

1）在应用基尔霍夫节点电流定律求解未知电流时，可先任意假设支路电流的参考方向，列出节点电流方程，再根据计算值的正负来确定未知电流的实际方向。

2）KCL 是按电流的参考方向列方程的，与电路中元器件的性质无关。KCL 对线性电

路、非线性电路、直流电路和交流电路都适用。

3）对有 n 个节点的电路，只能列出（$n-1$）个独立的电流方程。

例 3-12　在图 3-43 所示的电路中，已知 $I_1=2\text{A}$，$I_2=-3\text{A}$，$I_3=-2\text{A}$，试求 I_4 的大小。

解：由基尔霍夫第一定律可知

$$I_1-I_2+I_3-I_4=0$$

即

$$2\text{A}-(-3\text{A})+(-2\text{A})-I_4=0$$

代入已知值可得

$$I_4=3\text{A}$$

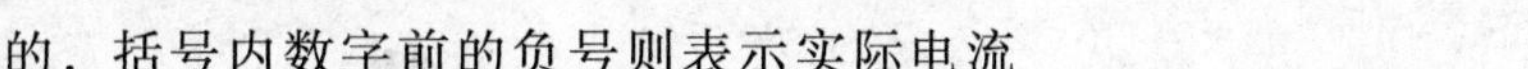

图 3-43　例 3-12 图

式中括号外的正负号是由基尔霍夫电流定律根据电流的参考方向确定的，括号内数字前的负号则表示实际电流方向和参考方向相反。

例 3-13　如图 3-44 所示，求电流 I_3。

解：由基尔霍夫电流定律可知，对 A 节点有

$$I_1-I_2-I_3=0$$

因为 $I_1=I_2$，所以 $I_3=0$。

同理，对 B 节点有

$$I_4-I_5+I_3=0$$

因为 $I_4=I_5$，所以也可得出 $I_3=0$。

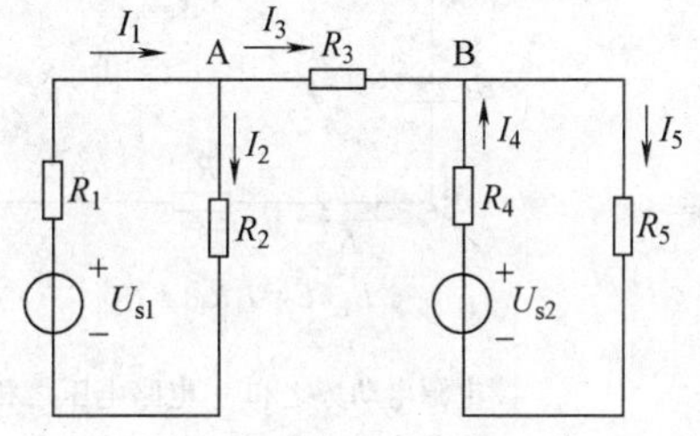

图 3-44　例 3-13 图

由此可知，没有构成闭合回路的单支路电流为零。

基尔霍夫节点电流定律不仅适用于电路中一个实际节点，而且还可以推广应用于任一假设的闭合面（广义节点）。

图 3-45 所示电路中，闭合曲线所包围的是一个三角形电路，它有 3 个节点。应用基尔霍夫电流定律可以列出节点方程为

节点 A：　$I_A=I_{AB}-I_{CA}$

节点 B：　$I_B=I_{BC}-I_{AB}$

节点 C：　$I_C=I_{CA}-I_{BC}$

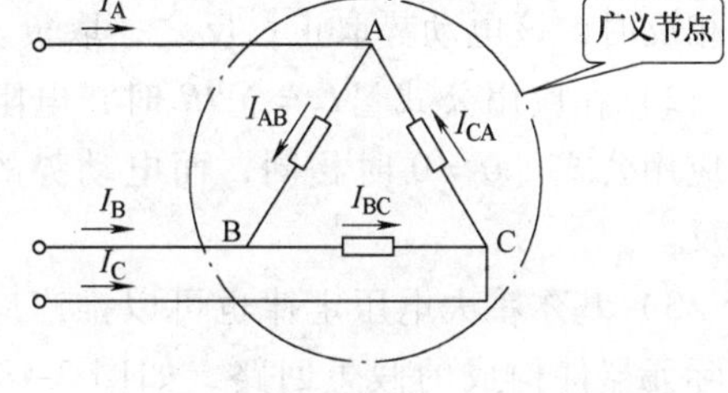

图 3-45　广义节点图

上面三式相加可得

$$I_A+I_B+I_C=0 \text{ 或 } \sum I=0$$

即流入此闭合面的电流恒等于流出该闭合面的电流。

2. 基尔霍夫第二电压定律（用 KVL 表示）

（1）定律内容　基尔霍夫第二定律又称为回路电压定律，即在任一闭合回路中，各段电路电压的代数和恒等于零。用公式表示为

$$\sum U=0$$

图 3-46 中，按虚线方向循环一周，根据电流的参考方向可列出 $U_{AB}+U_{BC}+U_{CD}+U_{DA}=0$

即

$-E_1+I_1R_1-E_2+I_2R_2=0$ 或 $E_1+E_2=I_1R_1+I_2R_2$

可得到基尔霍夫电压定律的另一种表示形式

$$\sum E=\sum IR$$

即在任一回路中，电动势的代数和恒等于电阻上电压的代数和。

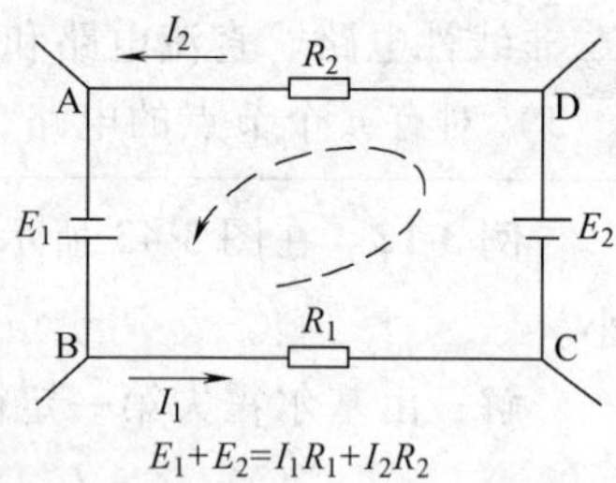

图 3-46　基尔霍夫回路电压定律

（2）基尔霍夫回路电压定律的理解　“基尔霍夫回路电压定律”与“攀登高度”具有相似性，如图 3-47 所示。回路 A→B→C→D→A 中，电位上升的有 U_{AB} 和 U_{CD} 共上升了 (E_1+E_2)；电位下降的有 U_{BC} 和 U_{DA} 共下降了 $(I_1R_1+I_2R_2)$。表达式 $E_1+E_2=I_1R_1+I_2R_2$ 正好是电位上升之和等于电位下降之和的表达。

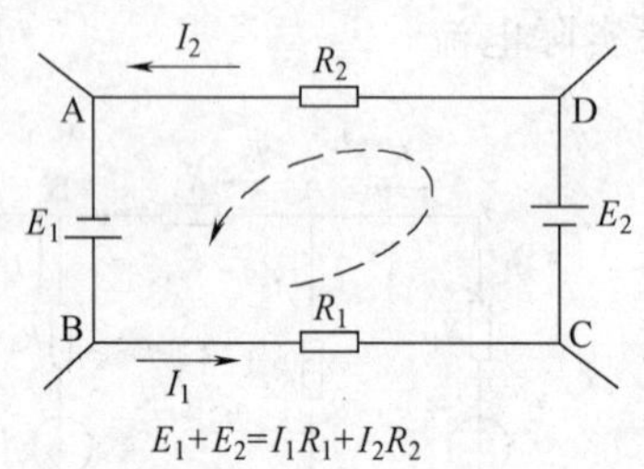

a)

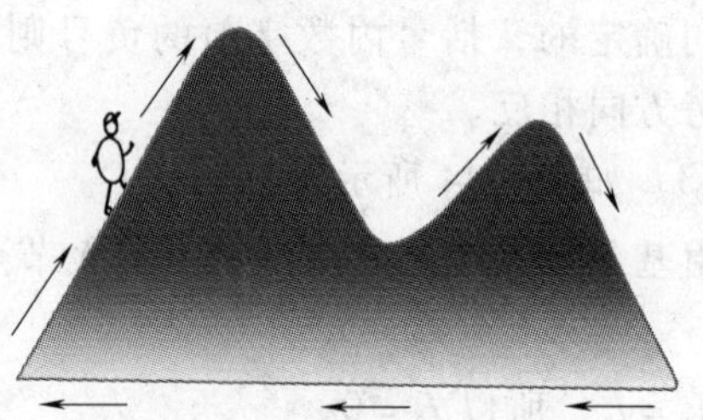

b)

图 3-47　基尔霍夫电压定律类比图

要点提示：

1）在应用公式 $\sum U=0$ 时，凡电流的参考方向与回路绕行循环方向一致的，该电流在电阻上所产生的电压取正；反之，取负。电动势也作为电压来处理，即电动势的方向与绕行方向相反时，该电动势取正；反之，取负。

2）在应用公式 $\sum E=\sum IR$ 时，电阻上电压的规定与应用公式 $\sum U=0$ 时相同，而电动势的正负号则恰好相反。

3）基尔霍夫电压定律也可以推广应用于不完全由实际元器件构成的假想回路，如图 3-48 所示。图 3-48 电路中，A、B 两点并不闭合，但仍可将 A、B 两点间的电压列入回路电压方程，可得

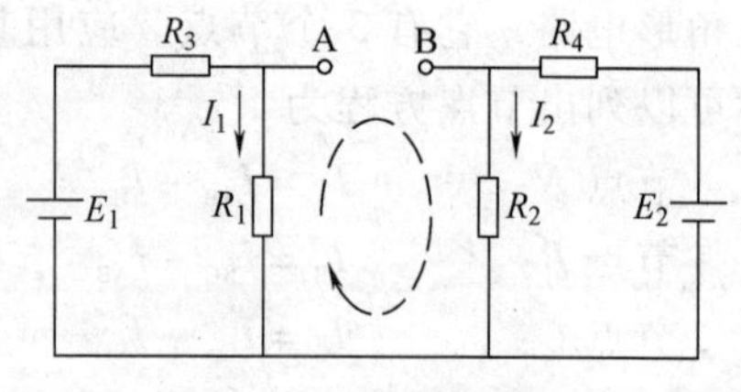

图 3-48　假想回路

$$\sum U=U_{AB}+I_2R_2-I_1R_1=0$$

利用仿真软件 Multisim 仿真如图 3-49 所示的电路，测量各个支路的电流与各回路中每个元器件的端电压，并将数据填入表 3-11 中，以验证基尔霍夫定律。

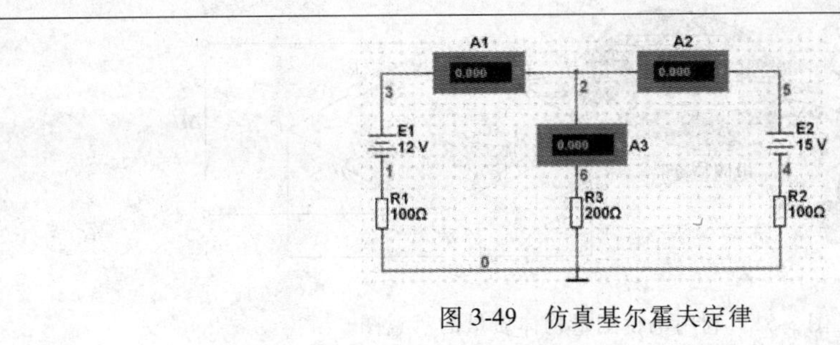

图 3-49　仿真基尔霍夫定律

表 3-11　支路电流与元件端电压的测量结果

U_{E1}/V	U_{E2}/V	I_1/mA	I_2/mA	I_3/mA	U_{R1}/V	U_{R2}/V	U_{R3}/V

知识拓展

电桥简介

电桥是一种常用的比较式仪表，它是用准确度很高的元件（如标准电阻器、电感器、电容器）作为标准量，然后用比较的方法去测量电阻、电感、电容等电路参数，所以电桥测量的准确度很高；而且测量技术原理简单、测量方便、快速准确、优势明显。

1. 直流电桥平衡条件

电桥是测量技术中常用的一种电路形式。如图 3-50 所示，四个电阻 R_1、R_2、R 和 R_x 都称为桥臂，R_x 是待测电阻。B、D 间接入检流计 G。调整 R_1、R_2、R 三个已知电阻，直至检流计读数为零，这时称为电桥平衡。

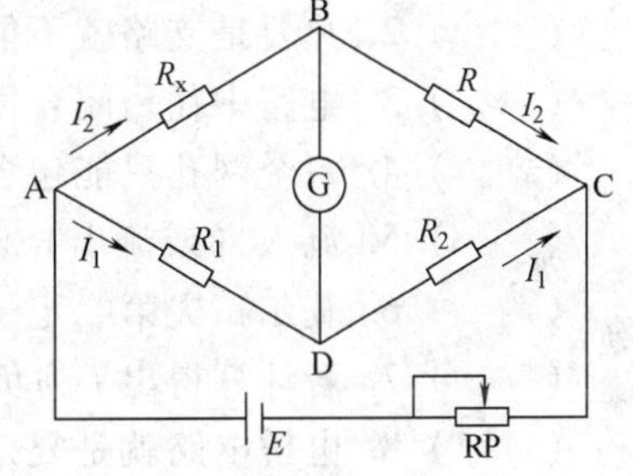

图 3-50　直流电桥电路

电桥平衡时 B、D 两点电位相等，即

$$U_{AB} = U_{AD} \quad U_{BC} = U_{DC}$$

有 $$R_1 I_1 = R_x I_2 \qquad R_2 I_1 = R I_2$$

可得 $$R_1 R = R_2 R_x$$

即 $$R_x = \frac{R_1}{R_2} R$$

所以电桥的平衡条件是：电桥对臂电阻的乘积相等。利用直流电桥平衡条件可求出待测电阻 R_x 的值。

为了测量简便，R_1 与 R_2 之比常采用十进制倍率，R 则用多位十进制电阻箱，使测量结果可以有多位有效数字，并且选用精度较高的标准电阻，这样测得的结果就比较准确。

2. 电桥的应用

（1）利用电桥测量温度　把铂（或铜）电阻置于被测点，当温度变化时，电阻值也随之改变，利用电桥测出电阻值的变化，即可间接得知温度的变化量。

（2）利用电桥测量质量　把电阻应变片紧贴在承重的部位，当它受到力的作用时，电阻应变片的电阻就会发生变化，通过电桥电路可以把电阻的变化量转换成电压的变化量，经过电压放大器放大和处理后，最后显示出物体的质量，如图 3-51 所示。

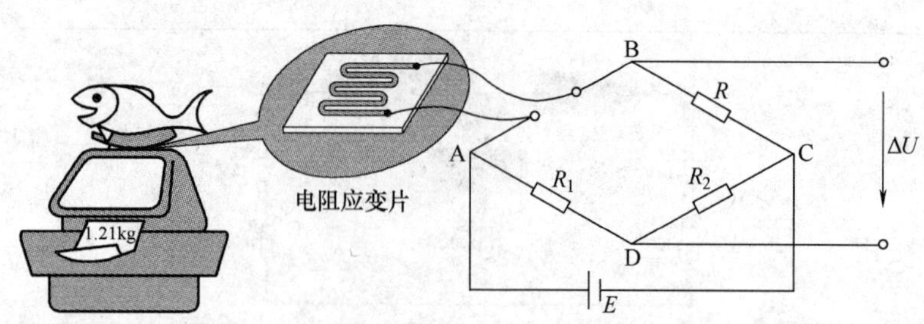

图 3-51　利用电桥测量物体质量的示意图

知识测评

一、填空题

1. 流过同一电流的无分支电路称为______。3 条或 3 条以上支路的汇合点称为______。电路中任一闭合路径称为____________。

2. 基尔霍夫第一定律又叫__________定律，简写为__________，即在任一时刻，流入某一节点的__________等于从该节点流出的电流之和，数学表达式为__________。

3. 基尔霍夫第二定律又叫____________定律，简写为____________，即在任一闭合回路中，各段电路____________恒等于零，数学表达式为____________。

二、判断题

(　　) 1. 根据欧姆定律和电阻的串、并联关系可以求解复杂电路。

(　　) 2. 只要是支路就不能含有电源。

(　　) 3. 电路中任一闭合回路都可以称为网孔。

(　　) 4. 一个网孔只能包含一个回路，而一个回路可包含多个网孔。

(　　) 5. 流入（或流出）电路中任一闭合面的各电流的代数和等于零。

(　　) 6. 基尔霍夫第二定律只适用于闭合回路，在开口电路中不适用。

(　　) 7. 若计算得出 I 为负值，则说明电流的实际方向与参考方向相同。

(　　) 8. 电桥电路就是复杂电路。

三、选择题

1. 在直流电路中，基尔霍夫第二定律的正确表达式是（　　）。

A. $\sum \dot{U}=0$　　B. $\sum U=0$　　C. $\sum IR=0$　　D. $\sum E=0$

2. 对有 n 个节点的电路，应用基尔霍夫第一定律列电流方程，只能列出（　　）个独立的电流方程。

A. $n-1$　　B. n　　C. $n+1$　　D. $n+2$

任务 6　分析复杂直流电路

做一做

图 3-52 所示电路中有几个回路呢？图中 a、b 和 c 三点的电位相等吗？利用仿真软件 Multisim 仿真图 3-52 所示电路检验你的结论。

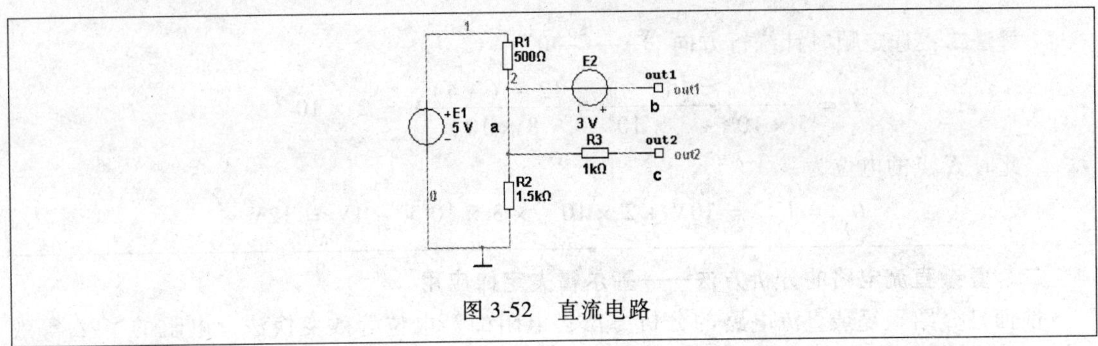

图 3-52　直流电路

知识链接

一、电路中电压与电位的计算

在分析电路时，通常要应用电位这个概念，例如对二极管来讲，只有当它的阳极电位高于阴极电位时，管子才能导通；否则就截止。在讨论晶体管的工作状态时，也要分析各个极的电位高低。掌握电路中电压与电位的计算，对分析复杂直流电路尤为重要。

在一个较复杂的电路中计算电位时可以根据其定义来计算，方法归纳为以下几点：

1）选好参考点，即零电位点。

2）选择待求电位点到零电位点最简捷的绕行路径，用欧姆定律计算电路电流和各电阻上的电压。

3）列出选定路径上各元器件电压代数和的方程，即可求出该点的电位。

例 3-14　图 3-53a 所示为某电子产品线路板上的部分电子电路（假设 10V 电源支路无电流），求 A 点的电位。

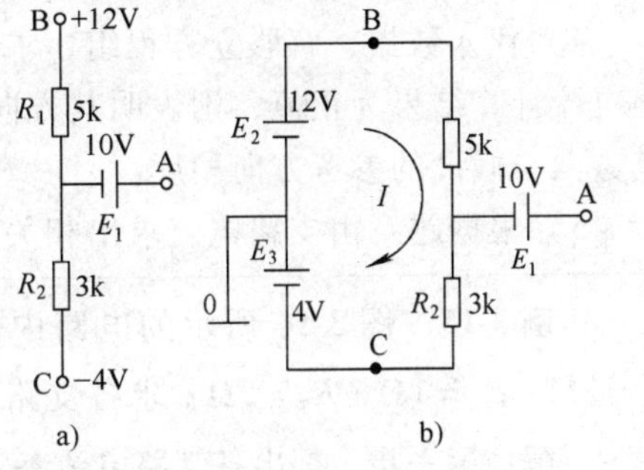

图 3-53　例 3-14 图

解法一：

1）图 3-53a 中标注的“+12V”、“−4V”都是相对参考点而言的，即电路中零电位参考点（“0”点）已确定，可将图 3-53a 画成图 3-53b 所示的形式。

2）选择待求电位点到零电位点最简捷的绕行路径为 A→B→0。电阻 R_1 处于 E_2、R_1、R_2 和 E_3 组成的电路中。电阻 R_1 中电流 I 为

$$I = \frac{E_2 + E_3}{R_1 + R_2} = \frac{12 + 4}{5 \times 10^3 + 3 \times 10^3}\text{A} = 2 \times 10^{-3}\text{A}$$

电流方向如图 3-35b 箭头所示，电阻 R_1 两端电压为

$$U_{R1} = IR_1 = 5 \times 10^3 \times 2 \times 10^{-3}\text{V} = 10\text{V}$$

则电流流进端电位高于电流流出端电位。

3）列出选定路径上各元件电压代数和的方程式，即

$$U_A = E_1 - U_{R1} + E_2 = 10\text{V} - 10\text{V} + 12\text{V} = 12\text{V}$$

解法二： 选定顺时针绕行方向“A→C→0”

$$I = \frac{U_B - U_C}{5\times10^3 + 3\times10^3} = \frac{12-(-4)}{8\times10^3}\text{A} = 2\times10^{-3}\text{A}$$

此时 A 点的电位为

$$U_A = U_{A0} = 10\text{V} + 2\times10^{-3}\times3\times10^3\text{V} - 4\text{V} = 12\text{V}$$

二、复杂直流电路的分析方法——基尔霍夫定律应用

前面已介绍了复杂直流电路的分析方法：电阻的等电位等效变换法、电阻的Y-△等效变换法，它只适用于部分特殊结构形式的电路。例如，要求解图 3-40 所示的含源电路，可采用支路电流法、网孔电流法或节点电压法进行分析。这三种基本方法就是基尔霍夫定律的具体应用，它建立在不改变电路结构的基础上，从选择电路的变量（电流或电压）入手，根据 KCL、KVL 建立电路变量方程，实现变量的求解。

1. 支路电流法

以每条支路的电流为未知量，应用基尔霍夫定律列出节点电流和回路电压方程，求解支路电流的方法称为支路电流法。解题步骤如下：

1）确定电路中节点个数 n 和支路条数 b，则未知电流数（支路数）为 b。

2）以支路电流为变量，假设电流参考方向，应用基尔霍夫节点电流定律列出（$n-1$）个独立的节点电流方程。

3）选定回路绕行方向，应用基尔霍夫回路电压定律列出 $b-(n-1)$ 个独立的回路电压方程（注意：对网孔列方程亦可）。

4）代入数据，解联立方程组，求解出各支路电流，确定各支路电流的实际方向。若支路电流计算结果为正值，则表明其方向与假设的参考方向相同；若计算结果为负值，则表明其方向与假设的参考方向相反。

5）根据题意由支路电流求出相关物理量。

例 3-15 图 3-54 所示的电路中，$E_1 = E_2 = 17\text{V}$，$R_1 = 2\Omega$，$R_2 = 1\Omega$，$R_3 = 5\Omega$，求各支路电流。

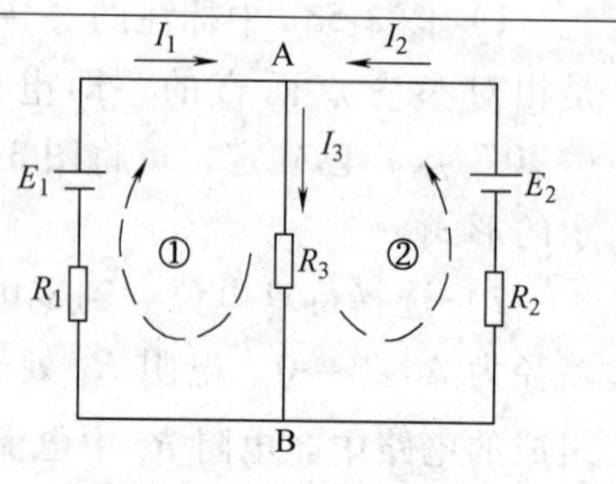

图 3-54 例 3-15 图

解： 第一步，标出各支路电流参考方向和独立回路的绕行方向，应用基尔霍夫第一定律列出节点电流方程为

$$I_1 + I_2 = I_3$$

第二步，应用基尔霍夫电压定律列出回路电压方程。

对于回路①有 $E_1 = I_1R_1 + I_3R_3$

对于回路②有 $E_2 = I_2R_2 + I_3R_3$

整理得联立方程

$$\begin{cases} I_1 + I_2 = I_3 \\ 2I_1 + 5I_3 = 17 \\ I_2 + 5I_3 = 17 \end{cases}$$

第三步，解联立方程得出 $I_1=1\text{A}$，$I_2=2\text{A}$，$I_3=3\text{A}$。

计算得出 I_1、I_2、I_3 电流值都大于零，表明电流方向都和假设方向相同。

做一做

利用仿真软件 Multisim 仿真图 3-54 所示的电路，测量各个支路的电流，验证支路电流法。

小贴士 原则上支路电流参考方向和独立回路绕行方向可以任意假设，但绕行方向最好取与电动势方向一致；对具有两个以上电动势的回路，则可取电动势较大的方向为绕行方向。

2. 网孔电流法

以假想的网孔电流为未知量，将各网孔的回路电压方程联立求解的方法称为网孔电流法。解题步骤如下：

1）假定网孔电流方向，并以此方向作为网孔的绕行方向（若有 m 个网孔就有 m 个网孔电流），通常取顺时针方向。

2）根据基尔霍夫定律列出网孔回路电压方程。本网孔电流在本回路所有电阻上的电压为正；相邻网孔电流在公共电阻上与本网孔电流方向相同时，电压为正；否则，电压为负。方程中电动势符号的判断方法与基尔霍夫回路电压方程相同。

3）联立方程组，求解得出网孔电流值。

4）根据网孔电流与支路电流的关系式，求得各支路电流或其他相关物理量。

例 3-16 用网孔电流法求例 3-15 电路中各支路电流。

解：设电路中两网孔的电流分别为 I_{m1}、I_{m2}，方向为顺时针方向。通过 R_1、R_2、R_3 的电流分别为 I_1、I_2、I_3 方向，如图 3-55 所示。根据 KVL 列出两网孔的回路电压方程为

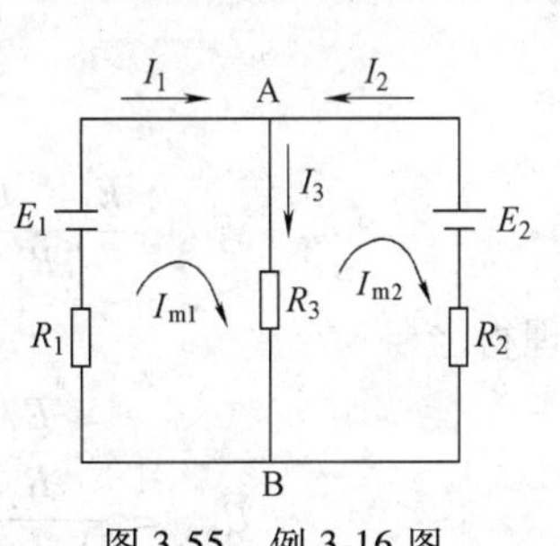

图 3-55 例 3-16 图

$$I_{m1}(R_1+R_3)-I_{m2}R_3=E_1$$

$$-I_{m1}R_3+I_{m2}(R_3+R_2)=-E_2$$

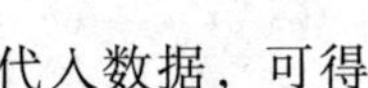

代入数据，可得

$$7I_{m1}-5I_{m2}=17$$

$$-5I_{m1}+6I_{m2}=-17$$

解得

$$I_{m1}=1\text{A}\quad I_{m2}=-2\text{A}$$

各支路电流

$$I_1 = I_{m1} = 1\text{A}$$
$$I_2 = -I_{m2} = 2\text{A}$$
$$I_3 = I_{m1} - I_{m2} = 3\text{A}$$

3. 节点电压法

在图 3-56 所示的电路中，有 4 条支路、3 个独立回路（即网孔）、2 个节点数（A 和 B）。求解此类支路多、节点少的复杂直流电路宜采用节点电压法。

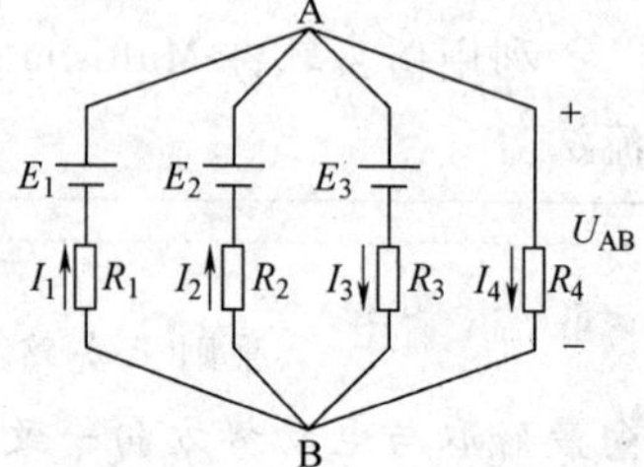

图 3-56 节点电压法

电路中任意两节点之间的电压，称为节点电压。以节点电压为未知量，列出各节点的电流方程，求出节点电压后，再应用基尔霍夫定律或欧姆定律求出各支路电流或电压的方法称为节点电压法。

以图 3-56 为例推导公式：以 B 点为参考点，根据基尔霍夫定律或欧姆定律可得到各个支路的电流为

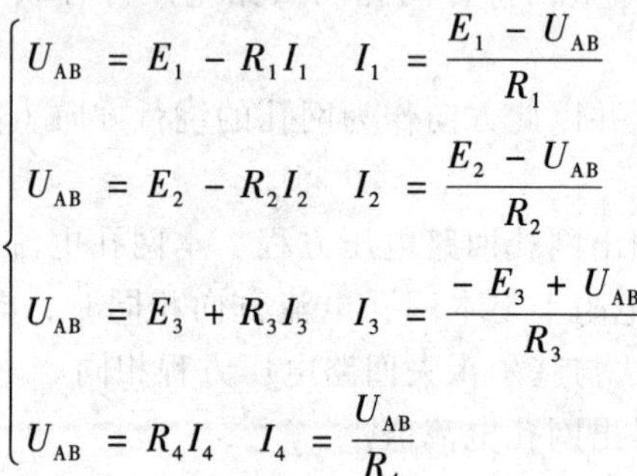

$$\begin{cases} U_{AB} = E_1 - R_1 I_1 \quad I_1 = \dfrac{E_1 - U_{AB}}{R_1} \\ U_{AB} = E_2 - R_2 I_2 \quad I_2 = \dfrac{E_2 - U_{AB}}{R_2} \\ U_{AB} = E_3 + R_3 I_3 \quad I_3 = \dfrac{-E_3 + U_{AB}}{R_3} \\ U_{AB} = R_4 I_4 \quad I_4 = \dfrac{U_{AB}}{R_4} \end{cases}$$

根据基尔霍夫电流定律可知，节点 A 有

$$I_1 + I_2 - I_3 - I_4 = 0$$

则

$$\frac{E_1 - U_{AB}}{R_1} + \frac{E_2 - U_{AB}}{R_2} - \frac{-E_3 + U_{AB}}{R_3} - \frac{U_{AB}}{R_4} = 0$$

整理得

$$U_{AB} = \frac{\dfrac{E_1}{R_1} + \dfrac{E_2}{R_2} + \dfrac{E_3}{R_3}}{\dfrac{1}{R_1} + \dfrac{1}{R_2} + \dfrac{1}{R_3} + \dfrac{1}{R_4}} = \frac{\sum \dfrac{E}{R}}{\sum \dfrac{1}{R}} \quad 即 \quad U_{AB} = \frac{\sum (EG)}{\sum G}$$

上式表明：节点电压等于各支路电动势与该支路电导乘积的代数和除以各支路电导的代数和。

在上式中，分母的各项总为正；分子的各项可以为正，也可以为负。当电动势和节点电压的参考方向相反时取正号，相同时则取负号。

例 3-17 用节点电压法求例 3-15 电路中各支路电流。

解： 图 3-54 所示电路中只有两个节点 A 和 B。以 B 点为参考点，A 点的节点电压为

$$U_{AB}=\frac{\frac{E_1}{R_1}+\frac{E_2}{R_2}}{\frac{1}{R_1}+\frac{1}{R_2}+\frac{1}{R_3}}=\frac{\frac{17}{2}+\frac{17}{1}}{\frac{1}{2}+\frac{1}{1}+\frac{1}{5}}\text{V}=15\text{V}$$

由此可计算出各支路电流分别为

$$I_1=\frac{E_1-U_{AB}}{R_1}=\frac{17-15}{2}\text{A}=1\text{A}$$

$$I_2=\frac{E_2-U_{AB}}{R_2}=\frac{17-15}{1}\text{A}=2\text{A}$$

$$I_3=\frac{U_{AB}}{R_3}=\frac{15}{5}\text{A}=3\text{A}$$

知识测评

一、填空题

1. 用网孔电流法列各网孔的回路电压方程时，方程中正、负的确定原则是：本回路电流在本回路所有电阻上的电压降为______；相邻回路电流在公共支路电阻上的电压降，视相邻回路电流的方向与本回路电流方向而定，若方向______取正，反之取负。

2. 由网孔电流求解各支路电流时，当网孔电流方向与支路电流参考方向______时取正，反之取负。

3. 节点电压法是以______为未知量，先求出______，再根据______________求出各支路电流或电压的方法。

二、判断题

(　　) 1. m 个网孔就可列 m 个独立回路方程。

(　　) 2. 本网孔电流在本回路所有电阻上的电压降有正，也有负。

(　　) 3. 在同一回路中，流过的电流一定是同一电流。

(　　) 4. 单独支路电流方向与网孔电流的参考方向一致。

(　　) 5. 公共支路电流一定等于相邻网孔电流之差。

(　　) 6. 运用支路电流法求解复杂直流电路时不一定以支路电流为未知量。

(　　) 7. 采用支路电流法，根据基尔霍夫定律列出的独立回路电压方程的个数等于电路的网孔数。

(　　) 8. 当复杂电路中支路数较多时，适宜采用网孔电流法。

任务 7　认识电压源与电流源

想一想

在实际应用中，电源的种类多种多样，如干电池、蓄电池、光电池、发电机等，它们向负载供电时的形式都相同吗？如果供电形式不同，能不能相互转换呢？

知识链接

一个实际电源可以用两种不同的电路模型来表示。一种是用恒定电动势与电阻串联的模型来表示，称为电压源模型；另一种是用恒定电流源与电阻并联的模型来表示，称为电流源模型。将电源看作电压源或电流源，并将电压源和电流源进行等效变换（由电源内阻大小决定）是解决复杂含源电路最有效的途径。

一、电压源

（一）实际电压源

实际电源的端电压都是随着输出电流的增大而降低，因为电源有内阻；可以把一个实际电源等效成一个恒定电动势 E 和内阻 r 串联的电压源模型，如图 3-57a 所示。电压源以输出电压的形式向负载供电，输出电压（端电压）的大小为

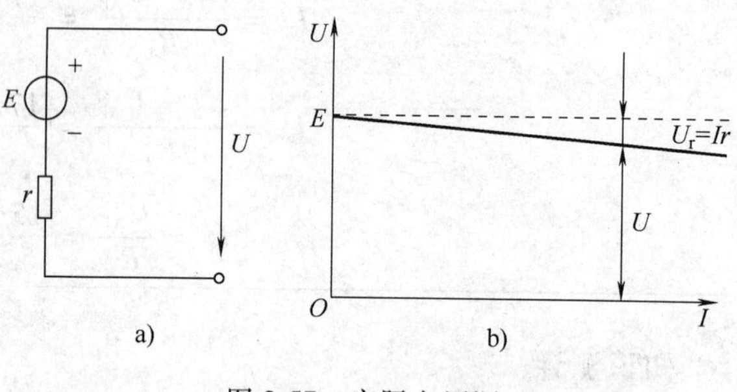

图 3-57　实际电压源

a）等效电路　b）伏安特性

$$U = E - Ir$$

可见，电源内阻 r 越小，端电压的变化就越小，端电压越接近恒定值。电压源可分为直流电压源和交流电压源。常见的电压源有干电池、蓄电池、发电机等。

如图 3-57b 所示，实际电压源特性：

1）开路时，$U=E$（最大），$I=0$。

2）短路时，$I=E/r$（最大），$U=0$。

3）工作时，I 越大 U 越小。

> **小贴士**　电压源不能短路。

（二）理想电压源

如果电压源内阻 r 为零，则端电压为恒定值，即 $U=E$，此时端电压与输出电流无关。把这样的电压源称为理想电压源或恒压源，如图 3-58 所示。理想电压源是不存在的，对于实际电压源，r 越小，则越接近理想电压源。

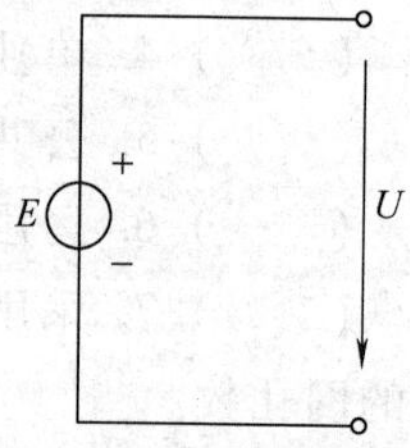

图 3-58　理想电压源

（三）电压源的串联

当两个或两个以上的电压源串联使用时，可以用一个等效电压源来代替。等效电压源的电动势等于各个电压源电动势的代数和，即

$$E = E_1 + E_2 + \cdots + E_n$$

>  **小贴士**　上式中任一电压源电动势的方向与等效电动势 E 的方向相同时取正，反之取负。

电压源串联时的等效内阻等于各电压源的内阻之和，即

$$r = r_1 + r_2 + \cdots + r_n$$

二、电流源

（一）实际电流源

实际使用的稳流电源、光电池等可视为电流源，电流源以输出电流的形式向负载供电。把一个实际电流源等效成一个恒定电流源 I_s 和内阻 r'并联的电流源模型，如图 3-59a 所示。输出端电压 U 与输出电流 I 的关系为

$$I = I_s - U/r' = I_s - I_0$$

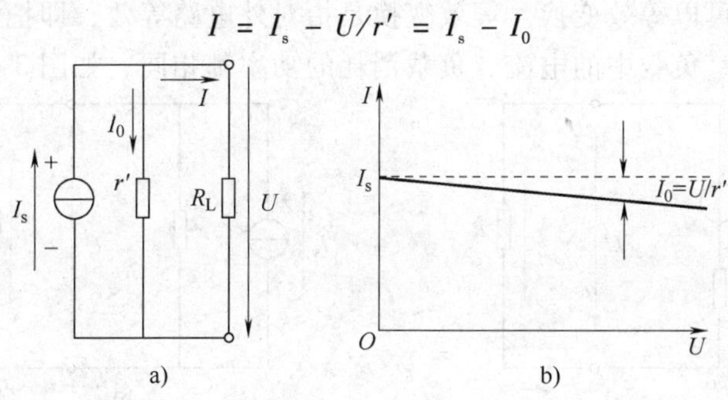

图 3-59　实际电流源

a）等效电路　b）伏安特性

上式说明：电源输出的电流 I_s 在内阻上分流为 I_0，在负载 R_L 上分流为 I。

从上式中可以看出，电源内阻 r'越大、输出电流的变化越小，也就越接近恒定值。

如图 3-59b 所示，实际电流源特性：

1）开路时，$U = I_s r'$（最大），$I = 0$。

2）短路时，$I = I_s$（最大），$U = 0$。

3）工作时，U 越大则 I 越小。

> **小贴士**　电流源不能开路。

（二）理想电流源

若电流源内阻 r'为无穷大，则其输出的电流为恒定值，即 $I = I_s$。此时输出电流与端电压无关，把这样的电流源称为理想电流源或恒流源，如图 3-60 所示。理想电流源是不存在的，对于实际电流源，r'越大，则越接近理想电流源。

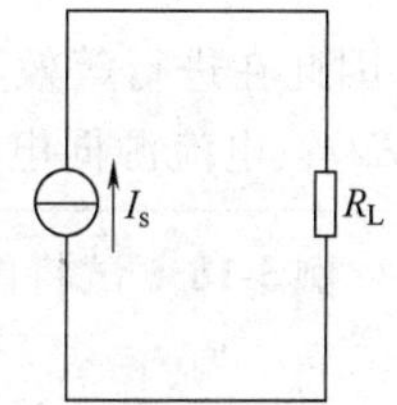

图 3-60　理想电流源

（三）电流源的并联

当两个或两个以上的电流源并联使用时，可以用一个等效电流源来代替。等效电流源的电流等于各个电流源电流的代数和，即

$$I_s = I_{s1} + I_{s2} + \cdots + I_{sn}$$

> **小贴士**　上式中，任一电流源的电流方向与等效电流源的电流方向相同时取正值，反之取负值。

当多个电流源并联时，等效电流源内阻 r'的倒数等于各并联电流源内阻（r'_1，r'_2，…，

r'_n）的倒数之和，即

$$\frac{1}{r'}=\frac{1}{r'_1}+\frac{1}{r'_2}+\cdots+\frac{1}{r'_n}$$

三、实际电压源与电流源的等效变换

电压源是电动势 E 和内阻 r 串联起来的电路形式，电路模型可表示为 $U=E-Ir$，电流源是用电源的短路电流 I_s 和内阻 r' 并联起来的电路形式，电路模型可表示为 $I=I_s-U/r'$。实际电压源与电流源可以等效变换。等效变换是指对外电路等效，即把它们与相同的负载连接，负载两端的电压、负载中的电流、负载消耗的功率都相同，如图 3-61 所示。

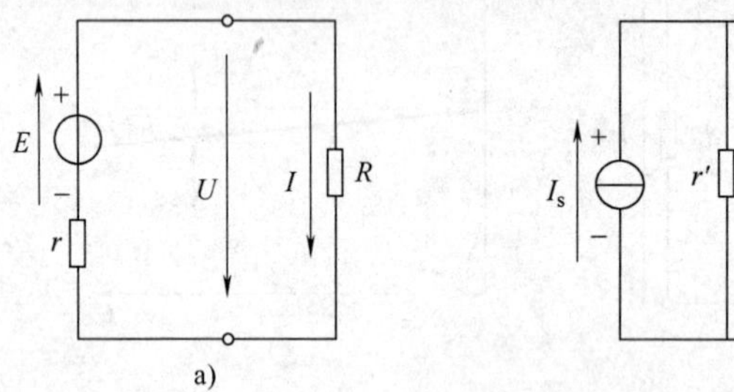

图 3-61　电压源与电流源的等效变换

a）电压源　b）电流源

对于图 3-61a，有

$$I=\frac{E-U}{r}=\frac{E}{r}-\frac{U}{r}$$

对于图 3-61b，有

$$I=I_s-\frac{U}{r'}$$

将电压源等效成电流源时，应满足以下条件，即

$$I_s=\frac{E}{r}\quad r'=r$$

反之，将电流源等效成电压源时应满足以下条件，即

$$E=I_s r'\quad r=r'$$

因此在进行等效变换时，内阻 r 的阻值保持不变，电压源向电流源等效变换的表达式为 $I_s=E/r$；电流源向电压源等效变换的表达式为 $E=I_s r$。

例 3-18　试将图 3-62a 中的电压源转换为电流源，将图 3-62b 中的电流源转换为电压源。

解： 1）将电压源转换为电流源。

$I_s=\frac{E}{r}=\frac{12}{3}\text{A}=4\text{A}$　（内阻不变）

电流源电流的参考方向与电压源参考方向一致，如图 3-63 所示。

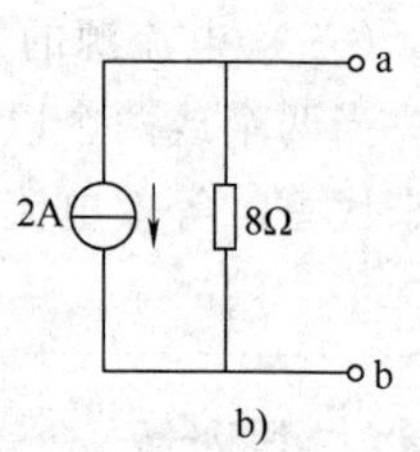

图 3-62　例 3-18 图

2）将电流源转换为电压源。

$E=I_s r=2\times 8\text{V}=16\text{V}$　（内阻不变）

电压源参考方向与电流源电流的参考方向一致，如图 3-64 所示。

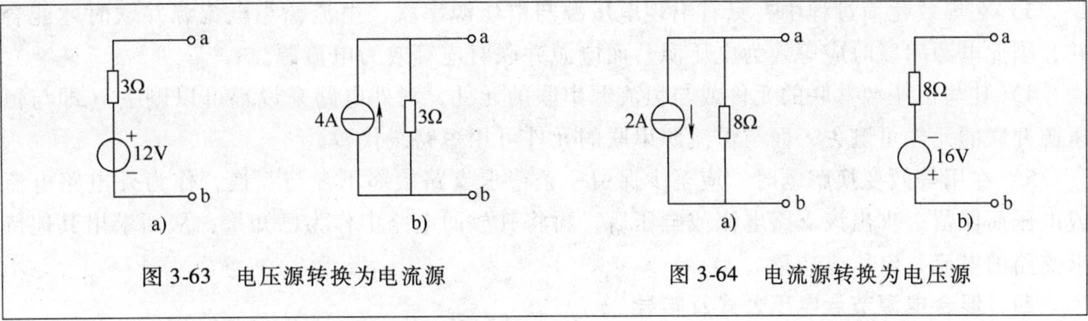

图 3-63　电压源转换为电流源　　　图 3-64　电流源转换为电压源

电压源与电流源等效变换的条件：

1）电压源和电流源等效变换的前提条件是对外部电路等效。

2）任何一个电动势 E 和某个电阻 r 串联的电路，都可变换为一个电流 I_s 和这个电阻并联的电路，即两种电路模型 r 是相同的，但连接方式不同。

3）电压源参考方向与电流源电流的参考方向在变换前后应保持一致，即电压源 E 的正极应与电流源 I_s 的流出端相对应，以保证对外电路输出电流 I 方向一致。

4）理想电压源与理想电流源不能进行等效变换。

例 3-19　在图 3-65a 所示的电路中，试用电源变换的方法求 R_3 支路的电流。

解： 1）将两个电压源分别等效变换成电流源，如图 3-65b 所示。这两个电流源的内阻仍为 R_1、R_2，两等效电流分别为

$$I_{s1} = E_1/R_1 = 18/1\text{A} = 18\text{A}$$

$$I_{s2} = E_2/R_2 = 9/1\text{A} = 9\text{A}$$

2）将两个电流源合并成一个电流源，如图 3-65c 所示，其等效电流和内阻分别为

$$I_s = I_{s1} + I_{s2} = 27\text{A}$$

$$R = \left(\frac{1}{R_1} + \frac{1}{R_2}\right)^{-1} = \left(\frac{1}{1} + \frac{1}{1}\right)^{-1}\Omega = 0.5\Omega$$

3）最后可求得 R_3 上电流为

$$I_3 = \frac{R}{R_3 + R}I_s = \left(\frac{0.5}{4 + 0.5} \times 27\right)\text{A} = 3\text{A}$$

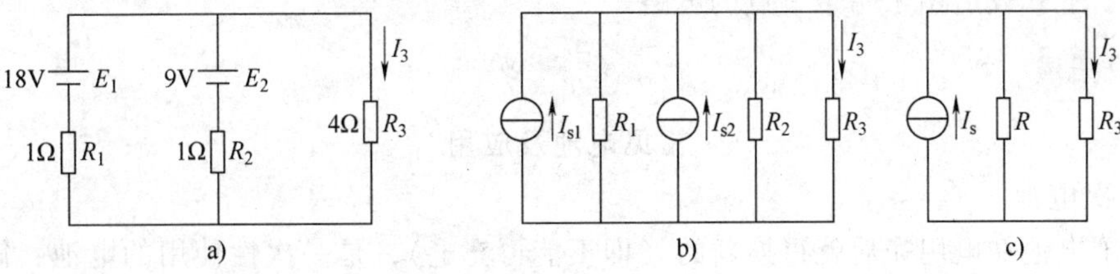

图 3-65　例 3-19 图

应用等效变换解题的注意事项：

1）在等效变换过程中，待求支路不参与等效变换，应始终保留不动。

2）等效变换过程中可将外电路电阻计入内电阻。

3）在等效化简过程中，只有出现电压源与电压源串联、电流源与电流源并联时才能合并，因此电源串联时应等效为电压源，而电源并联时应等效为电流源。

4）凡与恒压源并联的元件或与恒流源串联的元件，对外电路来说都可以删去（即与恒压源并联的元件可删去，而与恒流源串联的元件可用短路线代替）。

5）在用等效变换解题时，应至少保留一条待求支路始终不参与互换，作为外电路电流或电压而保留；求出该支路电流或电压后，再将其放回电路中作为已知量，从而求出其他待求支路的电流、电压或功率。

四、混合电源节点电压公式及推导

如图 3-66 所示，设 $U_b = 0V$，a、b 间的节点电压为 U，参考方向从 a 指向 b。

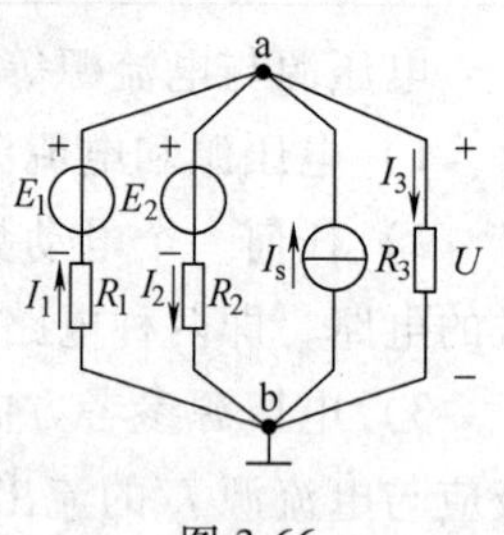

图 3-66

1）用 KCL 对节点 a 列方程，即

$$I_1 - I_2 + I_s - I_3 = 0$$

2）应用欧姆定律求电流源支路以外的各支路电流，即

$$I_1 = (E_1 - U)/R_1$$

$$I_2 = (-E_2 + U)/R_2$$

$$I_3 = U/R_3$$

3）将各电流代入节点电流方程得

$$\frac{E_1 - U}{R_1} - \frac{-E_2 + U}{R_2} + I_s - \frac{U}{R_3} = 0$$

4）整理得

$$U = \frac{\frac{E_1}{R_1} + \frac{E_2}{R_2} + I_s}{\frac{1}{R_1} + \frac{1}{R_2} + \frac{1}{R_3}}$$

即节点电压方程为

$$U = \frac{\sum \frac{E}{R} + \sum I_s}{\sum \frac{1}{R}}$$

注意：上式仅适用于两个节点的电路。

知识拓展

常见电池及应用

1. 一次电池

普通干电池在电用完后就得换新的（即不能再充电），是一次性使用的电池，简称一次电池，如锰干电池、碱性锰干电池、氧化银电池、汞电池、空气电池、二氧化锰锂电池等，如图 3-67 所示。

2. 二次电池

当电量不足时（指电池放电后）可通过充电的方式使活性物质激活而能继续使用的电池称为二次电池，又叫充电电池、次世代电池。充电电池的充放电循环可达数千次到上万次，故其相对干电池而言更为经济实用。目前市场上的充电电池主要有镍氢电池、镍镉电池、铅酸电池、锂离子电池等，其中锂离子电池与铅酸蓄电池最具有代表性，如图 3-68 所示。

图 3-67　各种干电池

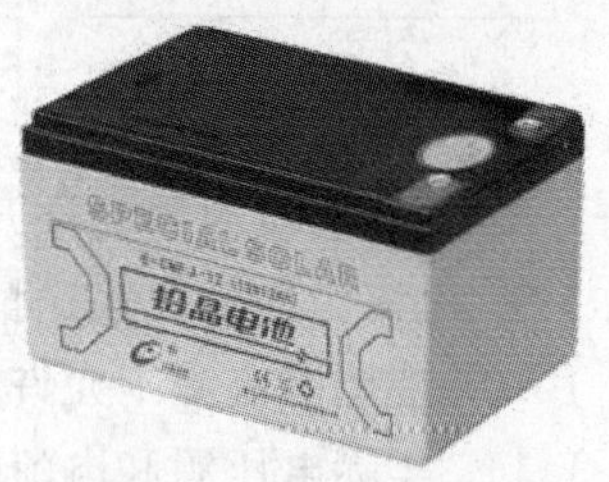

图 3-68　汽车用铅酸蓄电池

3. 太阳能电池

太阳能电池是能把光能变成电能的电池，又称光电池。例如硅光电池就是一种典型的光电池，它的主要部分是由硅材料制成的，当光照到由半导体材料硅制成的太阳能电池板上就会形成电流和产生电压。太阳能电池是人造卫星、太空望远镜、太空站等电力的来源，目前也已广泛应用于计算器、电动玩具等电子产品上，如图 3-69 所示。

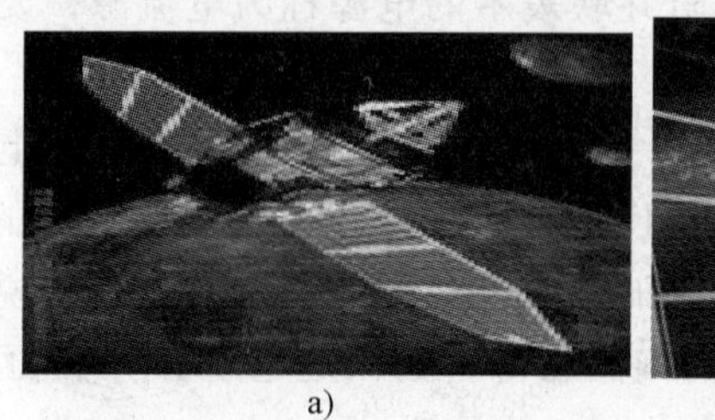

a)

b)

图 3-69　太阳能电池

a）宇宙飞船两翼的板状太阳能电池板　b）房屋墙壁上的太阳能电池板

知识测评

一、填空题

1. 一个实际电源，都可以用____________和____________两种不同的电路模型来表示。

2. 实际电压源的电路模型是理想电压源和电阻的__________，实际电流源的电路模型是理想电流源和电阻的__________。

3. 实际电源两种模型等效变换的前提条件是________________________。

二、判断题

(　　) 1. 理想电压源和理想电流源本身之间没有等效关系。

(　　) 2. 理想电流源的内阻为零。

(　　) 3. 如图 3-70 所示，电路中 R_1 是电源的内阻。

(　　) 4. 如图 3-70 所示，改变电路中 R_1 的阻值，对 I_1 有影响。

(　　) 5. 如图 3-71 所示，电路中 R_1 不是电源的内阻。

(　　) 6. 如图 3-71 所示，改变电路中 R_1 的阻值，对 I_2 有影响。

(　　) 7. 电压源向负载输送恒定不变的电压。

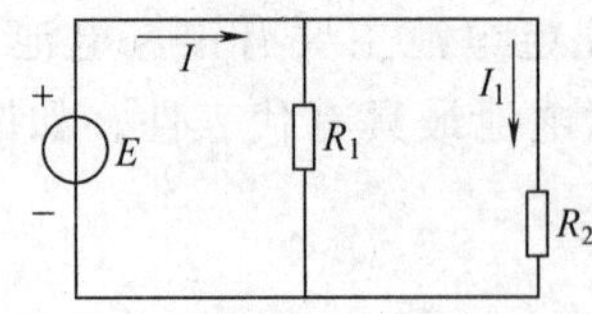

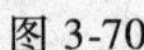
图 3-70

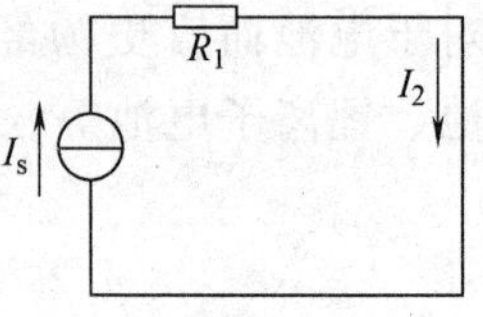

图 3-71

(　　) 8. 理想电压源不允许开路。

(　　) 9. 电流源向负载输送恒定不变的电流。

(　　) 10. 理想电流源不允许短路。

(　　) 11. 实际电压源和电流源对外电路来说可以等效但并不保证电源内部的等效。

(　　) 12. 实际电流源和电压源等效变换时，恒定电流 I_s 的方向和恒定电动势 E 的方向要相一致。

(　　) 13. 用一个恒定电动势和一个电阻串联表示的电源称为电压源，要求电压源的内阻越小越好。

(　　) 14. 多个电压源串联，可以用一个等效电压源代替。等效电压源的电动势等于各个电压源电动势的代数和，等效电压源的内阻等于各个电压源内阻之和。

(　　) 15. 用一个恒定电流和一个电阻并联表示的电源称为电流源，要求电流源的内阻越大越好。

(　　) 16. 多个电流源并联，也可以用一个等效电流源来代替。等效电流源的电流等于各个电流源电流的代数和，等效电流源内阻的倒数等于各并联电流源内阻的倒数之和。

(　　) 17. 当一个电压源与一个电流源的外特性相同时，对外电路来说，这两个电源是等效的。实现等效变换的条件是：两者的内阻相等，而恒定电动势 E 和恒定电流 I_s 之间的关系为 $E=I_s r$。

三、选择题

1. 理想电流源的外接电阻越大，则电流源的端电压（　　）。

A. 不变　　B. 越低　　C. 越高　　D. 不能确定

2. 理想电压源的外接电阻越大，则流过电压源的电流（　　）。

A. 不变　　B. 越低　　C. 越高　　D. 不能确定

3. 如图 3-72 所示，当电阻 R_2 增大时，电流 I_1（　　）。

A. 增大　　B. 减少　　C. 不变

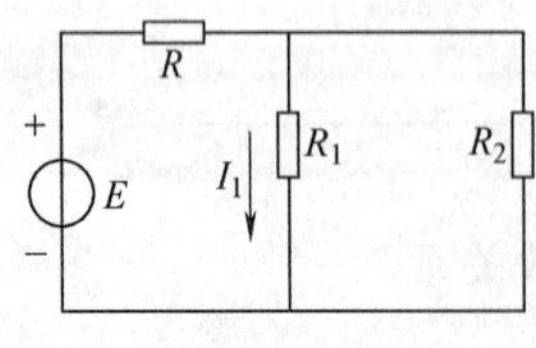

图 3-72

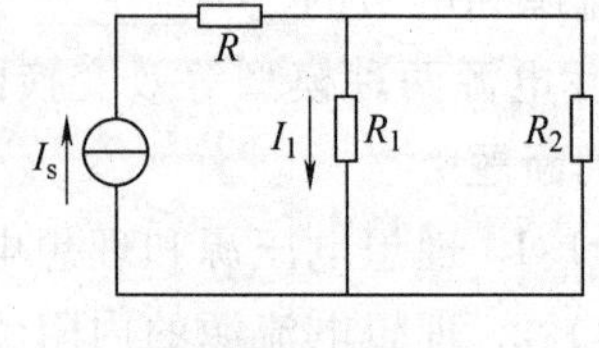

图 3-73

4. 如图 3-73 所示，当电阻 R_2 增大时，电流 I_1（　　）。

A. 增大　　B. 减少　　C. 不变

5. 如图 3-74 所示，其等效电流源的电流数值与方向分别为（　　）。

A. 3A，向上　　B. 3A，向下　　C. 12A，向上　　D. 12A，向下

6. 如图 3-75 所示，其等效电流源的电流数值与方向分别为（　　）。

A. 3A，向上　　B. 3A，向下　　C. 18A，向上　　D. 18A，向下

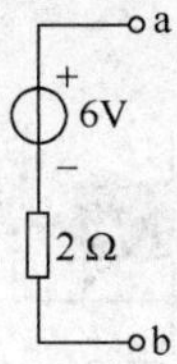

图 3-74 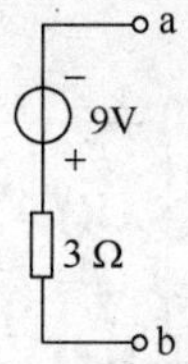　　图 3-75 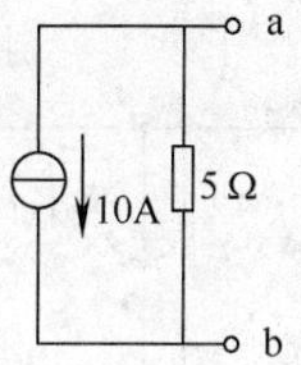　　图 3-76

7. 如图 3-76 所示，其等效电压源的电压数值与“+”方向分别为（　　）。

A. 2V，向上　　B. 2V，向下　　C. 50V，向上　　D. 50V，向下

8. 将图 3-77 所示的电路等效为电流源模型，其电流 I_s 和电阻 r 分别为（　　）。

A. 1A，2Ω　　B. 1A，1Ω　　C. 2A，1Ω　　D. 2A，2Ω

9. 将图 3-78 所示的电路等效为电压源模型，其电动势 E 和电阻 R 分别为（　　）。

A. 2V，1Ω　　B. 1V，2Ω　　C. 2V，2Ω　　D. 1V，1Ω

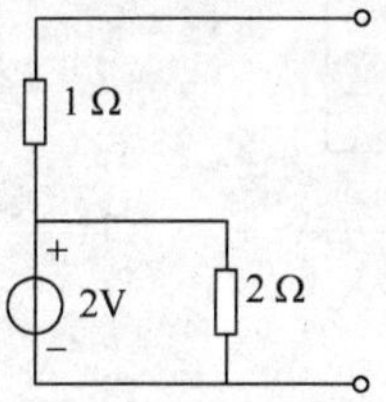

图 3-77 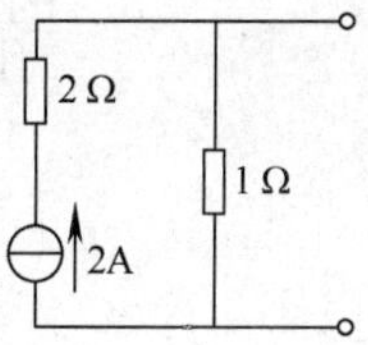　　图 3-78

10. 图 3-79 所示电路中，电压源输出的功率为（　　）。

A. 30W　　B. 6W　　C. 12W

11. 如图 3-80 所示，$I=2A$，若将电流源断开，则电流 I 为（　　）。

A. 1A　　B. 3A　　C. －1A

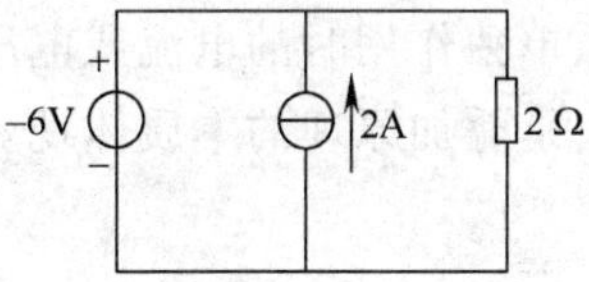

图 3-79 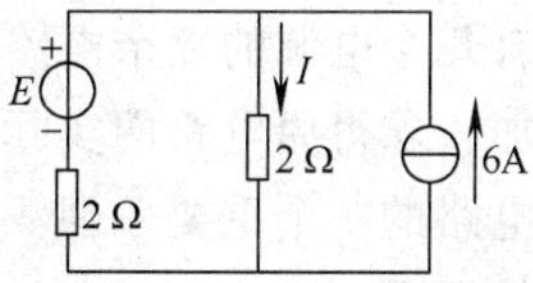　　图 3-80

任务 8　学习叠加原理与戴维南定理

利用仿真软件 Multisim 仿真如图 3-81 所示的三个电路。图 3-81a 中，电流表的读数为______A，万用表的读数为______V；图 3-81b 中，电流表的读数为______A，

万用表的读数为______V；图 3-81c 中，电流表的读数为______A，万用表的读数为______V。想一想，三个电流之间是什么关系，三个电压之间又是什么关系。

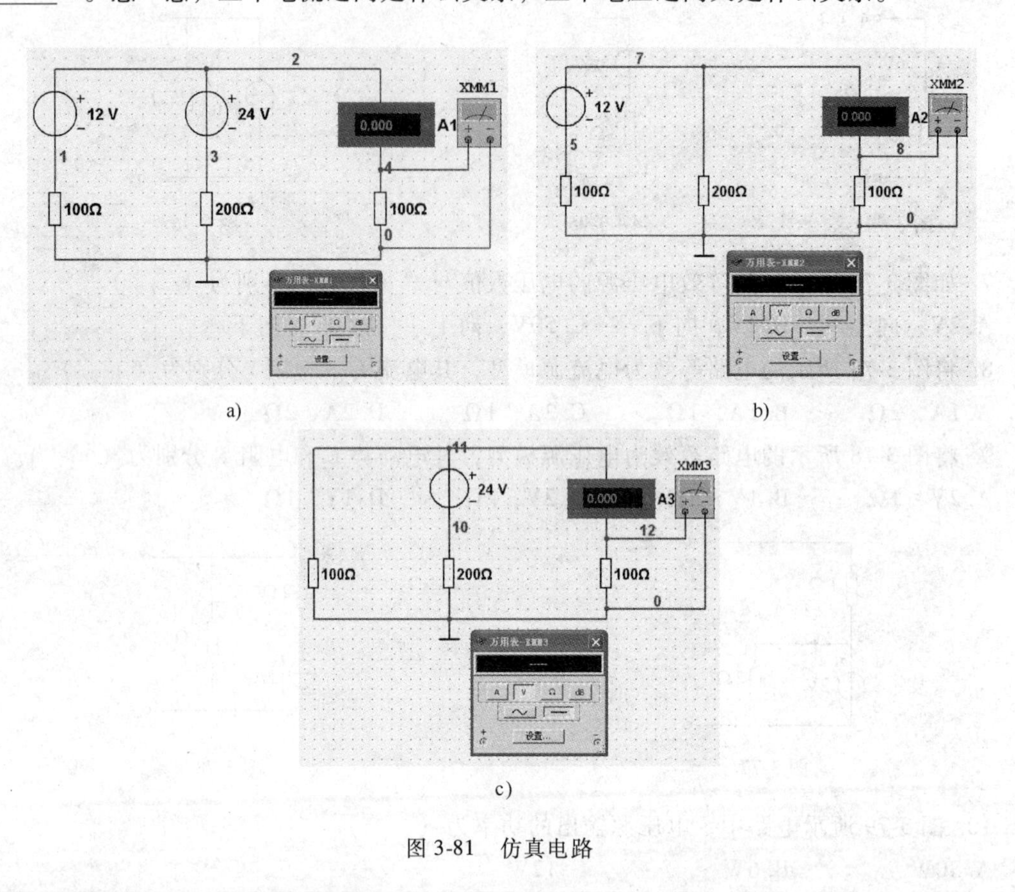

图 3-81　仿真电路

知识链接

求解含有几个电源的复杂电路时，可先求解各个电源单独作用时的电流或电压，然后将计算结果叠加，求得原电路的实际电流、电压，这一方法是叠加原理的本质体现。叠加原理是分析线性电路的一个重要原理。

一、叠加原理

1. 原理概述

在线性电路（只包含线性元件）中，任何一条支路中的电流（或电压），都可以看成是由电路中各个电源（电压源或电流源）分别作用时，在此支路所产生的电流（或电压）的代数和。

2. 应用叠加原理解题的步骤

1）分别画出各电源单独作用时的分电路，不起作用的电压源视为短路，不起作用的电流源视为开路；保留电源各自内阻，电路其余部分均不改变。

2）计算出各电源单独作用时各支路电流（或电压），并将其标注在电路图中。

3）将各支路电流（或电压）叠加，这些电流（或电压）的代数和就是各电源共同作用时在各支路中产生的电流（或电压）。计算时要注意各个电流（或电压）分量的参考方向，当电流（或电压）分量的参考方向与原支路电流（或电压）的参考方向相同时取正，相反时取负。

例 3-20　对于图 3-82a 所示的电路，用叠加原理求各支路电流。

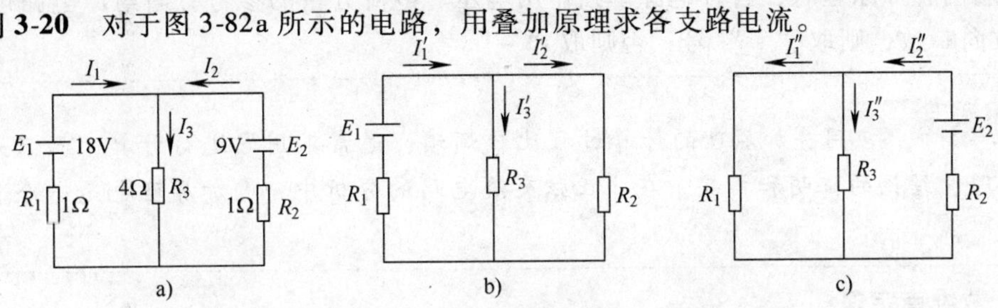

图 3-82　例 3-20 图

a）原电路　b）E_1 单独作用　c）E_2 单独作用

解： 1）将原电路分解为 E_1 和 E_2 单独作用的两个电路，并标出电流参考方向，如图 3-82b、c 所示。

2）分别求出各电源单独作用时各支路电流：

①　在图 3-82b 中，E_1 单独作用时，有

$$I'_1 = \frac{E_1}{R_1 + \dfrac{R_2 R_3}{R_2 + R_3}} = \frac{18}{1 + \dfrac{1 \times 4}{1 + 4}}\text{A} = 10\text{A}$$

$$I'_2 = \frac{R_3}{R_2 + R_3} I'_1 = \left(\frac{4}{1 + 4} \times 10\right)\text{A} = 8\text{A}$$

$$I'_3 = \frac{R_2}{R_2 + R_3} I'_1 = \left(\frac{1}{1 + 4} \times 10\right)\text{A} = 2\text{A}$$

②　在图 3-82c 中，E_2 单独作用时，有

$$I''_2 = \frac{E_2}{R_2 + \dfrac{R_1 R_3}{R_1 + R_3}} = \frac{9}{1 + \dfrac{1 \times 4}{1 + 4}}\text{A} = 5\text{A}$$

$$I''_1 = \frac{R_3}{R_1 + R_3} I''_2 = \left(\frac{4}{1 + 4} \times 5\right)\text{A} = 4\text{A}$$

$$I''_3 = \frac{R_1}{R_1 + R_3} I''_2 = \left(\frac{1}{1 + 4} \times 5\right)\text{A} = 1\text{A}$$

3）将各支路电流叠加（即求出代数和），得

$$I_1 = I'_1 - I''_1 = (10 - 4)\text{A} = 6\text{A}$$

$$I_2 = I''_2 - I'_2 = (5 - 8)\text{A} = -3\text{A}$$

$$I_3 = I'_3 + I''_3 = (2 + 1)\text{A} = 3\text{A}$$

3. 注意事项

1）该原理只适用于线性电路，对非线性电路不适用。例如，含有二极管或晶体管等非

线性元件的电路不能利用叠加原理分析计算。

2）叠加时可将电路中各个电压、电流分量相叠加，但功率和能量不可叠加。

3）叠加时，电路的连接结构不变。

4）应用叠加原理时，若各电源单独作用电压、电流分量的参考方向与原电路电压、电流参考方向一致，则取“+”号；否则取“-”号。

> **小贴士** 应用叠加原理的计算过程比较烦琐，通常不用它进行计算，而只是用于一些定理、结论的证明和推导。在非正弦交流电路的分析中，叠加原理也是一个重要的依据。

二、戴维南定理

具有两个引出端的部分电路（也称网络）称为二端网络。含有电源的二端网络，称为有源二端网络，如图 3-83 所示；否则称为无源二端网络，如图 3-84 所示。

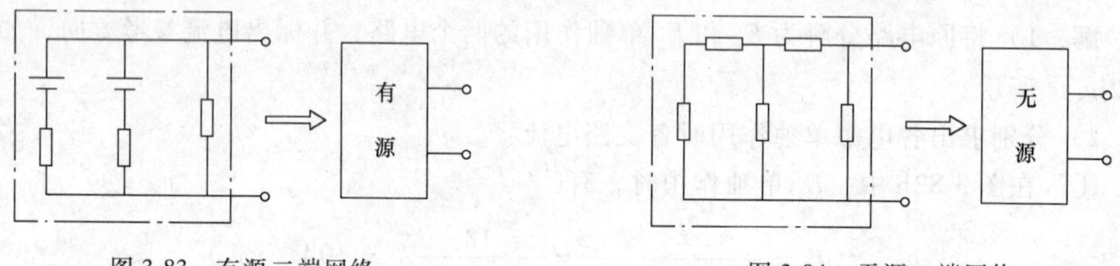

图 3-83　有源二端网络　　　图 3-84　无源二端网络

1. 定理概述

任何一个线性有源二端网络都可以用一个电压源来代替，该电压源的电动势 E 等于二端网络的开路电压 U_0，内阻 r 等于有源二端网络中所有电源不起作用（电压源短路、电流源开路）时，从二端口看进去的输入电阻 R_i。

2. 应用戴维南定理解题的步骤

1）把待求支路移开，将待求支路以外的部分作为有源二端网络。

2）求出有源二端网络的开路电压 U_0；对有源二端网络除源（电压源短路、电流源开路），保留内阻，求得无源二端网络的等效输入电阻 R_i。

3）画出等效电压源电路（戴维南等效电路），并与待求支路相连接。

4）根据全电路欧姆定律或基尔霍夫回路电压定律，求解支路中的电流及其他待求量。

例 3-21　如图 3-85a 所示，已知 $R_1=10\Omega$，$R_2=2.5\Omega$，$R_3=5\Omega$，$R_4=20\Omega$，$E=12.5\text{V}$（内阻不计），$R_5=69\Omega$，试用戴维南定理求解通过电阻 R_5 的电流。

解： 1）先移开 R_5 支路，求开路电压 U_o，如图 3-85b 所示，则

$$U_o=U_{AB}=-I_1R_1+I_2R_3=-\frac{E}{R_1+R_2}R_1+\frac{E}{R_3+R_4}R_3=\left(\frac{-12.5}{10+2.5}\times10+\frac{12.5}{5+20}\times5\right)\text{V}$$
$$=-7.5\text{V}$$

2）再求等效输入电阻 R_i（注意要将电源除去），如图 3-85c 所示，则

$$R_i=\frac{R_1R_2}{R_1+R_2}+\frac{R_3R_4}{R_3+R_4}=\left(\frac{10\times2.5}{10+2.5}+\frac{5\times20}{5+20}\right)\Omega=6\Omega$$

3）画出等效电路，并将 R_5 接入，如图 3-85d 所示，则

$$I_5 = U_o/(r + R_5) = [-7.5/(6 + 69)]\text{A} = -0.1\text{A}$$

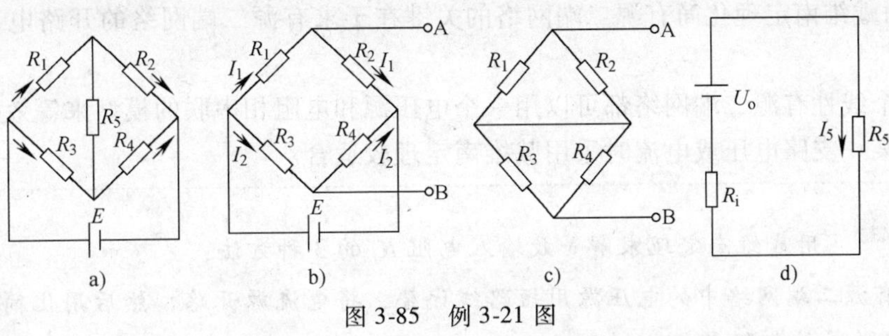

图 3-85　例 3-21 图

利用仿真软件 Multisim 仿真图 3-85a 所示的电路，通过测量通过 R_5 的电流，来验证戴维南定理。

例 3-22　在图 3-86a 所示的电路图中，电源电动势 $E = 6\text{V}$，内阻 $r = 10\Omega$，电阻 $R_1 = 10\Omega$，要使 R_2 获得最大功率，R_2 应为多大？这时 R_2 获得的功率是多少？

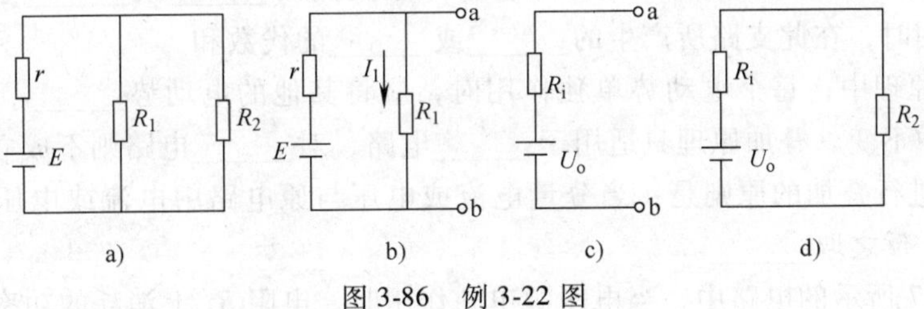

图 3-86　例 3-22 图

解： 1）移开 R_2 支路，将左边电路看成有源二端网络，如图 3-86b 所示。

2）将有源二端网络等效变换成电压源，如图 3-86c 所示。

$$U_o = U_{ab} = I_1R_1 = \frac{E}{r + R_1}R_1 = \frac{6}{10 + 10} \times 10\text{V} = 3\text{V}$$

$$R_i = \frac{R_1 \times r}{R_1 + r} = \frac{10 \times 10}{10 + 10}\Omega = 5\Omega$$

3）$R_2 = R_i = 5\Omega$ 时，R_2 可获得最大功率，如图 3-86d 所示。

$$P_m = \frac{U_0^2}{4R_i} = \frac{3^2}{4 \times 5}\text{W} = 0.45\text{W}$$

3. 注意事项

1）戴维南定理只适用于线性有源二端网络，但是当外电路（待求支路）含有非线性元件时，该定理仍适用。

2）画等效电压源时，电压源的参考方向应与有源二端网络开路电压参考方向一致，即

电动势的方向应根据有源二端网络开路电压的正负来确定。

3）求等效电阻时，有源二端网络内的所有独立电源均应为零（即理想电压源视为短路，理想电流源视为开路）。

4）应用戴维南定理化简有源二端网络的关键在于求有源二端网络的开路电压和等效输入电阻。

任何一个线性有源二端网络都可以用一个电压源和电阻相串联的模型来等效代替。在只需求得电路某一支路电压或电流时采用戴维南定理较适合。

小贴士 用戴维南定理求解等效输入电阻 R_i 的3种方法：

1. 将有源二端网络中的电压源用短路线代替，将电流源开路，然后用化简的方法求该二端网络的等效电阻 R_i。

2. 令网络内所有电压源短路，电流源开路，在端口处外加电压 U（或电流 I），求出端口处电流 I（或电压 U），则 $R_i = U/I$。

3. 求出有源二端网络开路电压 U_o、短路电流 I_d，则 $R_i = U_o/I_d$。

知识测评

一、填空题

1. 叠加原理的内容是：在线性电路中，任一条支路的______或______等于电路中各个电动势单独作用时，在此支路所产生的______或______的代数和。

2. 在叠加原理中，每个电动势单独作用时，应将其他的电动势______，而其______则保留在原支路中不变。叠加原理只适用于______电路，对______电路则不成立。

3. 各分量进行叠加的原则是：当分量电流或电压与原电路中电流或电压的参考方向相同时取______，反之取______。

4. 在图3-87所示的电路中，当电压源单独作用时，电阻 R_1 上消耗的功率为18W。当电流源单独作用时，R_1 上消耗的功率为______W。当电压源和电流源共同作用时，R_1 上消耗的功率为______W。

5. 用叠加原理计算图3-88所示电路中的电流 I =______A，电压 U =______V。

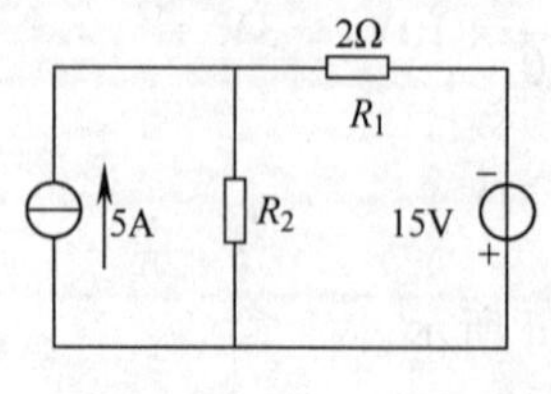

图 3-87

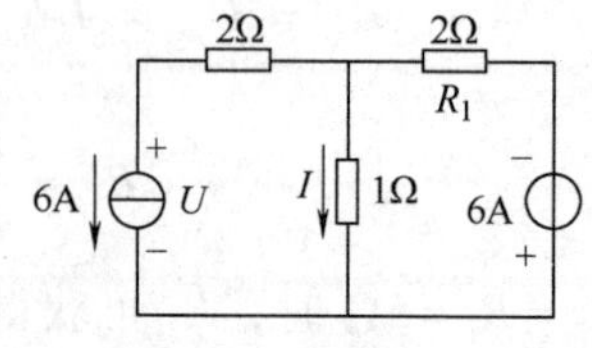

图 3-88

6. 电流源是______（发出、吸收）功率部件。

7. 用戴维南定理求出图3-89等效电压源的电动势 E =______V，内阻 r =______Ω，等效电流源的电流 I_s =______A。

8. 用戴维南定理求出图3-90等效电压源的电动势 E =______V，内阻 r =______Ω，等效电流源的电流 I_s =______A。

9. 用戴维南定理求出图 3-91 等效电压源的电动势 E = ______ V，内阻 r = ______ Ω，等效电流源的电流 I_s = ______ A。

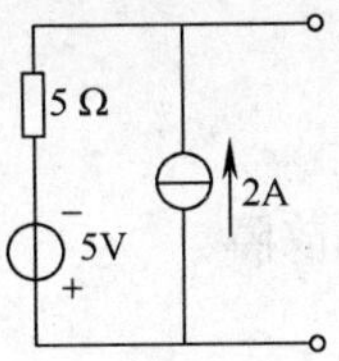

图 3-89

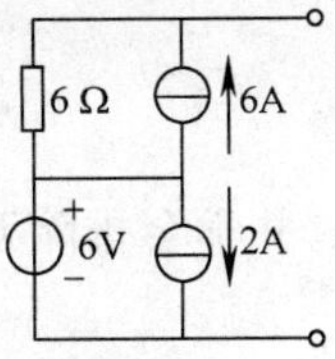

图 3-90

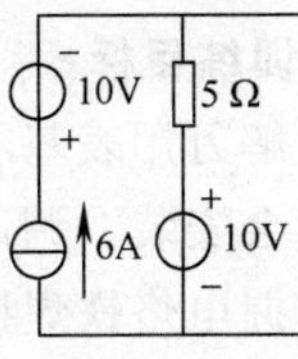

图 3-91

10. 用戴维南定理求出图 3-92 等效电压源的电动势 E = ______ V，内阻 r = ______ Ω，等效电流源的电流 I_s = ______ A。

11. 用戴维定理求出图 3-93 中流过 8kΩ 电阻的电流 I = ______ A。

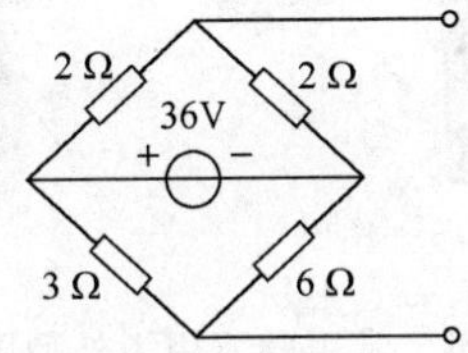

图 3-92

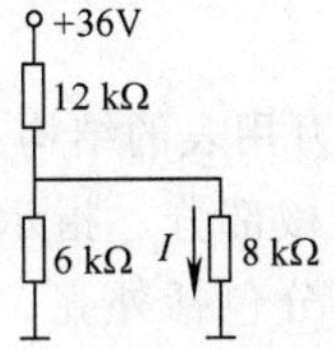

图 3-93

二、判断题

(　　) 1. 叠加原理适用于支路中各元件电压的计算，但不适用于功率的计算。

(　　) 2. 因为电路只有两个出线端，所以称为二端网络。

(　　) 3. 任何一个二端网络，都可以用一个从其出线端看进去的等效内阻来代替。

(　　) 4. 任何有源二端网络，对于外电路来说，都可以用一个等效电源来代替。

(　　) 5. 戴维南定理适用于任何电路中支路电流的求解。

三、选择题

1. 一个无源二端网络，当外加端电压为 100V 时，流过的电流为 10A，则其等效电阻为(　　)。

A. 100Ω　　B. 10Ω　　C. 0Ω　　D. 无法确定

2. 一直流有源二端网络，测得开路电压为 36V，短路电流为 3A，外接电阻为(　　)时，负载获得的功率最大。

A. 10Ω　　B. 108Ω　　C. 12Ω　　D. 无法确定

3. 叠加原理用于计算(　　)。

A. 线性电路中的电压、电流和功率　　B. 线性电路中的电压和电流

C. 非线性电路中的电压和电流

4. 某一含源二端网路，测得开路电压为 100V，短路电流为 10A，当外接 10Ω 负载电阻时，负载电流为(　　)。

A. 10A　　B. 5A　　C. 20A　　D. 2A

项目能力训练　MF47 型万用表电路的组装与调试

一、训练目标

1. 了解万用表基本工作原理。

2. 学会安装、调试、使用万用表，并学会排除万用表的一些常见故障。

3. 掌握电烙铁焊接技术。

二、知识准备

（一）万用表知识

万用表是一种多功能、多量程的测量仪表，它是电工必备的仪表之一。万用表分为指针式和数字式两种（见图 3-94）。每个电气工作者都应熟练掌握其工作原理及使用方法。

a)

b)

图 3-94　常用的万用表外型图片

a）指针式万用表　b）数字万用表

1. MF47 型万用表的结构与组成

万用表由机械部分、指示部分与测量线路组成。机械部分包括外壳、量程开关旋钮及电刷等部分；指示部分就是表头；测量线路包括印制电路板、电位器、电阻、二极管、电容等（见图 3-95）。

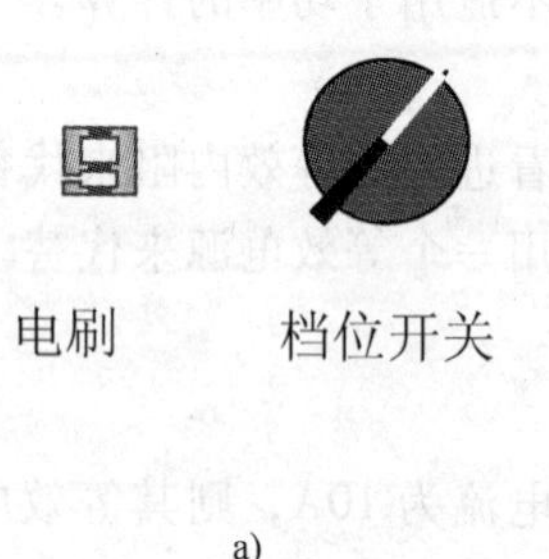

a)

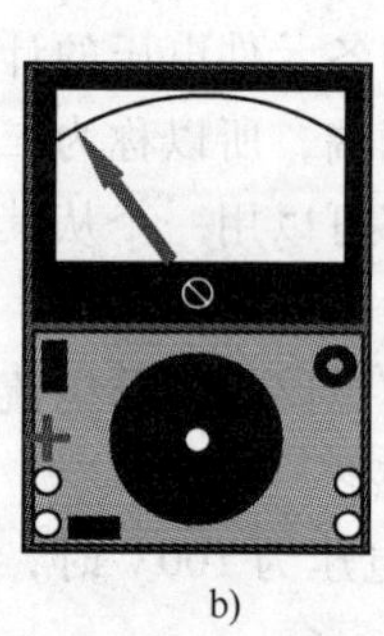

b)

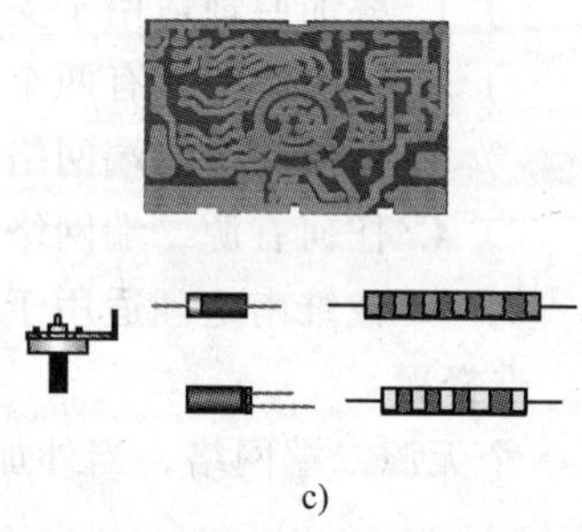

c)

图 3-95　万用表的结构

a）机械部分　b）指示部分　c）测量线路

（1）表头　MF47 型万用表表头是一只高灵敏度的磁电系直流电流表。万用表的主要性能指标取决于表头的性能。表头中间下方的小旋钮为机械调零旋钮。表头标度盘共有六条标度线（注意：不同厂家生产的 MF47 型万用表表头和功能略有差别），从上向下分别为电阻、直流电流、（交直流电压）、晶体管共射极直流放大系数 h_{FE}、电容、电感、音频电平等，如图 3-96 所示。

（2）量程开关　量程开关共有五挡，分别为交流电压、直流电压、直流电流、电阻及晶体管，共 26 个量程，其测量项目与量程见表 3-12。

（3）插孔　MF47 万用表共有四个插孔，左下角红色“+”为红表笔插孔；黑色“-”为黑表笔插孔；右下角“2500V”为交直流 2500V 插孔；“5A”为直流 5A 插孔。

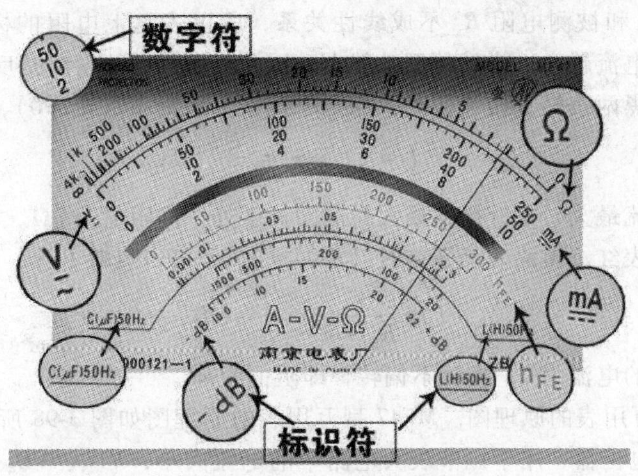

图 3-96　MF47 型万用表表盘

表 3-12　MF47 型万用表测量项目与量程

测量项目	量　程
直流电流	0 ~ 0.05mA ~ 0.5mA ~ 5mA ~ 50mA ~ 500mA ~ 5A
直流电压	0 ~ 0.25V ~ 1V ~ 2.5V ~ 10V ~ 50V ~ 250V ~ 500V ~ 1000V ~ 2500V
交流电压	0V ~ 10V ~ 50V ~ 250V（45 ~ 60 ~ 5000Hz） ~ 500V ~ 1000V ~ 2500V（45 ~ 65Hz）
电阻	$R\times1$、$R\times10$、$R\times100$、$R\times1\text{k}$、$R\times10\text{k}$
音频电平	-10dB ~ +22dB
晶体管直流电流放大系数	0 ~ 300
电感	20 ~ 1000H
电容	0.001 ~ 0.3μF

（4）印制电路板　它由 5 个部分组成，即公用线路部分、直流电流部分、直流电压部分、交流电压部分和电阻部分。

2. 指针式万用表的工作原理

（1）指针式万用表的基本工作原理

如图 3-97 所示，测电压和电流时，外部有电流通入表头，因此无须内接电源。当把量程开关旋钮 SA 旋至交流电压挡时，经过二极管 VD 整流，电阻 R_3 限流，读数由表头显示出来；当旋至直流电压挡时无须二极管整流，仅需电阻 R_2 限流，表头即可显示；旋至直流电流挡时既无须二极管整流，也无须电阻 R_2 限流，表头即可显示。测电阻时将量程开关 SA 旋至“Ω”挡，这时外部没有电流流入，因此必须使用内部电源。设外接的被测电阻为 R_x，表内的总电阻为 R，由 R_x、电源 E、可调电位器 RP、固定电阻 R_1 和表头组成闭合电路，形成的电流 I 使表头的指针偏转。电路中的电流为

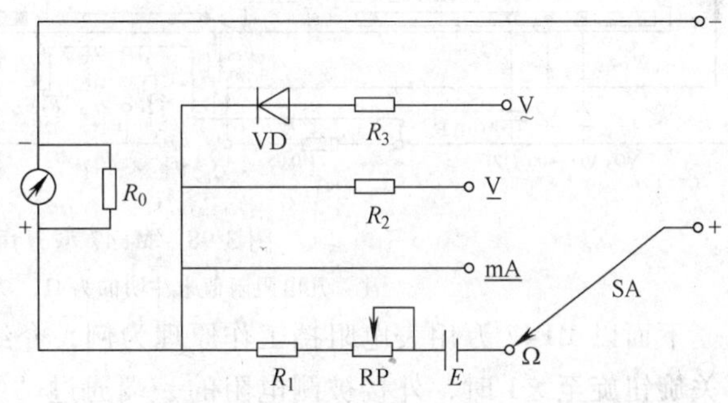

图 3-97　指针式万用表的基本工作原理图

$$I = \frac{E}{R_x + R}$$

从上式可知：I 和被测电阻 R_x 不成线性关系，所以表盘上电阻的标度线是不均匀的。电阻越小，电路中电流越大，指针的摆动越大，因此电阻挡的标度线是反向刻度的。

当万用表红、黑两表笔直接连接时，相当于外接电阻最小（$R_x=0$），则

$$I=\frac{E}{R_x+R}=\frac{E}{R}$$

此时通过表头的电流最大，指针摆动最大指向满标度处，即阻值为 0Ω。

反之，当万用表红、黑两表笔开路时（$R_x\to\infty$），R 可以忽略不计，则

$$I=\frac{E}{R_x+R}\approx\frac{E}{R_x}\to 0$$

此时通过表头的电流为 0，指针不偏转，即阻值为∞。

（2）MF47 型万用表的原理图　MF47 型万用表的原理图如图 3-98 所示，表头是一个直流微安表。RP_2 是电位器，用于调节表头电路中的电流大小；VD_3、VD_4 两个二极管反向并联再与电容并联，用于限制表头两端的电压，起保护表头的作用。电阻挡分为 ×1、×10、×100、×1k、×10k 五个量程，当量程开关旋至某一个量程时，与对应电阻形成电路，使表头偏转，即可测出阻值的大小。

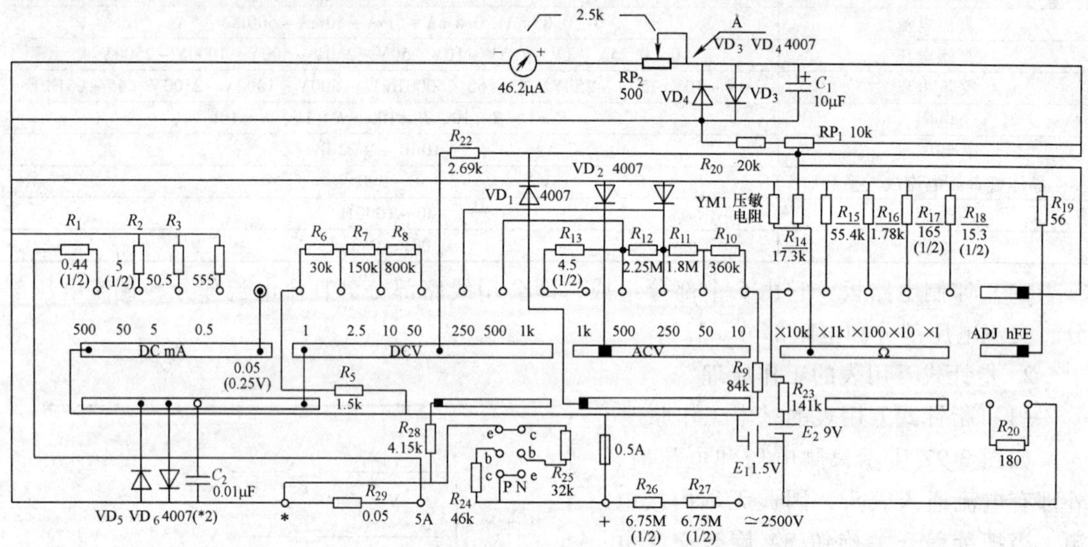

图 3-98　MF47 型万用表原理图

注：凡电阻阻值未注明的为 Ω，功率未注明的为 1/4W

下面以 MF47 万用表电阻挡工作原理为例，介绍其内部电路图。如图 3-99 所示，将量程开关旋钮旋至 ×1 时，外接被测电阻的一端通过“ * ”（COM）与表头部分相连，另一端通过“+”经过 0.5A 熔断器接到电池负极，电池正极通过电刷分流，一部分通过 R_{18} 回到“ * ”端；另一部分通过 R_{14}、RP_1 与表头相接，使表头偏转，测出阻值的大小。其中 RP_1 为电阻挡公用调零电位器。

（二）焊接知识

1. 焊接前准备工作

（1）清除元器件表面的氧化层　清除元器件表面氧化层的方法如图 3-100 所示。左手捏住电阻或其他元器件的本体，右手用锯条轻刮元器件引脚的表面，左手慢慢地转动，直到表面氧化层全部去除。注意用力不能过猛，以免使元器件引脚受伤或折断。

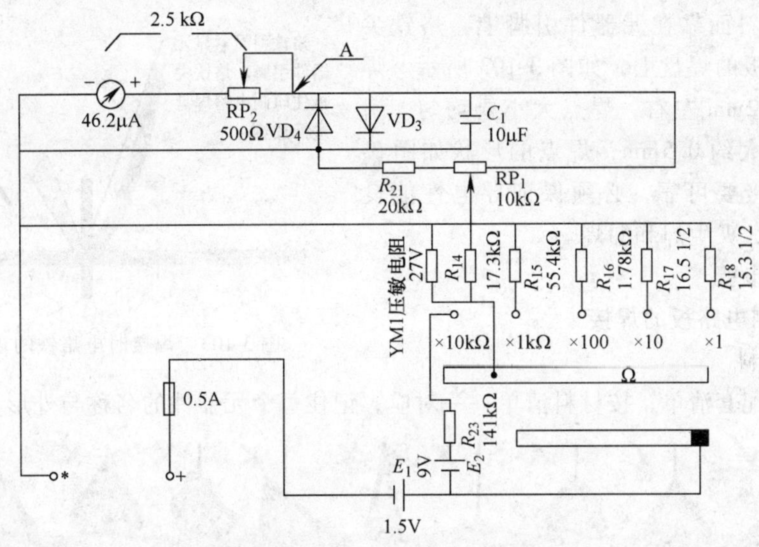

图 3-99　万用表电阻挡工作原理

（2）元器件引脚的弯制成形　元件在印制电路板上的排列和安装方式有两种：卧式与立式。卧式元器件引脚的弯制方法如图 3-101a 所示：左手夹紧镊子，右手食指将引脚弯成直角。立式元器件引脚的弯制方法如图 3-101b 所示：用手捏住螺钉旋具与引脚的交点，将引脚沿螺钉旋具弯成圆形。注意：不要将引线齐根弯折，以免损坏元器件。元器件弯制后的形状如图 3-102 所示。

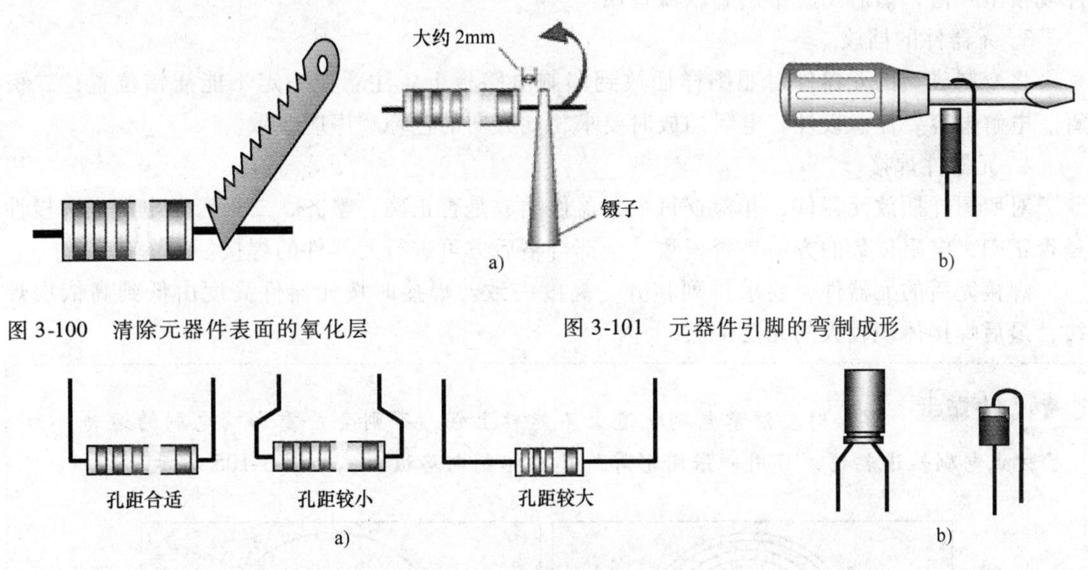

图 3-100　清除元器件表面的氧化层

图 3-101　元器件引脚的弯制成形

图 3-102　元器件引脚弯制后的形状

a）卧式安装　b）立式安装

2. 焊接方法

焊接时先用电烙铁把印制电路板加热，大约两秒钟后，送焊锡丝，观察焊锡量的多少，不能太多，否则易造成堆焊；也不能太少，否则易造成虚焊。当焊锡熔化，发出光泽时焊接温度最佳，应立即将焊锡丝移开，再将电烙铁沿 45°移开。为了在加热中使加热面积最大，要将烙铁头的斜面靠在元器件引脚上，烙铁尖抵在印制电路板的焊盘上，如图 3-103 所示。焊点高度一般在 2mm 左右，焊点大小要均匀。引脚应高出焊点大约 0.5mm，焊点的形状如图 3-104 所示。焊接要可靠，必须保证导电性能良好，防止虚焊、夹生焊和漏焊。

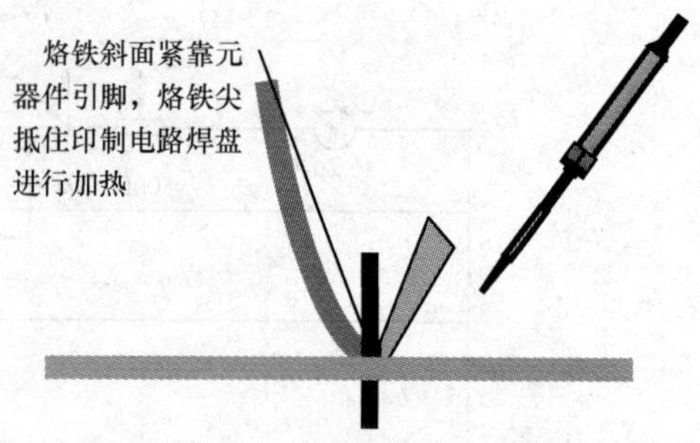

图 3-103　焊接时电烙铁的正确位置

三、训练步骤

（一）印制电路板的焊接

1. 清点材料

查看材料配套清单，按材料清单一一对应，记住每个元器件的名称与外形。

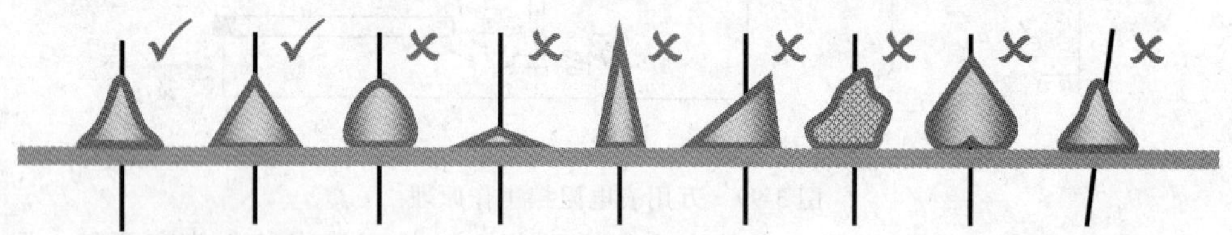
图 3-104　焊点的形状

2. 元器件参数的检测与标注

用万用表检测各元器件参数是否在规定的范围内：测量电阻值，判断二极管、电解电容的极性。元器件检测后进行标注：将胶带轻轻贴在纸上，把元器件插入、贴牢，并写上元器件规格型号值，然后用胶带贴紧以便备用。

3. 元器件的插放

将弯制成型的元器件对照图样插放到印制电路板上。注意：一定不能插错位置；二极管、电解电容要注意极性；电阻插放时要求相同方向的色环顺序应一致。

4. 元器件焊接

对照图样插放元器件，并检查每个元器件插放是否正确、整齐，二极管、电解电容极性是否正确，电阻读数的方向是否一致，全部合格后方可进行元器件的焊接。

焊接完后的元器件，要求排列整齐、高度一致。焊接时按元器件高度由低到高依次焊接，最后焊接体积较大的元器件。

小贴士　焊接时要注意电刷轨道上不能粘上锡，否则会严重影响电刷的运转。为了防止电刷轨道粘锡，可用一张圆形厚纸垫在印制电路板上，如图 3-105 所示。

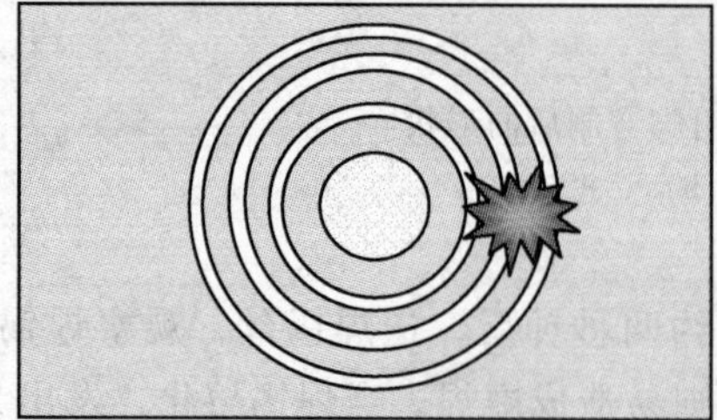
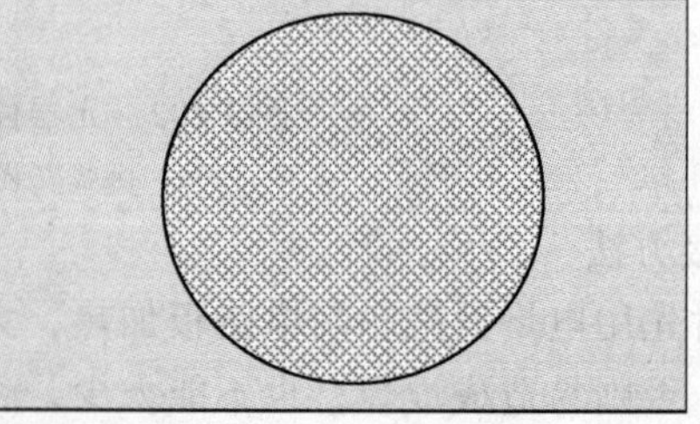
图 3-105　电刷轨道的保护

（二）万用表的组装

1. 晶体管插座的安装

晶体管插座装在印制电路板覆铜面。在覆铜面左上角有6个椭圆的焊盘，中间有两个小孔，用于晶体管插座的定位，将其放入小孔中检查是否合适。往插座内插入6条插片，将露出部分向两边扳成直角，与印制电路板上对应的6个焊盘对齐并焊接。

2. 表笔插座的安装

表笔插座从覆铜面一侧插入印制电路板中，用尖嘴钳在另一侧轻轻捏紧，将其固定，一定要注意垂直，然后将两个固定点焊接牢固。

3. 机械部分的安装

(1) 安装电刷旋钮与挡位开关　先将加上凡士林的弹簧放入电刷旋钮的小孔中（见图3-106），再用凡士林油将钢珠黏附在弹簧的上方，注意切勿丢失。将量程开关旋钮与电刷旋钮装配到一起，慢慢转动旋钮，检查电刷旋钮是否安装正确，应能听到"咔嗒"、"咔嗒"的定位声。

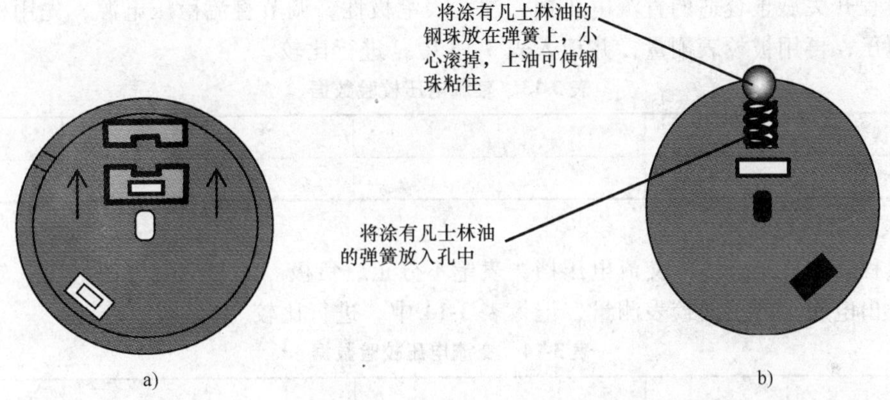

图3-106　弹簧、钢珠的安装

a) 正面　b) 反面

(2) 安装电刷　将电刷安装卡槽向上，使V形电刷的缺口位于右下角，如图3-107所示。电刷四周都要卡入电刷安装槽内，用手轻按，看是否有弹性并能自动复位。

4. 连接表头与印制电路板

拆开表头正、负极导线的连接点，然后将表头正极与印制电路板上的对应点焊接到一起。利用数字万用表校准，方法是：将数字万用表拨至20k挡，红表笔接原理图中的A点，黑表笔接表头负极导线，调节可调电阻RP_2，使数字万用表显示值为2.5kΩ，调好后将表头负极导线与印制电路板上的对应点焊接到一起。

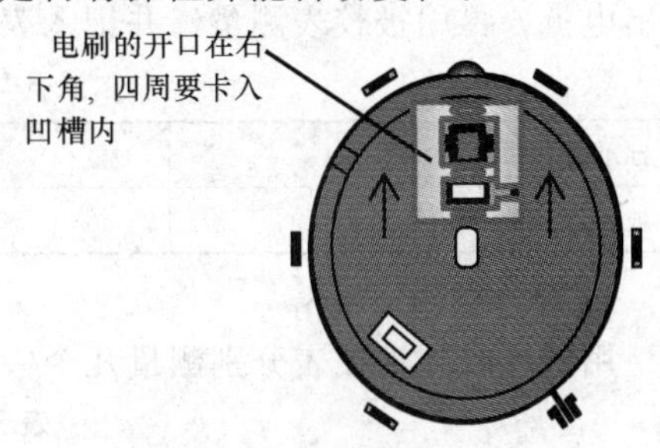

图3-107　电刷的安装

5. 安装印制电路板

安装前一定要检查图3-108所示的8个焊点，高度不能超过2mm，直径不能太大，如果焊点太高会影响电刷的正常转动，甚至刮断电刷。

印制电路板用三个固定卡固定在面板背面，将其水平放在固定卡上，依次卡入即可。如果要拆下重装，依次轻轻扳动固定卡即可。

6. 安装后盖与电池

安装前需保证印制电路板无漏焊、虚焊、错焊，元器件装配无误。然后将后盖与面板部分装好，拧上螺钉，注意拧螺钉时用力不可太大或太猛，以免将螺孔拧坏，最后装上电池。

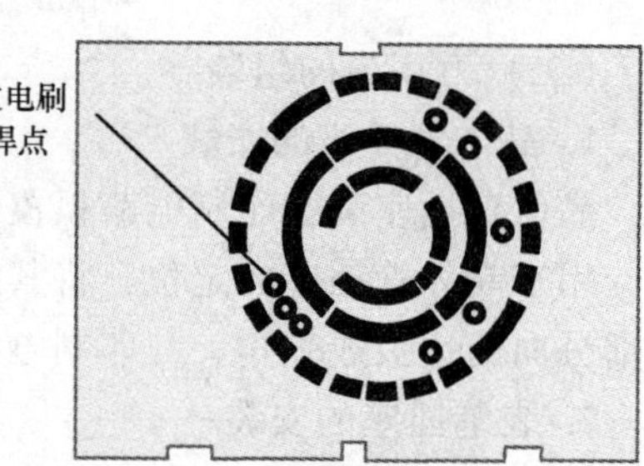

图 3-108　检查焊点高度

（三）万用表的调试

调试前表头需先进行机械调零。将红、黑表笔分别插入“+”“-”极，量程开关旋至欧姆挡，红黑表笔靠在一起，观察指针是否转动，并进行欧姆调零。调零之后，进行电阻测量；或将量程开关旋至直流电压挡，测干电池两端的电压（注意红表笔接正极，黑表笔接负极）。如果指针反偏，一般是表头引线极性接反；如果测电压示值不准，一般是焊接有问题，应对被怀疑的焊点重新处理。

1. 校验直流电压

将量程开关旋至合适的直流电压挡，注意表笔极性，调节直流稳压电源，先用标准表测量输出电压，再用被校表测量，并记入表 3-13 中，进行比较。

表 3-13　直流电压校验数据

标准表读数/V						
被校表读数/V						

2. 校验交流电压

将量程开关旋至合适的交流电压挡，表笔不分正、负极。调节交流电源电压，先用标准表测量输出电压，再用被校表测量，记入表 3-14 中，进行比较。

表 3-14　交流电压校验数据

标准表读数/V						
被校表读数/V						

3. 测量直流电流

将量程开关旋至合适的直流电流挡，注意表笔极性。调节直流电流源，先用标准表测量输出电流，再用被校表测量，并记入表 3-15 中，进行比较。

表 3-15　直流电流校验数据

标准表读数/mA						
被校表读数/mA						

4. 测量电阻

用标准表和被校表分别测量几个中值电阻，将读数记入表 3-16 中，进行比较。

表 3-16　电阻校验数据

标准表读数/Ω						
被校表读数/Ω						

四、注意事项

1）检测元器件时，注意将所有的元器件放在一起，以免丢失。

2）电烙铁通电前应将电线拉直并检查电线的绝缘层是否有损坏，不能把电线缠在手上。焊接时应将电烙铁的插头插在操作手一侧的插座上，以防烫坏电源线。

3）电烙铁在使用过程中，应防止烫伤或触电，严禁接触易燃物品。

4）万用表测量电阻时，每次换挡都要进行调零。

5）使用万用表时不能带电调整挡位或量程，避免电刷的触点在切换时因产生电弧而损坏万用表。

6）测量直流电流源时应避免开路状态。

项目四 绕制小型变压器

4

项目描述

变压器在日常生产和生活中应用广泛，如电力传输、众多的家用电器及电子产品等。虽然变压器应用场合不同、种类繁多，但原理相同。本项目主要介绍磁场基本知识、电磁感应定律、磁路定律、变压器及电磁铁的基本知识等内容，并通过项目能力训练——绕制小型变压器来巩固和检测读者对本项目知识点的掌握情况。

知识目标

1. 掌握磁场的基本知识，理解磁场相关物理量的概念及表示方法。
2. 了解磁化现象和磁滞回线的形成，熟悉铁磁材料的分类及应用。
3. 理解电磁感应现象，会灵活运用法拉第电磁感应定律对感应电动势的大小进行计算。
4. 了解自感现象及影响电感大小的因素；理解互感现象，掌握线圈采用不同连接形式时电感大小的相关计算。
5. 了解磁路的概念及相关物理量，掌握磁路欧姆定律与磁路基尔霍夫定律。
6. 掌握变压器的基本结构、分类与工作原理，能进行简单的计算。

能力目标

1. 会用安培定则判断电流的磁场方向。
2. 会用楞次定律和右手定则判断感应电动势的方向。
3. 会判断互感线圈的同名端的方法。
4. 会制作并测试小型变压器。

任务1 认识磁场

1. 取一块玻璃板，在板上撒一些铁屑，将一根条形磁铁放置在玻璃板背面靠近铁屑的中间位置，轻轻敲击玻璃板，观察铁屑的变化，多数铁屑靠近磁铁，且有规律地排列，如图4-1所示。想一想，这是为什么？

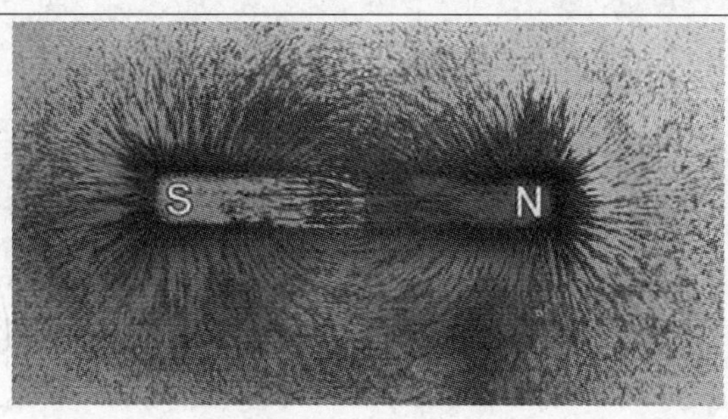

图 4-1　条形磁铁的磁场

2. 如图 4-2 所示，用磁铁的 N 极去靠近小磁针的 N 极，观察小磁针是否会发生偏转，如何转动？如果用磁铁的 N 极去靠近磁针的 S 极，又会有何现象？

3. 如图 4-3 所示，在直导体正下方放一枚小磁针，给直导体通入直流电，观察小磁针如何偏转，如果给导体中通入相反方向的直流电，小磁针又如何偏转呢？

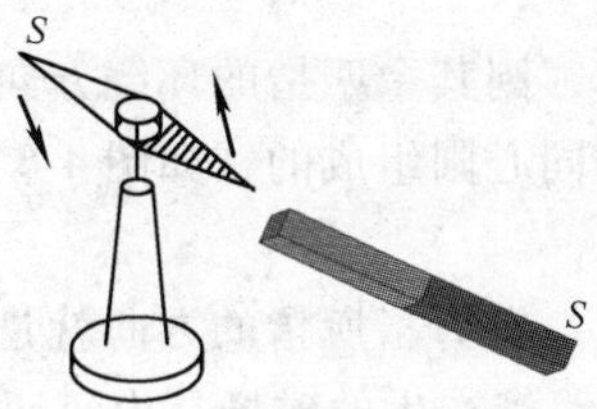

图 4-2　磁极间相互作用

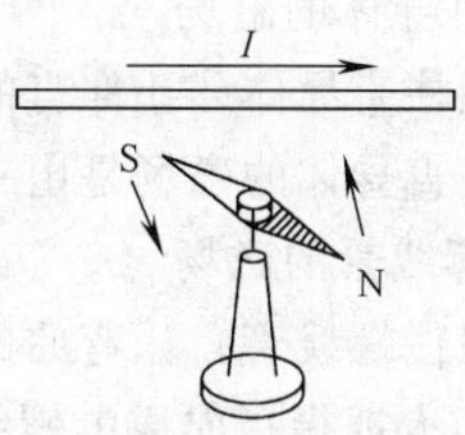

图 4-3　电流的磁场

知识链接

一、磁的基本知识

1. 磁体与磁极

具有磁性的物体称为磁体。磁体包括天然磁体和人造磁体，通常说的吸铁石就是天然磁体，常见的人造磁体有条形的、U 形的和针形的。

磁体两端磁性最强的部分称为磁极。任何磁体都有两个磁极：北极（N）和南极（S），它们总是成对出现。磁极之间有相互作用力：同名磁极相互排斥，异名磁极相互吸引。磁极间的相互作用力称为磁力，如图 4-2 所示。指南针就是利用这种原理制成的。

2. 磁场的方向

磁体周围存在磁力作用的空间称为磁场。磁场和电场一样，都是特殊的物质，看不到摸不着。为了形象地描述它，在磁场中画出一些有方向、互不交叉的闭合曲线来表示磁场，这种线称为磁力线。磁力线的方向定义为：在磁体外部由 N 极指向 S 极，在磁体内部由 S 极指向 N 极。图 4-4 所示为条形磁铁、U 形磁铁的磁场方向。

规定在磁力线上每一点的切线方向就是该点的磁场方向，也就是放在该点的小磁针静止时 N 极的指向，如图 4-5 所示。可以用磁力线的疏密程度来表示磁场的强弱。

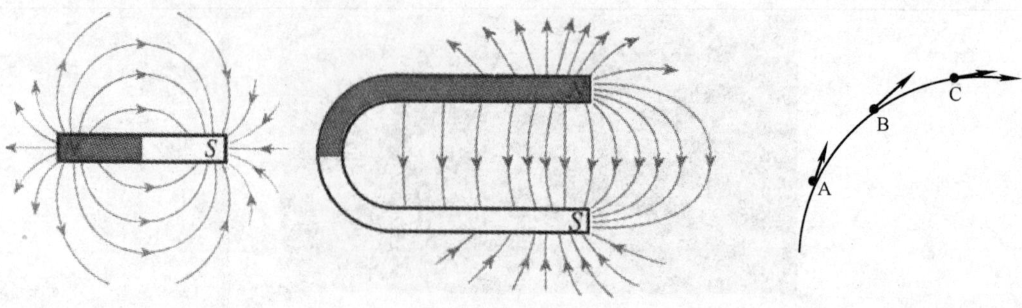

图 4-4　磁力线的方向　　　　图 4-5　任一点磁场方向

二、电流的磁场

通电直导体周围的小磁针会发生偏转，说明通电导体周围和磁体一样存在着磁场，这种现象就是电流的磁效应。电流产生的磁场方向可以用安培定则（又叫右手螺旋定则）来判断。一般分两种情况：

1. 通电直导体的磁场

用右手握住直导体，让伸直的大拇指指向电流方向，则其余四指的环绕方向就是磁力线的方向。通电直导体的磁场是由一系列以导体为圆心的同心圆组成的，如图 4-6 所示。

2. 通电螺线管的磁场

用右手握住螺线管，让弯曲的四指与电流方向一致，则拇指所指的方向就是螺线管内部磁场方向（即大拇指指向通电螺线管的 N 极）。通电螺线管产生的磁场是由每匝线圈产生的磁场相互叠加形成的，其磁场与条形磁铁的磁场相似，一端为 N 极，另一端为 S 极，如图 4-7 所示。

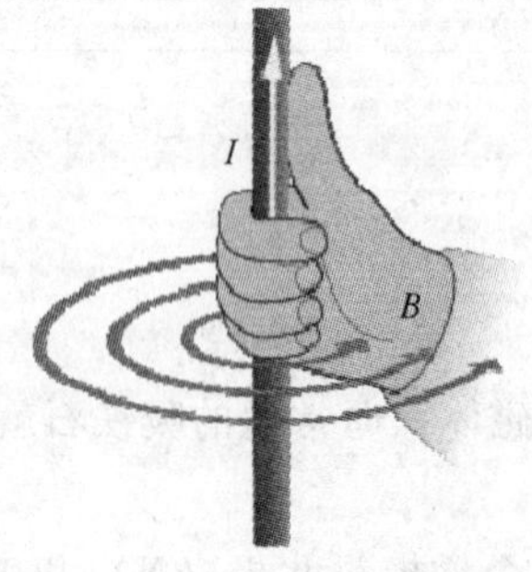

图 4-6　安培定则（通电直导体）

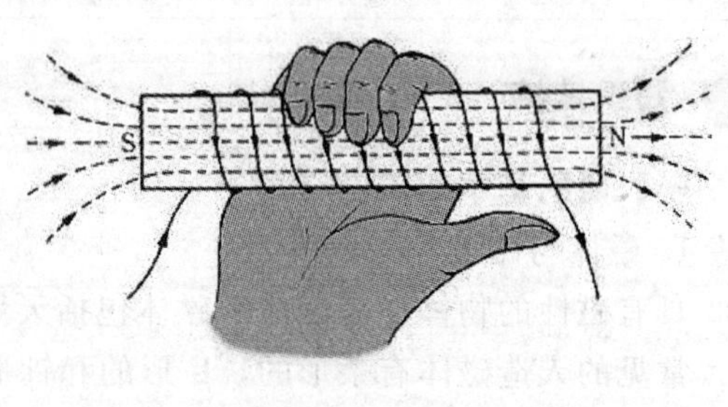

图 4-7　安培定则（通电螺线管）

想一想

磁力线的方向总是由 N 极指向 S 极吗？

三、磁场的基本物理量

1. 磁感应强度

磁感应强度是定量描述某一空间中各点磁场强弱和方向的物理量，用字母 B 表示。其定义为：垂直于磁场方向的通电直导体，在磁场中某点所受作用力 F 与电流 I 和导体有效长度 l 乘积 Il 的比值称为该点的磁感应强度，即

$$B = \frac{F}{Il}$$

式中，电流的单位为A，导体长度的单位为m，力的单位为N，磁感应强度的单位为特斯拉(T)。

磁感应强度的方向就是该点磁场的方向。对于恒定磁场中的某一点来说，磁感应强度B是个常数，而对于磁场中不同位置的点，B可能不相同。磁感应强度B处处相同的磁场，称为均匀磁场，它的磁力线是一系列间隔相同的平行直线，如图4-8所示。用磁力线的稀疏程度可形象地描述磁感应强度的大小，在同一磁场分布图上，磁力线越密的地方，B就越大，磁场较强；反之，B较小，磁场较弱。

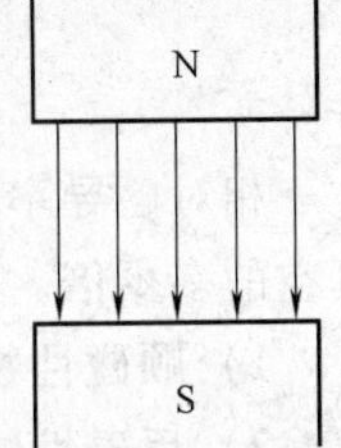

图4-8　均匀磁场

2. 磁通

磁通是定量描述磁场在某一范围内分布及变化情况的物理量，用Φ表示。其定义为：在磁感应强度为B的均匀磁场中，有一个与磁场方向垂直，面积为S的平面，则B与S的乘积就是穿过此面积的磁通，即

$$\Phi = BS$$

式中，磁感应强度的单位为T，面积的单位为m^2，磁通的单位为韦伯（Wb）。

如果磁场方向与平面不垂直，则应以此平面在垂直于磁场方向的投影面积来表示有效面积。

在均匀磁场中，磁感应强度可以表示为$B = \frac{\Phi}{S}$。

上式表明磁感应强度B等于单位面积的磁通，所以磁感应强度也叫做磁通密度，也可用Wb/m^2作为单位。

小贴士　为了在平面上表示电流或磁感应强度的方向，常用符号“⊙”和“⊗”表示电流或磁力线垂直穿出纸面和垂直进入纸面的状态。

例4-1　在图4-9所示的均匀磁场中，已知磁感应强度$B = 0.8T$，S为垂直于磁场方向的一个矩形截面，其边长$a = 8cm$，$b = 10cm$，求通过该截面积的磁通？若平面与磁感应强度方向的夹角为30°，那么通过该截面的磁通又是多大？

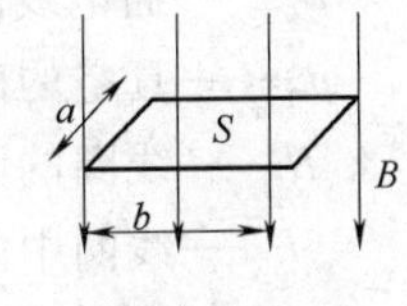

图　4-9

解：根据$\Phi = BS$可知，

当截面与磁场方向垂直时有

$$\Phi = BS = 0.8 \times 8 \times 10^{-2} \times 10 \times 10^{-2}\,Wb = 0.0064\,Wb$$

当截面与磁场方向夹角为30°时有

$$\Phi = BS\sin\alpha = 0.8 \times 8 \times 10^{-2} \times 10 \times 10^{-2} \times \sin 30°\,Wb$$

$$= 0.0064 \times 0.5\,Wb = 0.0032\,Wb$$

3. 磁导率

磁导率是表示介质对磁场影响程度强弱的物理量，用符号μ表示。磁导率的大小直接反

映介质导磁能力的强弱，它的单位是亨/米（H/m）。经实验确定，真空磁导率 μ_0 是一个常数，为 $4\pi\times10^{-7}$H/m。

为了比较介质对磁场的影响，把任意物质的磁导率 μ 与真空磁导率 μ_0 的比值称为相对磁导率，用 μ_r 表示，即

$$\mu_r = \frac{\mu}{\mu_0}$$

相对磁导率只是一个比值，没有单位，它表明当其他条件相同时，媒介质的导磁能力是真空的多少倍。根据相对磁导率的大小，可把物质分为三类：

1）顺磁性物质：如空气、铝、锡等，它们的磁导率 μ 比 μ_0 稍大点，$\mu_r\approx1.000005$。

2）反磁性物质：如氢、铜、金等，它们的磁导率 μ 比 μ_0 稍小点，$\mu_r\approx0.999995$。

顺磁性物质与反磁性物质的 μ_r 近似等于 1，被称为非铁磁性材料。

3）铁磁性物质：如铁、钴、镍等，它们的磁导率 μ 远大于 μ_0，相对磁导率 μ_r 为几百甚至几万，且不是一个常数。表 4-1 列出了几种常用铁磁性物质的相对磁导率。

表 4-1　几种常用铁磁性物质的相对磁导率

材　　料	相对磁导率	材　　料	相对磁导率
钴	174	镍铁合金	60000
镍	1120	真空中融化的电解铁	12950
软钢	2180	坡莫合金	115000
硅钢片	7000 ~ 10000	铝硅铁粉芯	7
未经退火的铸铁	240	锰锌铁氧体	5000
已经退火的铸铁	620	镍铁铁氧体	1000

4. 磁场强度

实验证明，如图 4-10 所示，通电圆环线圈在真空中，其磁感应强度为

$$B_0 = \mu_0 \frac{NI}{l}$$

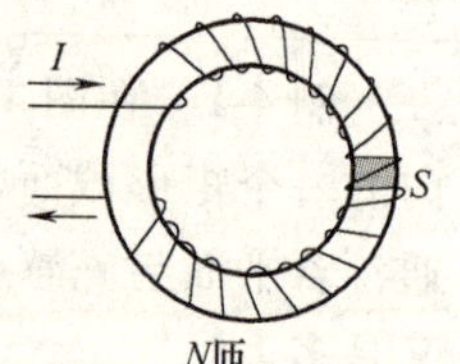

图 4-10　通电圆环线圈

式中　B_0——通电线圈在真空中的磁感应强度，单位是 T；

μ_0——真空的磁导率，单位是 H/m；

N——线圈的匝数；

I——线圈中的电流，单位是 A；

l——线圈的平均长度，单位是 m。

如果把线圈从真空中取出，并在其中放入相对磁导率为 μ_r 的介质，则磁感应强度为

$$B = \mu_r\mu_0 \frac{NI}{l} = \mu \frac{NI}{l}$$

磁感应强度大小与介质磁导率有关，这样磁场的计算较复杂。为了简化计算，便于确定磁场与电流之间的关系，引入一个与介质无关的物理量——磁场强度，用 H 表示。磁场中某点磁场强度的大小，等于该点磁感应强度与介质磁导率的比值，即

$$H = \frac{B}{\mu}$$

将 $B=\mu\frac{NI}{l}$代入上式，得

$$H=\frac{B}{\mu}=\mu\frac{NI}{\mu l}=\frac{NI}{l}$$

磁场强度的单位为安培/米，简称安/米（A/m）。它的方向与该点的磁感应强度 B 方向一致。磁场强度与媒介质的磁导率无关，这给工程的计算带来了极大的方便。

知识拓展

磁悬浮列车最基本的原理就是磁极的同性相斥和异性相吸。车身和路面都安装有电磁铁，其中，车身磁场和路面磁场产生浮力，使列车稳定悬浮；车身磁场和推进磁场产生直线作用力，使列车前进。其工作原理如图 4-11 所示。

a)

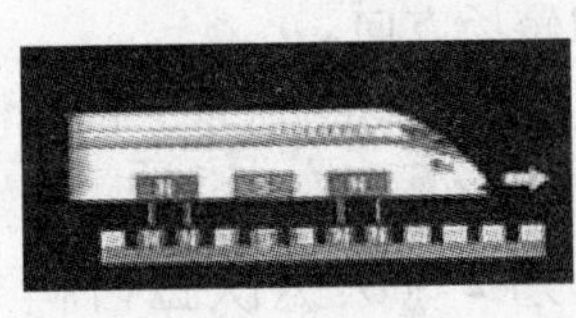

b)

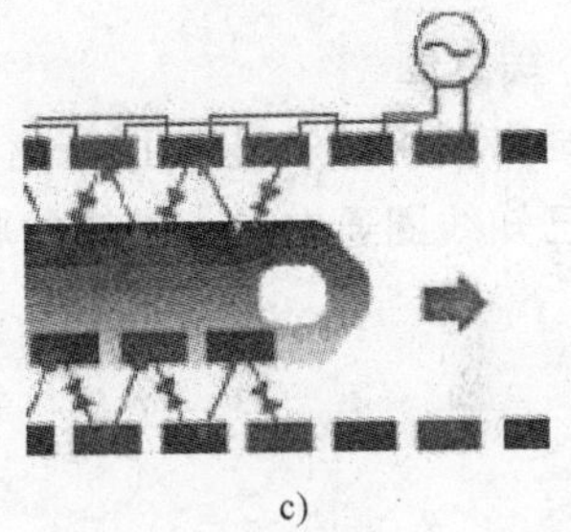

c)

图 4-11 磁悬浮列车的工作原理

a）磁悬浮列车 b）悬浮原理 c）推进原理

知识测评

一、填空题

1. 具有磁性的物体称为________；两端磁性最强的部分被称为________。

2. 磁极间相互作用力的规律是________________。

3. 磁力线上每一点的________方向就是该点的磁场方向，也就是放在该点的小磁针静止时________极的指向。

4. 电流产生的磁场方向可以用________定则判断。

5. 磁感应强度是描述____________________的物理量。

6. 已知一根长 50cm 沿垂直磁场方向放置的导体，通以 200μA 电流时在磁场中受力为 0.02N，则磁感应强度为________。

7. 磁场强度用符号________表示，其大小为________，其方向与该点____________方向一致。

二、选择题

1. 关于磁场的基本性质，下列说法错误的是（　　）。

A. 磁场具有能的性质　　B. 磁场具有力的性质

C. 磁场可以相互作用　　D. 磁场也是由分子组成的

2. 磁极周围存在着一种特殊物质，这种物质具有力和能的特性，该物质叫（　　）。

A. 磁性　　B. 磁场　　C. 磁力　　D. 磁体

3. 如果一直线电流的方向为由北向南，在它的上方放一个可以自由转动的小磁针，则小磁针的N极偏向（　　）。

A. 西方　　B. 东方　　C. 南方　　D. 北方

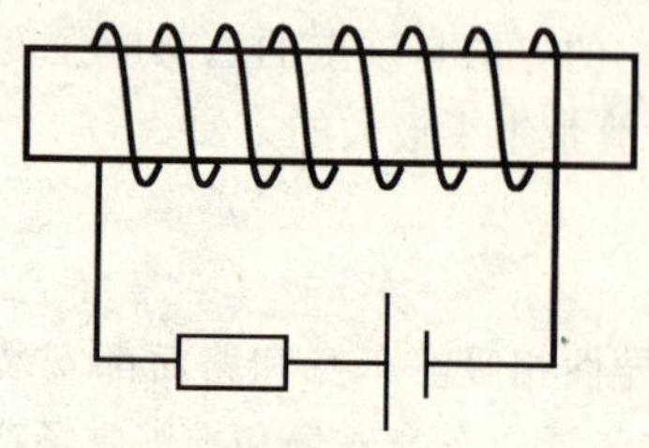

图4-12　判断磁场方向

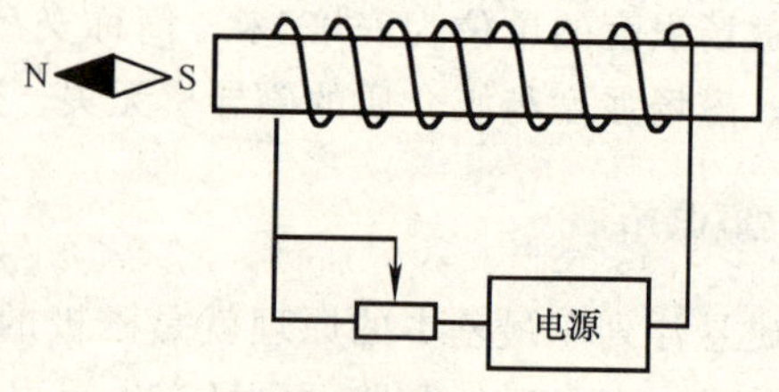

图4-13　判断电源方向

三、综合题

1. 画出图4-12中电流所产生的磁场方向。

2. 已知线圈通电后小磁针的状态如图4-13所示，试分析电源的极性。

任务2　认识铁磁材料

做一做

1. 用大铁钉靠近小铁钉，观察两者有、无吸引现象。如图4-14所示，在大铁钉的外层绕上漆包线，通入直流电流再靠近小铁钉，观察会有什么现象发生。

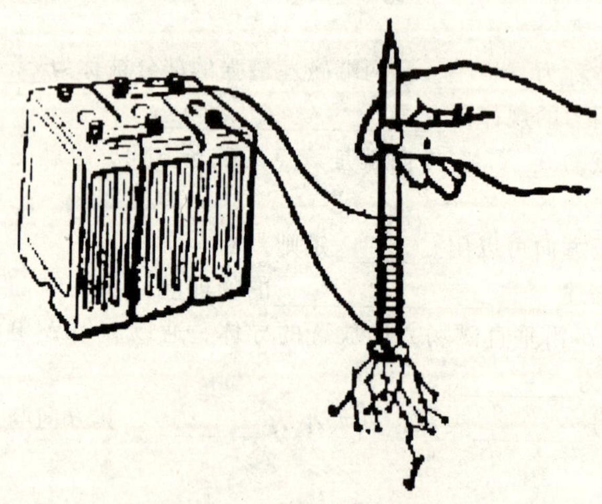

图4-14　大铁钉吸引小铁钉

2. 用铁棒接触磁铁一段时间后，靠近铁屑，观察有什么现象发生，如果用铜棒代替铁棒，会有上述现象吗？想一想是什么原因。

知识链接

一、磁化

使原来没有磁性的物质具有磁性的过程称为磁化。将一个铁磁物质放入某磁场中，原磁场便会被增强，产生此现象的原因是由铁磁物质内部的结构决定的。铁磁物质由许多称为磁畴的天然磁体组成，未加外磁场时这些磁畴排列杂乱无章，本身具有的磁性相互抵消，从而对外不显磁性，如图 4-15a 所示。加入外磁场后，大多数磁畴都沿外磁场方向规则地排列，因而在铁磁物质内部形成了与外磁场同方向的“附加磁场”，如图 4-15b 所示。当外磁场进一步加强时，由于多数磁畴已转向外磁场方向，此时“附加磁场”不再增强，称为磁饱和，如图 4-15c 所示。非铁磁物质（如铝、铜、木材等）由于没有磁畴结构，所以磁化程度很微弱。

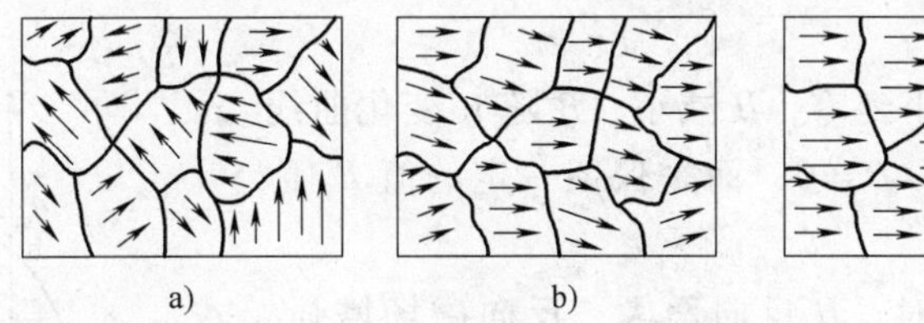

图 4-15　铁磁物质的磁化

二、铁磁材料的磁化

实际应用中，通常利用电流产生外磁场使铁磁物质磁化。铁磁物质的磁感应强度 B 随磁场强度 H 变化的曲线，称为磁化曲线，也叫 B-H 曲线，为非线性曲线。磁化曲线反映了铁磁物质的磁化过程。

1. 磁化过程

如图 4-16a 所示，给线圈通入直流电，可得到图 4-16b 所示的磁化过程曲线。磁化曲线分析如下：

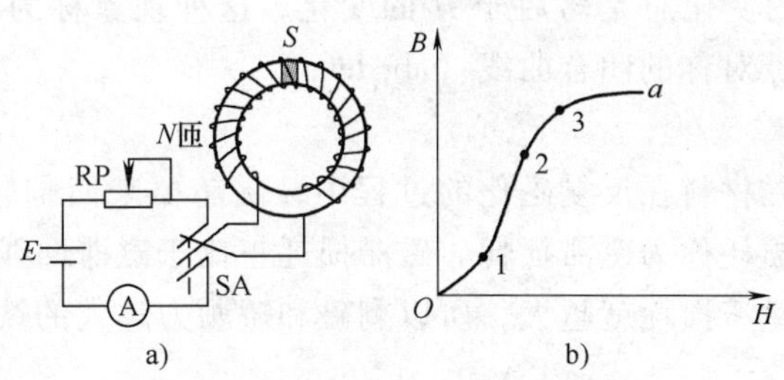

图 4-16　磁化过程

1）O ~1 段：当 I 增大时，H 也增大，而 B 增加缓慢。这是由于磁畴惯性而不能立即转动，曲线上升缓慢，称为起始磁化段。

2）1 ~2 段：随着 H 的增大，B 几乎直线上升，这是因为在外磁场作用下，大部分磁畴迅速转动趋向于 H 方向，B 增加很快，曲线很陡，称为线性段。

3）2～3 段：B 继续随 H 增大而继续增大，但 B 的上升缓慢了。这是因为大部分磁畴方向已与 H 同方向，所以只有少部分的磁畴随 H 的增加继续转向，称为曲线的膝部。

4）3 点以后：到达 3 点以后，磁畴方向几乎全部与外磁场方向相同，再增大 H 值，B 几乎不再增加，曲线变得平坦，称为饱和段，此时的磁感应强度称为饱和磁感应强度。不同的铁磁性物质，B 的饱和值不同，对于同一种材料，B 的饱和值是一定的。电机和变压器通常工作在曲线的 2～3 段，即接近饱和的地方。

在图 4-16 中，如果给线圈通入交流电，会产生交变磁场，铁磁材料就会被反复磁化，那么它的曲线是怎样的呢？

2. 磁滞回线

磁滞回线是指铁磁物质在交变磁场中，经过多次磁化、去磁、反向磁化和反向去磁的过程。铁磁物质的磁滞回线如图 4-17 所示。

1）电流 I 由零增加到最大值，H 增大，B 随 H 变化曲线为 Oa 段，在 a 点 B 达到饱和值。

2）当电流由最大值减小到零，H 减小，B 随 H 变化曲线为 ab 段。当 H 减小到零时，$B \neq 0$，而是保留一定的值 B_r 称为剩磁。

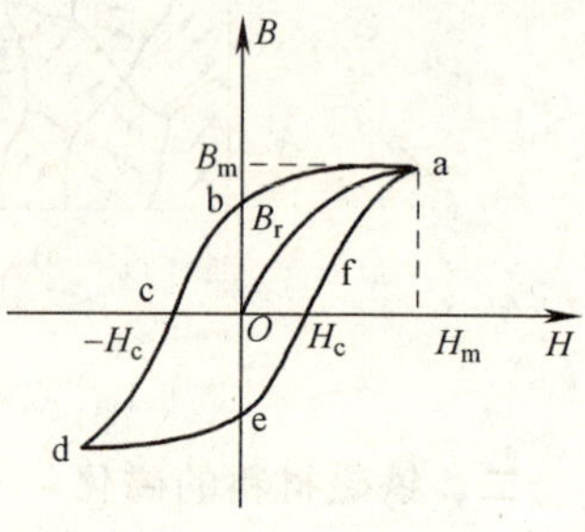

图 4-17　磁滞回线

3）当电流 I 反向增加时，H 反向增大，反向磁场增强，B 减小；当反向磁场增大到一定值时，$B=0$，剩磁完全消失，如图 4-17 中 bc 段，bc 段曲线称为退磁曲线，这时为克服剩磁所加的磁场强度，称为矫顽力，用 H_c 表示。矫顽力的大小反映了铁磁性物质保存剩磁的能力。永久磁铁就是利用剩磁很大的铁磁性物质制成的。

4）当反向电流 I 继续增大时，反向磁场继续增强，B 从 0 开始沿曲线 cd 变化，并达到反向饱和点 d。

5）当反向电流由最大值减小到 0 时，B-H 曲线沿 de 段变化，在 e 点 $H=0$，$B=-B_r$。再逐渐增大正向磁场，B-H 曲线沿 efa 变化，完成一个循环。

从整个过程看，B 的变化总是落后于 H 的变化，这种现象称为磁滞现象。经过多次循环，可得到一个关于原点对称的闭合曲线（abcdefa）。

3. 磁滞损耗

由于磁滞原因，铁磁材料在反复磁化的过程中，磁畴要来回翻转，导致铁磁材料发热，损耗一部分能量，这种损耗称为磁滞损耗。磁滞损耗正比于磁滞回线所包围的面积，即磁滞回线包围的面积越大，磁滞损耗就越大，所以剩磁和矫顽力越大的铁磁性物质，其磁滞损耗就越大。

小贴士 不同铁磁材料的磁化曲线是不同的，可以通过磁化曲线对不同铁磁材料的特性进行比较。因此，磁滞回线的形状常作为选择材料的依据。

三、铁磁材料的分类

一般铁磁材料可分为三类：软磁材料、硬磁材料、矩磁材料，见表 4-2。

表 4-2　铁磁材料的分类

名　　称	软磁材料	硬磁材料	矩磁材料
磁滞回线	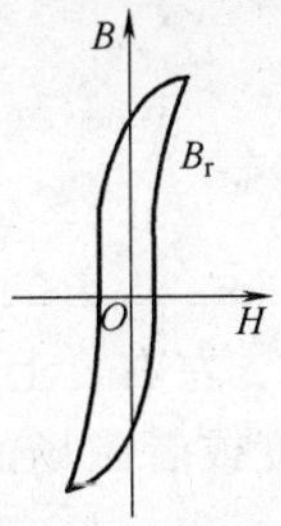	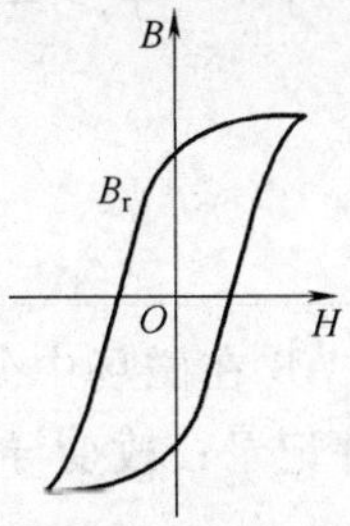	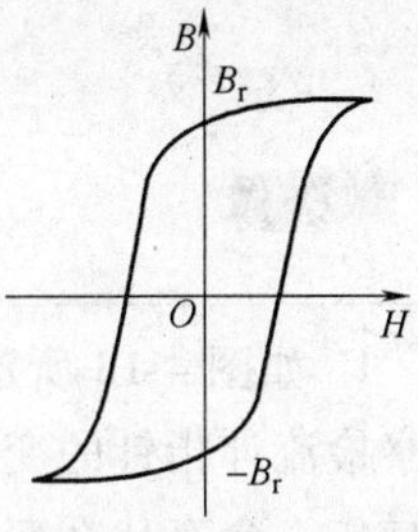
特点	磁导率很大，剩磁和矫顽力都很小，易磁化也易去磁，磁滞回线狭窄，磁滞损耗小	剩磁和矫顽力都很大，不易磁化也不易去磁，磁滞回线很宽，磁滞损耗较大	矩磁材料的磁滞回线形状如矩形，矩磁材料经磁化达到饱和后，其剩磁能保持在饱和值
用途	主要用于制造交流电磁铁、电机、变压器的铁心。应用较多的软磁材料有电工纯铁、硅钢等	适于做永久磁铁。常见的硬磁材料有钨钢、钴钢等	适于做记忆性元件，如计算机存储器的磁芯、乘客乘车的凭证、各类银行卡。目前使用较多的矩磁材料有锰镁铁氧体和锂锰铁氧体

想一想

平面磨床电磁吸盘上的工件，加工完毕后为什么不能从吸盘上立即取下来？怎样才能取下？

知识测评

一、填空题

1. 使原来没有磁性的物质具有磁性的过程称为________。

2. 铁磁物质的磁感应强度 B 随磁场强度 H 变化的曲线，称为________曲线。

3. 从整个磁化过程看，B 的变化总是落后于 H 的变化，这种现象称为________现象。

4. 铁磁物质反复磁化的过程中，导致铁心发热，消耗能量，这种现象称为__________。

5. 磁滞损耗与磁滞回线的面积成________比，铁磁物质的剩磁和矫顽力越大，其磁滞损耗越________。

6. 铁磁性物质是由许多叫做________的天然磁化区域所组成的。

7. 根据剩磁的大小把铁磁性材料分成三大类：________、________和________。

二、选择题

1. 以下铁磁材料中，适合做变压器铁心的是（　　）。

A. 硬磁材料　　B. 软磁材料　　C. 矩磁材料

2. 空心的线管插入铁心后，其磁感应强度（　　）。

A. 变小　　B. 变大　　C. 不变

3. 剩磁和矫顽力都很大，不易磁化、也不易去磁的材料属于（　　）。

A. 硬磁材料　　B. 软磁材料　　C. 矩磁材料

任务3　学习电磁感应定律

做一做

1. 如图 4-18 所示，将导体 AB 在磁场中分别沿着前后、左右、上下三个方向移动，观察检流计指针的变化情况，并记录；改变导体运动的速度或者磁场的方向，再进行上述操作，会有什么变化？

2. 如图 4-19a 所示，将一条形磁铁插入空心线圈，观察此过程中检流计指针的变化情况。如图 4-19b 所示，将线圈中的磁铁拔出，检流计的指针又会如何变化？改变磁铁的极性和移动速度，检流计指针偏转角度与方向如何变化？

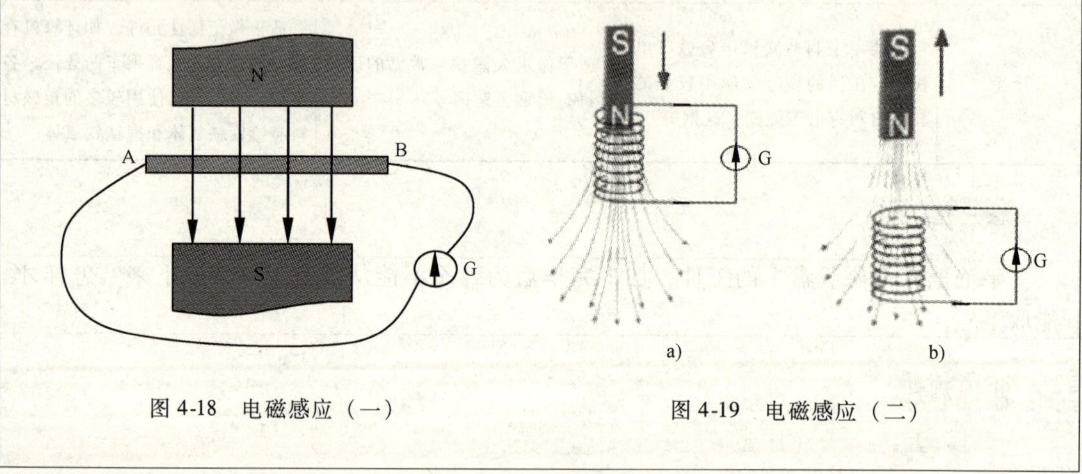

图 4-18　电磁感应（一）　　图 4-19　电磁感应（二）

知识链接

当导体作切割磁力线运动或线圈中磁通发生变化时，在导体或线圈中会产生感应电动势。这种利用磁场产生感应电动势的现象称为电磁感应现象，是英国科学家法拉第于 1831 年发现的。由电磁感应产生的电动势称为感应电动势；由感应电动势产生的电流称为感应电流。

电磁感应原理应用非常广泛，如发电机、变压器及一些电工仪表都是根据电磁感应原理制成的。那么感应电动势和感应电流的大小和方向又与哪些因素有关呢？

一、直导体中的感应电动势和感应电流

直导体在磁场中运动，切割磁力线时会产生感应电动势。下面研究直导体产生感应电动势的具体情况。

1. 方向判定

直导体中感应电动势的方向可用右手定则来判定，如图 4-20 所示。其内容是：伸开右手，拇指和其余四指垂直，且与手掌在同一个平面内，让磁力线垂直穿过掌心，拇指指向导体的运动方向，则四指所指方向就是感应电动势（或感应电流）的方向。

2. 大小计算

实验证明，当直导体、磁场方向和导体运动方向三者互相垂直时，导体中产生的感应电动势 e 的大小与导体在磁场中的有效长度 l、磁感应强度 B 及导体运动速度 v 均成正比，即

$$e = Blv$$

当导体运动方向与磁感应强度 B 成夹角 α 时，有

$$e = Blv\sin\alpha$$

由此可知，当导体静止或导体沿磁场方向运动时（即 $\alpha = 0$），$e = 0$；当导体、导体运动方向与磁力线互相垂直时（即 $\alpha = 90°$），$e = Blv$，感应电动势最大。

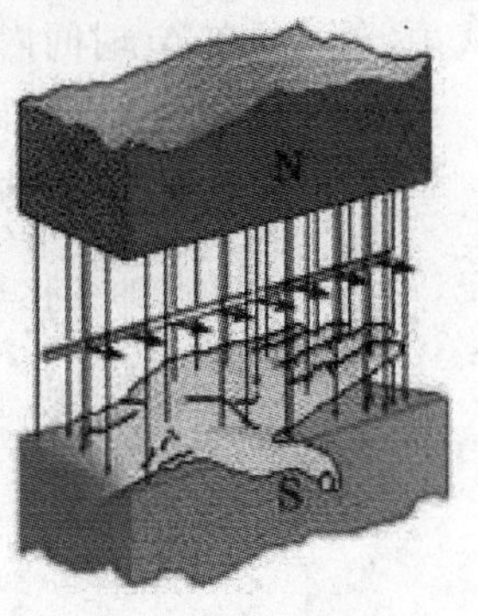

图 4-20 右手定则

例 4-2 如图 4-21 所示，设均匀磁场的磁感应强度为 0.2T，ab 在磁场中切割磁力线的直导体长度为 50cm，向右以 5m/s 的速度匀速运动到 a′b′，整个线框的电阻为 3Ω，导体 ab 的电阻为 2Ω，求：（1）感应电动势的大小；（2）感应电流的方向和大小。

解： 由于直导体 ab 垂直切割磁力线运动，可知：

1）直导体中的感应电动势为

$$e = Blv = (0.2 \times 0.5 \times 5)\text{V} = 0.5\text{V}$$

利用右手定则判断出感应电动势的方向：a 指向 b。

2）直导体中的感应电流为

$$I = \frac{e}{R_{cd} + R_{ab}} = \frac{0.5}{3+2}\text{A} = 0.1\text{A}$$

感应电流的方向为沿 a→b→c→d 方向。

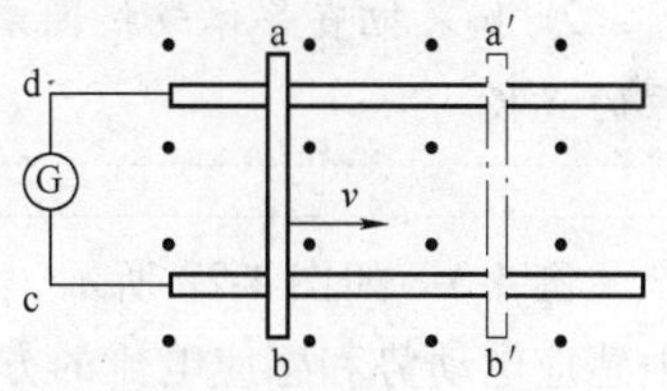

图 4-21 例 4-2 图

二、电磁感应定律

线圈中磁通发生变化时会产生感应电动势和感应电流，可用楞次定律判断感应电动势的方向，用法拉第电磁感应定律计算其大小。

1. 楞次定律

楞次定律的内容为：感应电流产生的磁通总是阻碍原磁通的变化。具体判断步骤如下：

1）明确原磁场的方向及其变化趋势。

2）根据楞次定律确定感应电流的磁场方向：若穿过闭合电路的磁通量增加，则感应电流的磁场方向与原磁场方向相反；若穿过闭合电路的磁通量减少，则感应电流的磁场方向与原磁场方向相同。

3）根据感应电流的磁场方向，应用安培定则（右手螺旋定则）判断线圈中感应电动势和感应电流的方向。

2. 法拉第电磁感应定律

法拉第电磁感应定律用于判定感应电动势的大小，其内容为：线圈中感应电动势的大小与线圈中磁通的变化率成正比。用公式表示为

$$e = \left|\frac{\Delta\Phi}{\Delta t}\right|$$

式中　e——在 Δt 时间内感应电动势的平均值，单位是 V；

$\Delta\Phi$——单匝线圈中磁通的变化量，单位是 Wb；

Δt——磁通变化 $\Delta\Phi$ 所需要的时间，单位是 s；

$\dfrac{\Delta\Phi}{\Delta t}$——磁通的变化率，单位是韦伯每秒（Wb/s）；

对于 N 匝线圈，则感应电动势为

$$e = N\left|\frac{\Delta\Phi}{\Delta t}\right|$$

上式说明，线圈中感应电动势的大小由线圈中磁通的变化率决定，而与穿过线圈的磁通大小无关。

小贴士　1. 直导体切割磁力线产生感应电动势是线圈不到一匝的特殊情况，楞次定律、法拉第电磁感应定律同样适用。

2. 如果把直导体或线圈看成是一个电源，则感应电流流出（直导体或线圈）端为电源的正极。

例 4-3　如图 4-22 所示，应用楞次定律判断条形磁铁插入或拔出线圈时，线圈中产生感应电动势和感应电流的方向。

解： 1）在图 4-22a 中，原磁通方向向上，当磁铁插入线圈时，磁通是增加的趋势。

2）根据楞次定律，感应磁通方向（虚线）与原磁通方向相反，即向下。

3）根据感应磁通方向，应用安培定则判断感应电流和感应电动势方向，如图 4-22a 所示。

用同样的方法可判断当条形磁铁拔出线圈时，感应电流和感应电动势的方向如图 4-22b 所示。

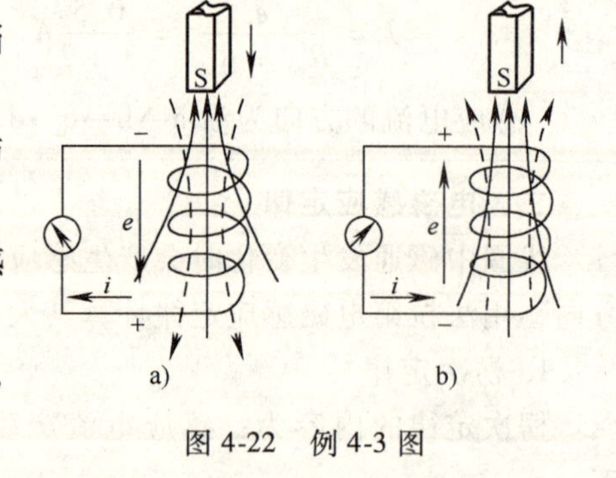

图 4-22　例 4-3 图

3. 电磁感应定律

把法拉第电磁感应定律和楞次定律合并在一起，称为电磁感应定律，写成公式为

$$e = -N\frac{\Delta\Phi}{\Delta t}$$

式中“ - ”是楞次定律的反映，表示感应电动势的方向和磁通变化的趋势相反。

上式只有在规定了感应电动势正方向时才有意义，即感应电动势的正方向与原磁场的方向之间符合安培定则关系：

（1）明确原磁场的方向，根据安培定则确定感应电动势的正方向。

（2）当原磁通增加时，感应电动势的实际方向与正方向相反；反之，感应电动势的实际方向与正方向相同。

图 4-23　线圈切割磁力线

例 4-4　如图 4-23 所示，在一个磁感应强度 $B=0.02\text{T}$ 的均匀磁场中，放一个匝数为 200 匝，面积 $S=0.01\text{m}^2$ 的线圈，在 1s 内，把线圈平面从平行于磁力线的方向转过 90°，变成与磁力线垂直方向，求感应电动势的平均值。

解：在线圈转动过程中，穿过线圈的磁通变化率是不均匀的，所以不同时刻，感应电动势的大小也不相同，应根据穿过线圈的磁通平均变化率求感应电动势的平均值。

根据法拉第电磁感应定律，线圈中感应电动势的平均值为

$$e=N\left|\frac{\Delta\Phi}{\Delta t}\right|=N\left|\frac{BS}{\Delta t}\right|=200\times\left|\frac{0.02\times0.01}{1}\right|\text{V}=0.04\text{V}$$

三、涡流与趋肤效应

1. 涡流

当有铁心的线圈通入交变电流或者将块状铁磁物质放入交变磁场时，铁心中会有交变的磁通穿过，铁心内部将产生感应电流，这种电流在铁心内自成回路，形成像水一样的旋涡，称为涡流，涡流也是一种电磁感应现象。

在多数情况下，涡流是有害的。因为整块铁心的电阻很小，所以涡流的电流值会很大，电流的热效应会使铁心发热，易造成设备因过热而损坏；涡流还会消耗电能，造成不必要的损耗（人们把涡流损耗和磁滞损耗总称为铁损）；另外，根据楞次定律可知，涡流会使原磁场削弱，因此应设法减小涡流。为减小涡流，在低频范围内电动机及各类电器都不用整块铁心，而用叠装在一起的电阻率较大、表面涂有绝缘漆的硅钢片。在高频范围内，常用绝缘电阻很大的铁粉磁心，如收音机用的天线磁棒、电视机中的中周变压器磁心等。

涡流也有有利的方面，例如许多测量仪表中的阻尼装置、金属热处理的感应加热装置、家用电磁炉等都是利用涡流工作的。图 4-24 所示为其内部结构。电磁炉的炉面是耐热陶瓷板，当有导磁性金属面放置于线圈上方面板时，交变电流通过陶瓷板下方的线圈产生磁场，磁场内的磁力线穿过铁锅（不锈钢锅）底部时就会有感应电流（即涡流），锅底迅速发热，达到加热的目的。电流越大则所产生的热量就越多，煮熟食物所需的时间就越短。

图 4-24　电磁炉线圈盘的内部结构

2. 趋肤效应

当交变电流通过导体时，电流将趋于导体表面流动，这种现象称为趋肤效应。趋肤效应也是一种电磁感应现象。趋肤效应产生的原因是：当导体中流过交变电流时，电磁感应在导

体内部会产生感应电流，方向与导体中心电流方向相反。由于导体中心与导体表面的感应作用不同，在导体中心处产生的感应电流就比在导体表面附近处产生的感应电流大。这样作用的结果：电流趋于在表面流动，中心则趋于无电流。

与大多电磁感应现象一样，趋肤效应也是有利有弊。通过导体的电流频率越高，由于趋肤效应的影响，导体的电阻就越大，导体电阻的增加，又使导体损耗的功率增加。频率越高，趋肤效应越显著。

在工业应用方面，利用趋肤效应可以对金属进行表面淬火。另外，在高压输配电线路中，利用钢芯铝绞线代替铝绞线，这样既节省了铝导线，又增加了导线的机械强度，也是利用了趋肤效应这个原理。在高频电路中可以用空心导线代替实心导线。此外，为了削弱趋肤效应，在高频电路中有时也使用多股相互绝缘细导线，编织成束来代替同样截面积的粗导线，这种多股线束称为辫线。

知识拓展

银行卡背面的黑色磁条可以记录着银行代码、户头编号、密码等数据，这些数据都是利用电磁感应的方法写进去的，在实际进行磁化时，我们是用磁性的有无表示二进制的 0 和 1。

知识测评

一、填空题

1. 电磁感应现象中，感应电动势的大小用__________定律计算，方向用__________定律判断。

2. 在直导体运动切割磁力线产生感应电动势时，如果三者互相垂直，导体中产生的感应电动势为__________，当导体运动方向与磁感应强度成夹角 α 时，感应电动势为__________，方向用__________判断。

3. 当交变电流通过导体时，电流将趋于导体表面流动，这种现象称为________。

4. 楞次定律内容的表述是____________________。

5. 电磁炉是根据______________原理制成的。

二、选择题

1. 根据电磁感应定律 $e=-N(\Delta\phi/\Delta t)$ 求出的感应电动势，是在 Δt 这段时间内的（　　）。

A. 平均值　　B. 瞬时值　　C. 有效值　　D. 最大

2. 涡流是（　　）。

A. 感应电动势　　B. 产生于线圈中的电流

C. 一种感应电流　　D. 自感电流

3. 运动导体在切割磁力线而产生最大感应电动势时，导体与磁力线的夹角为（　　）。

A. 0°　　B. 45°　　C. 90°　　D. 135°

三、判断题

（　　）1. 通过线圈的磁通量越大，产生的感应电动势就越大。

（　　）2. 感应电流产生的磁通方向总是与原磁通方向相反。

（　　）3. 左手定则是楞次定律的特殊形式。

（　　）4. 当磁通发生变化时，导体或线圈中就会有感应电流产生。

（　　）5. 有感应电流就一定有感应电动势。

（　　）6. 通过线圈的磁通量变化越快，产生的感应电动势就越大。

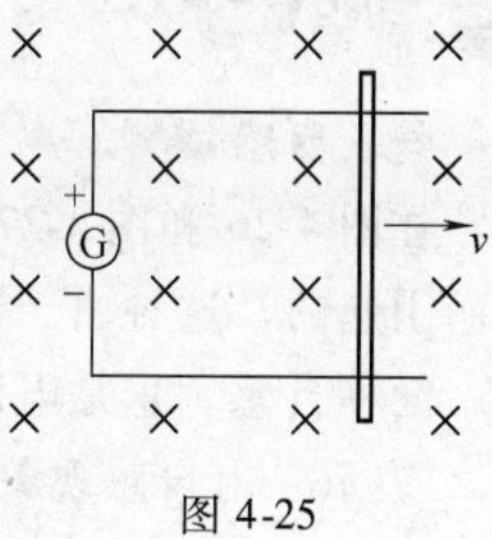

图 4-25

四、综合题

如图 4-25 所示，判断检流计的偏转方向。

任务4　学习自感与互感

做一做

1. 按图 4-26 所示连接电路，HL_1、HL_2 是两只完全相同的小灯泡，R 为电阻，L 为一个电感较大的铁心线圈，并且线圈的电阻与 HL_2 支路串联的电阻 R 相等。当开关 S 闭合时，灯泡会有什么现象产生？两个灯泡亮度一样吗？

2. 按图 4-27 所示连接电路，观察开关 S 闭合与断开时，小灯泡点亮与熄灭的过程。

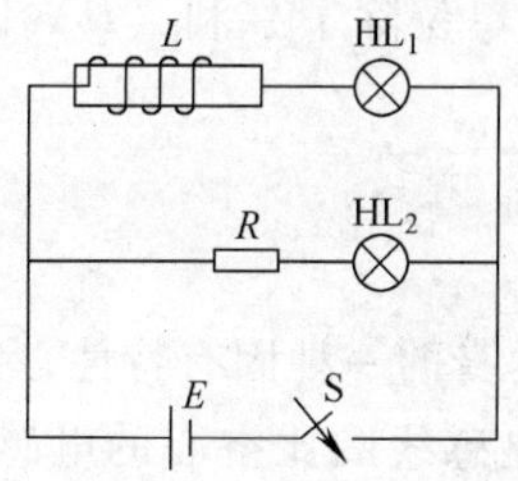

图 4-26　电感线圈接通电源

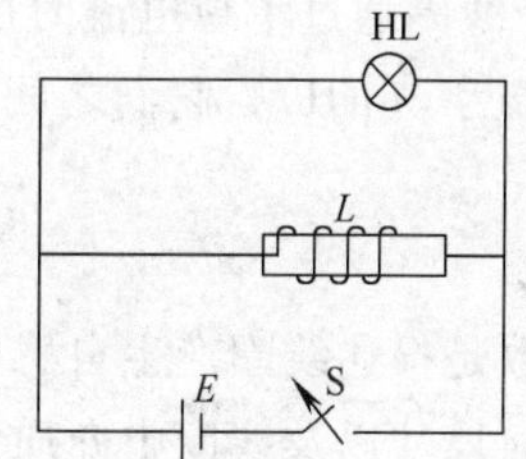

图 4-27　电感线圈断开电源

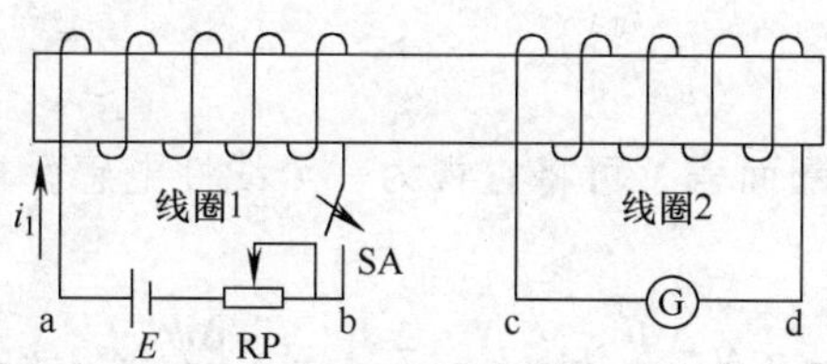

图 4-28　互感现象

3. 如图 4-28 所示，将两个线圈绕在同一个铁心上，在开关 SA 闭合的瞬间，线圈 2 所连接的检流计 G 会有什么反应？随后断开开关 SA，检流计又会有什么反应呢？考虑一下原因。

知识链接

一、自感

在图4-26和图4-27中出现的现象虽然不同，但本质相同，都是由线圈自身电流发生变化而引起的。这种由于流过线圈本身的电流发生变化而产生感应电动势的现象称为自感现象，简称自感，这是电磁感应的一种特殊形式。由自感现象产生的电动势称为自感电动势，用 e_L 表示，由自感现象产生的电流称为自感电流，用 i_L 表示。

（一）自感系数

当电流流过线圈时，线圈中产生的磁通，称为自感磁通。N 匝线圈具有的磁通称为自感磁链，用字母 ψ 表示。则

$$\psi = N\Phi$$

同一电流流过不同的线圈，产生的磁链不同，为表示各个线圈产生自感磁链的能力，将线圈的自感磁链与电流的比值称为线圈的自感系数，又叫电感量，简称电感，用 L 表示，即

$$L = \frac{\psi}{i}$$

式中 ψ——由自身线圈电流所产生的自感磁链，单位为Wb；

I——流过线圈的电流，单位为A；

L——线圈的电感量，单位为H。

L 是一个线圈通过单位电流时所产生的磁链。电感的单位除了亨利（H）以外，还有毫亨（mH）、微亨（μH），它们之间的关系为

$$1\text{H} = 10^3\text{mH}$$

$$1\text{mH} = 10^3\mu\text{H}$$

自感系数是描述线圈产生自感磁通的能力，是线圈本身的一种固有特性，它的大小决定于线圈的几何尺寸以及线圈中介质的磁导率。有铁心的电感线圈比空心的电感量要大得多。空心电感线圈的电感为常数，我们称其为线性电感；有铁心的电感线圈由于铁磁物质的磁导率不是常数，所以有铁心的电感线圈称为非线性电感。

（二）自感电动势

1. 自感电动势的大小

对于一个多匝的空心线圈而言，可将它视为一个线性电感，根据电磁感应定律，感应电动势 e_L 为

$$e_L = -N\frac{\Delta\Phi}{\Delta t} = -\frac{N\cdot\Delta\Phi}{\Delta t} = -\frac{\Delta\psi}{\Delta t} = -L\frac{\Delta i}{\Delta t}$$

式中 L——线圈的电感，单位为H；

$\frac{\Delta i}{\Delta t}$——在 Δt 时间内电流的变化率，单位为A/s。

上式表明：线圈的自感电动势 e_L 与线圈的电感量 L 和线圈中电流的变化率 $\Delta i/\Delta t$ 的乘积成正比。当线圈的电感量一定时，线圈的电流变化越快，自感电动势越大；反之，自感电动势越小。当电流变化率一定时，线圈的电感量 L 越大，自感电动势就越大；反之，自感电动势越小。因此，电感量反映了线圈产生自感电动势的能力。

例 4-5 电感 $L=0.3\text{H}$ 的线圈在 1s 内电流自 4A 均匀地降到 1A，求此线圈中自感电动势 e_L。

解：$e_L=-L\dfrac{\Delta i}{\Delta t}=\left(-0.3\times\dfrac{1-4}{1}\right)\text{V}=0.9\text{V}$

2. 自感电动势方向

自感电动势和自感电流的方向可以用楞次定律来判定：当线圈中原电流 i 增大时，i_L 与 i 的方向相反；当线圈中原电流 i 减小时，i_L 与 i 的方向相同，感应电流总是阻碍原电流的变化，也可总结为“增反减同”。由自感电流 i_L 的方向可确定自感电动势 e_L 的方向：把线圈看做一个电源，电流流出端为 e_L 的“+”，电流流入端为 e_L 的“-”，如图 4-29 所示。在电感内部，e_L 与 i_L 方向相同。

3. 线圈中的磁场能量

电感与电容相似，也是一种储能元件。实验证明，线圈中储存的磁场能量 W_L 为

$$W_L=\frac{1}{2}LI^2$$

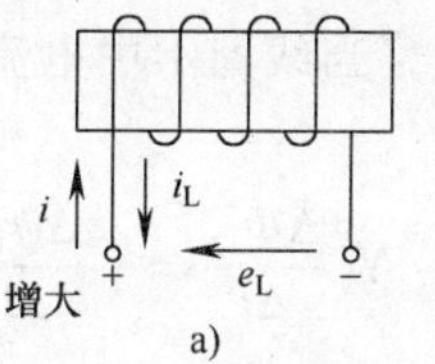

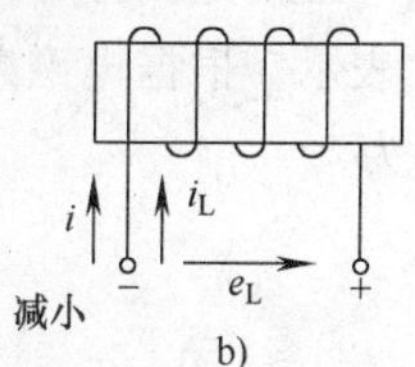

图 4-29 自感电动势的方向

上式表明，通过线圈的电流越大，储存的能量就越多；通过电流相同时，电感量大的线圈储存的能量多，因此电感量也反映了线圈储存磁场能量的能力。

二、互感

在图 4-28 中，开关闭合时，检流计指针会发生摆动，这说明开关闭合时 i_1 发生变化，在线圈 2 中会产生感应电动势。同理，如果线圈 2 中电流变化，也会在线圈 1 中产生感应电动势。这种由于一个线圈中电流的变化而在另一个线圈中产生感应电动势的现象称为互感现象。能够产生互感电动势的两个线圈称为互感线圈或磁耦合线圈。

（一）互感系数

1. 互感系数

如图 4-28 所示，两个线圈的匝数分别为 N_1、N_2。开关闭合瞬间，线圈 1 中通入电流 i_1，i_1 使线圈 1 具有的磁通 Φ_{11} 称为自感磁通，$\psi_{11}=N_1\Phi_{11}$ 称为线圈 1 的自感磁链。由于线圈 2 处在 i_1 所产生的磁场之中，使线圈 2 具有的磁通 Φ_{12} 称为互感磁通，$\psi_{12}=N_2\Phi_{12}$ 称为互感磁链。这种由于一个线圈电流的磁场使另一个线圈具有的磁通、磁链分别称为互感磁通、互感磁链。在互感线圈中，互感磁链与产生此磁链的电流之比，称为这两个线圈的互感系数，简称互感，用字母 M 加下角标表示：

$M_{12}=\dfrac{\psi_{12}}{i_1}$，表示线圈 1 中电流变化对线圈 2 的互感系数；$M_{21}=\dfrac{\psi_{21}}{i_2}$，表示线圈 2 中电流变化对线圈 1 的互感系数。

理论和实验证明，$M_{12}=M_{21}$，因此一般省略下标直接用 M 表示互感，即

$$M=M_{12}=M_{21}$$

互感系数 M 的单位与自感系数相同，有亨利（H）、毫亨（mH）、微亨（μH）。任意两个线圈间的互感系数 M 与两线圈的匝数、几何形状、尺寸、线圈间的相对位置和磁介质等

因素有关。其大小反映了一个线圈电流变化时，对另一个线圈产生感应电动势能力的大小。

2. 耦合系数

两个磁耦合线圈中电流所产生的磁通，一般只能部分相互交链，而彼此不交链的部分称为漏磁通。两耦合线圈相互交链的磁通部分越大，说明两线圈的耦合越紧密。为了表示两个线圈的磁耦合程度，常用耦合系数来表示，符号为 k，即

$$k = \frac{M}{\sqrt{L_1 L_2}}$$

式中，L_1、L_2 为两个线圈的自感系数，M 为互感系数，k 的范围是 $0 \leqslant k \leqslant 1$。$k=0$ 表示两个线圈无耦合关系，$k=1$ 表示全耦合，此时耦合程度最强，线圈间相互影响最大。

（二）互感电动势

互感现象也是一种电磁感应现象。由互感现象产生的感应电动势称为互感电动势，用 e_M 表示。根据电磁感应定律，当线圈 1 中电流 i_1 发生变化时，在线圈 2 中产生的感应电动势为

$$e_{M12} = -N_2 \frac{\Delta \Phi_{12}}{\Delta t} = -\frac{\Delta \psi_{12}}{\Delta t} = -\frac{M_{12} \cdot i_1}{\Delta t} = -M \frac{\Delta i_1}{\Delta t}$$

同理

$$e_{M21} = -M_{21} \frac{\Delta i_2}{\Delta t} = -M \frac{\Delta i_2}{\Delta t}$$

可见，在线圈中产生互感电动势的大小与两线圈的互感系数及另一线圈中电流变化率成正比。

互感电动势的方向可以用楞次定律来判定：首先根据互感磁通 Φ 的方向，应用安培定则标出互感电动势 e_M 的假设方向；然后根据互感磁通的变化趋势或引起互感的电流的变化趋势来确定互感电动势的方向，其方法与自感电动势方向的判定方法相同。

互感电动势使线圈两端具有的电压称为互感电压，用 u 表示。在选取互感电压与互感电动势参考方向相同的情况下，互感电压为

$$u_{12} = -e_{M12} = M \frac{\Delta i_1}{\Delta t}$$

$$u_{21} = -e_{M21} = M \frac{\Delta i_2}{\Delta t}$$

（三）互感线圈的同名端

同名端是指由于线圈绕向一致而产生感应电动势极性一致的端子。也可理解为：在任何时刻，互感线圈中感应电动势极性总相同的端子。通常用符号“·”或“*”表示同名端。判断同名端的方法：

（1）已知具体绕向的线圈　在图 4-30a 中线圈的具体绕向已知，当电流 i_1 从线圈 1 的 1 端流入时，它所产生的磁通 Φ_{11} 方向由右手螺旋定则确定，如图 4-30 所示，是顺时针方向；当线圈 2 的电流 i_2 从 3 端流入时，它所产生的磁通 Φ_{22}，也是顺时针方向。这两个磁通的方向一致，相互加强，就把 1 端和 3 端称为同名端，2 端与 4 端也是同名端，而 1 端与 4 端，2 端与 3 端称为异名端。如图 4-30b 所示。

（2）未知绕向的线圈　如图 4-31 所示，给线圈 A 串联一个电源和一个开关，线圈 B 接直流电压表（分清正、负极）。闭合开关 SA 的瞬间，如果电压表正偏，则 1、3 为同名端；

若反偏，则 1、4 为同名端。

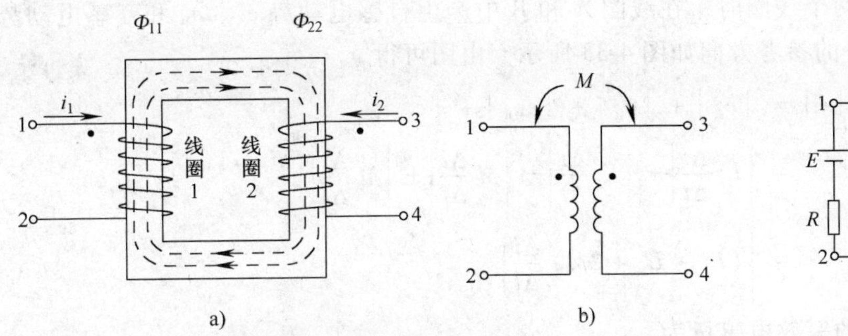

图 4-30 互感线圈的同名端

a）全耦合线圈 b）同名端表示方法

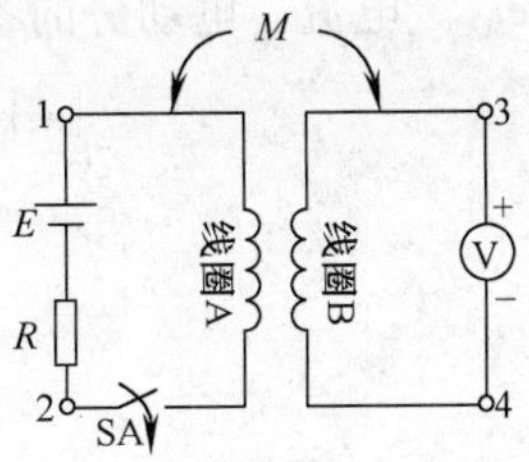

图 4-31 同名端的判断

小贴士 只有被同一个交变磁通同时贯穿的两个或多个线圈才有同名端。

互感在电力工程和无线电技术中有着广泛的应用，比如变压器、电动机、电焊机都是利用互感原理工作的。但对电路来说，互感也有其不利的一面，电子设备中，如果线圈位置安放不当，线圈之间会因互感而产生不必要的干扰，因此需要把几个线圈之间的距离加大或者相互垂直安放。例如半导体收音机的天线线圈与高频扼流圈、高放级的输入变压器与输出变压器，都是互相垂直放置，以减少它们之间的相互干扰。有时由于受到设备或仪器体积的限制，加大线圈间距离的办法可能行不通，这时可采用磁屏蔽的方法。

例 4-6 如图 4-32 所示，当开关 S 闭合瞬间，判断电压表的偏转方向。

解： 1）根据线圈 1 中电流 i_1 的方向，用安培定则可得出铁心中磁通 Φ 的方向，穿过线圈 2 的互感磁通方向向下。

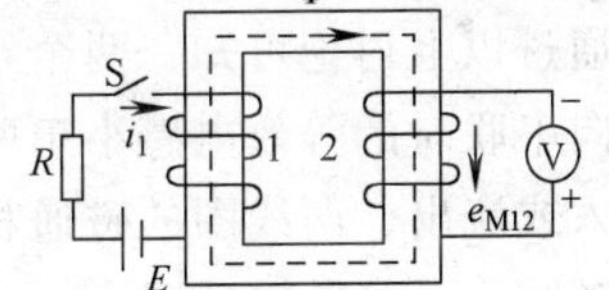

图 4-32 判断电压表偏转方向

2）根据互感磁通，应用安培定则判断出互感电动势 e_{M12} 参考方向。

3）当开关闭合时，电流是增大的，e_{M12} 实际方向与参考方向相反，极性为上正下负，所以电压表反偏。

有了同名端的概念之后，为实际应用互感器件带来很大方便。但是一定要认清极性，不能接错。如电力系统中两台并联运行变压器，作为继电保护的电压互感器或电流互感器，都必须注意同名端（极性）问题，一旦接错就会造成事故。

（四）互感线圈的连接

互感线圈的连接方式不同，对电路的影响也不一样，其连接方式主要有以下几种。

1. 互感线圈的串联

（1）正向串联 也称顺向串联，即把两个线圈的异名端相连，如图 4-33 所示。由图可见，互感线圈

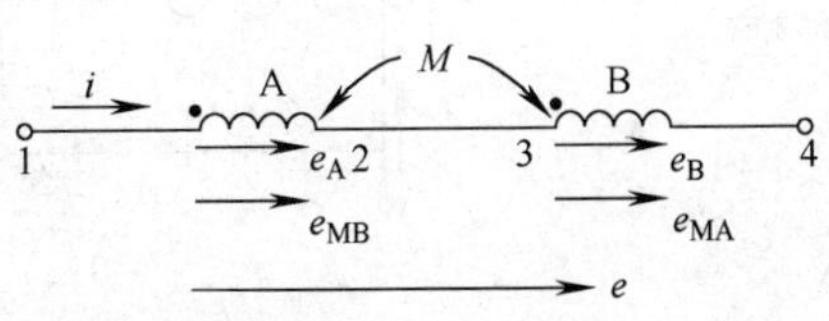

图 4-33 正向串联

正向串联时，电流从两个线圈的同名端流入或流出，总磁场是增强的，即其等效电感是增加的。

当有交流电流通过两个线圈时，在线圈 A 和 B 中产生自感电动势 e_A、e_B 和互感电动势 e_{MB}、e_{MA}。电流、电动势的参考方向如图 4-33 所示。由图可得

$$\begin{aligned} |e| &= |e_A| + |e_B| + |e_{MB}| + |e_{MA}| \\ &= \left|L_1 \frac{\Delta i}{\Delta t}\right| + \left|L_2 \frac{\Delta i}{\Delta t}\right| + \left|M \frac{\Delta i}{\Delta t}\right| + \left|M \frac{\Delta i}{\Delta t}\right| \\ &= \left|(L_1 + L_2 + 2M) \frac{\Delta i}{\Delta t}\right| \end{aligned}$$

所以，正向串联后的等效电感量为

$$L_{z串} = L_1 + L_2 + 2M$$

（2）反向串联　也称尾尾相连，即把两个线圈的同名端相串联，如图 4-34 所示。由图可见，互感线圈反向串联时，电流从两个线圈的异名端流入或流出。

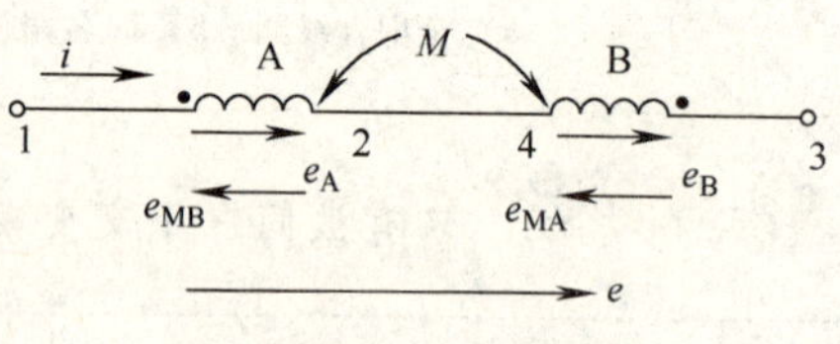

图 4-34　反向串联

当有交流电流通过两个线圈时，在线圈 A 和 B 中产生自感电动势 e_A、e_B 和互感电动势 e_{MB}、e_{MA}。电流、电动势的参考方向如图 4-34 所示。由图可得

$$\begin{aligned} |e| &= |e_A| + |e_B| - |e_{MB}| - |e_{MA}| \\ &= \left|L_1 \frac{\Delta i}{\Delta t}\right| + \left|L_2 \frac{\Delta i}{\Delta t}\right| - \left|M \frac{\Delta i}{\Delta t}\right| - \left|M \frac{\Delta i}{\Delta t}\right| \\ &= \left|(L_1 + L_2 - 2M) \frac{\Delta i}{\Delta t}\right| \end{aligned}$$

反向串联后的等效电感量为 $L_{F串} = L_1 + L_2 - 2M$

通过以上讨论可知：两个互感线圈正向串联时的等效电感大于两线圈自感之和，而两线圈反向串联时的等效电感小于两线圈自感之和。从物理本质上说明，顺向串联时电流从同名端流入或流出，两线圈的磁通相互增强，总磁链增加，等效电感增大；反向串联时则相反，总磁链减小，等效电感减小。

2. 互感线圈的并联

（1）同极性并联　也称为同侧并联，如图 4-35 所示。当互感线圈进行同极性并联时，电流从两个线圈的同名端流入或流出，此时总磁场是增加的。其等效电感为

$$L_{T并} = \frac{L_1 L_2 - M^2}{L_1 + L_2 - 2M}$$

a)

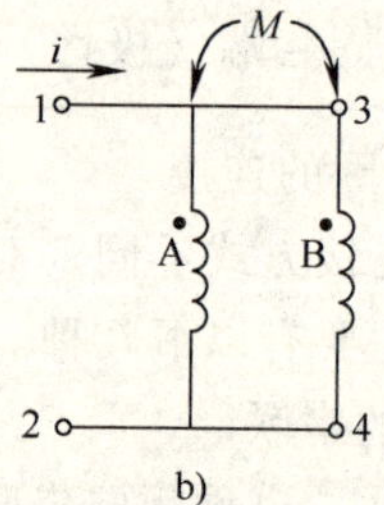

b)

图 4-35　同极性并联

（2）反极性并联　也称为异侧并联，如图 4-36 所示。当互感线圈进行反极性并联时，电流从两个线圈的异名端流入或流出，此时总磁场是削弱的，其等效电感为

$$L_{F并} = \frac{L_1 L_2 - M^2}{L_1 + L_2 + 2M}$$

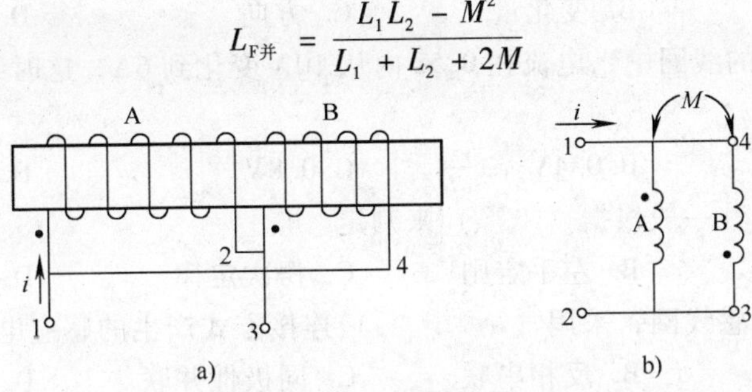

图 4-36　反极性并联

想一想

两个互感线圈同极性并联和反极性并联时，哪种情况下等效电感大?

知识拓展

在生产和生活中，很多电器都利用了自感原理来工作，最常用的是荧光灯，它的启辉过程就是利用镇流器中产生的自感电动势来点燃灯管的。整流设备中的滤波电路，也是利用铁心线圈的自感作用完成滤波的。自感现象也有它不利的一面，在切断含有大电感电路的瞬间，线圈两端会产生很高的自感电动势，形成电弧，易烧坏仪表、触头等，因此，常在线圈两端并联一个放电电阻或者一个二极管，以提供放电电路。

知识测评

一、填空题

1. 由于流过线圈本身的电流发生变化而产生感应电动势的现象称为________现象。

2. 电感量 $L = 0.1\text{H}$ 的线圈在 1s 内电流自 3A 均匀地降到 1A，在此线圈上产生的自感电势 e_L = ________。

3. 由于一个线圈中电流的变化而在另一个线圈中产生感应电动势的现象称为________现象。能够产生________的两个线圈称为________线圈。

4. 由于线圈绕向一致而产生感应电动势极性一致的端子称为________。

二、选择题

1. 空心线圈的自感系数与（　　）有关。

A. 通过线圈电流的方向　　B. 周围环境温度

C. 线圈的结构　　D. 线圈通入电流的时间长短

2. 线圈自感电动势的大小与（　　）无关。

A. 线圈中电流的变化率　　B. 线圈的匝数

C. 线圈周围的介质　　D. 线圈的电阻

3. 与自感系数无关的是线圈的（　　）。

A. 几何形状　　B. 匝数　　C. 磁介质　　D. 电阻

4. 自感电动势的大小正比于本线圈中电流的（　）。

A. 大小　　B. 变化量　　C. 方向　　D. 变化率

5. 电感为 0.1H 的线圈中，电流在 0.5s 内从 10A 变化到 6A，这时线圈上产生电动势的绝对值为（　　）。

A. 4V　　B. 0.4V　　C. 0.8V　　D. 8V

6. 互感线圈的极性一般根据（　　）来判定。

A. 右手定则　　B. 左手定则　　C. 楞次定律　　D. 同名端

7. 完全相同的互感线圈，采用（　　　）连接方式产生的感应电动势最大。

A. 同相串联　　B. 反相串联　　C. 同极性并联　　D. 反极性并联

三、作图题

判断如图 4-37 中线圈的同名端，并用符号标记出来。

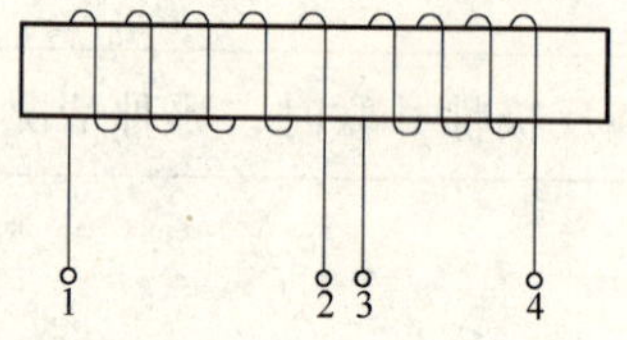

图 4-37　判断同名

任务 5　学习磁路定律

想一想

图 4-38 所示为几种电气设备的磁路，它们有什么异同点呢？

知识链接

一、磁路的概念

磁通通过的路径称为磁路。铁磁材料有很强的导磁能力，将其做成一定形状的环路，为磁通的集中通过提供路径。磁路分为无分支磁路和有分支磁路。图 4-38a、b 为无分支磁路，图 4-38c 为有分支磁路。有的磁路中除铁心外还会有一段空气隙（为非铁磁材料），如图 4-38a 所示。由于磁力线是连续的，所以通过无分支磁路各处横截面的磁通是相等的。

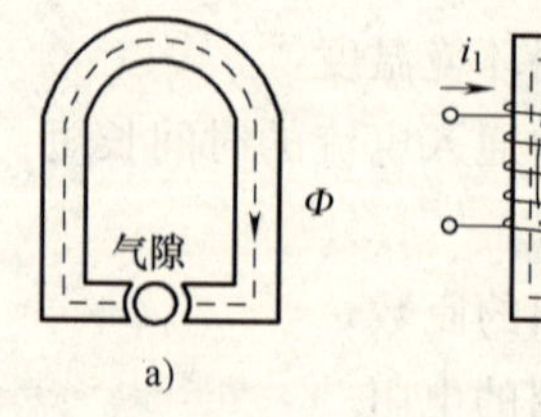

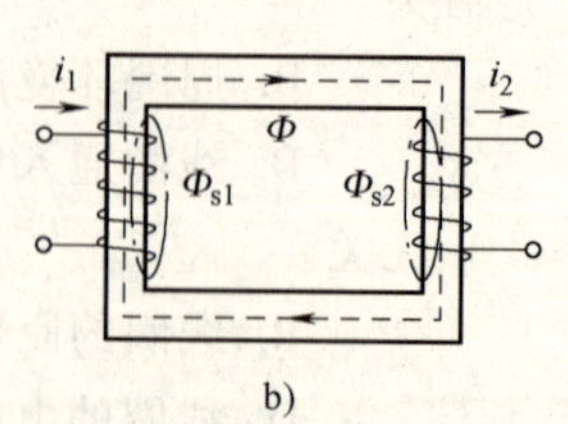

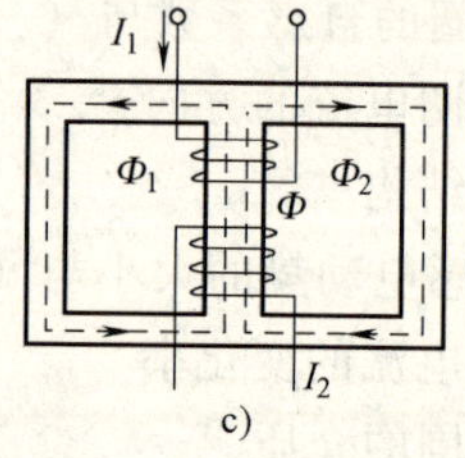

图 4-38　几种电气设备的磁路

铁磁材料能将磁通尽可能多的集中在磁路中，但与电路比较，漏磁远比漏电严重。绝大部分通过闭合磁路的磁通，称为主磁通 Φ。磁通的极少部分穿出铁心，经过周围物质（包括空气隙）闭合，称为漏磁通 Φ_s。由于实际中采取了很多措施来减小漏磁，所以在磁路的计算中，可将漏磁通忽略。

二、磁路欧姆定律

1. 磁动势

通电线圈的匝数越多，电流越大，磁场越强，磁通也就越多。把通过线圈的电流 I 和线圈匝数 N 的乘积称为磁动势，用 F_m 表示，即

$$F_m = NI$$

磁动势的单位是安（匝），用字母 A 表示。

2. 磁阻

磁通通过磁路时所受到的阻碍作用称为磁阻，用符号 R_m 表示。磁路中磁阻的大小与磁路的长度 l 成正比，与磁路的横截面积 S 成反比，并与组成磁路的材料性质有关。其计算式为

$$R_m = \frac{l}{\mu S}$$

式中，磁阻的单位为1/H，也可用 H^{-1}；磁路中铁磁材料的磁导率 μ 的单位为 H/m；磁路长度的单位为 m；磁路的横截面积的单位为 m^2。

磁阻 R_m 与磁路的尺寸及铁磁物质的磁导率有关。如果铁心的形状、尺寸一定时，磁导率越大，磁阻越小。由于空气的磁导率小，所以有空气隙存在的磁路（见图 4-38a），磁阻会大得多。所以应尽量选用磁导率高的铁磁材料做铁心，缩短磁路中不必要的气隙长度。

3. 磁路欧姆定律

通过磁路的磁通与磁动势成正比，与磁阻成反比，即

$$\Phi = \frac{F_m}{R_m}$$

上式与电路的欧姆定律相似，故称为磁路欧姆定律。由于铁磁材料磁导率 μ 不是常数，磁阻 R_m 不是常数，所以磁路欧姆定律只能对磁路作定性分析。

三、磁路与电路的比较

通过以上分析可知，磁路与电路中的某些物理量之间有对应相似关系，详见表 4-3。

表 4-3　磁路与电路中对应物理量比较

磁　路		电　路	
磁动势	$F_m = IN$	电动势	E
磁通	Φ	电流	I
磁阻	$R_m = \frac{l}{\mu S}$	电阻	$R = \rho \frac{l}{S}$
磁导率	μ	电阻率	ρ
磁路欧姆定律	$\Phi = \frac{F_m}{R_m}$	电路欧姆定律	$I = \frac{E}{R}$

小贴士 磁路与电路两者的物理本质不同。电路断开时，电流为零，但电动势依然存在；而磁路中没有开路状态，因为磁力线是闭合的曲线。

四、磁路基尔霍夫定律

1. 磁路基尔霍夫第一定律

如图 4-39 所示，磁路的分支处 A、B 点称为磁路的节点，对于磁路中没有分支的部分称之为支路，在同一支路内磁通处处相同，这一点与电路的情形相似。若忽略漏磁通并假设主磁通 Φ_1、Φ_2、Φ_3 的参考方向如图 4-39 所示，则穿进任一节点的磁通一定等于穿出该节点的磁通，写成公式为

$$\Phi_2 + \Phi_3 - \Phi_1 = 0 \text{（B 节点）}$$

也可表示为 $\Sigma\Phi = 0$

即汇合于磁路中任一节点的磁通的代数和为零，这就是磁路基尔霍夫第一定律，也表示了磁通的连续性原理。应用上式时需设定磁通的参考方向，流入节点取正号；反之，取负号。

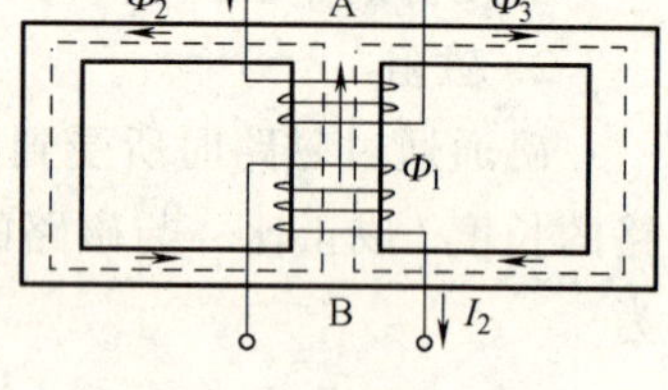

图 4-39　磁路第一定律

2. 磁路基尔霍夫第二定律

磁路基尔霍夫第二定律，又称为磁压定律。磁路可以分为截面积相等、材料相同的若干段。例如图 4-40 所示磁路可以分为长度分别为 l_1、l_2、l_3 的三段。在每一段中，材料相同、截面积相等、通过的磁通相等，都为均匀磁路。设三段内的磁场强度分别为 H_1、H_2、H_3，它们的参考方向分别与该段中磁通的参考方向一致，对于由 l_1、l_2 组成的顺时针绕向的闭合回路，可得

$$H_1 l_1 + H_2 l_2 = NI$$

对于由 l_1、l_3 组成的顺时针绕向的闭合回路，可以得

$$H_1 l_1 + H_3 l_3 = NI$$

即 $$\Sigma Hl = \Sigma NI$$

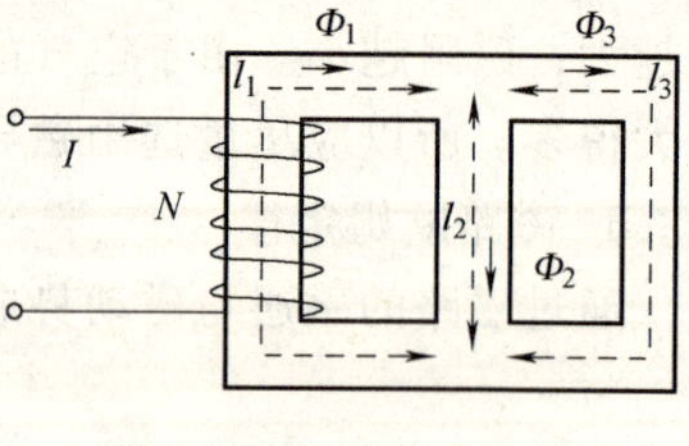

图 4-40　磁路第二定律

把一段磁路的磁场强度 H 与该段磁路平均长度 l 的乘积，称为该段磁路的磁位差 U_m，也叫做磁动势差，即 $U_m = Hl$，磁位差的单位与磁动势的单位相同也是安（匝），简称 A（安培）。由于磁动势 $F_m = NI$，所以也可写成

$$\Sigma U_m = \Sigma F_m$$

$\Sigma Hl = \Sigma NI$ 或 $\Sigma U_m = \Sigma F_m$ 就是磁路基尔霍夫第二定律的数学表达式。表述为：磁路的任一闭合回路中，各段磁位差的代数和等于磁动势的代数和。

小贴士 应用上式时，要选定绕行方向，磁通的参考方向与绕行方向一致时，磁位差取正号，反之取负号；励磁电流的参考方向与磁通绕行方向符合右手螺旋定则时，该磁动势取正号，反之取负号。

例 4-7　一个平均长 40cm，直径为 10cm 的空心环形螺旋线圈，绕制 1000 匝，如果通入 4A 的电流，求线圈内的磁通是多少？

解：磁动势为　$F_m = IN = 4 \times 1000\text{A} = 4000\text{A}$

因为是空心电感，所以可认为磁导率与真空中磁导率相同，为 $\mu_0 = 4\pi \times 10^{-7}\text{H/m}$，

则磁阻为　$R_m = \dfrac{l}{\mu S} = \dfrac{40 \times 10^{-2}}{4\pi \times 10^{-7} \times \left[\left(\dfrac{10}{2}\right) \times 10^{-2}\right]^2 \times \pi}\text{H}^{-1} \approx 4 \times 10^7\text{H}^{-1}$

根据磁路欧姆定律 $\Phi = F_m/R_m$，可知

$$\Phi = \frac{F_m}{R_m} = \frac{4000}{4 \times 10^7}\text{Wb} = 0.0001\text{Wb}$$

知识测评

一、填空题

1. 磁通通过的路径称为________。

2. 磁通通过磁路时所受到的阻碍作用称为________，用符号________表示，它的大小与________、________、________等因素有关。

3. 磁动势的单位是________，用字母________表示。

4. 磁路欧姆定律的表达式________。

5. 磁路基尔霍夫第一定律的内容是____________________。写成表达式为________。

二、选择题

1. 在一个磁导率不变的磁路中，当磁动势为 10A · 匝时，磁通为 0.5Wb，当磁动势为 5A · 匝时，磁阻为（　　）H^{-1}。

A. 20　　B. 0.5　　C. 2　　D. 10

2. 在 500 匝的线圈中通入 0.4A 的电流，产生 0.8Wb 的磁通，则该电流产生的磁动势为（　　）安匝。

A. 20　　B. 200　　C. 25　　D. 250

3. 一个 1000 匝的环形线圈，其磁路的磁阻为 500H^{-1}，当线圈中的磁通为 2Wb 时，线圈中的电流为（　　）。

A. 10 A　　B. 0.1 A　　C. 1 A　　D. 5 A

4. 在磁路中，下列说法正确的是（　　）。

A. 有磁阻就一定有磁通　　B. 有磁通就一定有磁动势

C. 有磁动势就一定有磁通　　D. 磁导率越大磁阻越大

5. 在铁磁物质组成的磁路中，磁阻是非线性的原因是（　　）是非线性的。

A. 磁导率　　B. 磁通

C. 电流　　D. 磁场强度

6. 对同一磁路而言，$R_m = NI/\Phi$ 的物理意义是，磁路的（　　）。

A. 磁动势越大，则磁阻越大　　B. 磁通越小，则磁阻越大

C. 磁阻等于磁动势与磁通的比值　　D. 磁通越大，则磁阻越小

任务6　认识磁屏蔽和静电屏蔽

做一做

1. 在桌面上放置一个小磁针，取一磁铁靠近磁针，会发现磁针发生了偏转；用一个铁盒将小磁针盖上，再用磁铁接近小磁针，观察现象。想一想，为什么会有这种现象？

2. 如图4-41所示，用一个带正电的金属小球靠近一个验电器，观察验电器金属箔的状态变化，是否会张开？如果先在验电器的外面罩上一个金属网罩，再用金属球靠近验电器，验电器金属箔的状态有变化吗？

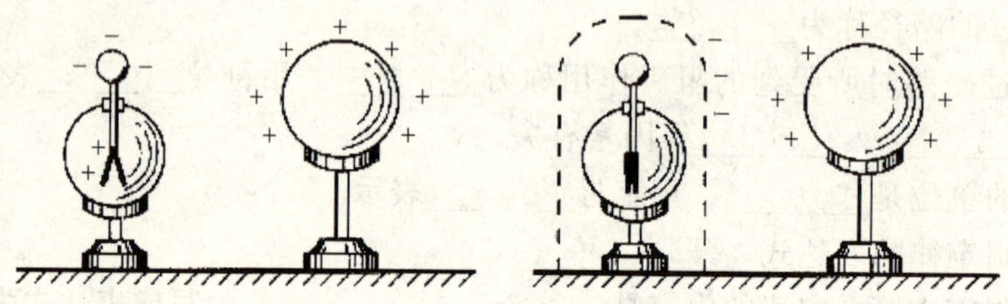

图4-41　静电屏蔽

知识链接

一、磁屏蔽

在实际应用中，有些电子设备或某些部件需要避开外磁场的干扰，才能稳定、正常地工作。为解决这类问题，采用铁磁材料制成屏蔽罩，把需防干扰的部件罩在里面，使它和外界磁场隔离，或者把那些干扰源罩起来，使它们不能干扰别的部件，这种方法称为磁屏蔽。

如图4-42所示，A为软磁材料做成的屏蔽罩，B为外磁场。由于铁磁材料的磁导率比空气要大得多，屏蔽外壳磁阻小，为外界干扰磁场提供了通畅的磁路，所以绝大部分磁力线从罩壳的壁内通过，而罩壳内的空腔中，磁力线是很少的，这样壳内部避免了磁场的影响，达到了磁屏蔽的目的。磁屏蔽用于保护电子电路免于受到诸如永磁体、变压器、电机、电感、电缆等产生的磁场干扰，例如示波管、显像管中电子束聚焦部分的外部加装了磁屏蔽罩，目的就是防止外界磁场的干扰。

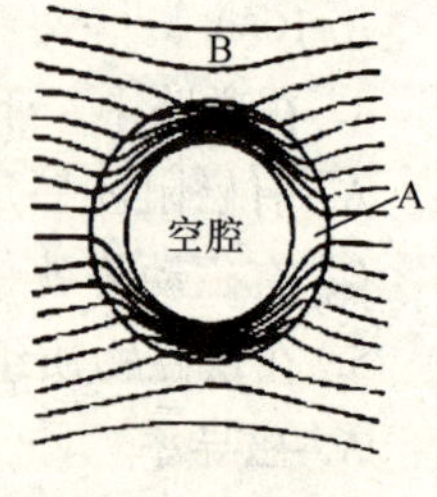

图4-42　磁屏蔽

在实践中，要达到完全的磁屏蔽是极不容易的。总有一些磁场会漏进屏蔽罩内或者跑出屏蔽罩外。要达到良好的屏蔽效果，必须选用导磁性能好的材料，如铁镍合金、硅钢片等，而且不宜太薄；屏蔽罩的接缝要尽量少，接缝处要紧密，尽量减少气隙。总之，屏蔽罩的磁阻越小屏蔽效果越好。当对磁屏蔽要求较高时，还可以采用多层屏蔽办法，把漏进空腔里的残余磁通量一次次地屏蔽掉，所以效果良好的磁屏蔽一般都比较笨重。超导体是完全抗磁体，具有最理想的静磁屏蔽效果，但目前还不能普遍应用。

二、静电屏蔽

为了避免外界电场对仪器设备产生影响，用一个空腔导体把外电场遮住，使其内部不受影响，或使电器设备的电场不对外界产生影响，这称为静电屏蔽。

如图 4-43 所示，空腔导体不接地的屏蔽为外屏蔽，空腔导体在外电场中处于静电平衡状态，其内部的场强总等于零。因此，外电场不可能对其内部空间产生任何影响。若空腔导体内有带电体，在静电平衡时，它的内表面将产生等量异种的感应电荷。如果外壳不接地则外表面会产生与内部带电体等量而同种的感应电荷，此时感应电荷的电场将对外界产生影响，这时空腔导体只能对外电场屏蔽，却不能屏蔽内部带电体对外界的影响，所以称为外屏蔽。空腔导体接地的屏蔽为全屏蔽，如果外壳接地，即使内部有带电体存在，这时内表面感应的电荷与带电体所带电荷量相等，极性相反，而外表面产生的感应电荷通过接地线流入大地。外界对壳内无法影响，内部带电体对外界的影响也随之而消除，所以这种屏蔽称为全屏蔽。

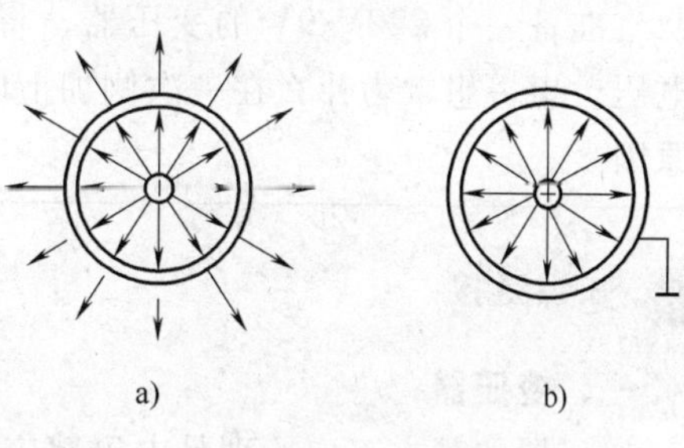

图 4-43 静电屏蔽

a）外屏蔽 b）全屏蔽

为了防止外界信号的干扰，静电屏蔽被广泛地应用在科学技术工作中。例如电子仪器设备外面的金属罩、通信电缆外面包的铅皮等，都是用来防止外界电场干扰的。又如，电业工人进行高压带电作业时要穿一种用细铜丝和纤维编织在一起的导电性能良好的屏蔽服，它相当于一个导体壳，用以屏蔽外电场对人体的影响。

在静电平衡状态下，不论是空心导体还是实心导体，不论导体本身带电多少，或者导体是否处于外电场中，必定为等势体，其内部场强为零。

小贴士 磁屏蔽和静电屏蔽的区别：使用的材料不同，磁屏蔽用的是导磁材料，静电屏蔽用的是导电材料；原理不同，磁屏蔽的屏蔽层是把磁力线旁路，而静电屏蔽的屏蔽层是把电场线“中断”。

知识测评

填空题

1. 为免受________的干扰，可以用磁导率高的________作成屏蔽罩，它能对外磁场起一定的屏蔽作用，把这种现象称为________。

2. 工厂里，很多精密的机械仪表通常存放在密封的钢盒中，主要是为了避免外界磁场对其产生影响，这说明铁磁性物质具有________的作用。

3. 实际应用中，某些电子设备需要避免外磁场的干扰才能正常工作，经常采取的措施是________。

4. 磁屏蔽采用的材料是________，静电屏蔽采用的材料是________。

任务7　认识变压器与电磁铁

做一做

准备一个220V/9V的变压器，将一次侧接入220V交流电，用万用表测量二次侧的电压。想一想，为什么在一次侧加上电压，在二次侧也会有电压呢？用学过的知识分析原因。

知识链接

一、变压器

变压器的基本工作原理是电磁感应。它是将交流电压升高或降低而保持其频率不变的一种电气设备。

（一）变压器的分类与结构

1. 分类

变压器的种类很多，分类方法也很多。例如变压器按电源相数可分为单相变压器、三相变压器和多相变压器；按用途可分为电源变压器、调压变压器、音频变压器、中频变压器、高频变压器、脉冲变压器等；按冷却方式可分为干式（自冷）变压器、油浸（自冷）变压器、氟化物（蒸发冷却）变压器等。

2. 结构

虽然变压器的种类很多，但其基本结构几乎都是一样的，都是由铁心和绕组组成，如图4-44所示。

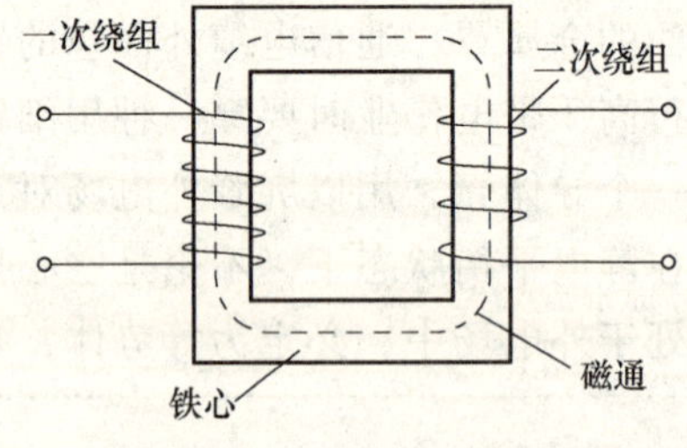

图4-44　变压器的结构

铁心是变压器的机械骨架，又是变压器的磁路部分。为了提高磁路的磁导率，降低铁心内的涡流损耗，变压器的铁心大多采用0.35～0.5mm的硅钢片交错叠装而成；在电子线路中由于工作频率较高，所以所使用的变压器铁心多采用铁镍合金或铁氧体制成。根据绕组的位置不同，铁心分为芯式和壳式两类，如图4-45所示。

变压器的绕组是变压器的电路部分，通常由绝缘铜线或铝线绕制而成。一般变压器至少有两个绕组，与电源相接的绕组称为一次绕组，与负载相接的绕组称为二次绕组。

（二）变压器的工作原理

如图4-46a所示，如果把变压器一次侧接交流电源 u_1，在一次绕组中便有交变电流 i_1 流过，i_1 在铁心中产生交变的磁通。绝大部分磁通都是沿铁心形成闭合磁路，并与一次绕组、二次绕组交链，称为

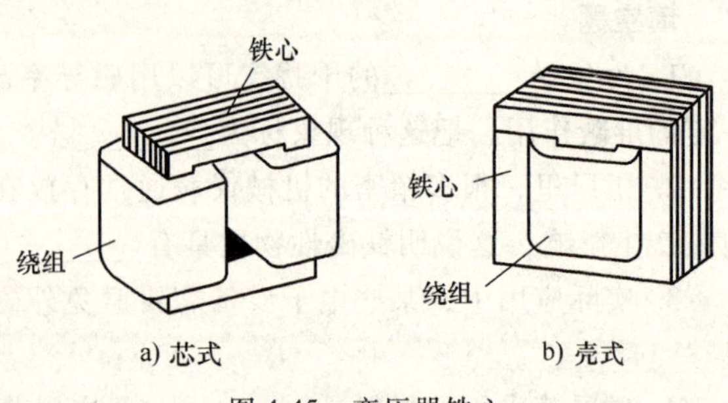

图4-45　变压器铁心

主磁通 Φ。变化的主磁通会在一次绕组和二次绕组中产生交变的感应电动势 e_1、e_2。如果二次绕组接上负载，这时二次绕组中就会有交变电流 i_2 流过。

由于变压器的铁心损耗、导线的铜损耗和漏磁通都很小，所以在分析变压器的工作原理时，可把变压器看作理想变压器，即该变压器没有任何能量损失，输入多少能量输出多少能量。变压器的图形符号如图 4-46b 所示。

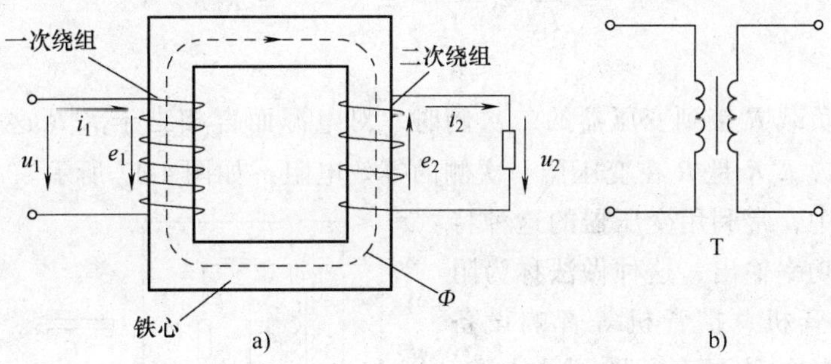

图 4-46　变压器的基本结构示意图和图形符号

1. 变压器的电压变换

变压器的一次电压与二次电压之比称为变压器的变压比，简称变比，用 K_u 表示。设一、二次绕组匝数分别为 N_1 与 N_2，对于理想变压器有

$$\frac{U_1}{U_2} = \frac{N_1}{N_2} = K_u$$

上式表明：变压器两侧的电压与变压器的绕组匝数成正比。当 $N_1 > N_2$ 时，$K_u > 1$，为降压变压器；当 $N_1 < N_2$ 时，$K_u < 1$，为升压变压器；当 $K_u = 1$ 时，称为配电变压器。

2. 变压器的电流变换

对于理想变压器，一次侧的功率（输入功率）等于二次侧的功率（输出功率），所以有

$$U_1 I_1 = U_2 I_2 \quad 即 \quad \frac{I_1}{I_2} = \frac{U_2}{U_1} = \frac{N_2}{N_1} = \frac{1}{K_u} = K_i$$

式中，K_i 称为变压器的变流比。

上式表明：变压器一次侧与二次侧中电流的大小与匝数成反比。

例 4-8　已知某理想变压器 $N_1 = 1000$ 匝，$N_2 = 100$ 匝，$U_1 = 200\text{V}$，$I_2 = 10\text{A}$。求 U_2 和 I_1。

解：由题可知

$$K_u = \frac{N_1}{N_2} = \frac{1000}{100} = 10$$

因此

$$U_2 = \frac{U_1}{K_u} = \frac{200}{10}\text{V} = 20\text{V}$$

$$I_1 = \frac{I_2}{K_u} = \frac{10}{10}\text{A} = 1\text{A}$$

3. 变压器的阻抗变换

假设负载为纯阻性：

设变压器的负载为 R，则 $R=\dfrac{U_2}{I_2}$

对于一次侧的电源，输出了电压也输出了电流，相当于带了一个电阻为 R' 的负载，则

$$R'=\frac{U_1}{I_1}=\frac{K_u U_2}{\dfrac{I_2}{K_u}}=K_u^2\frac{U_2}{I_2}=K_u^2 R$$

上式表明：负载 R 接到变压器的二次侧时，对电源而言相当于 $K_u^2 R$ 这个负载直接接到电源上，也就是说 $K_u^2 R$ 是 R 在变压器一次侧的等效电阻，如图 4-47 所示。

在电子电路中，常利用变压器的这种特性来获得较大的功率输出，这种做法称为阻抗匹配。例如收音机、扩音机等音响设备中，扬声器的阻抗往往只有几欧到几十欧，而音响设备的输出阻抗在几百欧、几千欧以上。为了能在扬声器中获得最好的音响效果（获得最大的功率输出），要求音响设备的输出阻抗与扬声器的阻抗尽量相等，为此两者之间接上一个变压器，可达到阻抗匹配的目的。

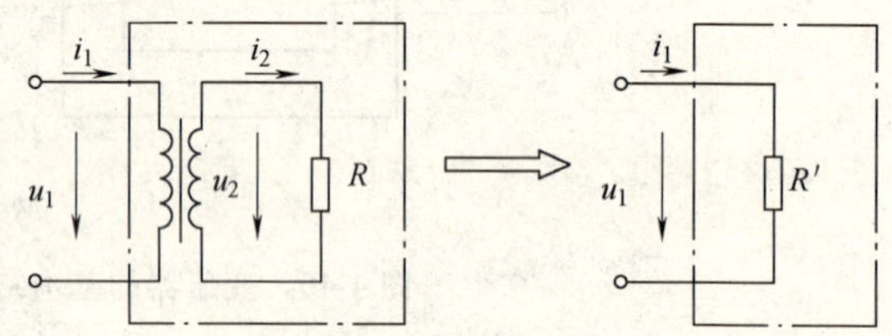

图 4-47　变压器的阻抗变换

二、电磁铁

（一）电磁铁的结构与工作原理

1. 结构

电磁铁的用途不同，但构造基本相同，一般由励磁线圈、铁心和衔铁三个主要部分组成，如图 4-48 所示。

励磁线圈由漆包线或纱包线多层绕制在线圈骨架上，经绝缘处理后套在铁心上。铁心是由经过绝缘处理的硅钢片叠成，以减小涡流损耗。直流电磁铁的铁心通常由整块的铸钢、软钢或纯铁制成。衔铁又称动铁。励磁线圈中通入电流后，铁心中产生电磁吸力，吸引衔铁动作。励磁电流消失后电磁吸力随之消失，衔铁依靠复位弹簧回到原来的位置。少数特制的电磁铁没有衔铁，而是把工件当做衔铁，如平面磨床的电磁吸盘。

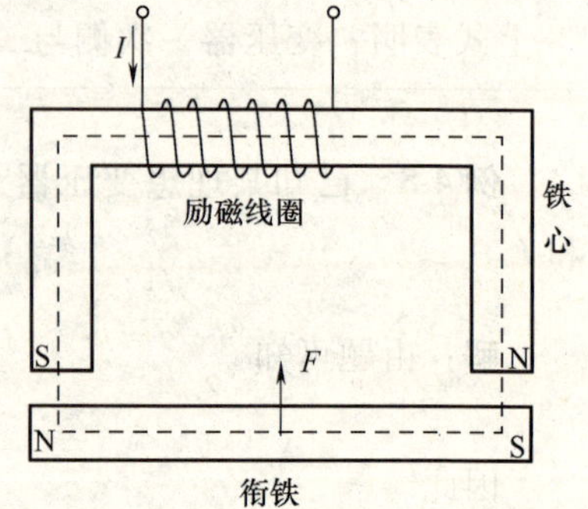

图 4-48　电磁铁的结构示意图

2. 工作原理

电磁铁的励磁线圈通入电流后，产生很强的磁通，并经过铁心、衔铁以及铁心与衔铁之间的小气隙形成闭合磁路，使铁心和衔铁均被磁化。由于存在气隙，使气隙上下两个断面形成异性磁极，从而铁心对衔铁产生很强的电磁吸力，将衔铁吸向铁心。

（二）电磁铁的分类及应用

1. 电磁铁的分类

按励磁电流的性质不同，电磁铁分为交流电磁铁和直流电磁铁两大类，它们之间的区别见表 4-4。

表 4-4　交流电磁铁和直流电磁铁的区别

特　性	交流电磁铁	直流电磁铁
铁心结构	由多层彼此绝缘的硅钢片叠成	由整块铸钢或工程纯铁制成
电磁吸力	脉动变化	恒定不变
空气隙对励磁电流的影响	励磁电流随空气隙的增大而增大	励磁电流恒定不变，与空气隙无关
磁滞损耗和涡流损耗	有	无

按用途不同，电磁铁可分为起重用电磁铁、控制与保护用电磁铁及电磁吸盘等，如图 4-49 所示。

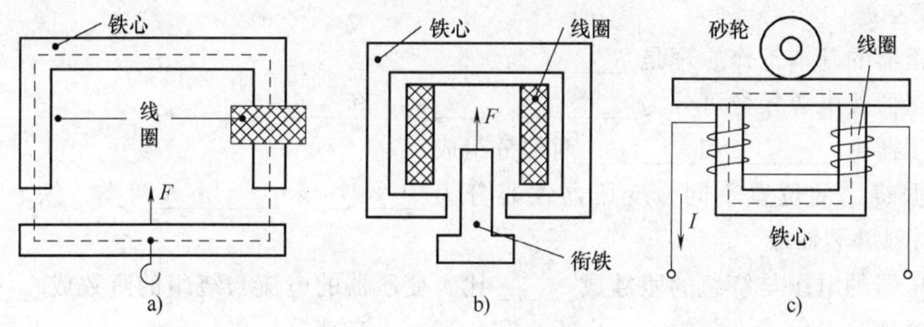

图 4-49　常见的电磁铁
a）起重电磁铁　b）控制电磁铁　c）电磁吸盘

2. 电磁铁的应用

在日常生活和工业生产中，电磁铁的应用非常普遍。特别是在远距离控制以及自动控制系统、电动机的控制与保护电路中应用最为广泛。例如起重吊车上的制动电磁铁，起重搬运各种钢铁材料的起重电磁铁，电力传动系统中的电磁离合器，作为机械工具用的电动锤、磨床上作夹具用的电磁吸盘，以及在电机控制和保护电路中大量使用的各种交流接触器、电磁阀、中间继电器、时间继电器、过电流继电器等都属于电磁铁应用的例子。交流接触器和各种继电器的工作都是依靠电磁铁的原理来接通或断开电路的。

知识拓展

接　触　器

接触器是利用电磁铁原理制成的一种控制类电器。因其可快速频繁地接通与分断大电流（某些型号可达 800A），所以经常用来直接控制电动机，也可用于控制电热器、各种电力机组等。接触器有交流、直流之分，但工作原理大体相同。常用接触器如图 4-50 所示。

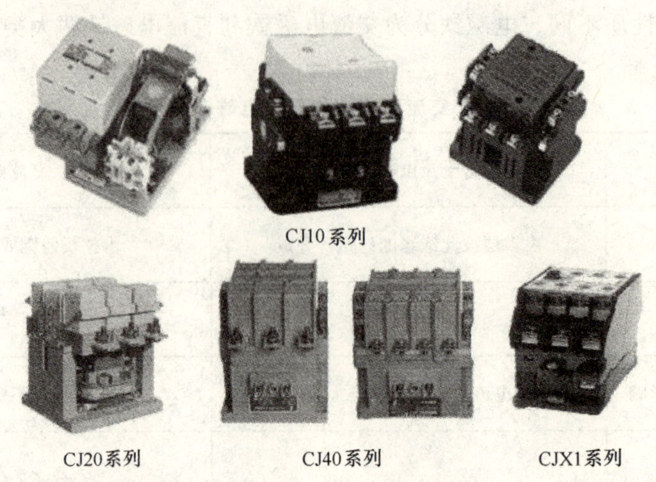

图 4-50　常用接触器

知识测评

一、填空题

1. 变压器的基本工作原理是________。
2. 变压器按电源相数可分为________、________和________。
3. 变压器由________和________两部分组成。
4. 根据绕组的位置不同，变压器铁心分为________和________两类，铁心一般采用________材料叠装而成。
5. 变压器的电压与绕组的匝数成______比，变压器的电流与绕组的匝数成______比。
6. 电磁铁一般由________、________和________三部分组成。

二、判断题

（　　）在变压器磁路中，磁通越大，磁阻越小。

三、选择题

1. 变压器的基本工作原理是（　　）。

A. 电流的磁效应　B. 电磁感应　C. 能量平衡　D. 电流的热效应

2. 变压器主要由（　　）大部分组成。

A. 2　B. 3　C. 4　D. 5

3. 变压器的铁心采用绝缘硅钢片叠压而成，其主要目的是（　　）。

A. 减小磁阻和杂散损耗　B. 减小磁阻及铜耗

C. 减小磁阻和电阻　D. 减小磁阻和铁耗

4. 某升压变压器的一次电流 I_1 与二次电流 I_2 的关系是（　　）。

A. $I_1 > I_2$　B. $I_1 < I_2$　C. $I_1 = I_2$

5. 变压器可以变换（　　）电压。

A. 直流　B. 交流　C. 交直流

6. 为了减少铁心中的（　　），变压器铁心用0.35～0.5mm 硅钢片叠压而成。

A. 涡流损耗　B. 磁滞损耗　C. 铜损耗

项目能力训练　小型变压器的制作与测试

一、训练目标

1. 熟悉小型变压器绕制前的相关计算。
2. 掌握变压器的绕制步骤。
3. 掌握变压器的绕制技巧。
4. 会对新绕制的变压器进行测试。

二、知识准备

【常用术语】

（1）木心　木心是套在绕线机转轴上，用来支撑绕组骨架的，通常用杨木或杉木制成。

（2）骨架　骨架用来支撑绕组，并对铁心起绝缘作用，具有一定的机械强度和绝缘强度。纸质无框绕线心子一般是用弹性纸制成的，弹性纸的厚度根据变压器的容量选用。有的变压器采用有框骨架，框架可用钢纸或玻璃纤维等材料制成。

（3）铁心　变压器的铁心常用硅钢片叠装而成，按其形状不同可分为口形、CI 形、EI 形和 EE 形等，如图 4-51 所示，小型变压器主要使用的是 EI 形硅钢片。EI 形硅钢片的主要优点是一、二次绕组共用一个线架，同时硅钢片对绕组形成保护外壳，使绕组不易受到机械损伤；硅钢片散热面积较大，变压器磁场发散较少。

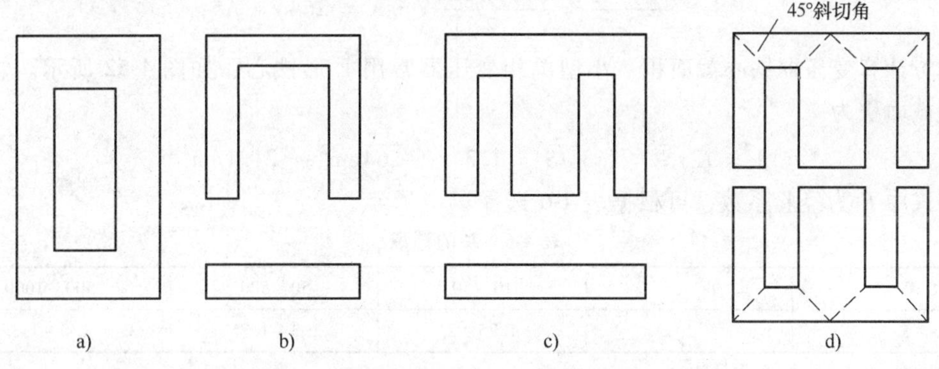

图 4-51　常用铁心形状

硅钢片的组装方式有交叠法和对叠法两种。交叠法是将硅钢片的开口一对一交替地分布在两边，这种叠法比较麻烦，但硅钢片间隙小，磁阻小，有利于增大磁通，因此电源变压器都采用这种方法。对叠法常用于通有直流电流的场合，为避免直流电流引起饱和，硅钢片之间需要留有空隙，两者之间的空隙可用纸片来调节。

（4）漆包线　漆包线是制作绕组的主要材料，它由导体和绝缘层两部分组成。漆包线广泛应用在各种电机、电器、仪表、电讯器材及家电产品上。按用途不同，漆包线分为普通线、耐热漆包线和特殊用途漆包线；按导体材料不同，漆包线分为铜线、铝线和合金线。

（5）绝缘材料　绝缘材料的作用是在电气设备中把不同的带电部分隔离开来，避免发生漏电、击穿等事故。因此，绝缘材料首先应具有较高的绝缘电阻和耐压强度，其次耐热性能要好，还应有良好的导热性、耐潮防雷性、较高的机械强度以及工艺加工方便等特点。

三、训练步骤

以壳式变压器为例进行说明。

制作一个220V/36V、输出容量为250V·A的低压变压器。

（一）绕制前的准备

1. 计算相关参数

具体计算步骤：

（1）计算变压器的容量　已知 $S_2=250\text{V}\cdot\text{A}$，变压器效率与输出容量的关系可根据表4-5选择，$\eta=0.9$，则

表4-5　变压器效率与功率的关系

变压器容量 S/V·A	<10	10~50	50~100	100~300	300~500	500~1000	1000以上
变压器效率 η（%）	0.6~0.7	0.7~0.8	0.8~0.85	0.85~0.9	0.9	0.95	0.97

一次侧容量为：$S_1=\dfrac{S_2}{\eta}=\dfrac{250}{0.9}\text{V}\cdot\text{A}\approx278\text{V}\cdot\text{A}$

如果有多个输出电压等级，二次侧总输出容量为各分输出容量之和。

一般小型变压器的额定容量取输入、输出容量的平均值，即

$$S=\frac{S_1+S_2}{2}=\frac{278+250}{2}\text{V}\cdot\text{A}=264\text{V}\cdot\text{A}$$

（2）计算变压器铁心截面积　小型单相变压器常用E形铁心，如图4-52所示。它的中间柱心截面积为

$$A=K\sqrt{S}=1.3\sqrt{S}=1.3\times\sqrt{264}\text{cm}^2\approx21.1\text{cm}^2$$

上式中 K 为经验系数，可根据表4-6选择。

表4-6　K 的选取

S/V·A	0~10	10~50	50~500	500~1000
K	2	1.75~2	1.3~1.75	1.0~1.3

如选用质量好的硅钢片则 K 可取小些。

$$A=ab\times10^{-2}$$

式中　A——中间柱心截面积（cm^2）；

a——硅钢片中间柱心的宽度（mm）；

b——铁心的厚度（mm）。

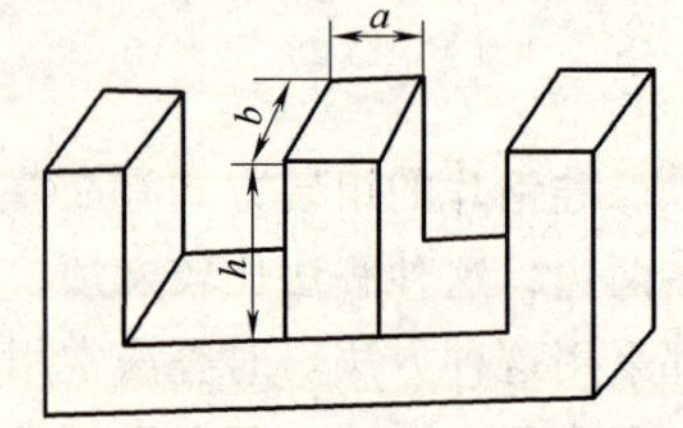

图4-52　铁心尺寸

选择 $a=40\text{mm}$ 的E形铁心硅钢片，则

铁心厚度为 $b=A/a=\dfrac{21.1\times10^2}{40}\text{mm}\approx52.8\text{mm}$。

考虑硅钢片的绝缘和硅钢片的间隙，铁心叠厚取 $b'=1.1b=1.1\times52.8\text{mm}\approx58\text{mm}$ 的E形硅钢片。

注意：从结构方面考虑，通常取 $b=(1.1\sim2)\,a$ 为合理。

（3）计算绕组每伏匝数

$$N_0 = \frac{4.5 \times 10^5}{BA} = \frac{4.5 \times 10^5}{10000 \times 21.1}\text{匝/V} \approx 2.13\text{匝/V}$$

其中：系数 4.5×10^5 可以根据铁心磁导率的大小以 10000 为基数增减。

式中，B 为磁通密度，单位为高斯（Gs）；在小容量变压器中，如选用一般硅钢片，B 值取 10000Gs，如选用冷轧硅钢片 B 取 14000Gs。

以上两个参数与所选择铁心材料的磁导率、截面积大小有关。

(4) 计算绕组匝数

一次绕组匝数为 $N_1 = N_0 U_1 = 2.13 \times 220 \approx 469$ 匝

二次绕组匝数为 $N_2 =（1.05 \sim 1.1）N_0 U_2 = 2.13 \times 36 \times（1.05 \sim 1.1）= 81 \sim 84$ 匝

二次绕组匝数计算中的（1.05 ~ 1.1）是考虑有负荷时而引入的系数，在此选择 N_2 为 83 匝。

(5) 计算绕组电流

一次电流为 $I_1 = \dfrac{S_1}{U_1} = \dfrac{278}{220}\text{A} \approx 1.26\text{A}$

二次电流为 $I_2 = \dfrac{S_2}{U_2} = \dfrac{250}{36}\text{A} \approx 6.94\text{A}$

注意：以上数据都是在假设功率因数 $\cos\varphi_1 = 1$，$\cos\varphi_2 = 1$ 的情况下计算的。

(6) 计算绕组的线径　小型变压器导线的电流密度通常可以取 $j =（2.5 \sim 3.5）\text{A/mm}^2$，在这里取 $j = 2.5\text{A/mm}^2$ 计算，所以导线直径 $d = 0.65\sqrt{I}$。

则一次绕组导线直径为 $d_1 = 0.65\sqrt{I_1} = 0.65 \times \sqrt{1.26}\text{mm} \approx 0.73\text{mm}$

二次绕组直径为 $d_2 = 0.65\sqrt{I_2} = 0.65 \times \sqrt{6.94}\text{mm} \approx 1.7\text{mm}$

一次绕组选用 ϕ0.8QZ 型高强度漆包线；二次绕组选用 ϕ1.7QZ 型高强度漆包线。考虑到漆层厚度，一次侧导线外径为 $d_1' = 0.88\text{mm}$，二次侧导线外径为 $d_2' = 1.8\text{mm}$，有时计算出的线径与导线规格不一定相符，应根据实际值，选用与其最接近的较大线径。

(7) 铁心窗口校算　由于导线表面有绝缘漆层，导线绕制时有间隙以及绕组间或层间衬垫有绝缘纸，所以根据计算的线径与匝数，还需校算在选定的铁心窗口面积内是否放得下。根据经验，对于 500V · A 以下的小型号变压器，当一、二次绕组的总截面积占铁心窗口面积的 30% 左右，绕组能够放得下也是比较适当的。

在上述例子中，选用的是 $a = 40\text{mm}$，$b = 58\text{mm}$ 的小型硅钢片，则铁心窗口宽度 $C = 20\text{mm}$，铁心窗口高度 $h = 60\text{mm}$，可参考常用小型 E 形硅钢片铁心尺寸（见表 4-7），两者可先确定一个，用经验法可粗略计算如下：

一次绕组总截面积为 $\dfrac{\pi}{4}d_1^2 N_1 = \dfrac{\pi}{4} \times（0.8）^2 \times 469\text{mm}^2 \approx 236\text{mm}^2$

二次绕组总截面积为 $\dfrac{\pi}{4}d_2^2 N_2 = \dfrac{\pi}{4} \times（1.7）^2 \times 83\text{mm}^2 \approx 188\text{mm}^2$

截面积的总和为 $（236 + 188）\text{mm}^2 = 424\text{mm}^2$

铁心窗口截面积为 $hC = 60 \times 20\text{mm}^2 = 1200\text{mm}^2$

导线总截面积占铁心窗口面积的百分比为

$$\frac{424}{1200} \times 100\% = 35.3\%$$

可见，窗口可容纳全部绕组。

表 4-7　常用 E 形硅钢片铁心尺寸

硅钢片型号	中心柱宽 a/mm	铁心窗口宽 C/mm	窗口高度 h/mm	总长 A/mm
EI-48	16	8	24	48
EI-60	20	10	30	60
EI-90	30	15	45	90
EI-105	35	17.5	52.5	105
EI-120	40	20	60	120
EI-150	50	25	75	150

计算结果：220V/36V 变压器可以采用中心柱宽 40mm、叠厚 58mm 的 E 形硅钢片，对应一次绕组选用直径 0.8mm 的漆包线，绕制 469 匝；二次绕组选用 1.7mm 的漆包线，绕制 83 匝（考虑到损耗），采用分层叠绕方式绕制。

2. 制作木心

根据铁心的面积，制作木心。如图 4-53 所示，通常按比铁心中心柱截面积 ab（即计算值 A）稍大些的尺寸 $a'b'$制成，木心的长度应比铁心窗口高度 h 约短 2mm，木心的中心孔径为 10mm。

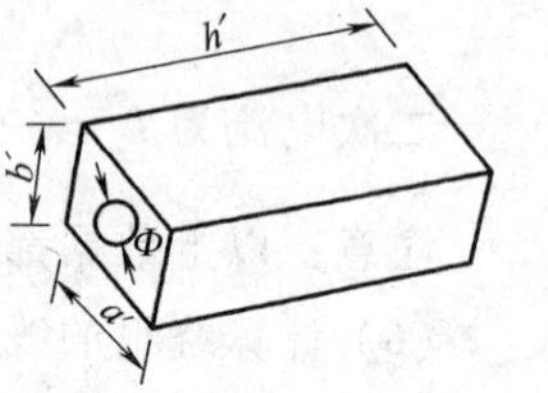

图 4-53　木心

注意：木心的四边必须相互垂直，中心孔必须钻得平直，否则绕线时会发生晃动，绕组不易平齐。木心的边角用砂纸磨成圆角，以便套进或抽出骨架。

3. 制作骨架

一种是简易骨架。用青壳纸或弹性纸在木心上绕 1 ~ 2 圈，其宽度等于木心长度 h'，其长度 L 为

$$L = 2(b' + t) + a' + 2(a' + t) = 2b' + 3a' + 4t$$

其中，t 为青壳纸或弹性纸的厚度。按照图 4-54 所示，用裁纸刀沿虚线划出浅沟，沿沟痕把弹性纸折成方形。第 5 面与第 1 面重叠，用胶水粘合即可。如果绕 2 圈则长度乘以 2。

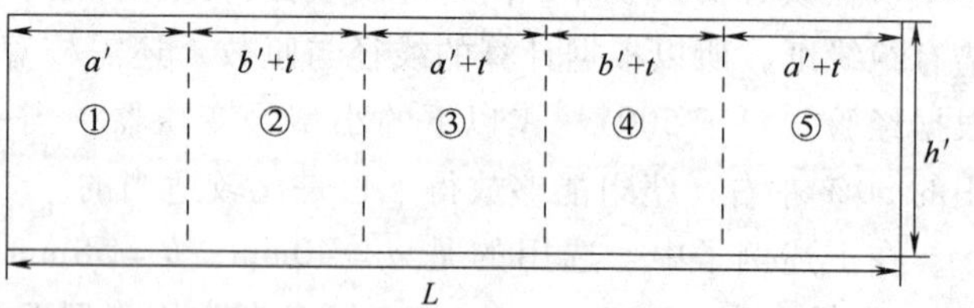

图 4-54　纸质无框绕线心子展开图

骨架干燥后，木心在骨架中应能插得进，抽得出；最后用硅钢片插试，以刚好能插入为宜。绕制时绕组绕到两端时应特别注意，若绕制层数较多容易散塌，会造成返工。

另一种是积木式骨架，形状如图 4-55 所示，能方便地绕线和增强绕组的对地绝缘性能，材料以厚度 0.5 ~ 1.5mm 的胶木板、环氧树酯板为宜，骨架的内腔与简易骨架尺寸相同。

4. 裁剪绝缘纸

绝缘纸的宽度应稍长于骨架 h'的长度，而长度稍大于骨架的周长 L。

对于铁心的绝缘，用两层厚 0.07mm 的电缆纸、一层厚 0.14mm 的黄蜡布，绕组间绝缘也采用此材料；对于层间绝缘，用两层厚

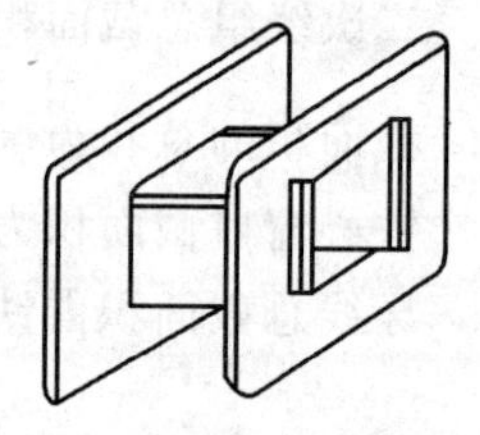
图 4-55　积木式骨架

0.12mm 的电缆纸。

（二）绕制步骤

1）绕制前：先将骨架套在木心上，再在骨架上垫好对铁心的绝缘，然后将木心中心穿入绕线机轴紧固。

2）一次绕组的绕制：绕制时，导线起绕点不可过于靠近骨架的边缘，以免在绕线时漆包线滑出，也防止在插硅钢片时碰伤导线的绝缘层。起绕时在导线引线头上压一条绝缘带的折条，以便抽紧起始线头，若采用积木框架，导线可紧靠边框板，不需要留出空间。另外，每绕完一层要垫层间绝缘。

3）收线：当绕制接近结束时，要垫上一条绝缘带的折条，继续绕线直到一次侧匝数绕制结束，将线尾插入绝缘带的折缝中抽紧，线尾便被固定，留出一次侧引出线，收紧绝缘带。

小贴士

1. 绕线要求：要求绕得紧密、整齐，不允许有叠线的现象。

2. 绕线要领：绕线时将导线稍微拉向绕线前进的相反方向约5°，拉线的手顺绕线前进方向而移动，拉力大小应根据导线粗细而掌握，以使导线排列整齐，如图 4-56 所示。

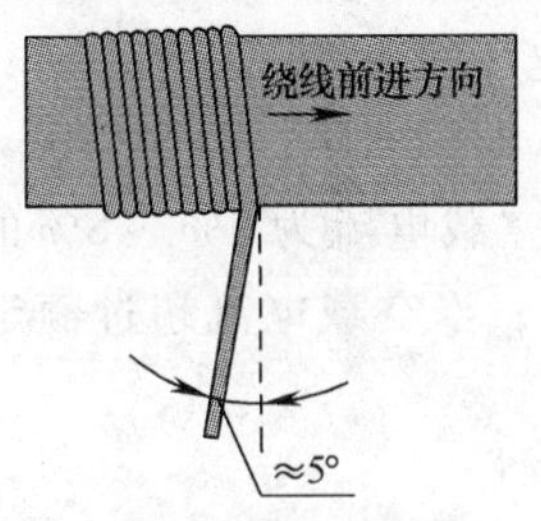

图 4-56 绕线时的技巧

4）静电屏蔽层：设备中的电源变压器，需在一、二次绕组间放置静电屏蔽层。屏蔽层可用厚约 0.1mm 的铜箔或其他金属箔制成。其宽度比木心长度稍短 1 ~ 3mm，长度比一次侧绕组的周长短 5mm 左右，夹在一、二次绕组的绝缘衬垫之间，但不能碰到导线或自行短路，铜箔上焊接一根多股软线作为引出接地线。如无铜箔，可用 0.12 ~ 0.15mm 的漆包线密绕一层，一端埋在绝缘层内，另一端引出作为接地线。

5）绕制二次绕组：绕制方法及过程同一次绕组的相同，如有更多的二次输出，应按顺序依次绕制，注意做好层间绝缘及绝缘带的处理。

6）外绝缘：线包（骨架与整个绕组及外层绝缘的总称）绕好后，外层绝缘用青壳纸或弹性纸缠绕 2 ~ 3 层，用胶水粘牢。

7）引出线的焊接：引出线一般利用原线绞合引出即可，引出线的绝缘套管按耐压等级选用。

（三）绝缘处理

线包绕好后，应做绝缘处理。处理方法是：将线包放入烘箱内并加温到 70 ~ 80℃，预热 3 ~ 5h 后取出，立即浸入绝缘清漆中约 0.5h，取出后在通风处滴干，然后在 80℃ 烘箱内烘烤 7 ~ 8h 即可。

（四）铁心镶片

1. 镶片要求

铁心镶片要求紧密、整齐，且不能损伤线包，否则会使铁心截面积达不到计算要求，造成磁通密度过大而发热，或使变压器在运行时硅钢片会产生振动噪声。

2. 镶片方法

对于小型电源变压器等的铁心装配通常采用交叉插片法。先在线圈骨架左侧插入 E 形硅钢片，可插入 1～4 片，接着在右侧也插入相应的片数，这样从线包两边一片一片地交叉对镶，当余下最后几片硅钢片时，比较难镶，俗称紧片。紧片需用旋具撬开两片硅钢片的夹缝才能插入，同时用木槌轻轻敲入，切不可硬将硅钢片插入，以免损伤框架或线圈。镶片完毕后，把变压器放在平板上再用木槌打平整，使 E 型硅钢片的对接口不留空隙。

（五）测试

1. 绝缘电阻的测试

用绝缘电阻表测量各绕组间和各绕组对铁心的绝缘电阻。400V 以下的变压器其绝缘电阻值应不低于 90M。

2. 空载电压的测试

当一次电压加到额定值时，测量二次侧各绕组间的空载电压值，允许误差为额定电压的 ±5%，中心抽头电压误差为额定电压的 ±2%。

3. 空载电流的测试

当一次电压加到额定值时，其空载电流为 5% ～8% 的额定电流值。如空载电流大于额定电流的 10% 时，变压器损耗较大；当空载电流超过额定电流的 20% 时，它的温度将超过允许值，变压器不能使用。

四、注意事项

1）每伏匝数的确定：变压器的匝数主要是根据铁心截面积和硅钢片的质量而定。实验证明每伏匝数的取值应比计算公式取值低 10% ～15%。例如一只 35W 电源变压器，通常计算每伏应绕 7.2 匝，而实际只需每伏绕 6 匝就可以了，这样绕制后的变压器空载电流在 25mA 左右。通常适当减少匝数后，绕制出来的变压器不但可以降低内阻，而且还节省了成本，从而提高了性价比。

2）铁心窗口的校算：当一、二次绕组的总截面积（即各个绕组裸导线截面积乘以相应匝数后的总和）约占铁心窗口面积 30% 时，绕组是比较适当的。如果计算结果大于铁心窗口截面积，应增加铁心叠片厚度或减少绕组匝数重新计算，直到合适为止。

3）在绕线过程中，应随时注意导线匝绝缘是否破裂或出现跑层、少层现象，如发现须按原来标准立即修复。绕制绕组时还应注意导线的弯曲状况，如发现弯曲应用木板打平或以手钳扳手等缠绕布带加以校直，不可用金属工具直接接触导线，以免损伤线的绝缘层。绕线时还必须注意绕向，面对线模从左往右绕为右绕向；反之，为左绕向。即所谓左起右绕向，右起左绕向。

4）绕制完成后要先检查再做测试。检查变压器绕组的引出线是否焊好，绕组有无松散现象，测试时要严格，做空载实验要持续 20h，之后再查看温升是否符合要求。

项目五　照明电路的安装与调试

5

项目描述

正弦交流电在生产和生活中有广泛的应用，如家用电器及照明电路、交流电动机及变压器、无线电通信及电视广播等。本项目主要介绍正弦交流电的基本知识、正弦交流电路的分析与计算方法、串并联谐振电路的分析等，并利用项目能力训练——照明电路的安装与调试来巩固和检测读者对本项目知识点的掌握情况。

知识目标

1. 理解正弦交流电的三要素、表示方法及同频率正弦交流电的合成方法。
2. 理解单一参数正弦交流电路中电压与电流的关系，理解有功功率、无功功率、阻抗的概念。
3. 掌握单一参数正弦交流电路中电流、电压和功率的计算方法。
4. 理解 *RLC* 串联电路中总电压与分电压、电压与电流的关系。
5. 掌握电路发生串、并联谐振的条件以及串、并联谐振的特征。

能力目标

1. 会使用常用仪表测量交流电压与电流。
2. 会测量交流电路中各类元件的主要参数。
3. 会观察串、并联谐振电路的谐振状态，能测定其谐振频率。
4. 会根据电路图连接荧光灯和白炽灯照明电路。
5. 掌握电度表的使用方法。

任务 1　认识正弦交流电

做一做

1. 利用 Multism 仿真软件，仿真如图 5-1 所示电路，调节信号发生器，使其输出电压为 5V 的正弦交流信号，输出频率为 100Hz，用示波器观察信号电压波形，其最高点的读数为________，示波器显示的波形为________波，此波形变化一周所用的时间为________。

2. 用万用表交流电压挡测量单相交流电的数值为________V。

3. 示波器显示波形的数值是恒定的还是变化的？万用表测得的读数是恒定的还是变化的？

Ext Trig

A B

图 5-1 “做一做”电路

知识链接

大小、方向都随时间作周期性变化的电压、电流或电动势称为交流电。其中，随时间按正弦规律变化的交流电称为正弦交流电。如图 5-2 所示，电压 u 即为正弦交流电压。本项目中如无特别说明，交流电都是指正弦交流电。

一、正弦交流电的三要素

（一）瞬时值、最大值、有效值和平均值

（1）瞬时值　交流电在某一时刻的大小称为该时刻的瞬时值，用小写字母表示，如电动势、电压、电流的瞬时值分别用 e、u、i 表示，如图 5-2 所示。

（2）最大值　交流电在一个周期内所能达到的最大瞬时值称为交流电的最大值（也叫峰值或振幅），用大写字母加下标 m 来表示，如 E_m、U_m、I_m 等，如图 5-2 所示。

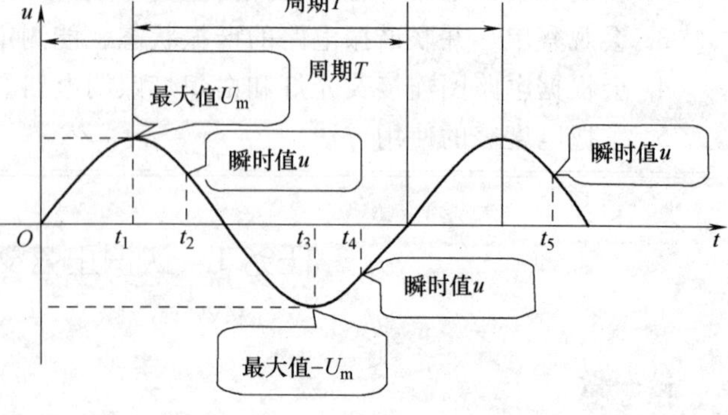

图 5-2 正弦交流电的波形图

（3）有效值　由于交流电的瞬时值是随时间变化的，所以交流电的大小常用“有效值”表示。把一个交流电和一个直流电分别通过两个阻值相同的电阻，如果在相等时间内它们产生的热量相等，就把此直流电的数值称为该交流电的有效值，用大写字母表示，如 E、U、I 等。有效值的定义如图 5-3 所示。最大值与有效值之间的关系如图 5-4 所示。

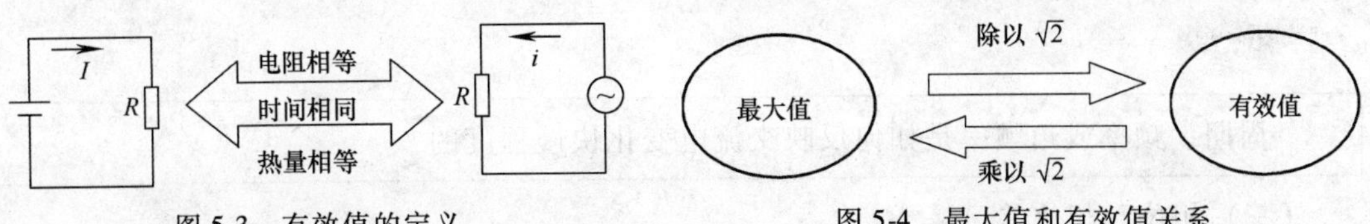

图 5-3　有效值的定义　　　　图 5-4　最大值和有效值关系

(4) 平均值　平均值是指正弦交流电半个周期内瞬时值的平均值，用大写字母加下标 P 来表示，如 E_P、U_P、I_P 等。最大值与平均值之间的关系如图 5-5 所示。

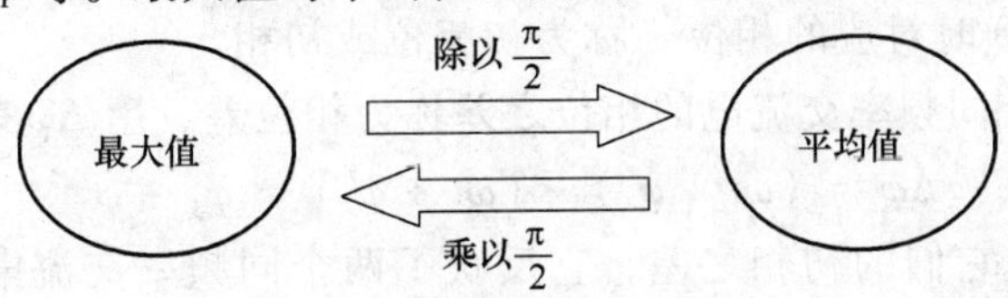

图 5-5　最大值与平均值关系

有效值和平均值二者间是什么关系？

(二) 周期和频率

(1) 周期　交流电重复变化一周所用的时间称为周期，用字母 T 表示。

(2) 频率　交流电在 1s 内重复变化的次数称为频率，用字母 f 表示。周期和频率的单位及关系如图 5-6 所示。

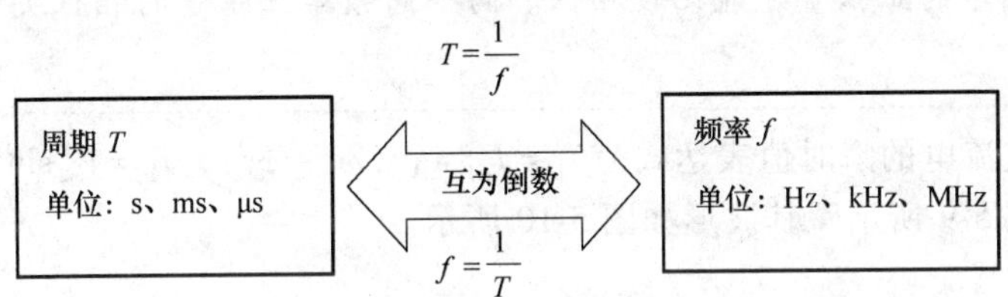

图 5-6　f 与 T 单位及关系

小贴士　有线通信频率为 300～5000Hz，无线通信频率为 30kHz～3×10^4MHz。

(3) 角频率　交流电每秒钟变化的电角度称为角频率，用符号 ω 表示，单位是（弧度/秒 rad/s）。如正弦交流电变化一周，其电角度就变化了 360°（即 2πrad），角频率为 $\omega=\frac{2\pi}{T}$。角频率、周期和频率的关系如图 5-7 所示。

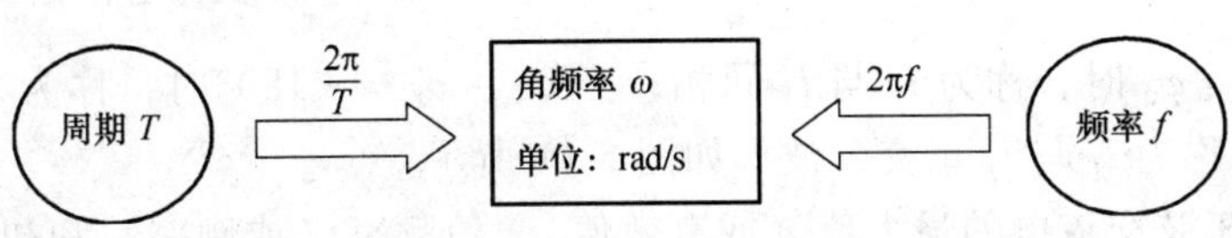

图 5-7　ω、T 和 f 关系

想一想

周期、频率或角频率是如何反映交流电变化快慢程度的？

（三）相位和相位差

（1）相位　正弦交流电在 t 时刻所对应的角度（$\omega t+\varphi$）称为相位角，简称相位。它反映了正弦量的某一时刻的状态，当 t 给定时，对应的相位角就随之确定。

（2）初相　把 $t=0$ 时对应的相位 φ 称为初相位或初相。

（3）相位差　两个同频率交流电的相位之差称为相位差，用 $\Delta\varphi$ 表示。即

$$\Delta\varphi=(\omega t+\varphi_1)-(\omega t+\varphi_2)=\varphi_1-\varphi_2$$

可见，相位差就是它们的初相之差，它反映了两个同频率交流电之间的相位关系。相位、初相和相位差三者的关系如图 5-8 所示。

图 5-8　相位、初相和相位差的关系

小贴士　1. 初相可以为正，也可为负，一般用弧度表示，也可用不大于180°的角度表示。

2. 只有同频率的正弦量才能比较相位。两个同频率正弦量的相位关系还可以用超前和滞后来表示。

若两个正弦交流电的瞬时值表达式为 $i_1=I_{m1}\sin(\omega t+\varphi_1)$，$i_2=I_{m2}\sin(\omega t+\varphi_2)$，则两者的相位关系如图 5-9 所示，其波形如图 5-10 所示。

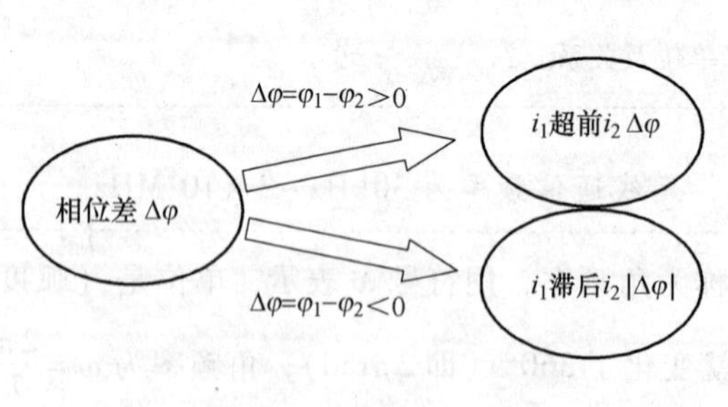

图 5-9　i_1 和 i_2 的相位差

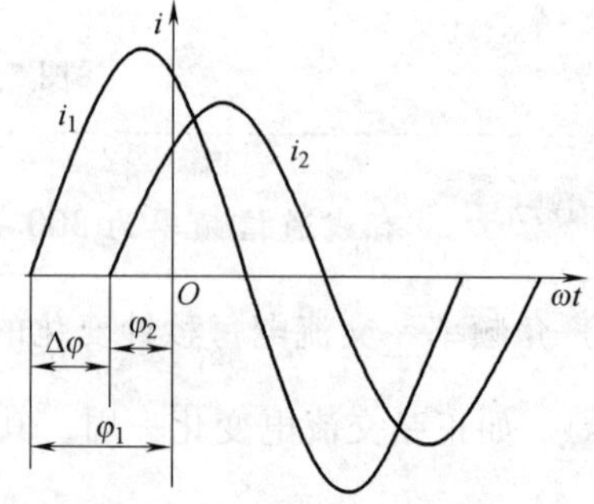

图 5-10　交流电的相位与相位差

特例：当 $\varphi_1=\varphi_2$ 时，称为 i_1 与 i_2 同相；当 $\varphi_1-\varphi_2=\pm180°$时，称为 i_1 与 i_2 反相；当 $\varphi_1-\varphi_2=\pm90°$，称为 i_1 与 i_2 正交，波形如图 5-11 所示。

综上所述，正弦交流电的最大值（或有效值）、角频率（或频率）和初相反映了正弦交流电的基本特征，称为正弦交流电的三要素。

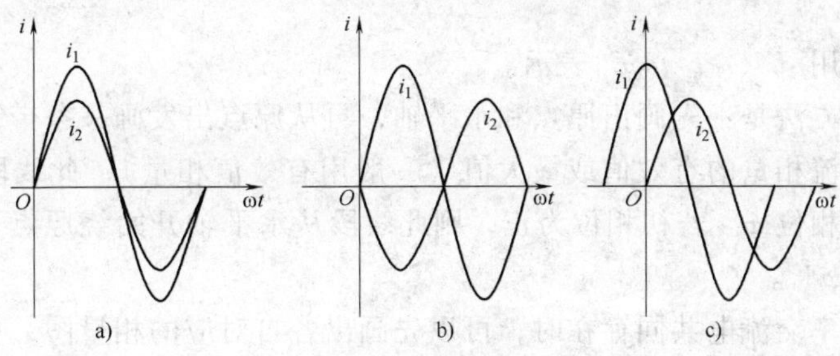

图 5-11　交流电的同相、反相和正交

例 5-1　已知某正弦交流电，电压为 $u=220\sqrt{2}\sin(100\pi t+30°)$ V，试求其最大值、角频率、频率、周期、初相位、有效值和 $t=0.1$s 时电压的大小。

解：由题可知：

最大值 $U_m=220\sqrt{2}\text{V}\approx 311\text{V}$

角频率 $\omega=100\pi\approx 314\text{rad/s}$

频率 $f=\dfrac{\omega}{2\pi}=50\text{Hz}$

周期 $T=\dfrac{1}{f}=0.02\text{s}$

初相位 $\varphi=30°=\dfrac{\pi}{6}$

有效值 $U=220\text{V}$

$t=0.1$s 时，电压为 $u=220\sqrt{2}\sin(100\pi\times 0.1+30°)\ \text{V}=110\sqrt{2}\text{V}\approx 156\text{V}$

二、正弦交流电的表示方法

一个正弦交流电可以用解析式法、波形图法、相量图法、复数表示法等来表示。

(一) 解析式法

用解析式（瞬时值表达式）表示正弦交流电的方法称为解析式表示法。如正弦交流电电动势、电压、电流的解析式一般表示为

$$e=E_m\sin(\omega t+\varphi_e)=\sqrt{2}E\sin(\omega t+\varphi_e)$$

$$u=U_m\sin(\omega t+\varphi_u)=\sqrt{2}U\sin(\omega t+\varphi_u)$$

$$i=I_m\sin(\omega t+\varphi_i)=\sqrt{2}I\sin(\omega t+\varphi_i)$$

可见，在解析式中体现出了正弦量的三要素。

(二) 波形图法

利用波形图可以直观地表达出交流电的最大值、周期和初相，形象地描绘出它的变化规律，如图 5-2 所示。

(三) 相量图法

在分析和计算正弦交流电时，采用上述两种方法进行加减运算很麻烦。利用相量图表示法可以把两个同频率正弦量的加、减运算变得简单。所谓相量图表示法，就是用一个在直角坐标系中绕原点旋转的矢量来表示正弦交流电的方法。为了与一般的空间矢量（力、速度等）相区别，我们把表示正弦交流电的这一矢量称为相量，最大值相量用 $\dot{U}_m$、$\dot{I}_m$、$\dot{E}_m$

表示，有效值相量用 $\dot{U}$、$\dot{I}$、$\dot{E}$ 表示。

相量图的绘制方法是：先画出原点和水平轴，再从原点出发画一条带箭头的线段来表示电动势、电压或电流相量的有效值或最大值（一般用有效值相量），此线段与水平方向的夹角即为该相量的初相位 φ。若初相位为正，则此线段从水平轴开始绕原点逆时针旋转 φ；否则，顺时针旋转 $|\varphi|$。

当有几个同频率交流电共同存在时，可以先画出各自对应的相量图，再利用平行四边形法则进行加减运算。

小贴士 1. 相量可以表示正弦量，并不等于正弦量，非正弦量不能用相量表示。
2. 只有同频率的正弦量才能画在同一个相量图中。
3. 画相量图时，相同单位的相量应按相同的比例尺寸来画。

例 5-2 已知 $u_1 = 3\sqrt{2}\sin(\omega t + 30°)\text{V}$，$u_2 = 3\sqrt{2}\sin(\omega t - 30°)\text{V}$，利用相量图求 $u_1 + u_2$。

解： 首先绘出 u_1 与 u_2 的相量图如图 5-12 所示，其中 $U_1 = U_2 = 3\text{V}$。

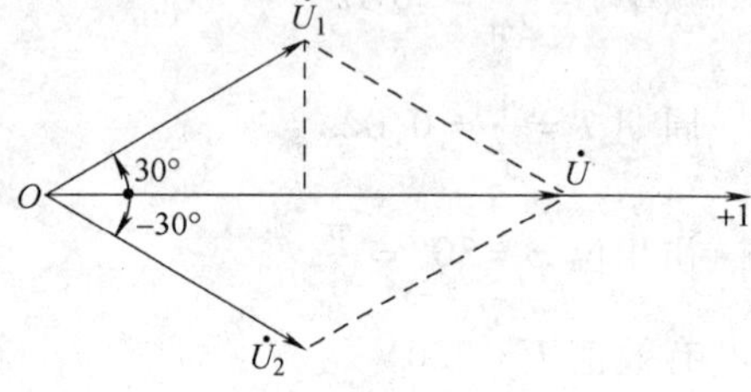

图 5-12 例 5-2 图

利用平行四边形法则做出合相量 $\dot{U}$ 如图 5-12 所示。由相量图得到

$$U = 3 \times \cos30° \times 2\text{V} = 3\sqrt{3}\text{V} \quad \varphi_u = 0°$$

于是合成电压

$$u = u_1 + u_2 = 3\sqrt{6}\sin(\omega t + 0°)\text{V} = 3\sqrt{6}\sin\omega t\text{V}$$

（四）复数表示法

1. 复数的形式

（1）代数形式 复数的一般形式为 $Z = a + \text{j}b$。式中 $\text{j} = \sqrt{-1}$ 称为虚数单位，a 称为复数 Z 的实部，b 称为复数 Z 的虚部。复数 $Z = a + \text{j}b$ 可以用复平面上的点 Z（a，b）表示，也可用相量 OZ 表示，如图 5-13 所示。相量 OZ 的长度 r 称为复数 Z 的模，相量与实轴的夹角 φ 称为复数 Z 的辐角。

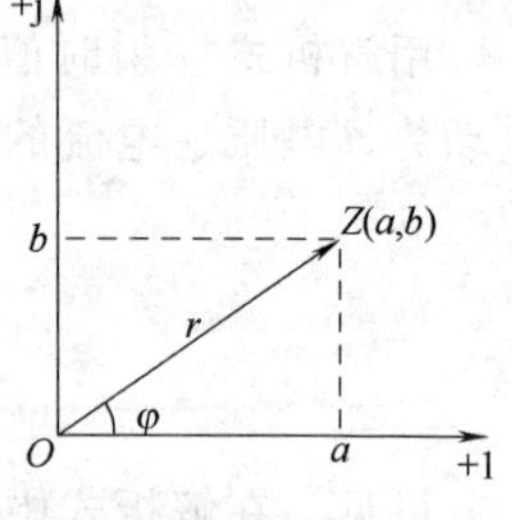

图 5-13 复数的相量表示

（2）三角形式 由图 5-13 可以写出 $Z = r\cos\varphi + \text{j}r\sin\varphi$。

（3）指数形式 利用欧拉公式 $\text{e}^{\text{j}\varphi} = \cos\varphi + \text{j}\sin\varphi$ 可把复数 Z 的三角形式变换为指数形式，即 $Z = r\text{e}^{\text{j}\varphi}$。

（4）极坐标形式 在电工中还常把复数写出极坐标形式为 $Z = r\angle\varphi$。

2. 复数的运算

（1）复数的加、减法运算 一般采用复数的代数形式进行。运算时直接把复数的实部与实部相加减，虚部与虚部相加减。

例如：$Z_1 = a_1 + \text{j}b_1$，$Z_2 = a_2 + \text{j}b_2$，则 $Z_1 \pm Z_2 = (a_1 \pm a_2) + \text{j}(b_1 \pm b_2)$

（2）复数的乘、除法运算 一般采用复数的指数形式或极坐标形式进行。

乘法：两个复数乘积的模等于它们模的乘积，两个复数乘积的辐角等于它们的辐角的和；除法：两个复数商的模等于它们模的商，两个复数商的辐角等于两个复数辐角的差。

例如　$Z_1 = r_1 e^{j\varphi_1}$，$Z_2 = r_2 e^{j\varphi_2}$　则 $Z_1 Z_2 = r_1 r_2 e^{j(\varphi_1+\varphi_2)}$，$\dfrac{Z_1}{Z_2} = \dfrac{r_1}{r_2} e^{j(\varphi_1-\varphi_2)}$

3. 常用的复数

(1) $e^{j\varphi} = 1\angle\varphi$　该复数是一个模等于1而辐角为 φ 的复数。任意复数 Z 乘以 $e^{j\varphi}$ 的结果，等于把复数 Z 逆时针旋转一个角度 φ，而 Z 的模不变，所以 $e^{j\varphi}$ 称为旋转因子。

(2) $+j = e^{j90°} = 1\angle 90°$　该复数是一个模等于1而辐角为90°的旋转因子。任意复数 Z 乘以 $+j$ 的结果，等于把复数 Z 在复平面上逆时针旋转90°，而 Z 的模不变。

(3) $-j = e^{-j90°} = 1\angle -90°$　该复数是一个模等于1而辐角为 −90°的旋转因子。任意复数 Z 乘以 $-j$ 的结果，等于把复数 Z 在复平面上顺时针旋转90°，而 Z 的模不变。

4. 复平面上相量图的表示方法

设正弦交流电动势、电压和电流解析式分别为

$$e = \sqrt{2}E\sin(\omega t + \varphi_e) \quad u = \sqrt{2}U\sin(\omega t + \varphi_u) \quad i = \sqrt{2}I\sin(\omega t + \varphi_i)$$

则它们的相量分别为

$$\dot{E} = Ee^{j\varphi_e} = E\angle\varphi_e = E\cos\varphi_e + jE\sin\varphi_e$$

$$\dot{U} = Ue^{j\varphi_u} = U\angle\varphi_u = U\cos\varphi_u + jU\sin\varphi_u$$

$$\dot{I} = Ie^{j\varphi_i} = I\angle\varphi_i = I\cos\varphi_i + jI\sin\varphi_i$$

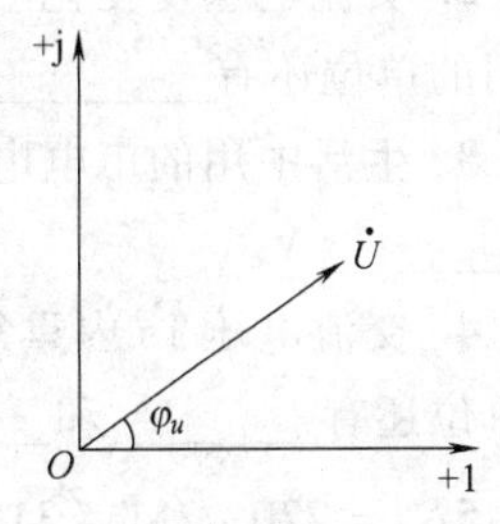

图 5-14　交流电压的相量图

相量可以在复平面上表示，作图时根据交流电的初相和有效值画出。图 5-14 为正弦交流电压的相量图，相量的模（长度）表示交流电的有效值，相量与实轴正方向的夹角表示交流电压的初相。

综上所述，正弦交流电的计算常采用两种形式：一是相量图表示法，用平行四边形法则求合成相量；二是采用复数表示法，用复数运算法则进行计算。

例 5-3　用复数表示法将正弦交流电压 $u = 220\sqrt{2}\sin(100\pi t + 30°)$ V 表示成相量形式。

解：已知 $u = 220\sqrt{2}\sin(100\pi t + 30°)$ V，其相量用复数表示为

$$\dot{U} = 220e^{j30°}\text{V} = 220\angle 30°\text{V} = 220(\cos30° + j\sin30°)\text{V} = 110\sqrt{3} + j110\text{V}$$

（五）欧姆定律与基尔霍夫定律的符号形式

应用复数来分析计算正弦交流电路的方法也称为符号法。

1. 欧姆定律的符号形式

正弦交流电路中欧姆定律的相量形式为　$\dot{I} = \dfrac{\dot{U}}{Z}$

因此　$Z = \dfrac{\dot{U}}{\dot{I}} = \dfrac{Ue^{j\varphi_u}}{Ie^{j\varphi_i}} = \dfrac{U}{I}e^{j(\varphi_u-\varphi_i)} = |Z|e^{j\varphi} = |Z|\angle(\varphi_u - \varphi_i) = |Z|\angle\varphi$

式中 Z 是一个复数，称为复阻抗。其模 $|Z|=\frac{U}{I}$ 称为阻抗，辐角 φ 称为阻抗角，表示电压与电流的相位差。复阻抗的单位也是欧姆（Ω）。

复阻抗 Z 用复数形式表示时，可写为 $Z=R+\mathrm{j}X$，Z 的实部是 R，称为“电阻”；Z 的虚部是 X，称为“电抗”，单位是欧姆（Ω）。

2. 基尔霍夫定律的符号形式

（1）KCL 定律　$\sum \dot{I}_{入}=\sum \dot{I}_{出}$ 或 $\sum \dot{I}=0$

（2）KVL 定律　$\sum \dot{U}=0$ 或 $\sum \dot{I}Z=\sum \dot{E}$

知识拓展　我国电网供电频率为 50Hz，家用电器额定电压值为 220V。美国电网供电频率为 60Hz，家用电器额定电压值为 110V。如果美国的家用电器拿到中国来，能否直接使用？

知识测评

一、填空题

1. 正弦交流电的三要素是________、________和________。

2. 交流电重复变化一周所需的时间称为________，用字母____来表示，其单位是____，常用的单位还有________、________等。

3. 生活中用的市电电压为________V，就是指交流电压的________是 220V，其最大值为________V。

4. 交流电压 1s 内重复变化的次数称为________，用____来表示，其单位是____，常用的单位还有________和________。周期与频率的关系为________。

5. $i=220\sqrt{2}\sin(314t+60°)$A 的最大值是________，有效值是________，频率是________，角频率是________，初相是________。

6. 某正弦电压的有效值为 20V，频率为 50Hz，初相为 90°，该电压的解析式是________________。

7. 已知 $i_1=220\sqrt{2}\sin(\omega t+60°)$A，$i_2=220\sqrt{2}\sin(\omega t-30°)$A，则 i_1 与 i_2 的相位差为________，它们的相位关系是________。

8. 已知 $u_1=5\sqrt{2}\sin(\omega t+60°)$ V，$u_2=5\sqrt{2}\sin(\omega t-60°)$ V，则 $u_1+u_2=$________。

9. 已知两个正弦交流电压 $u_1=220\sin(\omega t-60°)$V 和 $u_2=220\sin(\omega t+30°)$V，则 u_1 与 u_2 的相位差为________，称 u_1 与 u_2________。

10. 正弦交流电常用的表示方法有________、________、________和________。

二、选择题

1. 已知两个正弦量的波形如图 5-15 所示，则 e_1 和 e_2 的相位关系是（　　）。

A. e_1 超前 e_2 π　　B. e_2 超前 e_1 π　　C. e_1 超前 e_2 $\frac{\pi}{3}$

2. 已知正弦交流电压的波形如图 5-16 所示，则该电压的解析式为（　　）。

A. $u=3\sin(20\pi t-30°)$ V　　B. $u=3\sin20\pi t$V　　C. $u=3\sqrt{2}\sin20\pi t$V

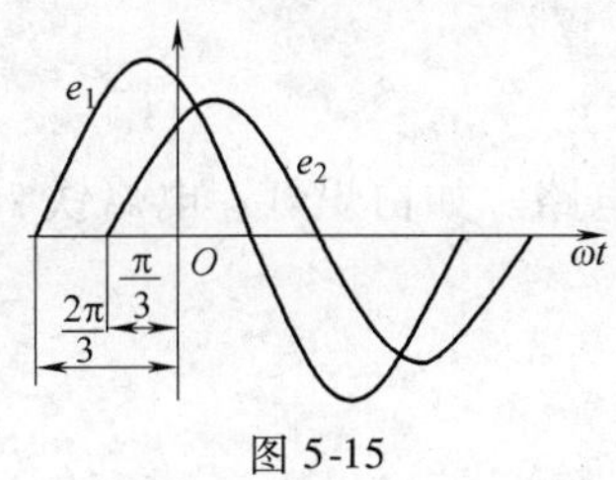

图 5-15

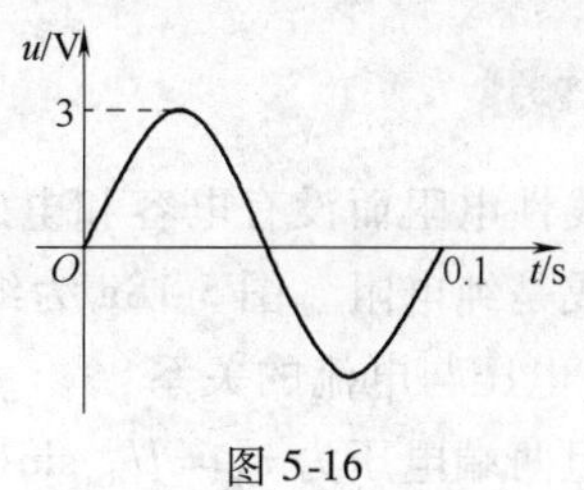

图 5-16

3. 有一正弦交流电压 $u_2=100\sin(\omega t+30°)$ V，在 $t=0$ 时，电压的瞬时值为（　　）V。

A. 50　　B. 60　　C. 100

4. 已知止弦交流电的频率为25Hz，则其周期为（　　）ms。

A. 50　　B. 60　　C. 40

5. 已知一正弦交流电，1s 变化 50 次，则它的角频率为（　　）rad/s。

A. 20π　　B. 40π　　C. 100π

6. 交流电的周期越长，说明交流电变化得（　　）。

A. 越快　　B. 越慢　　C. 不确定

任务2　分析单一参数正弦交流电路

只有一个交流电源的电路称为单相交流电路。一般交流电路的实际负载，可看作是由电阻（R）、电感（L）、电容（C）三种元件的不同组合。分析各种交流电路时，首先应掌握单一参数（电路中只有一种元件）交流电路的分析方法。

一、纯电阻电路

1. 按照图 5-17a 所示连接电路。

2. 如图 5-17a 所示，调节调压器的输出电压，分别测出电阻两端电压和通过电阻 R 的电流，重复几次，记录测量结果，观察测量数据可以看出电流与电压成________（正比、反比、无关）。

3. 如图 5-17b 所示，低频交流电源采用正弦波发生器，输出频率在 0.1 ~ 1Hz 内调节，观察电流表和电压表指针的摆动情况。通过观察可知，电流表与电压表指针摆动的步调________（一致、不一致）。这说明纯电阻电路中电阻两端电压与电流的相位关系是________。

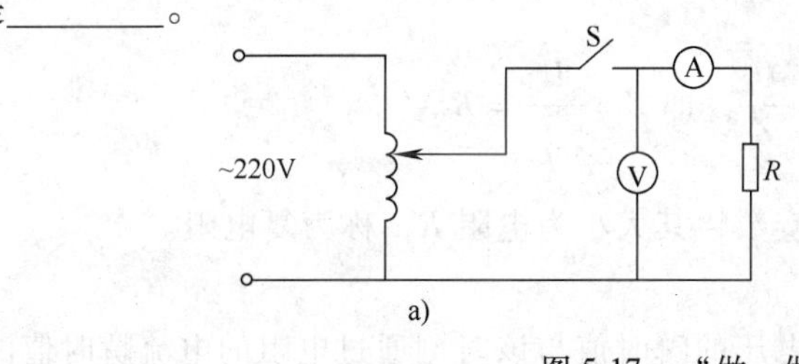

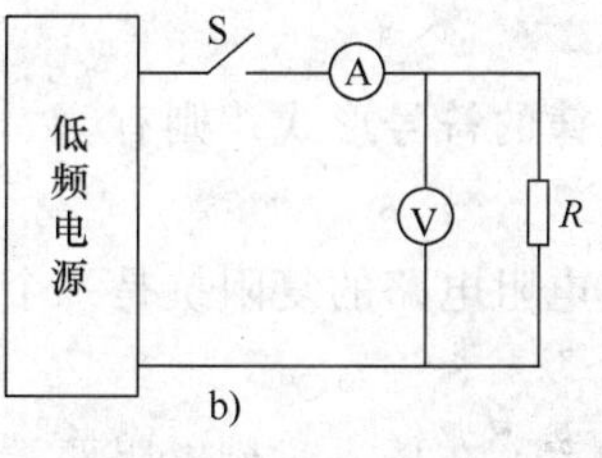

图 5-17　“做一做”电路

知识链接

只有线性电阻而没有电容和电感的电路称为纯电阻电路。如白炽灯、电烙铁、电炉等都可近似看成是纯电阻。图 5-18a 为纯电阻正弦交流电路。

（一）电压与电流的关系

设电阻两端电压为 $u_R = U_{Rm}\sin(\omega t+\varphi)$。

实验证明，电阻上交流电压与电流的瞬时值仍然符合欧姆定律，通过电阻 R 的电流瞬时值为

$$i=\frac{u_R}{R}=\frac{U_{Rm}}{R}\sin(\omega t+\varphi)=I_m\sin(\omega t+\varphi)$$

上式表明，电阻两端的电压与流过电阻的电流满足以下关系：

（1）频率关系　电压与电流的频率相同。

（2）相位关系　电压与电流的相位相同，如图 5-18b、c 所示。

（3）数值关系　最大值为 $I_m=\frac{U_{Rm}}{R}$

有效值为 $I=\frac{I_m}{\sqrt{2}}=\frac{U_{Rm}}{\sqrt{2}R}=\frac{U_R}{R}$

这说明纯电阻交流电路中，电流和电压的瞬时值、有效值、最大值与电阻之间都符合欧姆定律。

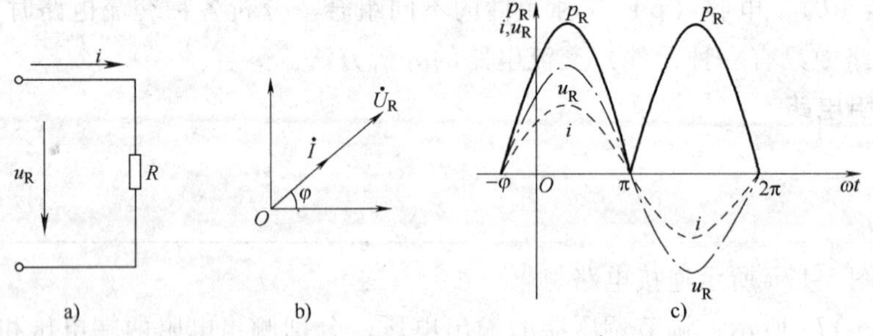

图 5-18　纯电阻电路

a）电路图　b）相量图　c）波形

（4）相量关系　若 $u_R=U_{Rm}\sin(\omega t+\varphi)$，用相量表示则电压相量 $\dot{U}_R=U_R\angle\varphi$，电流相量 $\dot{I}=I\angle\varphi=\frac{U_R\angle\varphi}{R}=\frac{\dot{U}_R}{R}$。

根据欧姆定律的符号形式，则有 $\dot{I}=\frac{\dot{U}_R}{Z}$，即 $Z=\frac{\dot{U}_R}{\dot{I}}=R$。

上式说明纯电阻电路的复阻抗是一个实数，其大小为电阻 R，称为复电阻。

（二）功率

（1）瞬时功率　在任一时刻电阻两端电压的瞬时值与该时刻通过电阻的电流瞬时值的乘积称为电阻在该时刻的瞬时功率，用 p_R 表示，即

$$p_R = u_R i = U_{Rm} I_{Rm} \sin(\omega t+\varphi)\sin(\omega t+\varphi) = \frac{U_{Rm}^2}{R}\sin^2(\omega t+\varphi)$$

由上式可知，p_R 在任何时刻都不小于零（都为正值或等于零），因此电阻是耗能元件。电阻瞬时功率的波形如图 5-18c 所示。

（2）有功功率　通常用电阻在交流电一个周期内消耗的平均功率来表示功率的大小，该平均功率又称为有功功率，用 P 表示，其单位有瓦（W）、千瓦（kW）。用公式表示为

$$P = IU_R = I^2R = \frac{U_R^2}{R}$$

小贴士　有功功率习惯上简称功率，日常生活中所说的某灯泡功率为 40W、某电动机功率是 2.2kW 都是指它们消耗的有功功率。

例 5-4　已知某电阻两端的交流电压为 $U_R = 220\text{V}$，初相位为 60°，其阻值为 $R = 100\Omega$，求 I 和 P，并写出其电压和电流的相量形式。

解： $I = \frac{U_R}{R} = \frac{220}{100}\text{A} = 2.2\text{A}$　$P = \frac{U_R^2}{R} = \frac{220^2}{100} = 484\text{W}$

电压的相量形式为 $\dot{U}_R = 220\angle 60°\text{V}$，电流的相量形式为 $\dot{I}_R = 2.2\angle 60°\text{A}$。

二、纯电感电路

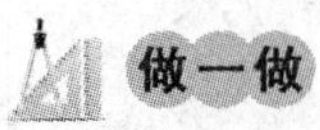

1. 按照图 5-19a 所示连接电路。

2. 调节调压器的输出电压，闭合开关 S1，分别测出电感两端的电压和电路的电流，重复几次，记录测量结果，观察测量数据可以看出，当电感不变时，电流与电压成________（正比、反比、无关）。

3. 如图 5-19b 所示，改变交流电源的频率 f，分别测出电感两端电压和电路的电流，重复几次，记录测量结果，观察测量数据可以看出，当电感不变时，电流与频率 f 成________（正比、反比、无关）。

4. 利用 Multism 仿真软件，进行仿真，效果图如图 5-20 所示。通过示波器显示波形，观察电路中电感两端电压与电流（可测量灯泡两端电压）的相位关系，电压的相位________（超前、滞后）电流的相位________（45°、90°）。

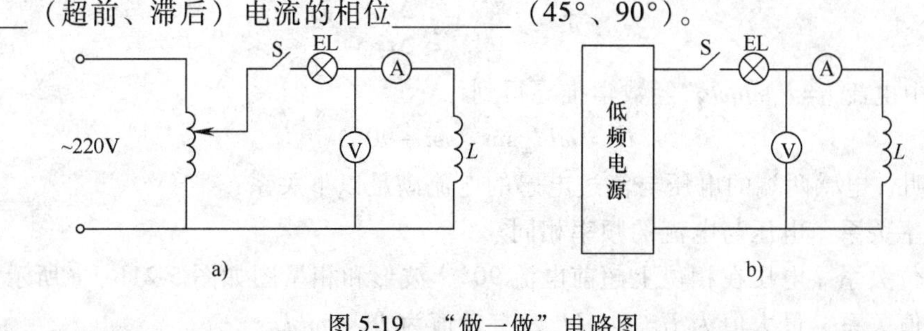

图 5-19　“做一做”电路图

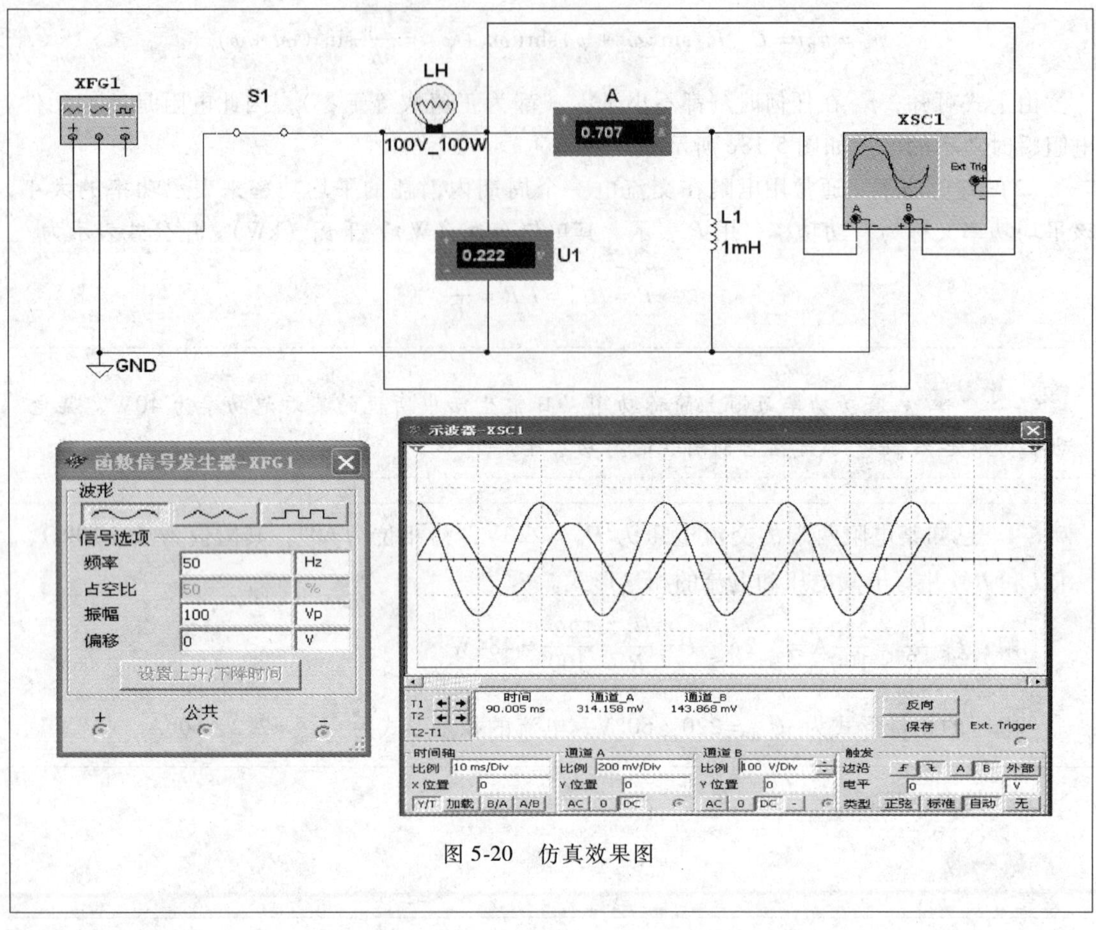

图 5-20　仿真效果图

知识链接

纯电感是指阻值为零的电感线圈，通常把电阻很小（可忽略）的电感线圈近似看作纯电感，例如变压器线圈和收音机的天线线圈等。由正弦交流电源和纯电感组成的交流电路称为纯电感交流电路。

（一）电压与电流的关系

如图 5-21a 所示为一纯电感交流电路。假设给电感 L 两端加上交变电压 u_L，电感中有交变电流 i 通过，它们的参考方向如图 5-21a 所示。

根据电磁感应定律和基尔霍夫第二定律可得

$$u_L = -e_L = L\frac{\Delta i}{\Delta t}$$

设电感中电流 $i = I_m \sin\omega t$，经数学推导得到

$$u_L = \omega L I_m \sin(\omega t + 90°)$$

上式表明，电感两端的电压与流过电感的电流满足以下关系：

（1）频率关系　电压与电流的频率相同。

（2）相位关系　电压在相位上超前电流 90°，波形和相量图如图 5-21b、c 所示。

（3）数值关系　最大值为 $U_{Lm} = \omega L I_m$，有效值为 $U_L = \omega L I$。

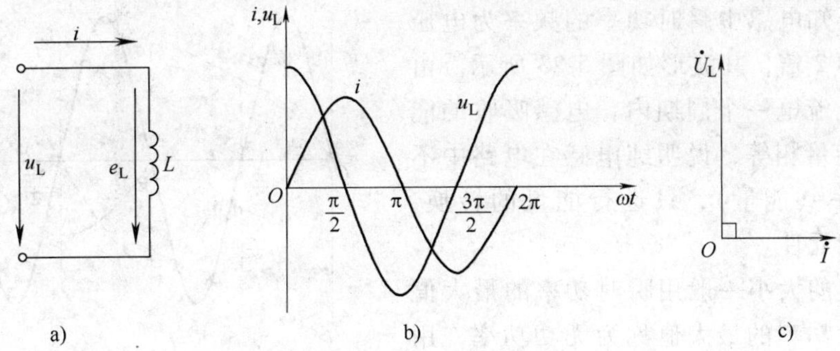

图 5-21　纯电感电路

a）电路　b）波形　c）相量图

令 $X_L=\omega L=2\pi fL$，则 $I_m=\frac{U_{Lm}}{X_L}$，$I=\frac{U_L}{X_L}$。

上式称为纯电感电路欧姆定律，式中 X_L 称为感抗，单位为欧姆（Ω），表示电感对交流电的阻碍作用。感抗 X_L 与电感 L、频率 f 的关系如图 5-22 所示。

图 5-22　X_L 与 L、f 关系

可见，感抗 X_L 的大小取决于电感 L 和电流的频率 f。当电感 L 为定值时，频率越高，感抗越大，所以高频电流不易通过电感元件。在直流电路中，电流频率 $f=0$，则 $X_L=0$，电感元件对于直流相当于短路，即直流和低频电流很容易通过电感元件。这就是电感线圈“通低频阻高频”的性质。

小贴士　纯电感电路欧姆定律只适用于计算最大值和有效值，不适用于计算瞬时值。

（4）相量关系　若 $i=I_m\sin\omega t$，则其相量形式为 $\dot{I}=I\angle 0°$。

电压相量为 $\dot{U}_L=U_L\angle 90°=\omega LI\angle 90°$。

根据欧姆定律的符号形式则有

$$\dot{I}=\frac{\dot{U}_L}{jX_L}$$

把公式进行变换可得

$$\frac{\dot{U}_L}{\dot{I}}=jX_L=Z$$

即纯电感电路的复阻抗是一个虚数，其大小为虚数单位 j 与感抗 X_L 之积，称为复感抗。

（二）功率

纯电感的瞬时功率为

$$p_L=u_Li=U_{Lm}\sin(\omega t+90°)I_m\sin\omega t=U_LI\sin 2\omega t$$

由上式可知电感中瞬时功率的频率为电压与电流频率的2倍，其波形如图5-23所示。由图可知，在交流电一个周期内，电感吸收的能量与释放的能量相等，说明纯电感在电路中不消耗有功功率（能量），只进行能量的转换，它是一种储能元件。

能量交换的大小一般用瞬时功率的最大值来衡量。瞬时功率的最大值称为无功功率，用Q_L表示，其大小为

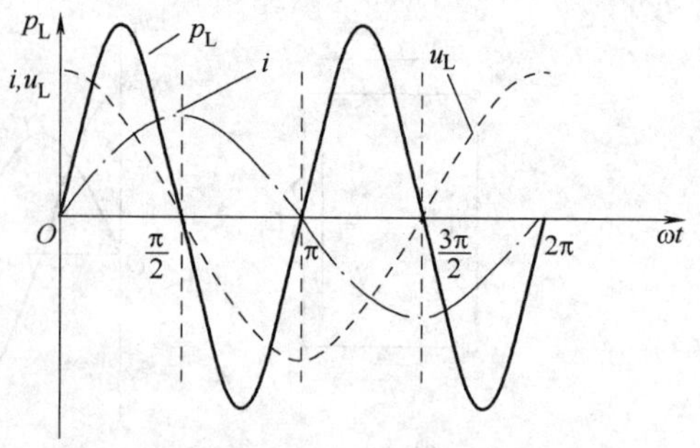

图5-23　纯电感电路功率波形

$$Q_L = U_L I = I^2 X_L = \frac{U_L^2}{X_L}$$

当式中各物理量的单位分别为V、A、Ω时，无功功率的单位是乏（var）。其常用单位还有千乏尔（k·var）。

小贴士　无功功率并不表示“无用功率”，它是相对于有功功率而言的。它反映的是电感与电源交换能量的速率，而不是消耗的功率。

例5-5　将一个阻值可忽略不计的电感线圈接到交流电源上，电源电压为$u_L = 220\sqrt{2}\sin(314t + 30°)$ V，电感$L = 0.1$H。求线圈的感抗、线圈中电流的有效值、电流的瞬时值表达式、电流的相量以及线圈的无功功率。

解：由题可知　$\omega = 314$rad/s，$U_L = 220$V。

则线圈的感抗 $X_L = \omega L = 314 \times 0.1\Omega = 31.4\Omega$

线圈中电流的有效值 $I = \frac{U_L}{X_L} = \frac{220}{31.4}\text{A} \approx 7\text{A}$

由于在纯电感电路中，电压超前电流90°，电压的初相为$\varphi_u = 30°$。所以电流的初相$\varphi_i = \varphi_u - 90° = -60°$，因此电流的瞬时值表达式为$i = 7\sqrt{2}\sin(314t - 60°)$ A。

电流的相量为 $\dot{I} = 7\angle -60°\text{A}$，则线圈的无功功率 $Q_L = U_L I = 220 \times 7\text{var} = 1540\text{var}$。

三、纯电容电路

1. 按照图5-24a所示的电路图连接电路。

2. 调节调压器的输出电压，闭合开关S_1、S_2，分别测出电容器两端的电压和通过电路的电流，重复几次，记录测量结果，观察测量数据可以看出，当电容不变时，电流与电压成（正比、反比、无关）。

3. 如图5-24b所示，改变交流电源的频率f，分别测出电容两端电压和电流，重复几次，记录测量结果，观察测量数据可以看出，当电容不变时，电流与频率f成

________（正比、反比、无关）。

4. 闭合开关 S_1，断开开关 S_2，接好示波器（见图 5-25），观察电路中电容器两端电压与电流波形，可以看出电压的相位____（超前、滞后）电流的相位____（45°、90°）。利用 Multism 仿真软件进行仿真，得到的仿真效果图如图 5-26 所示。

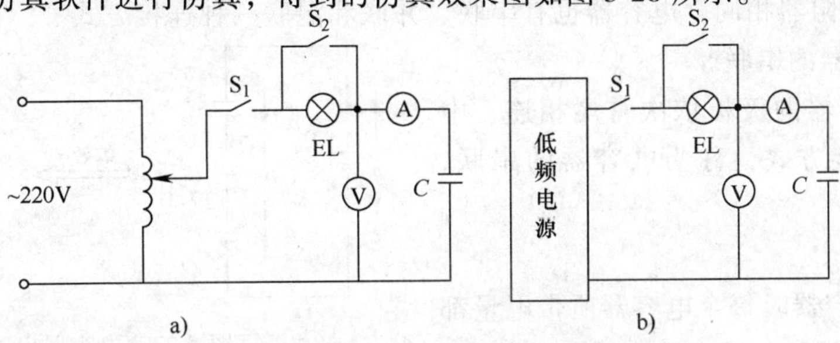

图 5-24 “做一做”电路图

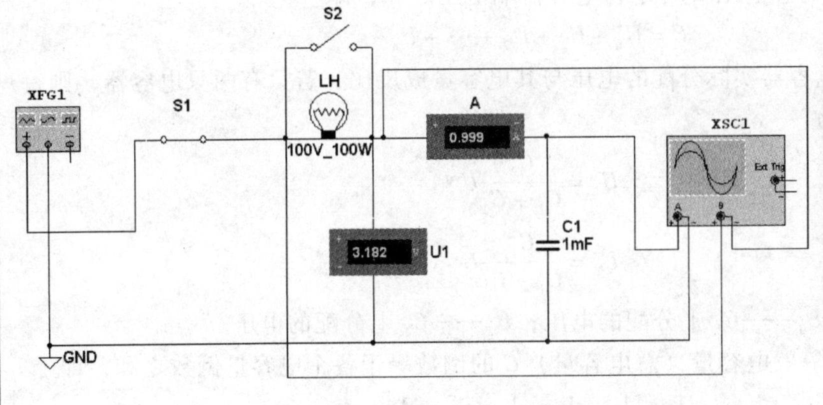

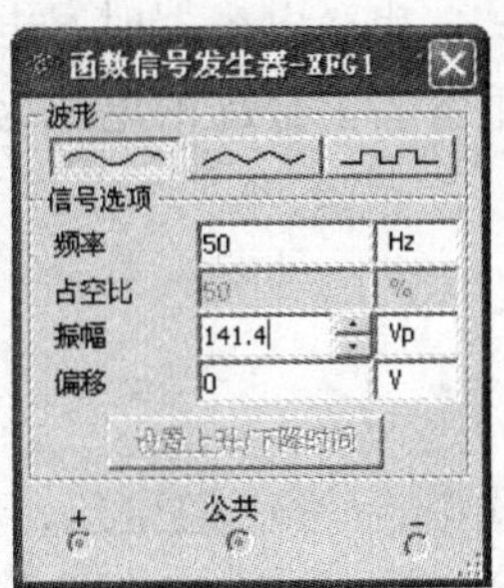

图 5-25 仿真线路及参数设计

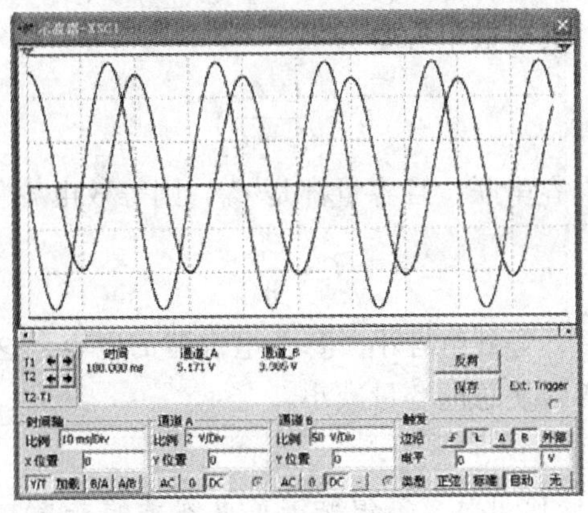

图 5-26 仿真效果图

知识链接

由纯电容组成的交流电路称为纯电容电路。介质损耗很小，绝缘电阻很大的电容称为纯电容。电容器在实际使用时，为了满足电路所需的电容值和耐压值，常常把几个电容器组合起来使用。与电阻器相同，电容器也有串联、并联和混联三种连接方式。

（一）电容器的串联

将几个电容器的极板依次首尾相连、中间无分支的连接方式，称为电容器的串联，如图 5-27 所示。

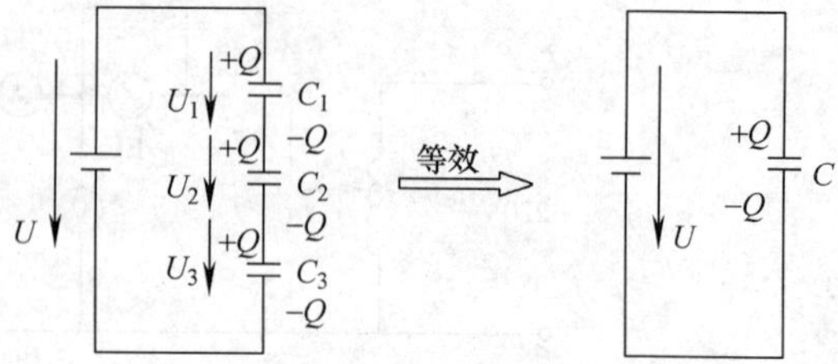

图 5-27　电容器串联

【特点】：

1）串联电容器时每个电容器所带电量都是 Q，串联电容器组的总电量也是 Q，即

$$Q = Q_1 = Q_2 = Q_3 = \cdots = Q_n$$

2）串联电容器组的总电压 U 等于各电容器端电压之和，即

$$U = U_1 + U_2 + U_3 + \cdots + U_n$$

串联电容器时，电容器实际分配的电压与其电容量成反比，若只有两只电容器，则每只电容器上分配的电压为

$$U_1 = \frac{C_2}{C_1 + C_2}U$$

$$U_2 = \frac{C_1}{C_1 + C_2}U$$

式中，U——总电压；U_1——C_1 上分配的电压；U_2——C_2 上分配的电压。

3）串联电容器的等效电容量（总电容量）C 的倒数等于各个电容量倒数之和，即

$$\frac{1}{C} = \frac{1}{C_1} + \frac{1}{C_2} + \frac{1}{C_3} + \cdots + \frac{1}{C_n}$$

当两个电容器串联时，其等效电容量为

$$C = \frac{C_1 C_2}{C_1 + C_2}$$

若有 n 只相同容量的电容串联，且容量都是 C_0，则等效电容量为

$$C = \frac{C_0}{n}$$

可见，电容器串联之后，等效电容小于每个电容器的电容，这是因为串联后的电容器相当于加大了两极板间的距离，使总电容量减小。

小贴士　电容器串联使用时，不但要满足电容量的要求，同时还应考虑每个电容器上实际承受的电压是否超过其耐压值，以防击穿损坏电容器。当容量和耐压值都不相同的电容器串联时，小容量电容上分得的电压大，因此，尤其要注意小容量电容器上的工作电压不能超过其耐压值。

（二）电容器的并联

如图5-28所示，将几只电容器的一个极板连接在一起，另一个极板也连接在一起的连接方式，称为电容器的并联。

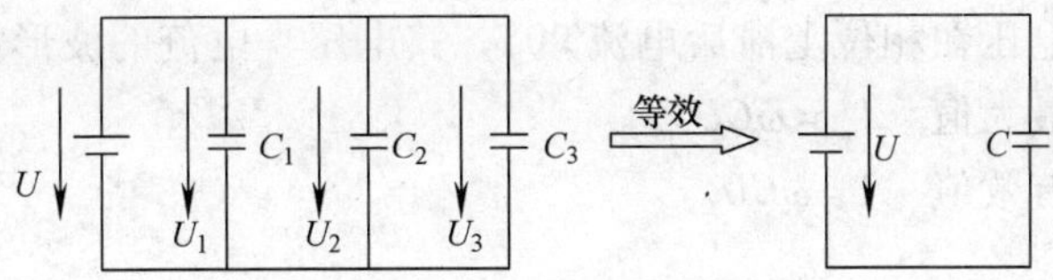

图5-28　电容器的并联

【特点】

1）总电荷量等于每个电容器上电荷量之和，即

$$Q=Q_1+Q_2+Q_3+\cdots+Q_n$$

2）每个电容器两端承受的电压都相等，并且都等于电源电压，即

$$U=U_1=U_2=U_3=\cdots=U_n$$

3）并联后的等效电容量 C 等于各个电容器的电容量之和，即

$$C=C_1+C_2+C_3+\cdots+C_n$$

可见，电容器并联之后，等效电容大于每个电容器的电容，这是因为并联后的电容器相当于加大了两极板的正对面积，使总电容量增大。

小贴士　应用电容器并联增大电容量时，任一电容器的耐压值都不能低于外加工作电压，否则该电容器会被击穿。所以，并联电容器组的耐压值应取电容器中耐压值小的那一电压值。

（三）电压与电流的关系

纯电容电路如图5-29a所示。

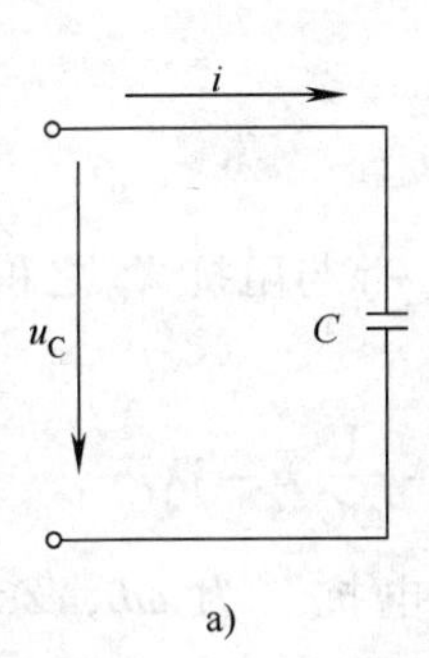

a)

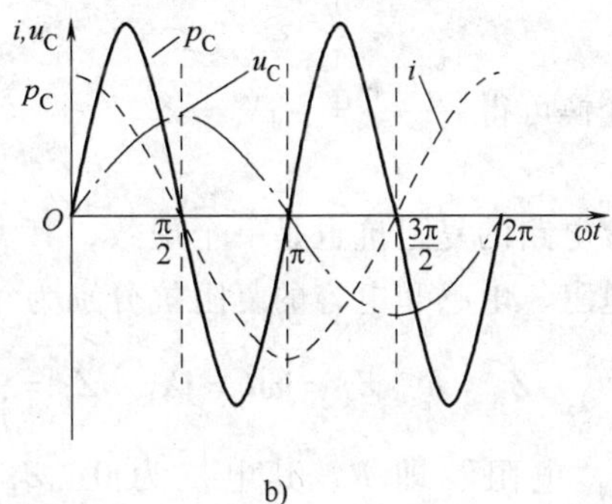

b)

图5-29　纯电容电路及电压、电流和功率的波形

a）纯电容电路　b）电压、电流的波形

已知 $C=\dfrac{Q}{U_C}$，$I=\dfrac{Q}{t}$，假设在 Δt 时间内，电容中电荷变化量为 ΔQ，则电容中电流为 $i=\dfrac{\Delta Q}{\Delta t}=\dfrac{C\Delta U_C}{\Delta t}$。

设电容两端的电压 $u_C=U_{Cm}\sin\omega t$，经过数学推导可得

$$i=\omega CU_{Cm}\sin(\omega t+90°)=I_m\sin(\omega t+90°)$$

上式表明，电容两端的电压与流过电路中的电流满足以下关系：

（1）频率关系　电压与电流的频率相同。

（2）相位关系　电压在相位上滞后电流 90°。其电压、电流的波形如图 5-29b 所示。

（3）数值关系　最大值　$I_m = \omega C U_{Cm}$

有效值　$I = \omega C U_C$

令 $X_C = \dfrac{1}{\omega C} = \dfrac{1}{2\pi f C}$，则 $I_m = \dfrac{U_{Cm}}{X_C}$　$I = \dfrac{U_C}{X_C}$

上式称为纯电容电路欧姆定律，式中 X_C 称为容抗，单位是欧姆（Ω），表示电容对电流的阻碍作用。容抗 X_C 与电容 C、频率 f 的关系如图 5-30 所示。

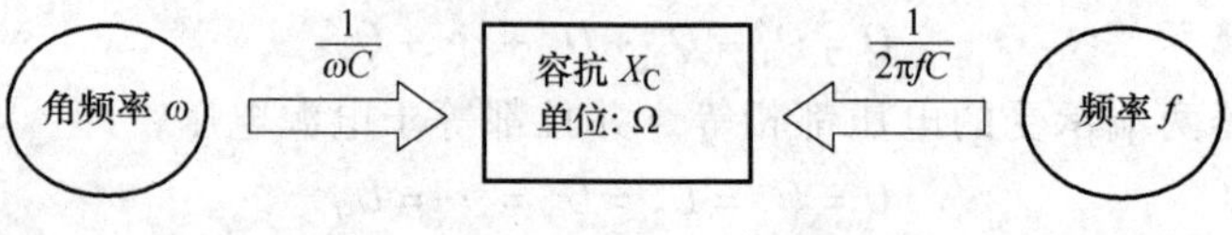

角频率 ω	$\xrightarrow{\frac{1}{\omega C}}$	容抗 X_C 单位：Ω	$\xleftarrow{\frac{1}{2\pi f C}}$	频率 f

图 5-30　X_C 与 C、f 的关系

小贴士　纯电容电路欧姆定律只适用于计算最大值和有效值，不适用计算瞬时值。

容抗 X_C 的数值与 f 和 C 成反比，频率 f 越高，则容抗 X_C 越小，电路中的电流越大，即电流容易通过电容。因此高频电流容易通过电容。在直流电路中，因频率 $f=0$，$X_C \to \infty$，电流 $i=0$，即直流电不能通过电容，这就是电容“通高频阻低频”（隔直通交）的性质。

（4）相量关系　若 $u_C = U_{Cm}\sin\omega t$，则其相量形式为 $\dot{U}_C = U_C\angle 0°$

电流相量为 $\dot{I} = I\angle 90° = \omega C U_C \angle 90°$

根据欧姆定律的符号形式则有　$\dot{I} = \mathrm{j}\omega C\ \dot{U}_C = \dfrac{\dot{U}_C}{-\mathrm{j}X_C}$

把公式进行变换可得　$\dfrac{\dot{U}_C}{\dot{I}} = -\mathrm{j}X_C = Z$

可见，纯电容电路的复阻抗也是一个虚数，其大小为 -j 与阻抗 X_C 之积，称为复容抗。

综上所述，电阻、电感和电容的复阻抗分别为

$$Z_R = R \quad Z_L = \mathrm{j}\omega L = \mathrm{j}X_L \quad Z_C = \frac{1}{\mathrm{j}\omega C} = -\frac{1}{\omega C} = -\mathrm{j}X_C$$

可见，Z_R 的“电阻”即 R，其电抗为 0；Z_L 的“电抗”为 ωL，Z_C 的“电抗”为 $-\dfrac{1}{\omega C}$，而 Z_L 与 Z_C 的“电阻”均为 0。

想一想

你能画出纯电容电路中电压与电流的相量图吗？

（四）功率

纯电容的瞬时功率为

$$p_C = u_C i = U_{Cm}\sin\omega t I_m \sin\ (\omega t + 90°)\ = U_C I \sin 2\omega t$$

由上式可知电容元件瞬时功率 p_C 的频率为电压与电流频率的 2 倍。如图 5-29b 所示，在交流电的一个周期内，电容吸收的能量与释放的能量相等，说明纯电容在电路中不消耗有功功率（能量），只进行能量的转换，它也是一种储能元件。

把电容瞬时功率的最大值定义为无功功率，用 Q_C 表示。其大小为

$$Q_C = U_C I = I^2 X_C = \frac{U_C^2}{X_C}$$

例 5-6 某电容容量 $C = 80\mu F$，加在其两端的电压为 $u_C = 200\sqrt{2}\sin(314t + 30°)$ V，求：(1) 电容的容抗 X_C；(2) 电压相量；(3) 电容上电流的有效值 I、瞬时值解析式及电流相量；(4) 无功功率 Q_C。

解： 1) $X_C = \frac{1}{\omega C} = \frac{1}{314 \times 80 \times 10^{-6}}\Omega \approx 40\Omega$。

2) 由电压的解析式可知，电压相量为 $\dot{U}_C = 200\angle 30°V$。

3) $I = \frac{U_C}{X_C} = \frac{200}{40}A = 5A$。

因为电容的电流超前电压 90°，所以 $i = 5\sqrt{2}\sin(314t + 30° + 90°)A = 5\sqrt{2}\sin(314t + 120°)A$。

电流相量为 $\dot{I}_C = 5\angle 120°A$。

4) 无功功率 $Q_C = U_C I = 200 \times 5\text{var} = 1000\text{var}$。

知识测评

一、填空题

1. 纯电感交流电路中电感两端电压 u_L 的相位________其电流 i ________，电流与电压的有效值之间关系为________。

2. 在纯电感交流电路中，电感的有功功率 P 为____W。无功功率 Q_L 与电流、电压和感抗的关系为 Q_L = ________ = ________ = ________。

3. 在纯电容电路中，电容中电流 i 相位________其两端电压 U_C ________，电流与电压的有效值之间关系为________。

4. X_C 称为____，单位是________，用来表示________。X_C 的数值与 f 和 C 成________。

5. 把一个阻值为 100Ω 的电阻，接在电压 $u = 200\sqrt{2}\sin(314t + 30°)$ V 的电源上。此电阻上电流的瞬时值表达式为________；此电阻为________元件，消耗的有功功率为________。

6. 把一个 $L = 1.59H$ 的电感元件，接在电压 $u = 200\sqrt{2}\sin 314t$V 的电源上，此电感的感抗为________Ω，电感上的电压________（超前、滞后）电流________，电感中电流的解析式为________。

7. 把一个 $C = 31.8\mu F$ 的电容元件，接在 $u = 200\sqrt{2}\sin 314t$V 的电源上，此电容的容抗为________Ω，电容上的电压________（超前、滞后）电流________，电路中电流的解析式

为________________。

二、判断题

（　　）1. 在纯电阻交流电路中，电压超前电流 90°。

（　　）2. 在纯电阻交流电路中，有功功率为零。

（　　）3. 无功功率的单位是瓦（W）。

（　　）4. 纯电感元件在交流电路中是耗能元件。

（　　）5. 当交流电源的频率提高时，电路中电感的感抗增大。

（　　）6. 由于纯电感电路不含电阻，所以当外加交流电压时，电路是短路的。

（　　）7. 电感中瞬时功率的频率为电压与电流频率的 2 倍。

（　　）8. 在纯电容交流电路中，无功功率为零。

（　　）9. 纯电容元件在交流电路中不是耗能元件。

（　　）10. 电容具有“通高频阻低频”的作用。

三、选择题

1. 在纯电阻交流电路中，下列关系正确的是（　　）。

A. $I=\dfrac{U}{R}$　　B. $I=\dfrac{u}{R}$　　C. $\dot{I}=\dfrac{u}{R}$

2. 阻值为 10Ω 的电阻两端所加交流电压的有效值为 20V，则这个电阻消耗的功率为（　　）W。

A. 100　　B. 80　　C. 40

3. 在纯电阻交流电路中，如果电源电压大小不变，当频率增加时，电路中电流将（　　）。

A. 增加　　B. 减小　　C. 不变

4. “220V　100W”的白炽灯，其工作电阻为（　　）Ω。

A. 0.002 1　　B. 0.455　　C. 484

5. 已知交流电的频率为 50Hz，电感元件的电感为 10mH，则其感抗为（　　）Ω。

A. 3.14　　B. 0.5　　C. 1

6. 在纯电感交流电路中，如果电源电压与电感的大小都不变，当频率增加时，电路中电流将（　　）。

A. 增加　　B. 减小　　C. 不变

7. 在纯电感交流电路中，电感 $L=40\text{mH}$，电源电压为 $u=80\sqrt{2}\sin(1000t+30°)$ V，则电感中电流 $i=$（　　）A。

A. $2\sqrt{2}\sin(500t+120°)$　　B. $2\sqrt{2}\sin(500t-120°)$　　C. $2\sqrt{2}\sin(500t-60°)$

8. 已知交流电路中 $C=2000\mu\text{F}$，$\omega=1000\text{rad/s}$，则其容抗为（　　）Ω。

A. 2　　B. 1　　C. 0.5

9. 在纯电容交流电路中，如果电源电压与电容的大小都不变，当频率增加时，电路中电流将（　　）。

A. 增加　　B. 减小　　C. 不变

10. 在纯电容交流电路中，电容 $C=200\mu\text{F}$，电源电压为 $u=40\sqrt{2}\sin(500t+60°)$ V，则电路中电流 $i=$（　　）A。

A. $4\sqrt{2}\sin(1000t+150°)$　　B. $4\sqrt{2}\sin(1000t-30°)$　　C. $400\sqrt{2}\sin(1000t-30°)$

11. 在正弦交流电路中，电容器的容抗与频率的关系为（　　）。

A. 容抗与频率有关，且频率增大时，容抗减小

B. 容抗大小与频率无关

C. 容抗与频率有关，且频率增大时，容抗增大

12. 已知交流电路中某元件的电压 u 和电流 i 分别为 $u=10\sin(\omega t+30°)$ V，$i=5\sin(\omega t+120°)$ A，则该元件为（　）。

A. 纯电阻　　　　B. 纯电感　　　　C. 纯电容

任务3　分析复杂负载正弦交流电路

一、电阻、电感、电容串联电路

1. 如图 5-31 所示，灯泡、电感线圈和电容组成一个 *RLC* 串联电路，观察开关 SA 闭合前后灯泡的亮度有无变化？观察电流表的读数有何变化？

2. 分别测量 R、L、C 两端的电压 U_R、U_L、U_C，式子 $U=U_R+U_L+U_C$ 成立吗？利用 Multism 仿真软件进行仿真，得到的仿真效果图如图 5-32 所示。

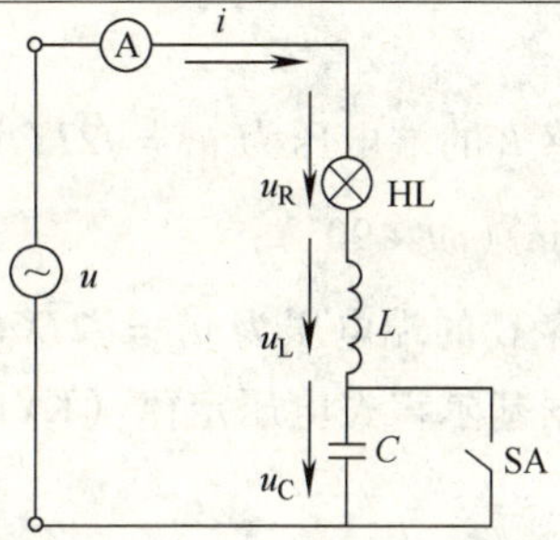

图 5-31　*RLC* 串联电路

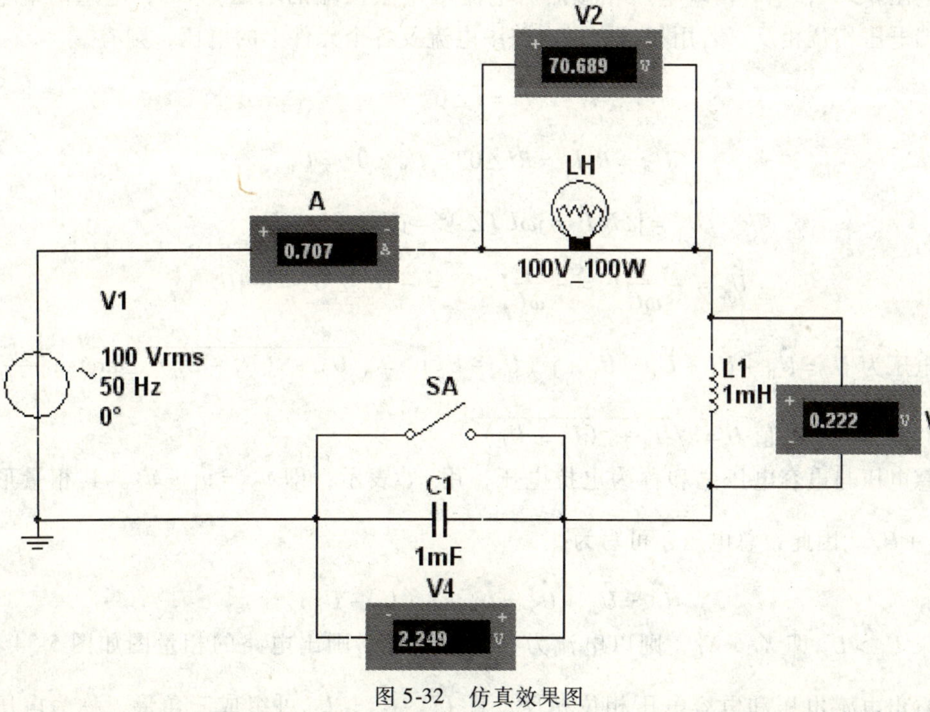

图 5-32　仿真效果图

知识链接

在实际交流电路中，一般将复杂电路抽象为由单一参数元件 R、L、C 串并联组合而成。由电阻、电感、电容串联组成的交流电路，称为 RLC 串联电路。电阻、电感、电容并联的交流电路称为 RLC 并联电路，如图 5-33 所示。

如图 5-33a 所示为电阻、电感、电容串联电路。

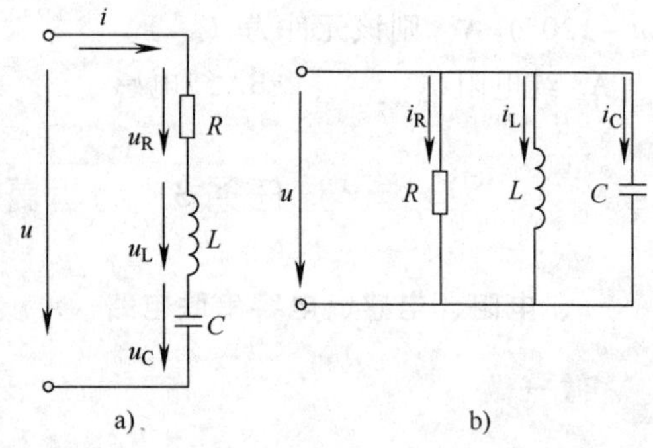

图 5-33　RLC 串、并联电路
a）串联　b）并联

（一）总电压与分电压的关系

在正弦交流电压 u 的作用下，RLC 串联电路中产生交流电流 i，在 R、L、C 上产生电压的正方向如图 5-33a 所示。

设电路中电流为 $i=\sqrt{2}I\sin\,\omega t$；

则电阻 R 的端电压为 $u_R=\sqrt{2}IR\sin\,\omega t=\sqrt{2}U_R\sin\,\omega t$；

电感 L 的端电压为 $u_L=\sqrt{2}IX_L\sin(\omega t+90°)=\sqrt{2}U_L\sin(\omega t+90°)$；

电容 C 的端电压为 $u_C=\sqrt{2}IX_C\sin(\omega t-90°)=\sqrt{2}U_C\sin(\omega t-90°)$。

根据基尔霍夫电压定律（KVL），在任一时刻总电压 u 的瞬时值为

$$u=u_R+u_L+u_C$$

由前面知识可知，电阻两端的电压与电流同相位，电感两端电压相位超前电流（电阻两端的电压）90°，电容两端电压相位滞后电流（电阻两端的电压）90°，电感两端电压与电容两端电压相位相反。若用相量表示电路中电流及各个元件上的电压，则有

$$\dot{I}=I\angle 0°$$

$$\dot{U}_R=R\dot{I}=RI\angle 0°=U_R\angle 0°=U_R$$

$$\dot{U}_L=\mathrm{j}\omega L\dot{I}=\mathrm{j}\omega L I\angle 0°=\mathrm{j}U_L\angle 0°=\mathrm{j}U_L$$

$$\dot{U}_C=-\frac{\mathrm{j}}{\omega C}\dot{I}=-\frac{\mathrm{j}}{\omega C}I\angle 0°=-\mathrm{j}U_C\angle 0°=-\mathrm{j}U_C$$

总电压为 $\dot{U}=\dot{U}_R+\dot{U}_L+\dot{U}_C=U_R+\mathrm{j}(U_L-U_C)=\sqrt{U_R^2+(U_L-U_C)^2}\angle\arctan\frac{U_L-U_C}{U_R}$

即总电压的有效值 $U=\sqrt{U_R^2+(U_L-U_C)^2}$。

电感电压与电容电压之和称为电抗电压，用 u_X 表示，即 $u_X=u_L+u_C$。其相量形式为 $\dot{U}_X=\dot{U}_L+\dot{U}_C$。因此，总电压还可写为

$$\dot{U}=\dot{U}_R+\dot{U}_X=U_R+\mathrm{j}(U_L-U_C)。$$

如果 $U_L>U_C$ 即 $X_L>X_C$，则以电流为参考正弦量，画出电路的相量图如图 5-34 所示。由图可看出电感电压和电容电压相位相反，且 $\dot{U}$、$\dot{U}_X$、$\dot{U}_R$ 可组成三角形，称为电压三角

形，如图 5-35a 所示。

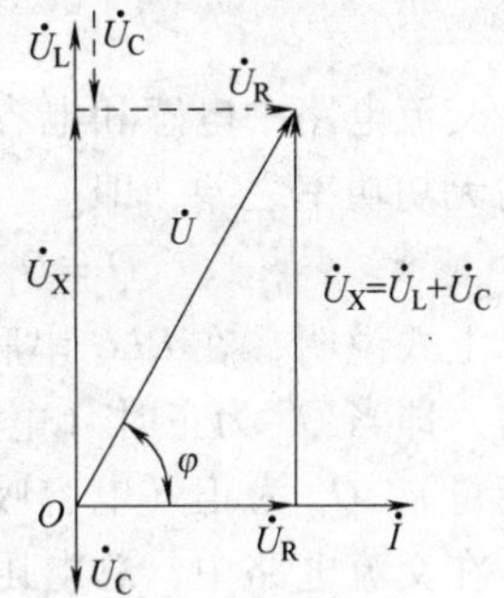

图 5-34　RLC 串联电路相量图

（二）总电压与电流的关系

因为 $U_R = IR$，$U_L = IX_L$，$U_C = IX_C$，所以 $U = I\sqrt{R^2 + (X_L - X_C)^2} = I\sqrt{R^2 + X^2} = I|Z|$

即 $|Z| = \sqrt{R^2 + (X_L - X_C)^2} = \sqrt{R^2 + X^2}$，称为电路的阻抗。

由图 5-34 可知，总电压与电流的相位差 $\varphi = \arctan\dfrac{U_L - U_C}{U_R} = \arctan\dfrac{X_L - X_C}{R}$，相位差 φ 又称为电路的阻抗角。X 的正负与电路中各个参数的关系见表 5-1。

表 5-1　X 的正负与电路中各个参数的关系

电抗 X	电路的阻抗角	电压与电流关系	负载性质
$X>0$（即 $X_L>X_C$）	$\varphi>0$	电压超前电流	感性负载
$X<0$（即 $X_L<X_C$）	$\varphi<0$	电压滞后电流	容性负载
$X=0$（即 $X_L=X_C$）	$\varphi=0$	电压与电流同相	阻性负载

RLC 串联电路中，纯阻性负载电路又称为串联谐振电路，将在后面进行详细介绍。

根据欧姆定律的符号形式可知

$$Z = \frac{\dot{U}}{\dot{I}} = Z_R + Z_L + Z_C = R + jX_L - jX_C = R + jX$$

即在 RLC 串联电路中，总复阻抗（等效复阻抗）等于复电阻、复感抗、复容抗之和。可见，直流电路中电阻串联的公式可以推广到交流电路中。

写成相量形式为

$$Z = \sqrt{R^2 + (X_L - X_C)^2}\angle\arctan\frac{X_L - X_C}{R}$$
$$= \sqrt{R^2 + X^2}\angle\arctan\frac{X}{R}$$

上式中，$|Z| = \sqrt{R^2 + X^2}$ 为电路的阻抗，$\varphi = \arctan\dfrac{X}{R} = \varphi_u - \varphi_i$ 为电路的阻抗角，表示总电压与电流的相位差。由数学知识可知，$|Z|$、X、R 可组成三角形，称为阻抗三角形，如图 5-35b 所示。

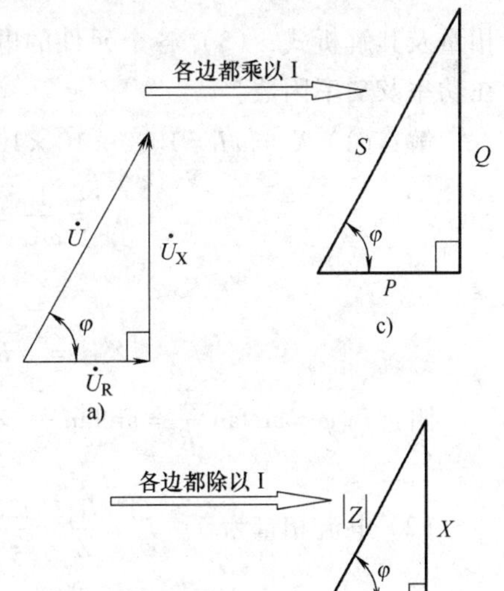

图 5-35　RLC 串联电路中的三个三角形

（三）电路的功率

在 RLC 串联电路中瞬时功率是三个元件的瞬时功率之和，即

$$p = ui = p_R + p_L + p_C$$

该电路中，只有电阻是耗能元件，电阻消耗的功率就等于电路中的有功功率，即

$$P = I^2 R = U_R I = UI\cos\varphi$$

交流电路中电感和电容元件都要与电源交换能量，因此总电路的无功功率就是电感和电容的无功功率之差，即

$$Q = Q_L - Q_C = I^2 X_L - I^2 X_C = U_L I - U_C I = U_X I = UI\sin\varphi$$

上式说明，在 RLC 串联电路中，电感元件的瞬时功率与电容元件的瞬时功率是相互抵消的，即当 Q_L 为正时（电感吸收能量），Q_C 为负（电容释放能量）；当 Q_L 为负时（电感释放能量），Q_C 为正（电容吸收能量），这称为无功功率的相互补偿。

在交流电路中，总电压有效值与总电流有效值的乘积称为视在功率，用 S 表示，其单位为伏安（V·A）或千伏安（kV·A）。即

$$S = UI$$

视在功率、有功功率、无功功率三者关系为

$$S = \sqrt{P^2 + Q^2}$$

有功功率、无功功率和视在功率可组成功率三角形，如图 5-35c 所示，显然，电压三角形、阻抗三角形和功率三角形都是相似三角形。

有功功率与视在功率之比称为功率因数 $\cos\varphi$，即

$$\cos\varphi = \frac{P}{S}$$

功率因数也可以由电压或阻抗求得，即

$$\cos\varphi = \frac{P}{S} = \frac{U_R}{U} = \frac{R}{|Z|}$$

例 5-7 在 RLC 串联交流电路中，已知 $R = 5\Omega$，$L = 10\text{mH}$，$C = 200\mu\text{F}$，电源电压为 $\mu = 220\sqrt{2}\sin(1000t - 45°)$ V，求（1）X_L、X_C、X、阻抗 $|Z|$ 及阻抗角 φ；（2）电流相量及其解析式；（3）各个元件的电压相量及其解析式；（4）有功功率、无功功率和视在功率及功率因数。

解：（1）$X_L = \omega L = 1000 \times 10 \times 10^{-3}\Omega = 10\Omega$

$$X_C = \frac{1}{\omega C} = \frac{1}{1000 \times 200 \times 10^{-6}}\Omega = 5\Omega$$

$$X = X_L - X_C = 5\Omega$$

$$|Z| = \sqrt{R^2 + X^2} = \sqrt{5^2 + 5^2}\Omega = 5\sqrt{2}\Omega$$

阻抗角 $\varphi = \arctan\dfrac{X}{R} = \arctan\dfrac{5}{5} = 45°$

（2）电流相量为 $\dot{I} = \dfrac{\dot{U}}{Z} = \dfrac{220\angle -45°}{5\sqrt{2}\angle 45°}\text{A} = 22\sqrt{2}\angle -90°\text{A}$

其解析式为 $i = 44\sin(1000t - 90°)$ A

（3）$\dot{U}_R = \dot{I}R = 110\sqrt{2}\angle -90°\text{V}$，解析式为 $u_R = 220\sin(1000t - 90°)$ V

$\dot{U}_L = \text{j}X_L\dot{I} = 220\sqrt{2}\angle 0°\text{V}$，解析式为 $u_L = 440\sin 1000t\text{V}$

$\dot{U}_C = -\text{j}X_C\dot{I} = 110\sqrt{2}\angle -180°\text{V}$，解析式为 $u_C = 220\sin(1000t - 180°)$ V

(4) 有功功率 $P=U_{R}I=110\sqrt{2}\times 22\sqrt{2}W=4840W$

无功功率 $Q=U_{L}I-U_{C}I=(U_{L}-U_{C})I=110\sqrt{2}\times 22\sqrt{2}var=4840var$

视在功率 $S=UI=220\times 22\sqrt{2}V\cdot A=4840\sqrt{2}V\cdot A$

功率因数 $\cos\varphi=\dfrac{P}{S}=\dfrac{\sqrt{2}}{2}$

小贴士 当分析 *RL* 串联电路时，只要把上述公式中含有电容 *C* 的一项去掉，即可变成 *RL* 串联电路的相关公式；分析 *RC* 串联电路时，只要把上述公式中含有电感 *L* 的一项去掉，即可变成 *RC* 串联电路的相关公式。

例 5-8 将某电感量为 225mH 的纯电感线圈与阻值为 60Ω 的电阻串联接到 $u=220\sqrt{2}\sin 314t$V 的电源上，求：(1) 电路的阻抗；(2) 电流相量及其解析式；(3) 电阻和电感上电压的有效值；(4) 画出电压与电流的相量图。

解：(1) 线圈的感抗 $X_{L}=\omega L=314\times 255\times 10^{-3}\Omega\approx 80\Omega$

所以电路的阻抗为 $|Z|=\sqrt{R^{2}+X_{L}^{2}}=100\Omega$

(2) 电流有效值为 $I=\dfrac{U}{|Z|}=\dfrac{220}{100}A=2.2A$

阻抗角 $\varphi=\arctan\dfrac{X_{L}}{R}=\arctan\dfrac{80}{60}\approx 53°$

所以电流的解析式为 $i=2.2\sqrt{2}\sin(314t-53°)$ A

电流相量为 $\dot{I}=2.2\angle -53°A$

(3) 电阻上的电压有效值为 $U_{R}=IR=2.2\times 60V=132V$

电感上的电压有效值为 $U_{L}=IX_{L}=2.2\times 80V=176V$

(4) 电压与电流的相量图如图 5-36 所示。

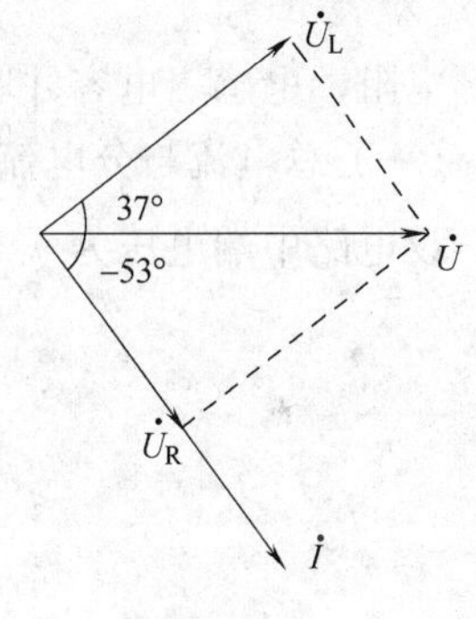

图 5-36 例 5-8 图

二、电阻、电感、电容并联电路

做一做

按图 5-37 所示电路连接电路，灯泡和电容组成一个 *RC* 并联电路。假设白炽灯的额定值为 100V/25W，电容器的额定值为 2μF/600V，接上 500Hz、100V 交流电。请读出三只电流表的读数，分别为：$I=$ ________，$I_{R}=$ ________，$I_{C}=$ ________。式子 $I=I_{R}+I_{C}$ 成立吗？利用 Multisim 仿真软件进行仿真，得到的仿真效果图如图 5-38 所示。

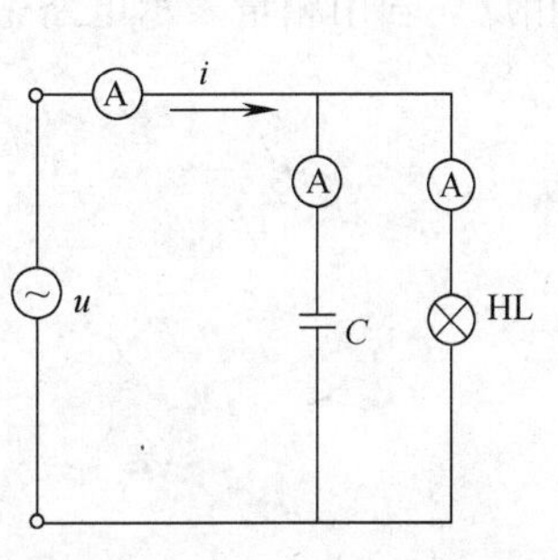

图 5-37 "做一做"电路图

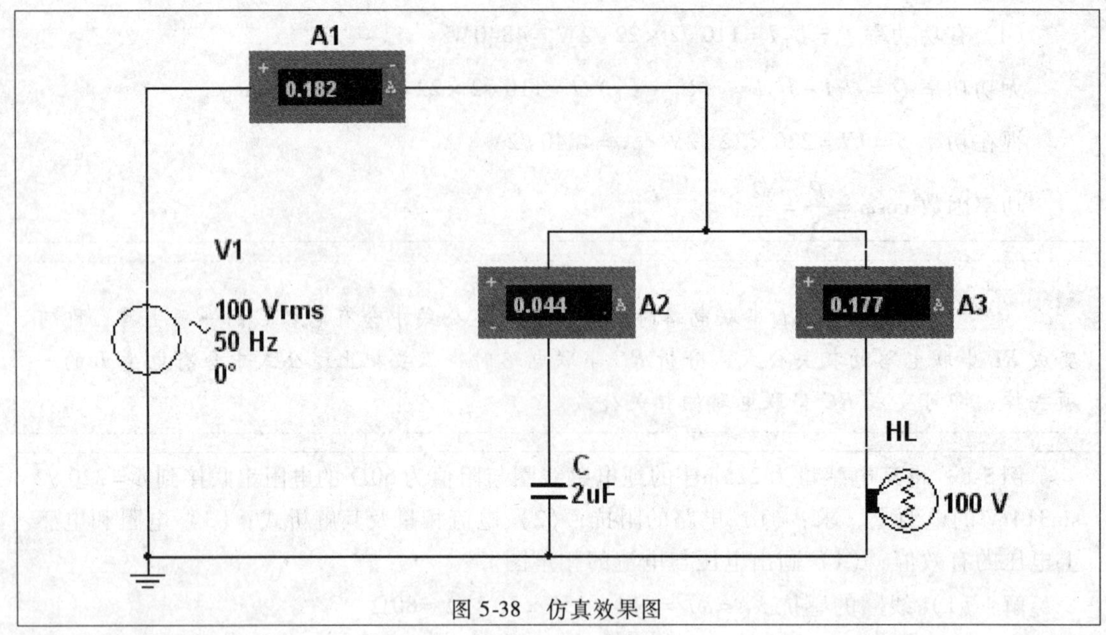

图 5-38　仿真效果图

知识链接

电阻、电感、电容并联的交流电路如图 5-33b 所示。

（一）总电流与分电流的关系

设电路中端电压为 $u=\sqrt{2}U\sin\omega t$，则各支路中的电流为

$$i_R=\frac{\sqrt{2}U}{R}\sin\omega t=\sqrt{2}I_R\sin\omega t$$

$$i_L=\frac{\sqrt{2}U}{X_L}\sin(\omega t-90°)=\sqrt{2}I_L\sin(\omega t-90°)$$

$$i_C=\frac{\sqrt{2}U}{X_C}\sin(\omega t+90°)=\sqrt{2}I_C\sin(\omega t+90°)$$

总电流为 $i=i_R+i_L+i_C$

由前面知识可知，电阻中电流与端电压同相位，电感中电流相位滞后端电压（电阻中电流）90°，电容中电流相位超前端电压（电阻中电流）90°，电感中电流与电容中电流相位相反。若用相量表示电路中电压及各个元件上的电流，则有

$$\dot{U}=U\angle 0°$$

$$\dot{I}_R=\frac{\dot{U}}{Z_R}=\frac{U\angle 0°}{R}=I_R$$

$$\dot{I}_L=\frac{\dot{U}}{Z_L}=\frac{U\angle 0°}{\mathrm{j}\omega L}=-\mathrm{j}I_L$$

$$\dot{I}_C=\frac{\dot{U}}{Z_C}=\frac{U\angle 0°}{\frac{1}{\mathrm{j}\omega C}}=\mathrm{j}I_C$$

总电流为

$$\dot{I} = \dot{I}_R + \dot{I}_L + \dot{I}_C = I_R - jI_L + jI_C = I_R + j\ (I_C - I_L) = \sqrt{I_R^2 + (I_C - I_L)^2}\angle \arctan\frac{I_C - I_L}{I_R}$$

即总电流的有效值为

$$I = \sqrt{I_R^2 + (I_C - I_L)^2}$$

如果 $I_C > I_L$，即 $X_L > X_C$，以端电压为参考正弦量，画出电路的相量图如图 5-39 所示。

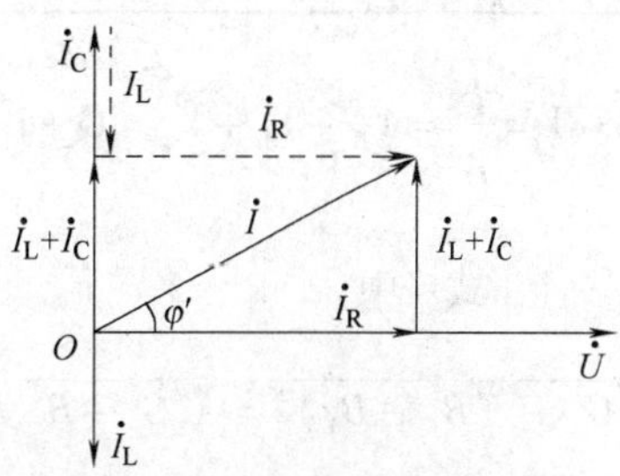

图 5-39　*RLC* 并联电路的相量图

其中，$\dot{I}$、$\dot{I}_L + \dot{I}_C$、$\dot{I}_R$可组成三角形，称为电流三角形，如图 5-40a 所示。

（二）端电压与总电流的关系

在 *RLC* 并联电路中，各元件对交流电阻碍作用的大小常用复导纳表示。复阻抗的倒数称为复导纳，用符号 Y 表示，即 $Y = \frac{1}{Z}$。纯电阻、纯电感、纯电容电路的复导纳分别是

$$Y_R = \frac{1}{R} = G$$

$$Y_L = \frac{1}{jX_L} = -j\frac{1}{X_L} = -jB_L$$

$$Y_C = \frac{1}{-jX_C} = j\frac{1}{X_C} = jB_C$$

式中 G、B_L、B_C 分别称为电导、感纳、容纳，它们的单位都是西门子（S）。若复导纳 Y 用复数形式表示，则可写为 $Y = G + jB$，Y 的实部是 G，称为“电导”；Y 的虚部是 B，称为“电纳”。

所以在 *RLC* 并联电路中，有

$$Y = \frac{\dot{I}}{\dot{U}} = Y_R + Y_L + Y_C = G + j\ (B_C - B_L) = G + jB$$

上式表明，多个复阻抗并联时，总复导纳（等效复导纳）等于各个支路的复导纳之和。即多个复阻抗并联时，其等效复阻抗的倒数等于各个并联复阻抗的倒数之和。用公式表示为

$$\frac{1}{Z} = \frac{1}{Z_1} + \frac{1}{Z_2} + \cdots + \frac{1}{Z_n}$$

可见，直流电路中电阻并联的公式也可以推广到交流电路中。

由图 5-39 可知，总电流与端电压的相位差 $\varphi' = \arctan\frac{I_C - I_L}{I_R}$，相位差 φ'又称为电路的导纳角。阻抗角 φ 是总电压与总电流的相位差，因此 $\varphi = -\varphi'$。

B 的正负与电路中各个参数的关系见表 5-2。

RLC 并联电路中，纯阻性负载电路又称为并联谐振电路。

写成相量形式为

表 5-2　B 的正负与电路中各个参数的关系

导纳 B	导纳角	电压与电流关系	负载性质
$B>0$（即 $B_C>B_L$）	$\varphi'>0$	总电流超前端电压	容性负载
$B<0$（即 $B_C<B_L$）	$\varphi'<0$	总电流滞后端电压	感性负载
$B=0$（即 $B_C=B_L$）	$\varphi'=0$	总电流与端电压同相	阻性负载

$$Y=\frac{\dot{I}}{\dot{U}}=Y_R+Y_L+Y_C=G+j(B_C-B_L)=G+jB=\sqrt{G^2+(B_C-B_L)^2}\angle\arctan=\frac{B_C-B_L}{G}$$

上式中，$|Y|=\frac{I}{U}=\sqrt{G^2+(B_C-B_L)^2}=\sqrt{G^2+B^2}$为电路的导纳，$\varphi'=\arctan\frac{B}{G}$为总电流与端电压的相位差，$|Y|$、$B$、$G$ 可组成三角形，称为导纳三角形，如图 5-40b 所示。

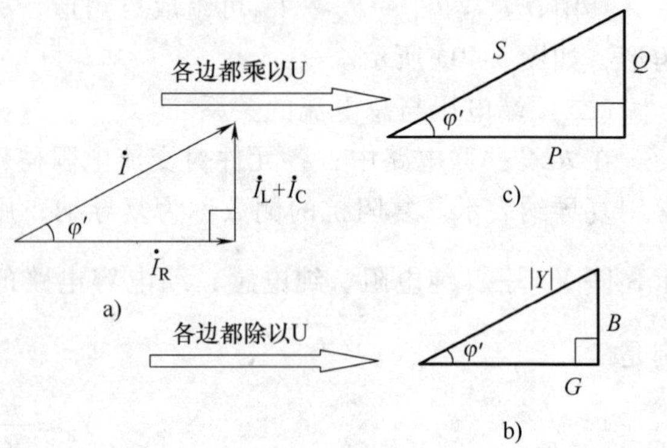

图 5-40　RLC 并联电路中的三个三角形

（三）电路的功率

该电路中只有电阻是耗能元件，因此电路中的有功功率为

$$P=UI_R=UI\cos\varphi$$

电路中的电感元件和电容元件都要与电源交换能量，总电路的无功功率为电感和电容上的无功功率之差，即

$$Q=Q_L-Q_C=UI_L-UI_C=U(I_L-I_C)=UI\sin\varphi$$

视在功率为 $S=UI=\sqrt{P^2+Q^2}$

功率因数为 $\cos\varphi=\frac{P}{S}$

显然，有功功率、无功功率和视在功率之间可以组成功率三角形，如图 5-40c 所示。电流三角形、导纳三角形和功率三角形都是相似三角形。

例 5-9　已知电阻 $R=5\Omega$，$X_L=10\Omega$，$X_C=5\Omega$，求它们的电导、感纳、容纳以及它们并联后的复导纳、导纳、阻抗各为多少？

解： 电导为 $Y_R=\frac{1}{R}=0.2S$

感纳为 $B_L=\frac{1}{X_L}=0.1S$

容纳为 $B_C=\frac{1}{X_C}=0.2S$

并联后的复导纳为 $Y=G+jB=(0.2+j0.1)S$

导纳为 $|Y|=\sqrt{G^2+B^2}=\sqrt{0.2^2+0.1^2}S=\sqrt{0.05}S$

阻抗为 $|Z|=\frac{1}{|Y|}=2\sqrt{5}\Omega$

三、交流电路中的实际元件

交流电路中实际元件的特点见表5-3。

表5-3　交流电路中的实际元件的特点

实际元件	元件的特点	等效电路图及说明
电阻元件	当导线通过交流电流时，由于趋肤效应的影响，使电流比较集中地分布在导线的表面，实质上相当于减小了导线的有效横截面，从而使电阻增大。这种现象随着频率的升高和导线横截面积的增大更加显著	在工频情况下，若导线的直径不超过1cm，则可近似认为交流电阻等于直流电阻
电感元件	电感线圈通入交流电时，产生电磁效应和热效应，通常可以看成是电阻 R 和电感 L 的串联组合。此外，线圈各匝间还有电容存在，称为分布电容。一般情况下，电容 C 是很小的，但在很高的频率作用下，这些电容不能忽略	R　L 若频率足够高，甚至能使一些线圈的复阻抗呈电容性
电容元件	实际的电容器，其极板之间的绝缘介质不能做到完全绝缘，因而有漏电流存在，会产生一些功率损耗。另外在交流电作用下，介质也会有发热损耗。因此一只实际电容器可用一只理想电容器和一个电阻并联的电路来代替	在电容器中除有超前于外加电压90°的电容电流通过之外，还有与外加电压同相位的电流通过

一般分析中，电阻、电感、电容元件都可认为是理想元件，即把它们看作与电压、电流及频率无关的量。但当电源频率较高时，应按表5-3的内容理解。

知识测评

一、填空题

1. 在 RLC 串联电路中，若 $i = I_m \sin(\omega t + 30°)$ A，则电阻两端的电压表达式为__________；电感两端的电压表达式为__________；电容两端的电压表达式为__________。

2. 在 RLC 串联电路中，若 $X_L > X_C$，则此电路所带的负载为__________。当 $X_L = X_C$ 时，此电路称为__________。

3. 在 RLC 并联电路中，视在功率、有功功率和功率因数的关系为__________；视在功率、有功功率和无功功率的关系为__________。

4. 在 RLC 串联交流电路中，电压三角形由____、____和____组成；阻抗三角形由____、____和____组成；功率三角形由____、____和____组成。

5. 将 $R=300\Omega$ 的电阻与 $L=1.65\text{H}$ 的电感串联接在 $u=600\sqrt{2}\sin314t\text{V}$ 的电源上，则电路的复阻抗为________；阻抗为________；电路中的电流为________；电路的有功功率为________。

6. Z 是一个复数，其模 $|Z|=\dfrac{U}{I}$ 称为________，其辐角 φ 称为________，表示________。复阻抗与阻抗的单位都是________。

7. 复阻抗 Z 用复数形式表示时，可写为 $Z=$________，Z 的实部是________，称为________；Z 的虚部是________，称为________。电阻、电感和电容的复阻抗分别为 $Z_R=$________；$Z_L=$________；$Z_C=$________。

8. 多个复阻抗串联时，其等效复阻抗等于________；多个复阻抗并联时，其等效复阻抗的倒数等于________。

9. 当导线通过高频交流电时，导线的等效阻值会________（增大、减小、不变）。

二、判断题

（　　）1. 交流电路的阻抗都是随电源频率的升高而增大的。

（　　）2. 在 RLC 串联电路中，各元件上的电压不可能大于总电压。

（　　）3. 在 RL 串联电路，当 L 变大时，阻抗角也将增大，而 $\cos\varphi$ 将变小。

（　　）4. 在 RLC 串联电路，若有功功率 $P=100\text{W}$，无功功率 $Q=200\text{var}$，则视在功率 $S=300\text{V}\cdot\text{A}$。

（　　）5. 在 RLC 串联电路中，总电压的有效值与电流有效值之比等于总阻抗，即 $|Z|=U/I$。

（　　）6. 实际测得 40W 荧光灯管两端的电压为 73V，镇流器两端的电压为 210V，两个电压直接相加后大于电源电压 220V，这说明测量数据是错误的。

（　　）7. 在交流电路中，电压与电流相位差为零，该电路必定是电阻性电路。

（　　）8. 电感线圈的分布电容任何情况下都可忽略。

（　　）9. 视在功率等于有功功率与无功功率的代数和。

（　　）10. 在感性交流电路中，并联适当电容后，可提高功率因数。

三、选择题

1. 在纯电阻交流电路中，功率因数 $\cos\varphi=$（　　）。

A. 0　　B. 1　　C. −1

2. 在纯电感交流电路中，功率因数 $\cos\varphi=$（　　）。

A. 0　　B. 1　　C. −1

3. 在纯电容交流电路中，功率因数 $\cos\varphi=$（　　）。

A. 0　　B. 1　　C. −1

4. 对感性负载，若保持电源电压不变而增大电源的频率，则此时电路中的电流将（　　）。

A. 增加　　B. 减小　　C. 不变

5. 在 RL 串联交流电路中，若 $R=6\Omega$，感抗 $X_L=8\Omega$，此电路的阻抗为（　　）Ω。

A. 14　　B. 5　　C. 10

6. 已知某交流电路的无功功率 6kvar，有功功率为 8kW，则功率因数为（　　）。

A. 0.6　　　　B. 0.75　　　　C. 0.8

7. 某一正弦交流电路中，已知功率因数 $\cos\varphi=0.6$，视在功率 $S=5\text{kV}\cdot\text{A}$，则有功功率 $P=$（　　）kW。

A. 3　　　　B. 5　　　　C. 3000

8. 在 RC 串联交流电路中，电路的总电压为 U，总电流为 I，则总阻抗 $|Z|$ 为（　　）。

A. $|Z|=R+X_C$　　　　B. $|Z|=\sqrt{R^2+X_C^2}$　　　　C. $|Z|=u/i$

9. 在一个 RLC 串联电路中，已知 $R=10\Omega$，$X_L=80\Omega$，$X_C=40\Omega$，则该电路呈（　　）。

A. 电容性　　　　B. 电感性　　　　C. 电阻性

10. 在 RLC 串联交流电路中，电路的总电压为 U，总阻抗为 $|Z|$，总有功功率为 P，总无功功率为 Q，总视在功率为 S，总功率因数为 $\cos\varphi$，则下列表达式中正确的为（　　）。

A. $P=S\cos\varphi$　　　　B. $S=P+Q$　　　　C. $P=U^2/|Z|$

11. 在 RLC 并联电路中，电流三角形、导纳三角形和功率三角形是（　　）。

A. 全等三角形　　　　B. 同一个三角形　　　　C. 相似三角形

12. 将 RLC 并联电路中的电感去掉，会对电阻或电容支路的电流（　　）。

A. 有影响　　　　B. 无影响　　　　C. 不确定

13. 有一电感线圈，加直流电压时，测出其电阻 $R=8\Omega$，加工频交流电压时，测得阻抗 $|Z|=10\Omega$，则加工频交流电压时线圈的感抗 X_L 为（　　）。

A. 4Ω　　　　B. 6Ω　　　　C. 8Ω

任务4　分析串、并联谐振电路

一、串联谐振

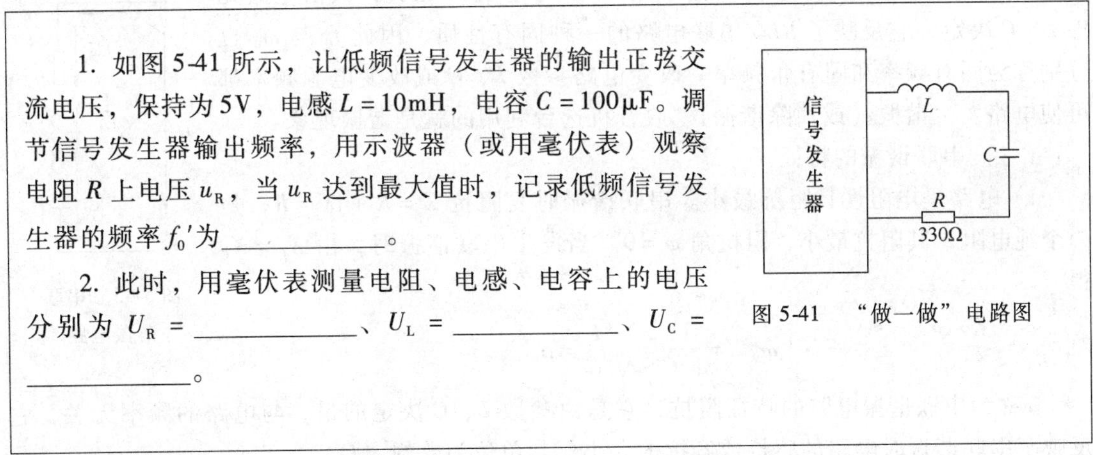

1. 如图5-41所示，让低频信号发生器的输出正弦交流电压，保持为5V，电感 $L=10\text{mH}$，电容 $C=100\mu\text{F}$。调节信号发生器输出频率，用示波器（或用毫伏表）观察电阻 R 上电压 u_R，当 u_R 达到最大值时，记录低频信号发生器的频率 f_0' 为________。

2. 此时，用毫伏表测量电阻、电感、电容上的电压分别为 $U_R=$ ________、$U_L=$ ________、$U_C=$ ________。

图5-41　"做一做"电路图

利用 Multism 仿真软件进行仿真，得到的仿真效果图如图5-42所示。

知识链接

含有电感和电容的电路，如果电路的总电压与总电流同相（即无功功率完全补偿而使

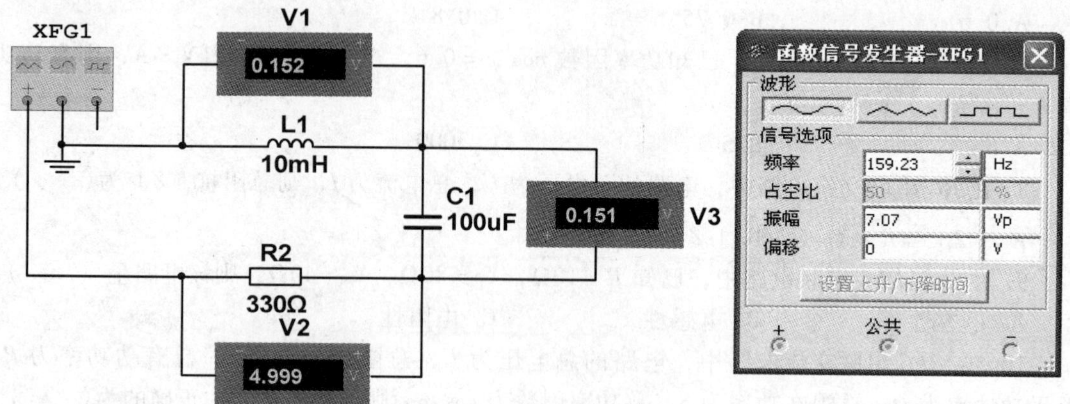

图 5-42　仿真效果图

电路的 $\cos\varphi=1$），电路呈电阻性的现象，称为谐振。

电感线圈 L 与电容 C 串联情况下发生的谐振称为串联谐振，如图 5-43 所示，其中 R 为电感线圈、信号源、导线以及电容的等效电阻。

（一）串联谐振发生的条件

$$X=0 \quad 即 \quad X_L=X_C$$

（二）谐振频率

设串联谐振时的角频率为 ω_0，由 $X_L=X_C$ 可得

$$\omega_0 L=\frac{1}{\omega_0 C}\Rightarrow\omega_0=\frac{1}{\sqrt{LC}}$$

则串联谐振的频率 f_0 为

$$f_0=\frac{1}{2\pi\sqrt{LC}}$$

可见，串联谐振的频率 f_0（角频率 ω_0）与电阻 R 无关，只由电路元件 L、C 决定，它反映了 RLC 串联电路的一种固有性质，因此 f_0 与 ω_0 也分别称为固有频率和固有角频率。改变电路参数 L、C 或改变电源频率都可使电路发生谐振（或消除谐振）。收音机选台利用的就是谐振现象。

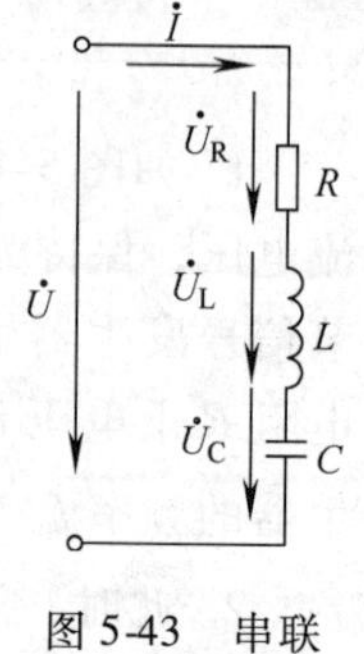

图 5-43　串联谐振电路

（三）串联谐振的特征

1）电路呈电阻性且阻抗最小。串联谐振时复阻抗 $Z=R+jX=R$，是一个纯电阻，其阻抗最小，阻抗角 $\varphi=0$。当发生串联谐振时，由 $X_L=X_C$ 得

$$\omega_0 L=\frac{1}{\omega_0 C}=\sqrt{\frac{L}{C}}=\rho$$

ρ 称为串联谐振电路的特征阻抗，它是由参数 L、C 决定的量，与电路的频率无关，它反映了串联谐振时电路的感抗或容抗的大小，其单位为欧姆（Ω）。

特征阻抗 ρ 与电路中 R 的比值称为谐振电路的品质因数或谐振系数，用符号 Q 表示，即

$$Q=\frac{\rho}{R}=\frac{\omega_0 L}{R}=\frac{1}{\omega_0 CR}=\frac{1}{R}\sqrt{\frac{L}{C}}$$

Q 是一个无单位的量。由于电路的电阻 R 通常很小，所以一般电路的品质因数远大于1，通常为50～200。

2）电流与电压同相位，当电源电压一定时，电流最大。串联谐振时的电流为 $\dot{I}_0=\dfrac{\dot{U}}{Z}=\dfrac{\dot{U}}{R}$。

当电源电压一定时，电流的大小取决于电阻值，与电感和电容无关。

3）电感与电容上的电压大小相等、相位相反，其数值是电源电压的 Q 倍，因此串联谐振又称为电压谐振；电阻两端的电压最大且等于外加电压。

$$\dot{U}_L=jX_L\dot{I}_0=jX_L\frac{\dot{U}}{R}=j\rho\frac{\dot{U}}{R}=jQ\dot{U}$$

$$\dot{U}_C=-jX_C\dot{I}_0=-jX_C\frac{\dot{U}}{R}=-j\rho\frac{\dot{U}}{R}=-jQ\dot{U}$$

$$\dot{U}_R=\dot{I}_0R=\frac{\dot{U}}{R}R=\dot{U}$$

图5-44所示为 RLC 串联电路谐振时的电压、电流相量图。若 $Q\gg1$，当电路接近于谐振时，电感和电容上会出现很高的电压。

在电力系统中，可以出现串联谐振吗？在电子电路中呢？

4）串联谐振时电路的无功功率等于零。

小贴士　串联谐振时电源不向电路输送无功功率，电源提供的能量为电阻消耗的能量。电感与电容上的无功功率大小相等，相互抵消。

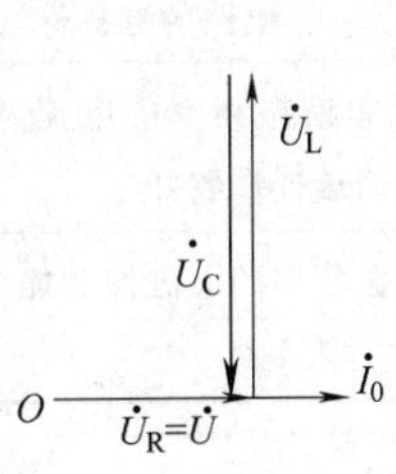

图5-44　串联谐振时相量图

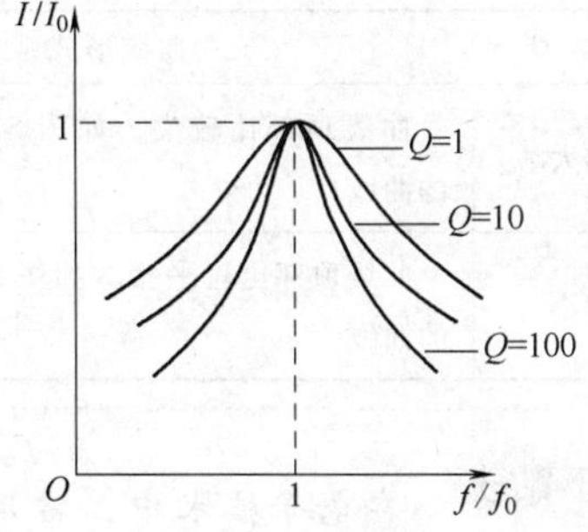

图5-45　串联谐振时电流谐振曲线

例5-10　某 RLC 串联电路，$R=16\Omega$，$L=0.4\text{mH}$，$C=600\text{pF}$。求：电路的谐振频率、

谐振时的总阻抗和品质因数。

解：电路的谐振频率为

$$f_0=\frac{1}{2\pi\sqrt{LC}}=\frac{1}{2\times3.14\times\sqrt{0.4\times10^{-3}\times600\times10^{-12}}}\text{Hz}\approx325\times10^3\text{Hz}$$

谐振时的总阻抗为 $|Z|=R=16\Omega$

电路的品质因数为 $Q=\frac{1}{R}\sqrt{\frac{L}{C}}=\frac{1}{16}\sqrt{\frac{0.4\times10^{-3}}{600\times10^{-12}}}\approx51$

（四）串联谐振电路的选择性与通频带

如图 5-43 所示，电路中的电流为 $I=\frac{U}{Z}=\frac{U}{\sqrt{R^2+\left(\omega L-\frac{1}{\omega C}\right)^2}}$

将等式两边同时除以谐振时电流 I_0，并把 $Q=\frac{\omega_0 L}{R}=\frac{1}{\omega_0 CR}$带入式中，整理得到

$$\frac{I}{I_0}=\frac{1}{\sqrt{1+Q^2\left(\frac{\omega}{\omega_0}-\frac{\omega_0}{\omega}\right)^2}}=\frac{1}{\sqrt{1+Q^2\left(\frac{f}{f_0}-\frac{f_0}{f}\right)^2}}$$

上式称为串联谐振电路的电流谐振曲线方程，其中，比值 I/I_0 称为相对抑制比，表明在频率 f 偏离谐振频率 f_0 时，电路对非谐振电流的抑制能力。显然，相对抑制比与谐振电路的品质因数 Q 有关。

以频率比 f/f_0（或 ω/ω_0）为横坐标，以电流比 I/I_0 为纵坐标，画出不同 Q 值的一组曲线，如图 5-45 所示，称为串联谐振电路的电流谐振曲线。对于所有 Q 值相同的 RLC 串联谐振电路，只有一条曲线与之对应，故这种曲线又称为串联谐振电路的通用曲线。

从图 5-45 中可以看出，只要频率 f 偏离谐振频率 f_0，电流就会从谐振时的最大值降下来，这表明串联谐振电路具有选择接近于谐振频率 f_0 附近电流的性能，即串联谐振电路能有效地从不同频率的信号中，选择所需要频率的信号，把电路的这种性能称为选择性。Q 值的大小和选择性的关系见表 5-4。

表 5-4　Q 值的大小和选择性的关系

品质因数 Q	曲线形式	电路的选择性
Q 值越大	曲线顶部比较尖，如图 5-45 中 $Q=100$ 的曲线	表明电路对非谐振频率的电流具有较强的抑制能力，即谐振电路选择性较好
Q 值越小	曲线顶部比较平缓，如图 5-45 中 $Q=10$ 的曲线	电路对非谐振频率的电流抑制能力不强，即选择性较差

小贴士　在电子技术中，常用这种特性来选择信号或抑制干扰。

在通信技术中，传输的信号通常具有一定的频率范围。如音频信号的频率范围为 20～20000Hz。当这些信号通过串联谐振电路传送时，如一部分频率的信号被削弱，造成失真，那么将降低通信或广播质量。可用电路的通频带衡量谐振电路通过信号的能力：在谐振曲线上，电路电流不小于谐振电流 $1/\sqrt{2}=0.707$ 倍的一段频率范围，称为电路的通频带，常以符

号 B 表示，如图 5-46 所示。电路的通频带与电路参数间的关系为

$$B = f_2 - f_1 = \frac{f_0}{Q}$$

式中，f_1 和 f_2 分别称为通频带的下、上边界频率。上式表明，通频带的宽度 B 与谐振频率 f_0 成正比，与谐振电路的 Q 值成反比。当 f_0 一定时，电路的 Q 值越小，通频带 B 越宽。

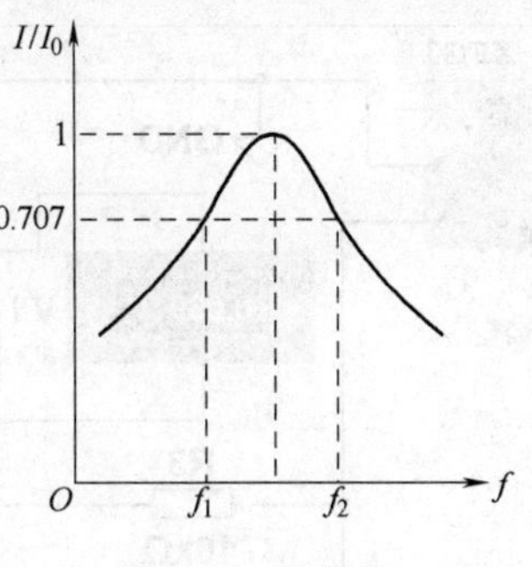

图 5-46　通频带

知识拓展

串联谐振时，电感器和电容器两端电压是电源电压的 Q 倍。利用这一特点，串联谐振在无线电通信系统中得到了广泛应用。收音机的调谐电路（选台），就是串联谐振电路用于频率选择的典型例子，如图 5-47 所示。

想一想

如图 5-47 所示，你能分析收音机选台的工作过程吗？

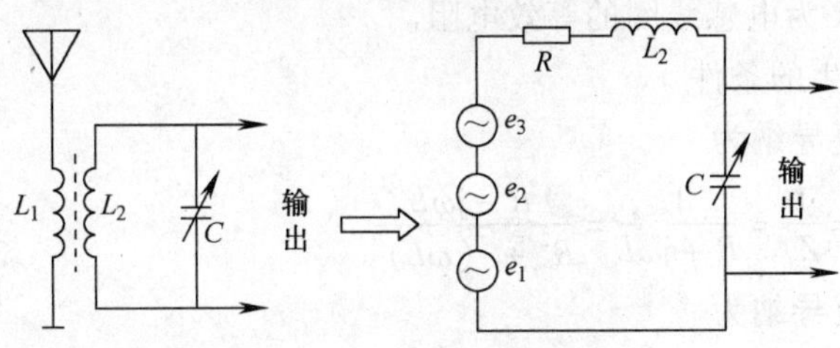

图 5-47　收音机的调谐电路

二、并联谐振

做一做

1. 如图 5-48 所示，使低频信号发生器输出正弦交流电压，保持 5V，电感 $L = 10\text{mH}$，电容 $C = 0.1\mu\text{F}$。调节低频信号发生器输出频率，用示波器（或用毫伏表）观察电阻 R_3 上电压 u_{R3}，当 u_{R3} 达到最小值时，记录信号发生器的频率 f_0'为____________，电压 U_{R3} 为_________。

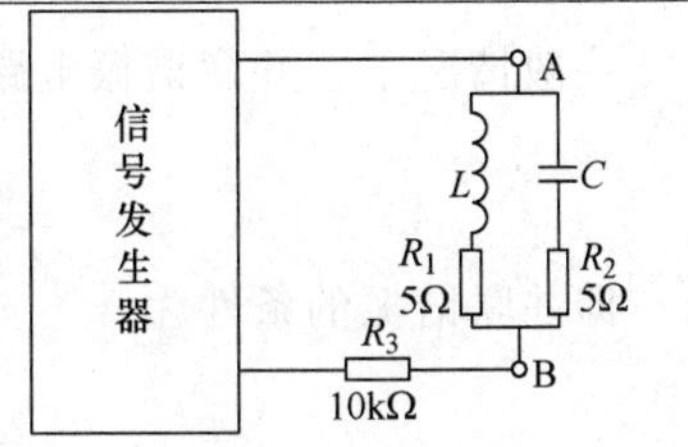

图 5-48　“做一做”电路图

2. 用毫伏表测量 R_1、R_2 上的电压，求出电感与电容支路的电流分别为 I_L =_________、I_C =_________。

3. 利用 Multisim 仿真软件进行仿真，得到的仿真效果图如图 5-49 所示。

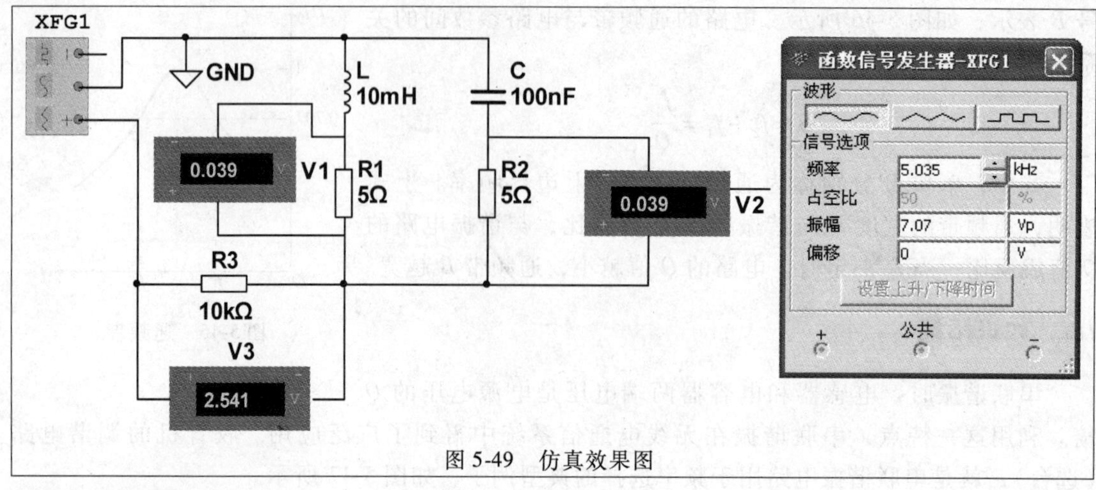

图 5-49　仿真效果图

知识链接

串联谐振电路只有在信号源内阻较小的电路中，才能得到较高的品质因数和较好的选择性。当信号源内阻较大时，可采用并联谐振电路。图 5-50 为 LC 并联的等效电路，其中 R 为电感线圈的等效电阻。

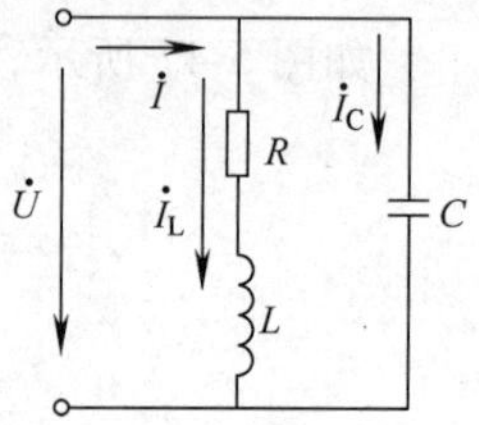

图 5-50　并联谐振电路

（一）并联谐振发生的条件

电感支路的等效复导纳为

$$Y_{\mathrm{L}}=\frac{1}{Z_{\mathrm{L}}}=\frac{1}{R+\mathrm{j}\omega L}=\frac{R-\mathrm{j}\omega L}{R^2+(\omega L)^2}$$

电容支路的等效复导纳为

$$Y_{\mathrm{C}}=\frac{1}{Z_{\mathrm{C}}}=\mathrm{j}\omega C$$

并联谐振电路的等效复导纳为

$$Y=Y_{\mathrm{L}}+Y_{\mathrm{C}}=\frac{R}{R^2+(\omega L)^2}+\mathrm{j}\left[\omega C-\frac{\omega L}{R^2+(\omega L)^2}\right]=G+\mathrm{j}B$$

所以，发生并联谐振的条件是

$$B=0\quad 即\quad \omega C=\frac{\omega L}{R^2+(\omega L)^2}$$

一般情况下，并联谐振电路中电感线圈的等效电阻很小，并且 $R\ll\omega L$，因此

$$\omega C=\frac{\omega L}{R^2+(\omega L)^2}\approx\frac{\omega L}{(\omega L)^2}\approx\frac{1}{\omega L}$$

即并联谐振的条件为

$$\omega L\approx\frac{1}{\omega C}\qquad 即\qquad X_{\mathrm{L}}\approx X_{\mathrm{C}}$$

（二）谐振频率

由上式可知，并联谐振时的角频率 ω_0、谐振频率 f_0 分别为

$$\omega_0\approx\frac{1}{\sqrt{LX}}\qquad f_0\approx\frac{1}{2\pi\sqrt{LX}}$$

显然，并联谐振的频率与串联谐振频率相同。

因此，特性阻抗、品质因数的计算公式分别为

$$\rho=\sqrt{\frac{L}{C}}\qquad Q=\frac{1}{R}\sqrt{\frac{L}{C}}$$

（三）并联谐振的特征

1）总导纳最小即总阻抗最大，且电路呈电阻性。

并联谐振时总阻抗为

$$|Z_0|=\frac{1}{|Y_0|}=\frac{R^2+(\omega_0L)^2}{R}\approx\frac{(\omega_0L)^2}{R}=\left(\frac{\omega_0L}{R}\right)^2R=Q^2R=\frac{L}{CR}$$

由上式可知，当电阻 R 很小时，并联谐振呈高阻抗特性。所以电路不允许谐振频率为 f_0 的电流通过，即并联谐振电路也具有选频特性；另外，并联谐振时电路的阻抗很大，电路中电流很小，内阻上的压降也很小，在外电路两端可得到一个高电压输出，即并联谐振电路适用于电源内阻较大的情况。

2）总电流与电压（端电压）同相位，当电源电压一定时，总电流最小。

并联谐振时的电流为 $\dot{I}_0=\dfrac{\dot{U}}{Z_0}\approx\dfrac{\dot{U}}{\dfrac{L}{CR}}=\dfrac{\dot{U}}{Q^2R}$。

3）电感支路电流与电容支路电流大小近似相等、相位近似相反，其数值是总电流的 Q 倍，因此并联谐振称为电流谐振。

$$\dot{I}_{\mathrm{L}}=\frac{\dot{U}}{Z_{\mathrm{L}}}=\frac{\dot{U}}{R+\mathrm{j}\omega_0L}\approx\frac{\dot{U}}{\mathrm{j}\omega_0L}=-\mathrm{j}Q\dot{I}_0$$

$$\dot{I}_{\mathrm{C}}=\frac{\dot{U}}{Z_{\mathrm{C}}}=\mathrm{j}\frac{\dot{U}}{\omega_0L}=\mathrm{j}Q\dot{I}_0$$

上式中，如果 Q 较大，电感支路和电容支路中的电流会远大于总电流。

想一想

并联谐振在电力系统中允许出现吗？为什么？

小贴士　并联谐振时，电路的无功功率等于零，这说明并联谐振时电源供给电路的能量全部为有功功率，被电路中的电阻消耗。电源不向电路输送无功功率，电感与电容的无功功率大小相等，相互抵消。

（四）并联谐振电路的谐振曲线

图 5-50 所示电路的等效复阻抗为 $Z=\dfrac{1}{Y}=\dfrac{\dfrac{1}{\mathrm{j}\omega C}(R+\mathrm{j}\omega L)}{R+\mathrm{j}\left(\omega L-\dfrac{1}{\omega C}\right)}$

当 $Q\gg1$ 即 $\omega L\gg R$ 时，其端电压为

$$\dot{U}=\dot{I}Z\approx\frac{\dfrac{L}{C}}{R+\mathrm{j}\omega_0L\left(\dfrac{\omega}{\omega_0}-\dfrac{\omega_0}{\omega}\right)}\dot{I}=\frac{\dfrac{L}{RC}}{1+\mathrm{j}Q\left(\dfrac{\omega}{\omega_0}-\dfrac{\omega_0}{\omega}\right)}\dot{I}$$

等式两边同除以 $\dot{U}_0=\frac{L}{CR}\dot{I}$，得 $\frac{\dot{U}}{\dot{U}_0}=\frac{1}{1+\mathrm{j}Q\left(\frac{\omega}{\omega_0}-\frac{\omega_0}{\omega}\right)}$，其大小为

$$\frac{U}{U_0}=\frac{1}{\sqrt{1+Q^2\left(\frac{\omega}{\omega_0}-\frac{\omega_0}{\omega}\right)^2}}=\frac{1}{\sqrt{1+Q^2\left(\frac{f}{f_0}-\frac{f_0}{f}\right)^2}}$$

上式称为并联谐振电路的电压谐振曲线方程。以频率比 f/f_0（或 ω/ω_0）为横坐标，以电压比 U/U_0 为纵坐标，画出不同 Q 的一组曲线，如图 5-51 所示，称为并联谐振电路的电压谐振曲线。由图可见，并联谐振电路的选择性与通频带都与串联谐振相似，这里不再赘述。

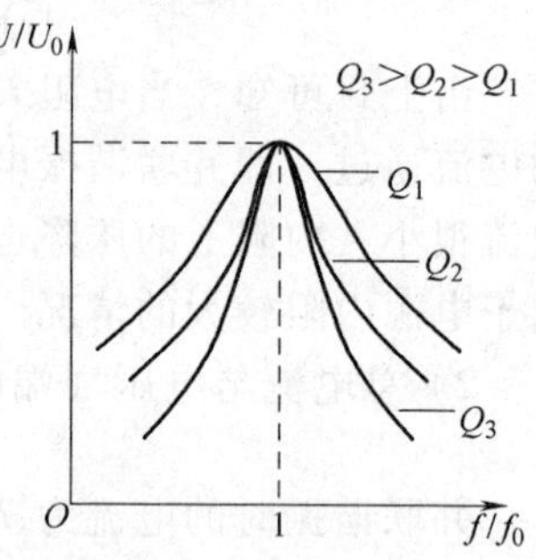

图 5-51　并联谐振电路的电压谐振曲线

（五）并联谐振电路的应用

在电子电路中，并联谐振电路主要用来构成选频器或振荡器。因为并联谐振时，电路的阻抗最大，此时并联谐振电路两端能够获得较大的信号电压；没有谐振时，电路获得的信号较小，因此并联谐振电路可以构成选频器。收音机与电视机中的“中周”就是并联谐振电路。

知识测评

一、填空题

1. 在电感线圈 L 与电容 C 串联情况下发生的谐振称为________。

2. RLC 串联电路发生谐振的条件是________，其谐振频率 $f_0=$________，品质因数 $Q=$________。

3. RLC 串联电路发生谐振时，电路呈______性且阻抗______。电流与______同相位，当电源电压一定时，电流______。

4. RLC 串联电路发生谐振时，电感与电容上的电压大小______、相位______，其数值是电源电压的____倍；电阻两端电压为最大值，______外加电压。因此，串联谐振也称为______。

5. 在电感线圈 L 与电容 C 并联情况下发生的谐振称为________。

6. LC 并联电路发生谐振的条件是________，其谐振频率 $f_0=$________，品质因数 $Q=$________。

7. LC 并联电路发生谐振时，总导纳______即总阻抗______，且电路呈____性。总电流与电压（端电压）______，当电源电压一定时，总电流______。

8. LC 并联电路发生谐振时，电感支路电流与电容支路电流大小近似______、相位近似______，其数值是总电流的____倍，因此并联谐振又称为________。

二、选择题

1. 已知 RLC 串联电路中，$R=10\Omega$，$L=310\mu\mathrm{H}$，$C=280\mathrm{pF}$，当电路发生谐振时，谐振频率 f_0 为（　　）kHz。

A. 295　　　　B. 540　　　　C. 3394

2. 已知 RLC 串联电路中，$R=10\Omega$，$X_L=15\Omega$，$X_C=5\Omega$，电源电压 $U=10V$，当改变电源频率使电路发生谐振时，电路中电流为（　　）A。

A. 1　　B. $1/\sqrt{2}$　　C. 10

3. 在处于谐振状态的 RLC 串联电路中，若电源电压不变，当电容减小时，电路呈（　　）性。

A. 电阻　　B. 电感　　C. 电容

4. RLC 串联电路发生谐振时，若电容两端电压为100V，电阻两端电压为10V，则电感两端电压为（　　）V。

A. 10　　B. 90　　C. 100

5. 上题中，该电路的品质因数 Q 为（　　）。

A. 1　　B. 10　　C. 100

6. LC 并联电路发生谐振时，若总电流为5mA，电感支路电流为20mA，则电容支路的电流为（　　）mA。

A. 5　　B. 15　　C. 20

项目能力训练　照明电路的安装与调试

一、训练目标

1. 学会按照电路图连接荧光灯和白炽灯照明电路。
2. 加深对复杂交流电路中总电压与分电压关系的理解。
3. 掌握电能表的接线方法并能正确读数。

实训仪器及元器件见表5-5。

表5-5　实训仪器及元器件

序　号	名　称	型号与规格	数　量
1	万用表	自定	1
2	交流电流表	0~1A	2
3	开启式负荷开关	220V、两极	2
4	荧光灯	220V　40W	1
5	白炽灯	220V　60W	2
6	单相电度表	自定	1
7	开关	自定	2
8	双控开关	自定	2

二、知识准备

（一）荧光灯

1. 荧光灯的结构

荧光灯主要由灯管（可制成各种形状）、辉光启动器和镇流器组成。其电路的连接如图5-52所示。

1）灯管：由玻璃管、灯丝和灯丝引脚等组成。玻璃管内壁涂有荧光粉，管内抽成真空后，再注入少量汞和惰性气体。灯丝上涂有易于产生电子的物质。当管内电压达到500V时，会发生弧光放电，水银蒸气受激发辐射出大量紫外线，荧光物质受其激发而发出可见光。

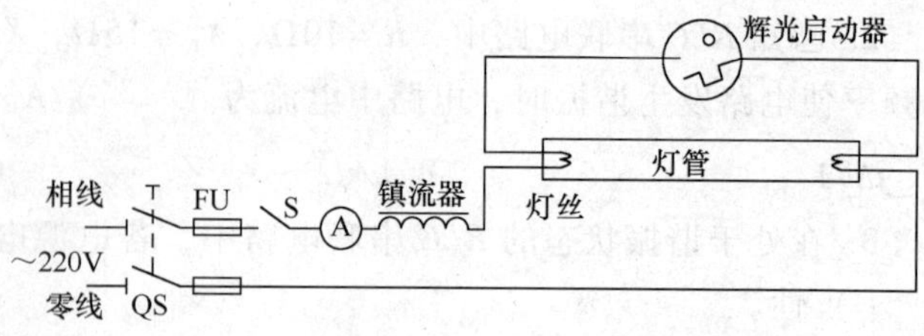

图 5-52　荧光灯电路连接图

2）辉光启动器：由充有惰性气体的氖泡（也叫跳泡）、纸介电容、外壳等组成。氖泡装有两个电极，一个为固定电极（静触片），一个为可动电极（U型双金属片）。辉光启动器的启辉电压约为140V。辉光启动器的结构如图5-53所示。

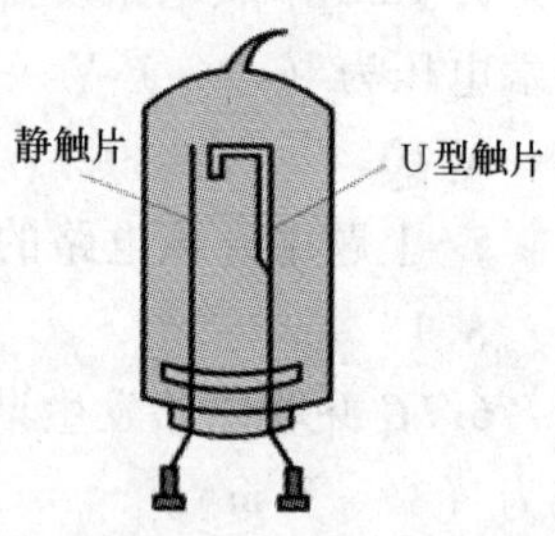

图 5-53　辉光启动器跳泡的结构

3）镇流器：是一个带有铁心的电感线圈。它与灯管串联，在灯管启动时产生瞬间高电压，使其发生弧光放电；在灯管点燃后，又具有限制灯管电流的作用。

2. 荧光灯工作原理

荧光灯接通电源后，电源经过镇流器、灯丝，将电压加在灯管和辉光启动器两端的电极上。电源电压不能使灯管放电，但可使辉光启动器辉光放电。放电时产生的热量使U型双金属片电极变形而接通电路形成电流。该电流将灯丝预热，为灯管放电做准备。此时辉光启动器停止放电，并开始冷却。经1~2s，U型双金属片冷却复位，电路断开。断开的瞬间在镇流器两端会产生一个比电源电压高很多的自感电动势，此自感电动势与电源电压相叠加，作用于灯丝两端，使灯管放电导通。

接线口诀：脚—启—并，脚—镇—串，相线进开关。

（二）白炽灯的结构

如图5-54所示为白炽灯的结构图，白炽灯主要是由灯丝、玻璃外壳和灯头三部分组成的。灯丝材料是钨，封装在密闭的玻璃外壳中。为了保护灯丝，大功率的白炽灯玻璃壳内抽成真空并充入惰性气体，小功率的只抽成真空。灯丝两端通过引线分别与灯头上两个相互绝缘的电极相连。灯头有螺口式和卡口式两种。

（三）单相电能表

电能表是用于测量负载在一定时间内所耗电能多少的仪表。图5-55a为感应系电能表的外形。

1. 感应系电能表的结构

感应系电能表的主要结构有驱动元件、转动元件、制动元件和计度器。

驱动元件由一个线圈匝数多、线径小，与被测电路并联的电压线圈和一个线圈匝数少、线径大，与被测电路串联的电流线圈构成；转动元件由铝盘和转轴组成；制动元件由永久磁铁组成。

2. 工作原理

利用电压线圈和电流线圈中电流的变化，在铝盘中感应出涡流，此涡流在交变磁通的作用下产生电磁转矩，驱动铝盘转动。利用永久磁铁产生一个与驱动力矩大小相等、方向相反的制动转矩，使铝盘在一定的负载功率下以相应的转速匀速转动。最后通过计度器算出铝盘转数从而测定电能的多少。

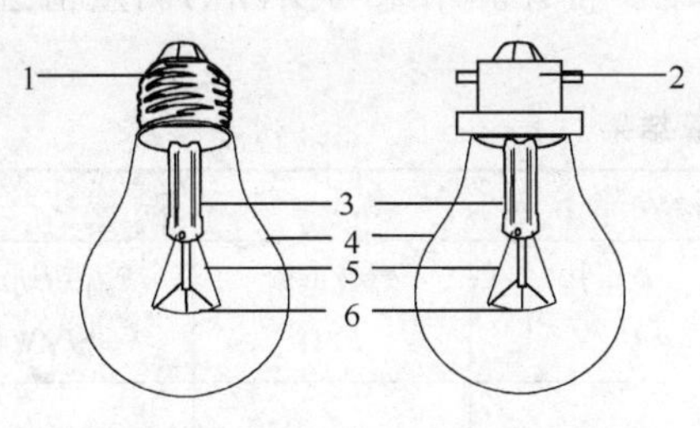

图 5-54　白炽灯结构

1—螺口灯头　2—卡口灯头　3—玻璃支架
4—玻璃外壳　5—灯丝引线　6—灯丝

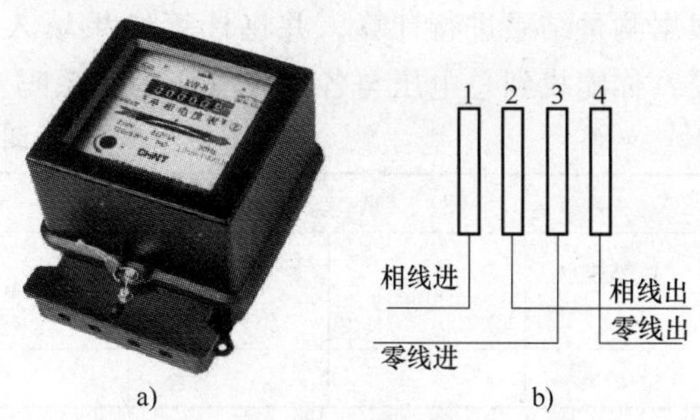

图 5-55　电能表
a）外形　b）接线

3. 接线

单相电能表有专门的接线盒，盒内有四个端钮，连接时只要按照 1、3 端接电源，2、4 端接负载即可，如图 5-55b 所示。

4. 读数

在电能表面板上方有一个长方形的窗口，窗口内装有机械式计数器，从左到右依次为千位、百位、十位、个位和十分位，如图 5-56 所示。两次读数之差即为某段时间内所用电的度数。

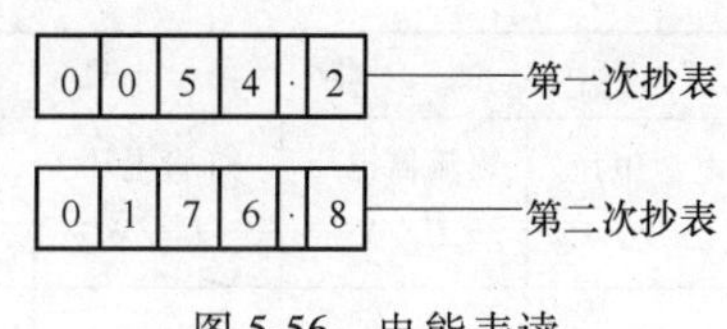

图 5-56　电能表读

三、训练步骤

1. 连接两地控制单相照明电路

按照图 5-57 所示连接电路。经检查无误后，方可通电。

按下开关 S_1，电路正常工作，观察电能表的工作情况；按下开关 S_2，灯泡熄灭，再观察电能表的工作情况。

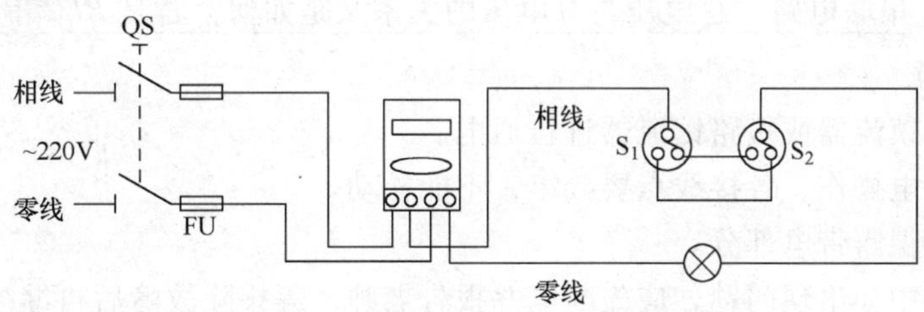

图 5-57　两地控制单相照明电路

按下开关 S_2，电路正常工作，观察电能表的工作情况；按下开关 S_1，灯泡熄灭，再观察电能表的工作情况。

电路正常工作 15min，观察电能表的读数有何变化？

2. 连接白炽灯电路

按照图 5-58 所示连接电路。经检查无误后，方可通电。闭合开关 S，使电路正常工作。用万用表分别测量电源电压 U、白炽灯 L1 两端电压 U_{R1}、白

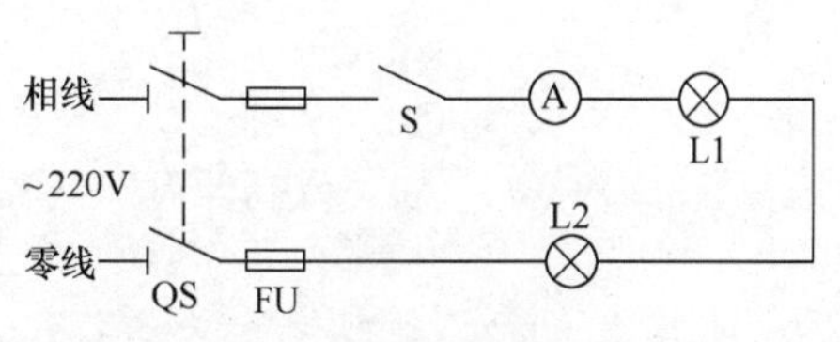

图 5-58　白炽灯电路连接图

炽灯 L2 两端电压 U_{R2}，由交流电流表测量出白炽灯的工作电流 I。把测量结果填入表 5-6 中。根据测量结果进行计算，并将计算结果填入表 5-6 中。将计算结果与实际的测量值进行比较，你能找到总电压与各个分电压的关系吗？

表 5-6 测量与计算结果

测量结果				计算结果		
总电压 U/V	U_{R1}/V	U_{R2}/V	I/A	总电压 U'/V	等效电阻 R/Ω	有功功率 P/W

3. 连接荧光灯电路

根据图 5-52 连接荧光灯电路。经检查无误后，方可通电。闭合开关 S，接通电路，使荧光灯电路正常工作后，用万用表分别测量电源电压 U、镇流器两端电压 U_L、灯管两端电压 U_R，由交流电流表测量出荧光灯的工作电流 I。把测量结果填入表 5-7 中。若镇流器的内阻不计，根据测量结果，计算出表 5-7 中的其他相关数据并填表。将计算结果与实际的测量值进行比较，你能找到总电压与各个分电压的关系吗？

表 5-7 测量与计算结果

测量结果				计算结果				
电源电压 U/V	镇流器电压 U_L/V	灯管电压 U_R/V	灯管电流 I/A	电源电压 U'/V	功率因数 $\cos\varphi$	灯管电阻 R/Ω	镇流器 L/H	有功功率 P/W

1. 比较荧光灯电路与白炽灯电路计算结果，说说为什么两种电路的总电压与分电压的关系不同？
2. 若是 RC 串联电路，总电压与分电压的关系又是如何？若是 RLC 串联电路呢？

四、注意事项

1）严禁去掉镇流器或短路镇流器进行通电。

2）不允许带电操作，各接线点要接牢，不能松动。

3）不能触及裸露带电部分。

4）训练过程中如出现问题，应先断电并报告老师，等排除故障后再继续通电。

项目六　三相异步电动机丫-△减压起动控制电路的安装与调试

6

项目描述

单相交流电路通常只用于小功率设备和生活用电等方面。而在电力系统中，广泛采用的是三相交流供电方式即三相制。三相交流电路与单相交流电路相比有很多优点，例如，尺寸相同的三相发电机（或变压器）比单相发电机（或变压器）能输出更大的功率；在相同条件下（输送功率相同、电压相同、距离相等），三相供电系统可节省导电材料；在应用方面，三相异步电动机具有结构简单、工作可靠、维修方便、价格低廉等优点。本项目主要介绍三相交流电的产生、三相交流电源的连接形式、三相负载的连接形式、三相交流电路的有关计算、三相异步电动机的工作原理等，并通过项目能力训练——三相异步电动机丫-△减压起动控制电路的安装与调试来巩固和检测读者对本项目知识点的掌握情况。

知识目标

1. 了解三相交流电的概念及其产生过程，理解相序的概念。
2. 掌握三相电源星形联结与三角形联结的特点，掌握三相负载星形联结与三角形联结的特点。
3. 掌握对称三相电路的电压、电流及功率的计算方法。
4. 理解左手定则，了解三相异步电动机的工作原理，掌握三相异步电动机星形联结与三角形联结的接线方法。
5. 了解常用低压电器工作原理及功能。
6. 了解点动控制电路与接触器自锁控制电路工作原理。
7. 了解三相异步电动机丫-△减压起动控制电路工作原理。

能力目标

1. 会识读电气控制电路原理图。
2. 会按电气控制电路原理图装接控制电路。
3. 会使用万用表排除控制电路简单故障。

任务1　认识三相交流电

做一做

1. 实训室中三相交流电源如图6-1所示，用万用表交流电压挡分别测量三根相线U、V、W与零线（中性线）N之间的电压，读数分别为________V、________V、________V，它们之间是什么关系？

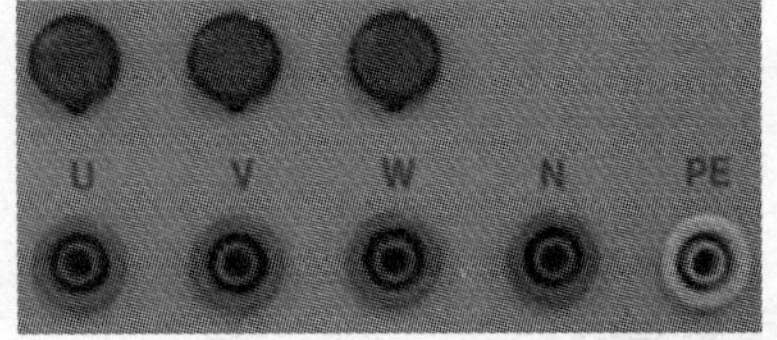

图6-1　三相交流电源

2. 用万用表交流电压挡分别测量三根相线U、V、W之间的电压，读数分别为________V、________V、________V，它们之间是什么关系？

3. 思考：两根相线之间为什么会有电压？

知识链接

三相交流电源一般是由三个大小相等、频率相同、相位互差120°的单相交流电源按一定方式连接而成，这样的电源称为三相对称电源。若无特别说明，本项目中三相交流电是指三相对称交流电。

一、三相交流电的产生

三相交流电动势通常由三相交流发电机产生。图6-2为最简单的三相交流发电机结构示意图，它主要由定子（电枢）和转子（磁极）构成。在定子铁心中嵌放着匝数、几何形状、导线规格均相同，空间位置互差120°的三相对称绕组。这三相绕组分别称为U相绕组、V相绕组、W相绕组，其中U_1、V_1、W_1分别为三相绕组的始端，U_2、V_2、W_2分别为三相绕组的末端。转子铁心上有励磁绕组，通入直流电产生磁场。转子磁极表面的磁场按正弦规律分布。当转子由原动机拖动，以均匀角速度ω顺时针旋转时，在三相绕组中分别产生出按正弦规律变化的三个电动势e_U、e_V、e_W。通常规定三相交流电动势的正方向由绕组末端指向始端。这三个大小相等、频率相同、相位互差120°的正弦电动势，称为对称三相交流电动势。设U相电动势e_U的有效值为E，初相为0°，则三相交流电动势表达式为

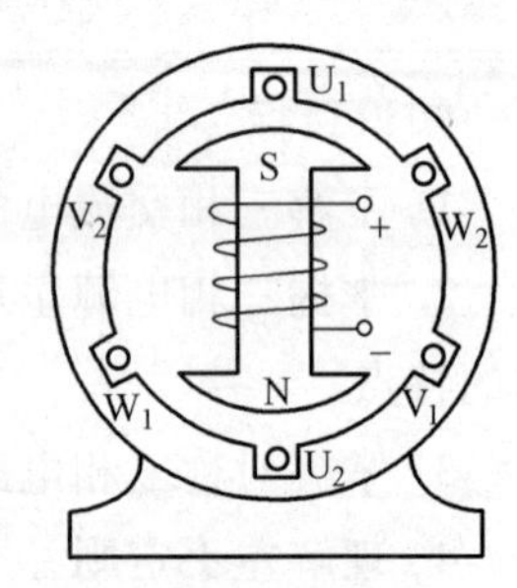

图6-2　最简单的三相交流发电机结构示意图

$$e_U=\sqrt{2}E\sin\omega t$$

$$e_V=\sqrt{2}E\sin(\omega t-120°)$$

$$e_W=\sqrt{2}E\sin(\omega t-240°)=\sqrt{2}E\sin(\omega t+120°)$$

表示成相量形式为

$$\dot{E}_U = E\angle 0° = E \qquad \dot{E}_V = E\angle -120° \qquad \dot{E}_W = E\angle 120°$$

三相交流电动势的波形和相量图如图 6-3 所示。

三相交流电动势达到最大值的先后次序称为相序。在图 6-3a 中，三个电动势的相序为 U、V、W，称为正序（或顺序）；若相序为 U、W、V，称为负序（或逆序）。

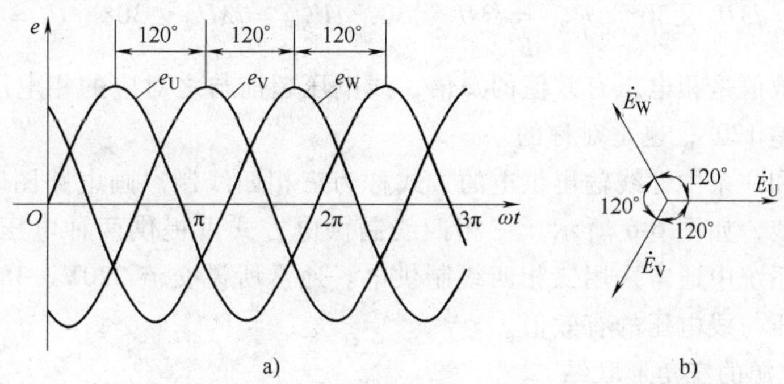

图 6-3　三相电动势的波形和相量图

二、三相交流电源的连接方式

在三相电路中，三相电源不仅指三相发电机，还有三相变压器。三相电源向负载供电时，它的三相绕组可根据需要接成星形（Y）联结或三角形（△）联结。

（一）三相电源的星形联结

如图 6-4 所示，将电源三相绕组的末端 U_2、V_2、W_2 连成一点，由该点和始端 U_1、V_1、W_1 分别引出导线与外电路相连的接法称为三相电源的星形联结。末端连成的一点称为中性点，用 N 表示。从中性点引出的导线称为中性线。一般供电系统的中性点是直接接地的，这时中性线称为零线。从始端引出的三根导线称为相线或端线，俗称火线，用 L_1、L_2、L_3 表示。规定 L_1、L_2、L_3 和 N 这四根导线分别用黄、绿、红和浅蓝四种颜色加以区别。

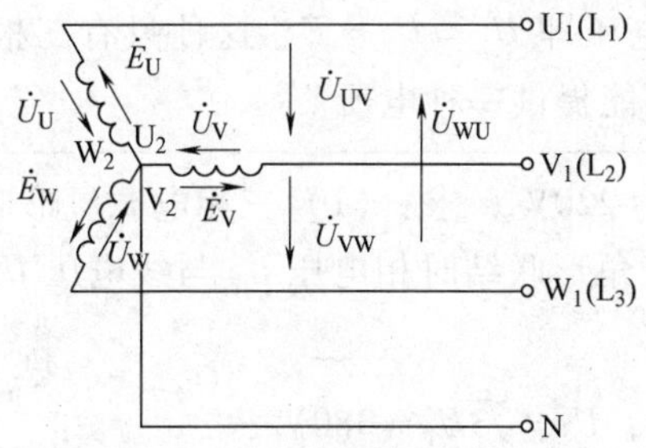

图 6-4　三相电源的星形联结

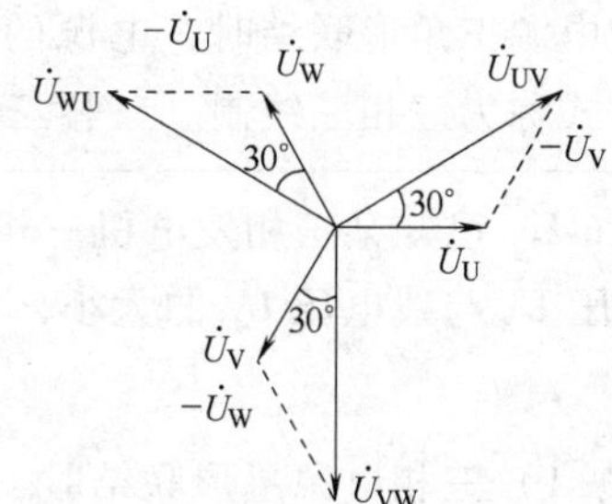

图6-5　相电压与线电压的关系

相线与中性线之间的电压（即电源各相绕组始端与末端的电压）称为相电压。相电压的正方向规定为从绕组的始端指向末端。相电压的有效值分别用 U_U、U_V、U_W 表示，统一用 U_P 表示。由于三相电源对称，因此 $U_U = U_V = U_W = U_P = E$。

两根相线之间的电压（即电源各相绕组始端之间的电压）称为线电压。线电压的正方向由下标的先后顺序标明，一般从超前一相指向滞后一相。线电压的有效值分别用 U_{UV}、U_{VW}、U_{WU}表示，统一用 U_L 表示，因此 $U_{UV}=U_{VW}=U_{WU}=U_L$。

以 $\dot{U}_U$为参考相量，画出 $\dot{U}_U$、$\dot{U}_V$、$\dot{U}_W$的相量图，如图 6-5 所示，在图中画出线电压相量 $\dot{U}_{UV}$、$\dot{U}_{VW}$、$\dot{U}_{WU}$。从图中可以得出线电压与相电压关系为

$$\dot{U}_{UV}=\sqrt{3}\dot{U}_U\angle 30° \quad \dot{U}_{VW}=\sqrt{3}\dot{U}_V\angle 30° \quad \dot{U}_{WU}=\sqrt{3}\dot{U}_W\angle 30° \quad U_L=\sqrt{3}U_P$$

即线电压有效值是相电压有效值的$\sqrt{3}$倍，线电压超前与之对应的相电压 30°，且线电压之间在相位上互差 120°，也是对称的。

由三条相线和一条中性线输出供电的方式称为三相四线制。画电路图时为了简化电路，一般只画出输电线，如图 6-6 所示。三相四线制供电方式可提供两种电压：相电压和线电压。在低压供电系统中通常采用三相四线制供电。通常所说交流 220V、380V，就是指电源星形联结时相电压与线电压的有效值。

（二）三相电源的三角形联结

如图 6-7 所示，将电源三相绕组中一相的始端与另一相的末端依次连接，构成闭合三角形，从三个接点引出三根导线与外电路相连的接法称为三相电源的三角形联结。由图 6-3b 可知，$\dot{E}_U+\dot{E}_V+\dot{E}_W=0$ 即 $e_U+e_V+e_W=0$，也就是说三相电动势之和等于零。因此三角形联结时，只要三相绕组顺序连接正确，其内部电流几乎为零。

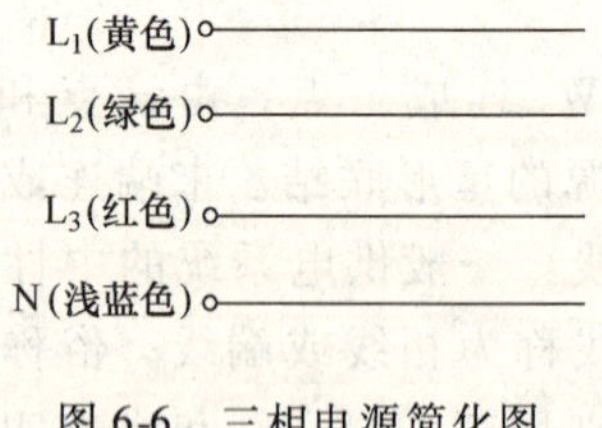

图 6-6　三相电源简化图

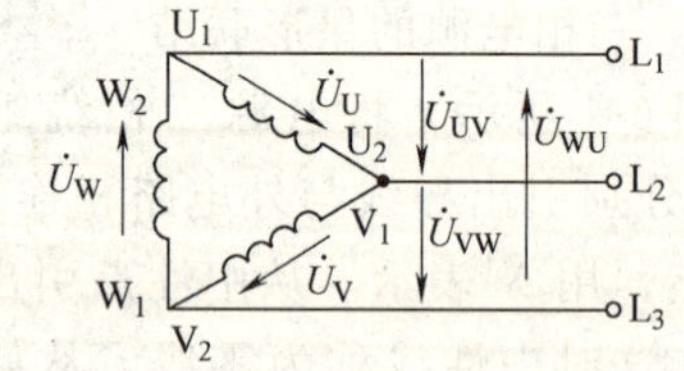

图 6-7　三相电源的三角形联结

三相电源三角形联结时，电源的线电压等于相电压即 $U_L=U_P=E$。这种只有三根相线的输电方式称为三相三线制。三相三线制供电方式只能提供一种电压。

例 6-1　已知某三相发电机三相电动势的大小为 220V，求：（1）三相电源星形联结时相电压 U_P 与线电压 U_L 的大小；（2）三相电源三角形联结时相电压 U_P 与线电压 U_L 的大小。

解：1）三相电源星形联结时，$U_P=E=220V$，$U_L=\sqrt{3}U_P\approx 380V$；

2）三相电源三角形联结时，$U_P=U_L=E=220V$。

知识拓展

【新能源】　常规能源是指技术上比较成熟且已被大规模利用的能源，因此煤、石油、天然气、核裂变能以及水力都被看作常规能源。新能源又称非常规能源，是指传统能源之外

的各种能源形式，也指刚开始开发利用或正在积极研究、有待推广的能源，如太阳能、风能、地热能、海洋能、生物质能、核聚变能和可燃冰等。在新能源中风能和太阳能对于地球来讲是取之不尽、用之不竭的健康能源，它们必将成为今后替代能源的主流。作为二次能源的电能，可从各种一次能源中生产出来，例如煤炭、石油、天然气、太阳能、风能、水能、潮汐能、地热能、核能等均可直接生产电能。

【光伏发电】 太阳能发电分为光热发电和光伏发电。通常说的太阳能发电指的是太阳能光伏发电，简称“光电”。光伏发电是利用半导体界面的光生伏特效应而将光能直接转变为电能的一种技术。这种技术的关键元件是太阳电池。太阳电池有单晶硅、多晶硅、非晶硅和薄膜电池等。其中，单晶和多晶电池用量最大，非晶电池用于一些小系统和计算器辅助电源等。理论上讲，光伏发电技术可以用于任何需要电源的场合，上至航天器，下至家用电器，大到兆瓦级电站，小到玩具。光伏发电产品主要用于三大方面：一是为无电场合提供电源；二是太阳能日用电子产品，如各类太阳能充电器、太阳能路灯（见图6-8）和各种太阳能草地灯具等；三是并网发电，这在发达国家已经大面积推广实施。太阳能发电的时间局限性导致了其对电网的冲击，如何解决这一问题成为能源界的一大困惑。

【风力发电】 风能是太阳辐射下空气流动形成的。风能蕴藏量大，是水能的10倍，分布广泛，永不枯竭，它对交通不便、远离主干电网的岛屿及边远地区尤为重要。风能很早就被人们利用，主要是通过风车来抽水、磨面等。而现在，人们感兴趣的是如何利用风来发电。风力发电在19世纪末开始登上历史的舞台，由于它造价相对低廉，成了各个国家争相发展的新能源首选。风力发电在芬兰、丹麦等国家很流行，中国也在西部地区大力提倡。风力发电机目前有两种，水平轴风机和垂直轴风机。水平轴风机目前应用广泛，为风力发电的主流机型。如图6-9所示，风力发电机由机头、转体、尾翼、叶片组成。每一部分都很重要，各部分功能为：叶片用来接受风力并通过机头转为电能；尾翼使叶片始终对着来风的方向从而获得最大的风能；转体能使机头灵活地转动以实现尾翼调整方向的功能；机头的转子是永磁体，定子绕组切割磁力线产生电能。风力发电的优点是：清洁，环境效益好；可再生，永不枯竭；基建周期短；装机规模灵活等。其缺点是：噪声，视觉污染；占用大片土地；不稳定，不可控等。

图6-8　太阳能路灯

图6-9　风力发电

知识测评

一、填空题

1. 大小______、频率______、相位互差______的三个正弦电动势称为对称三相交流电动势。

2. 已知对称三相电动势中，$e_U = 220\sqrt{2}\sin(314t)$ V，则 $e_V =$ __________，$e_W =$ __________，$\dot{E}_U =$ __________，$\dot{E}_V =$ __________，$\dot{E}_W =$ __________。

3. 三相电动势达到最大值的__________称为相序。

4. 规定 L_1、L_2、L_3 和 N 这四根线分别用______、______、______和______四种颜色加以区别。

5. __________的电压即发电机各相绕组两端的电压称为相电压。相电压的正方向规定为从始端指向______。相电压的有效值分别用______、______和______表示。

6. __________之间的电压称为线电压。线电压的有效值分别用______、______和______表示。

7. 线电压与相电压有效值之间的关系为__________，线电压______与之对应的相电压30°。

二、判断题

(　　) 1. 三相四线制供电方式只能输送一种电压。

(　　) 2. 对称三相电动势在任一瞬时的代数和为零。

(　　) 3. 三相四线制的相电压对称，但线电压不对称。

(　　) 4. 在三相四线制供电系统中，线电压有效值是相电压有效值的$\sqrt{3}$倍。

(　　) 5. 日常生活中用的交流电压 220V 就是指相电压。

三、选择题

1. 下列关于相序的说法正确的是（　　）。

A. 周期出现的次序　　B. 相序就是相位

C. 三相电动势最大值出现的次序　　D. 互差 120°的电流的次序

2. 在三相四线制供电系统中，线电压指的是（　　）的电压。

A. 相线之间　　B. 零线对地间

C. 相线对零线间　　D. 相线对地间

3. 在三相四线制供电系统中，相电压为 200V，与线电压最接近的值为（　　）V。

A. 280　　B. 346

C. 250　　D. 380

4. 一台星形联结的三相电动机，接到电压为 380V 的三相交流电源上，测得线电流为 10A，则电动机各相的等效阻抗为（　　）Ω。

A. 11　　B. 22　　C. 38

5. 星形联结的对称三相电源，已知 $\dot{U}_{UV} = 380\angle 0°$ V，则 $\dot{U}_U =$（　　）V。

A. $220\angle 0°$　　B. $220\angle 30°$　　C. $220\angle -30°$

任务2　分析三相电路

做一做

1. 按图6-10连接电路（注：图中各白炽灯功率应相同），将三相自耦调压器输出线电压由0调至380V，三相负载对称时，分别测量有中性线和无中性线两种情况下，三相负载的线电压、相电压、线电流、相电流以及中性线电流（无中性线时，不用测量），将测量数据填入表6-1中，并观察各个白炽灯的亮度是否相同，将三相自耦调压器输出线电压由0调至150V，三相负载不对称时，分别测量有中性线和无中性线两种情况下，三相负载的线电压、相电压、线电流、相电流以及中性线电流（无中性线时，不用测量），将测量数据填入表6-1中，并观察各个白炽灯的亮度是否相同，简单分析白炽灯的亮度与该相负载功率大小的关系。

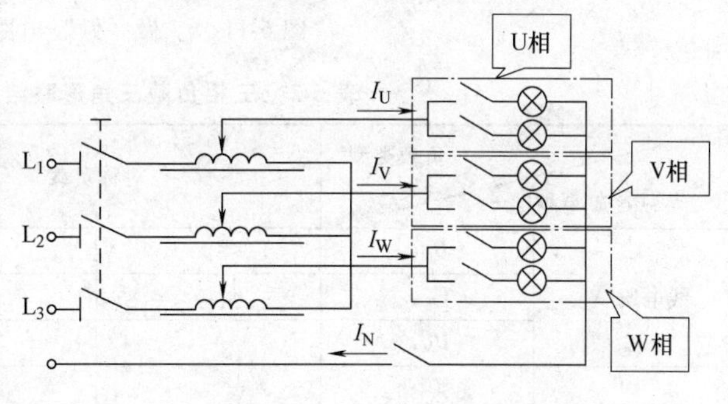

图6-10　“做一做”电路（一）

表6-1　三相负载星形联结的测量结果

负载类型 / 测量数据		对称负载		不对称负载	
		有中性线	无中性线	有中性线	无中性线
线电压/V	U_{UV}				
	U_{VW}				
	U_{WU}				
相电压/V	U_U				
	U_V				
	U_W				
线电流/A	I_U				
	I_V				
	I_W				
相电流/A	U相				
	V相				
	W相				
中性线电流/A	I_N		×		×

2. 按图6-11连接电路，将三相自耦调压器输出线电压由0调至220V，分别测量三相负载对称和不对称两种情况下，三相负载的线电压、相电压、线电流、相电流，将测

量数据填入表 6-2 中，并观察各个白炽灯的亮度是否相同，简单分析白炽灯的亮度与该相负载功率大小的关系。

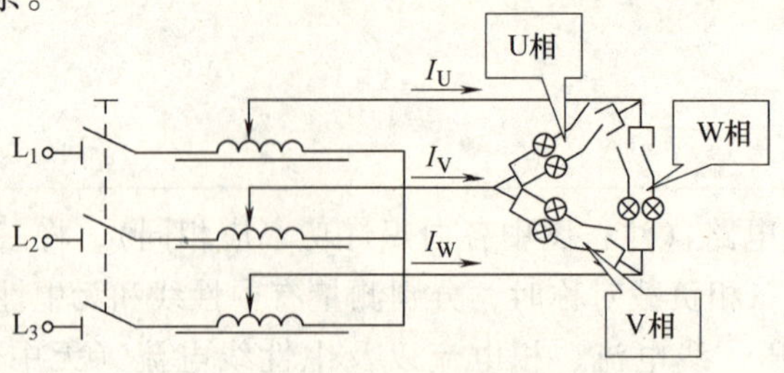

图 6-11 “做一做”电路（二）

表 6-2 三相负载三角形联结的测量结果

负载类型 / 测量数据		对称负载		不对称负载	
线电压/V	U_{UV}				
	U_{VW}				
	U_{WU}				
相电压/V	U_U				
	U_V				
	U_W				
线电流/A	I_U				
	I_V				
	I_W				
相电流/A	U 相				
	V 相				
	W 相				

知识链接

交流电路的负载可分为单相负载和三相负载。电灯、电视机等，工作时需要单相电源供电的电器称为单相负载。三相异步电动机、三相电炉等，工作时需要三相电源供电的电器称为三相负载。日常生活中单相负载所用的相线就是三相电源中的一相，因此严格来说单相负载也是三相电源的负载。经过适当的连接，单相负载也可组成三相负载。如果三相负载完全相同（即各相负载的阻抗、阻抗角均相同）称为三相对称负载，例如三相异步电动机，否则称为三相不对称负载，例如三相照明电路。三相负载的连接方式也有星形（Y）联结和三角形（△）联结两种。

一、三相负载的连接

（一）三相负载的星形联结

如图 6-12 所示，将三相负载一端连接在一起，并与电源的中性线相连，另一端分别与电源的三根相

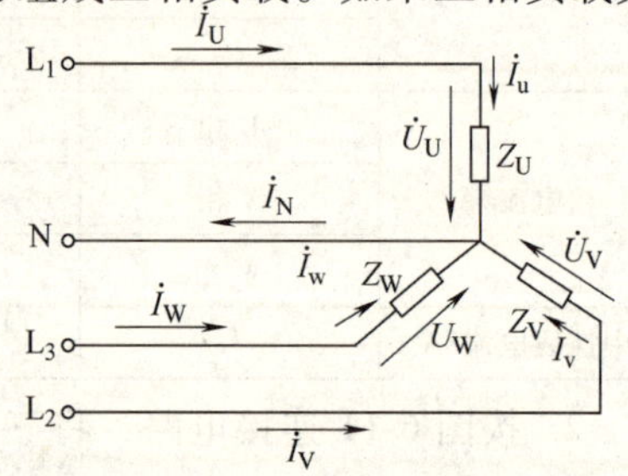

图 6-12 三相负载的星形联结

线相连的接法称为三相负载的星形联结。负载相线之间的电压称为负载的线电压，用 U_L 表示。每相负载两端的电压称为负载的相电压，用 U_P 表示。每根相线中的电流称为线电流，用 I_L 表示。流过每相负载的电流称为负载的相电流，用 I_P 表示。各相负载的相电流分别为

$$\dot{I}_u=\frac{\dot{U}_U}{Z_U}\quad \dot{I}_v=\frac{\dot{U}_V}{Z_V}\quad \dot{I}_w=\frac{\dot{U}_W}{Z_W}$$

由图6-12可知，三相负载星形联结的特点是：

1）忽略导线上阻抗压降，负载的相电压等于电源的相电压，负载的线电压等于电源的线电压，负载线电压的大小是相电压的$\sqrt{3}$倍，即 $U_L=\sqrt{3}U_P$，且线电压在相位上超前与之对应的相电压30°。

2）负载的相电流等于线电流，即 $I_P=I_L$。

3）中性线电流为各相负载电流的代数和，即 $i_N=i_u+i_v+i_w$ 或 $\dot{I}_N=\dot{I}_u+\dot{I}_v+\dot{I}_w$。

当三相负载对称时，负载的相电流为对称电流。以 $\dot{I}_u$为参考相量，做出它们的合相量，如图6-13所示。从图中可以看出 $\dot{I}_N=\dot{I}_u+\dot{I}_v+\dot{I}_w=0$ 即中性线电流为0。此时去掉中性线也不会影响三相电路的正常工作，这时三相四线制就成了三相三线制。

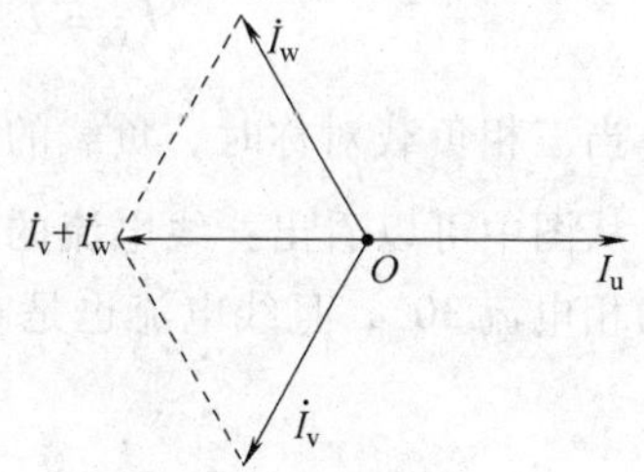

图6-13　三相对称负载星形联结电流相量图

想一想

为什么三相异步电动机可以只用三根电源线供电？

当三相负载不对称时，负载的相电流不是对称电流，中性线的电流不为0，中性线不能去掉，因此应采用三相四线制供电。家庭用电设备组成的是三相不对称负载，通常在连接时，应将负载平均分接在三相电源上，以减小中性线的电流。中性线的作用是使星形联结的三相不对称负载相电压等于电源的相电压，保持对称，且各相负载成为相互独立的回路，在一相发生故障（负载短路或开路）时，其余两相能正常工作。如果中性线断开，各相负载的相电压将不等于电源的相电压，也不再对称。阻抗小的负载（功率大的设备），其两端电压低于电源相电压（额定电压），可能不能正常工作；阻抗大的负载（功率小的设备），其两端电压高于电源相电压（额定电压），可能会被烧坏。居民区出现的大范围烧坏家用电器的事故，大多是由中性线断开引起的。

小贴士　在三相四线制供电系统中，中性线（指干线）上不允许接入开关和熔断器。

（二）三相负载的三角形联结

如图6-14所示，将三相负载分接在三相电源两根不同相线之间的接法称为三相负载的三角形联结。各相负载的相电流分别为

$$\dot{I}_{u}=\frac{\dot{U}_{UV}}{Z_{U}} \quad \dot{I}_{v}=\frac{\dot{U}_{VW}}{Z_{V}} \quad \dot{I}_{w}=\frac{\dot{U}_{WU}}{Z_{W}}$$

由图可知，三相负载三角形联结的特点是：

1）忽略导线上阻抗电压降，无论负载是否对称，负载的相电压等于电源的线电压，即 $U_P=U_L$。

2）线电流与相电流的关系为

$$\dot{I}_{U}=\dot{I}_{u}-\dot{I}_{w} \quad \dot{I}_{V}=\dot{I}_{v}-\dot{I}_{u} \quad \dot{I}_{W}=\dot{I}_{w}-\dot{I}_{v}$$

当三相负载对称时，负载的相电流为对称电流。以 $\dot{I}_u$ 为参考做出相量图，如图 6-15 所示。从图中可以看出：线电流的大小是相电流的$\sqrt{3}$倍，即 $I_L=\sqrt{3}I_P$；线电流在相位上滞后相应的相电流 30°，且线电流也是对称电流。

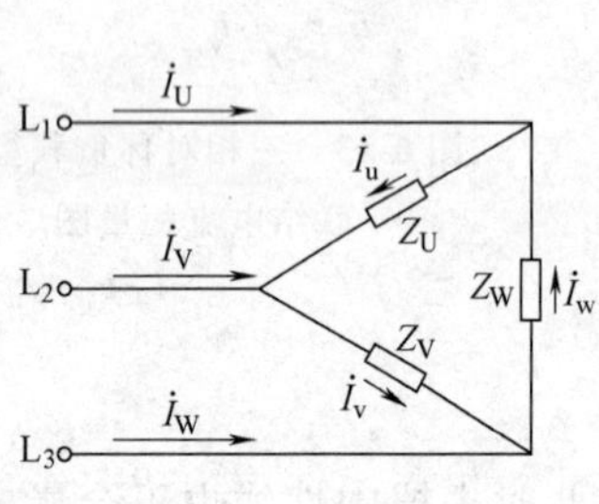

图 6-14　三相负载三角形联结

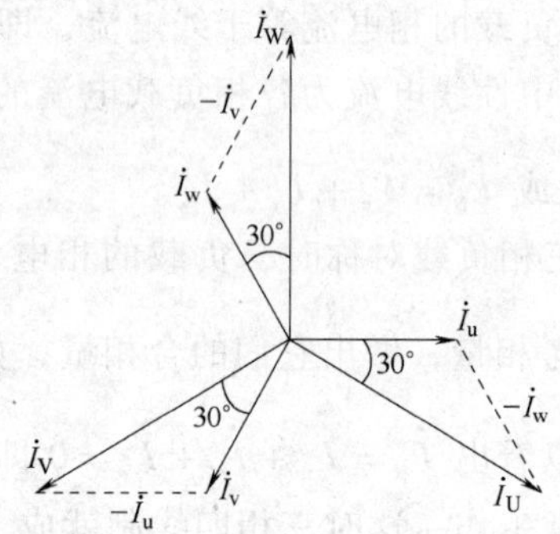

图 6-15　三相对称负载三角形联结电流相量图

三相负载应接成星形联结还是三角形联结，必须根据负载的额定电压和电源电压来确定。

例 6-2　某三相对称负载，各相电阻为 6Ω，感抗为 8Ω，三相电源的线电压为 380V，求（1）负载星形联结时，各相负载的相电流与各线电流的大小；（2）负载三角形联结时，各相负载的相电流与各线电流的大小。

解：由于此电路是三相对称负载，所以其相电流、线电流都是对称电流。

各相负载的阻抗为 $|Z|=\sqrt{6^2+8^2}\Omega=10\Omega$

1）负载星形联结时：

相电压为 $U_P=\dfrac{U_L}{\sqrt{3}}=\dfrac{380}{\sqrt{3}}\text{V}\approx 220\text{V}$

相电流为 $I_P=\dfrac{U_P}{|Z|}=\dfrac{220}{10}\text{A}=22\text{A}$

线电流为 $I_L=I_P=22\text{A}$

2）负载三角形联结时：

相电压为 $U_P=U_L=380\text{V}$

相电流为 $I_P=\dfrac{U_P}{|Z|}=\dfrac{380}{10}\text{A}=38\text{A}$

线电流为 $I_L=\sqrt{3}I_P=\sqrt{3}\times 38\text{A}\approx 66\text{A}$

从上面的例题可知，同一个三相对称负载（假定允许接成星形联结和三角形联结），接成星形联结时，各相负载的相电压、相电流均为三角形联结的 $1/\sqrt{3}$，星形联结时线电流是三角形联结时的1/3。

二、三相电路的功率

1. 一般三相电路的功率

三相电路总的有功功率、无功功率就等于各相电路有功功率、无功功率之和，即

$$P = P_U + P_V + P_W = U_U I_u \cos\varphi_U + U_V I_v \cos\varphi_V + U_W I_w \cos\varphi_W$$

$$Q = Q_U + Q_V + Q_W = U_U I_u \sin\varphi_U + U_V I_v \sin\varphi_V + U_W I_w \sin\varphi_W$$

上式中 U_U、U_V、U_W 为各相负载的相电压，I_u、I_v、I_w 为各相负载的相电流，φ_U、φ_V、φ_W 为各相负载的阻抗角。

三相电路总的视在功率为 $S = \sqrt{P^2 + Q^2}$

2. 三相对称电路的功率

在三相对称电路中，各相负载的功率相同，因此三相电路总的有功功率为每相负载有功功率的3倍，即 $P = 3U_P I_P \cos\varphi = 3P_P$

式中，$\cos\varphi$ 为三相负载的功率因数。

三相对称负载接成星形联结时有　$U_P = \dfrac{U_L}{\sqrt{3}}$、$I_P = I_L$

则三相电路总的有功功率为　$P = 3P_P = \dfrac{3U_L}{\sqrt{3}} I_L \cos\varphi = \sqrt{3} U_L I_L \cos\varphi$

三相对称负载接成三角形联结时有　$U_P = U_L$、$I_P = \dfrac{I_L}{\sqrt{3}}$

则三相电路总的有功功率为　$P = 3P_P = 3 \times U_L \dfrac{I_L}{\sqrt{3}} \cos\varphi = \sqrt{3} U_L I_L \cos\varphi$

可见无论三相对称负载接成星形联结还是三角形联结，其总的有功功率均为

$$P = 3U_P I_P \cos\varphi = \sqrt{3} U_L I_L \cos\varphi$$

同理，三相对称电路总的无功功率为　$Q = 3U_P I_P \sin\varphi = \sqrt{3} U_L I_L \sin\varphi$

三相对称电路总的视在功率为　$S = \sqrt{P^2 + Q^2} = 3U_P I_P = \sqrt{3} U_L I_L$

例6-3　分别计算例题6-2中三相负载星形联结和三角形联结时，三相电路的有功功率、无功功率与视在功率。

解： 三相负载的功率因数为 $\cos\varphi = \dfrac{R}{|Z|} = \dfrac{6}{10} = 0.6$

因此 $\sin\varphi = 0.8$

1）负载星形联结时

$P = \sqrt{3} U_L I_L \cos\varphi = \sqrt{3} \times 380 \times 22 \times 0.6\text{W} \approx 8.7\text{kW}$

$Q=\sqrt{3}U_LI_L\sin\varphi=\sqrt{3}\times380\times22\times0.8\text{var}\approx11.6\text{kvar}$

$S=\sqrt{3}U_LI_L=\sqrt{3}\times380\times22\text{V}\cdot\text{A}\approx14.5\text{kV}\cdot\text{A}$

2）负载三角形联结时

$P=\sqrt{3}U_LI_L\cos\varphi=\sqrt{3}\times380\times66\times0.6\text{W}\approx26.1\text{kW}$

$Q=\sqrt{3}U_LI_L\sin\varphi=\sqrt{3}\times380\times66\times0.8\text{var}\approx34.8\text{kvar}$

$S=\sqrt{3}U_LI_L=\sqrt{3}\times380\times66\text{V}\cdot\text{A}\approx43.4\text{kV}\cdot\text{A}$

想一想

同一个三相对称负载星形联结的功率与三角形联结的功率之间是什么关系？

知识测评

一、填空题

1. 三相电路中，流过每相负载的电流称为________________。每根相线中的电流称为______。

2. 将三相负载分别接在三相电源两根不同相线之间的连接称为____________。

3. 三相负载有两种连接方法：________和________。

4. 同一个三相对称负载，连成星形时，各相负载的相电压、相电流均为三角形联结的________，星形联结时线电流是三角形联结时的________。

5. 在负载对称的三相电路中，无论三相对称负载是星形联结还是三角形联结，其三相总的有功功率均为 $P=$____________，总的无功功率为 $Q=$____________，总的视在功率为 $S=$____________。

二、判断题

（ ）1. 三相负载作三角形联结时，无论是否对称，线电流必定等于相电流。

（ ）2. 对称三相电路中，三相视在功率等于三相有功功率与三相无功功率之和。

（ ）3. 三相对称负载，无论是星形联结还是三角形联结，其功率的计算都可用同一个公式。

三、选择题

1. 负载作星形联结的三相电路中，流过中性线的电流为（ ）。

A. 0　　B. 各相负载电流的代数和

C. 三倍相电流　　D. 各相负载电流的相量和

2. 在星形联结的三相对称电路中，相电流与线电流的相位关系是（ ）。

A. 相电流超前线电流 30°　　B. 相电流滞后线电流 30°

C. 相电流与线电流同相　　D. 相电流滞后线电流 60°

3. 将三相负载分接在三相电源两根不同相线之间的接法称为（ ）联结。

A. 星形　　B. 并联形　　C. 三角形　　D. 对称形

4. 三相负载作三角形联结时，线电压是相电压的（ ）倍。

A. 1　　　　　B. $\sqrt{2}$　　　　　C. $\sqrt{3}$　　　　　D. 3

5. 三相对称负载作三角形联结时，相电流是10A，与线电流最接近的值是（　　）A。

A. 14　　　　　B. 17　　　　　C. 7　　　　　D. 20

6. 同一个三相对称负载，电源电压不变，连成星形和三角形联结时，三相总功率 P_{Y}、$P_{\triangle}$ 的关系为（　　）。

A. $P_{Y}=P_{\triangle}$　　　　B. $3P_{Y}=P_{\triangle}$　　　　C. $P_{Y}=\sqrt{3}P_{\triangle}$

任务3　学习三相异步电动机工作原理

做一做

如图6-16所示，将一根直导体放进蹄形磁铁的磁场中。当导体中没有电流通过时，导体在磁场中______运动。当开关闭合通电时，导体向______边移动；只改变电源极性，当开关闭合通电时，导体向______边移动；只改变磁场的方向，当开关闭合通电时，导体向______边移动。改变电流的大小，看看会发生什么情况？把磁铁移走，闭合开关，观察导体是否运动。

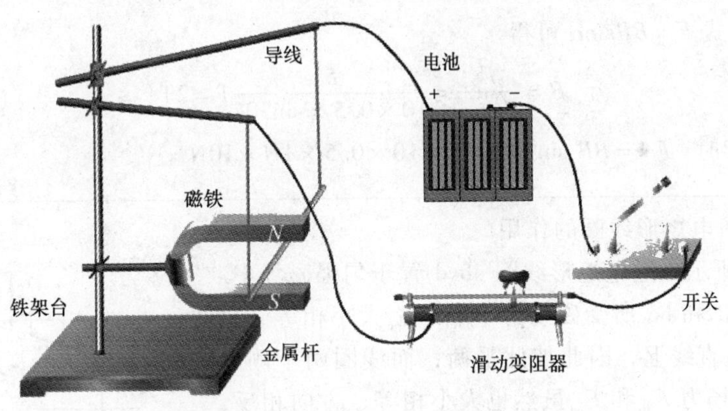

图6-16　“做一做”电路接线

知识链接

一、磁场对电流的作用

1. 磁场对载流导体的作用

磁场对载流导体的作用力称为电磁力。实验证明，在均匀磁场中，电磁力 F 的大小等于磁感应强度 B、导体的电流 I 以及导体在磁场中有效长度（导体在垂直磁场方向的投影）$l\sin\alpha$ 的乘积，即

$$F=BIl\sin\alpha$$

式中，α 为导体与磁力线的夹角。

上式表明，当 $\alpha=0°$ 即电流方向与磁场平行时，$F=0$，导体不受电磁力的作用。

当 $\alpha=90°$ 即电流方向与磁场垂直时，$F=BIl$，导体受到的电磁力最大。

电磁力的方向用左手定则来判断，如图 6-17 所示。**左手定则**：伸开左手，拇指与其余四指垂直，并且在同一平面里，让磁力线垂直穿过手心，使四指指向电流方向，那么，拇指所指方向即为通电导体在磁场中受力方向。电磁力方向与电流方向垂直，同时也与磁场方向垂直，即电磁力总是垂直于磁力线与电流所在的平面。

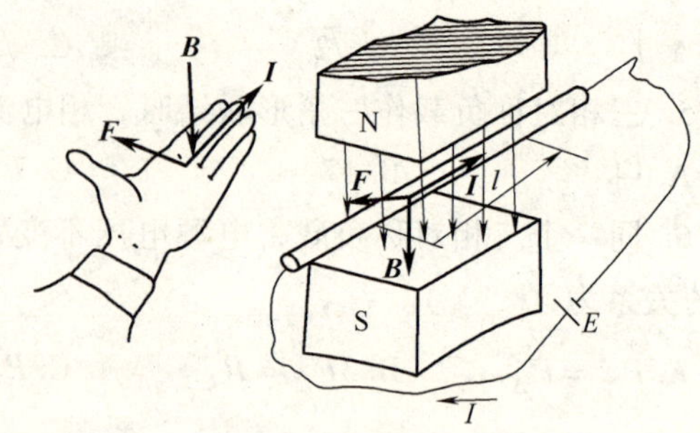

图 6-17　左手定则

小贴士　若电流方向与磁场不垂直，则这时应将电流或磁力线的垂直分量分解出来，再用左手定则判断电磁力的方向。

例 6-4　在均匀磁场中放一根长为 0.5m，电流为 10A 的载流直导体，它与磁力线的夹角为 $\alpha=30°$，若这根导体所受的电磁力为 5N，求磁感应强度的大小及 $\alpha=90°$ 时导体所受电磁力 F' 的大小。

解：由公式 $F=BIl\sin\alpha$ 可得

$$B=\frac{F}{Il\sin\alpha}=\frac{5}{10\times0.5\times\sin30°}\mathrm{T}=2\mathrm{T}$$

当 $\alpha=90°$时，$F'=BIl\ \sin90°\ =2\times10\times0.5\times1\mathrm{N}=10\mathrm{N}$

2. 磁场对通电矩形线圈的作用

如图 6-18 所示，通电矩形线圈 abcd 置于匀强磁场中。线圈上下两边 ad 和 bc 所受磁场力 F_{da} 和 F_{bc} 大小相等、方向相反且在一条直线上，因此彼此平衡；而线圈两个侧边 ab 和 cd 上的磁场力 F_{ab} 和 F_{cd} 虽然也大小相等、方向相反，但不在一条直线上，因此产生了力矩，称为电磁转矩。这个转矩使线圈绕中间转轴 OO' 转动。

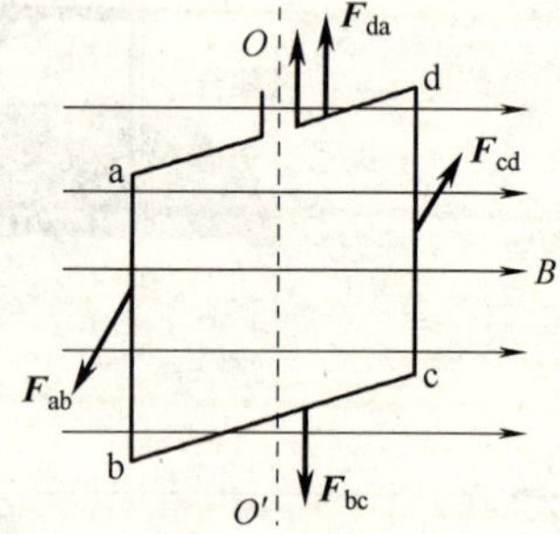

图 6-18　磁场对通电矩形线圈的作用

经推导得出电磁转矩的表达式为

$$M=BIS\cos\alpha$$

式中　B——均匀磁场的磁感应强度，单位为 T；

I——线圈中的电流，单位为 A；

S——线圈的面积，单位为 m^2；

α——线圈平面与磁力线的夹角；

M——电磁转矩，单位为 N · m。

上式表明：当线圈平面与磁场平行时，线圈所受电磁转矩最大；当线圈平面与磁场垂直时，线圈所受电磁转矩为零。

如果线圈有 N 匝，则电磁转矩为 $M=NBIS\cos\alpha$。

二、三相异步电动机

电动机是根据通电导体在磁场中受力而运动的原理制成的。电动机的作用是把电能转换成机械能。电动机按所接电源的性质可分为直流电动机和交流电动机。交流电动机分类情况见表 6-3。

表 6-3 交流电动机分类

分类方法	类 别	说 明
按电源相数分类	单相交流电动机	常用于功率不大的电动工具、家用电器中
	三相交流电动机	功率较大，常用于工业生产上
按工作原理分类	同步电动机	制造工艺复杂，起动困难，常用于转速不变的场合
	异步电动机	结构简单、运行可靠、维护方便、价格便宜，应用广泛

（一）三相异步电动机的结构

三相异步电动机具有结构简单、工作可靠、维护方便、价格低廉等优点，在工业上得到了广泛应用。三相异步电动机主要由定子和转子两大部分组成。定子是电动机静止不动的部分，包括定子铁心、定子绕组和机座等。转子是电动机旋转部分，包括转子铁心、转子绕组和转轴等。三相异步电动机根据转子结构的不同分为笼型和绕线型两种。三相异步电动机各部分的组成及作用见表 6-4。

表 6-4 三相异步电动机各部分的组成及作用

名称		材料	作用
定子	定子铁心	一般由 0.5mm 厚表面有绝缘层的硅钢片冲制、叠压而成，内圆有均匀分布的槽，槽形有开口形、半开口形、半闭口形三种	电动机磁路的一部分，放置定子绕组
	定子绕组	一般为高强度漆包线（圆铜线或扁铜线）绕制而成	电动机电路部分，产生旋转磁场
	机座	一般由铸铁制成	支撑保护
转子	转子铁心	由 0.5mm 厚的硅钢片冲制、叠压而成，外圆有均匀分布的槽	电动机磁路的一部分，放置转子绕组
	转子绕组	笼型转子：一般为铸铝转子；绕线转子：用铜导线绕制而成	切割定子磁场，产生感应电动势、感应电流、电磁转矩
	转轴	一般由中碳钢或合金钢制成	支撑转子，输出转矩

（二）三相异步电动机定子绕组接线方式

三相异步电动机定子绕组是三相对称绕组，共有六个出线端固定在接线盒内，其中绕组的首端为 U_1、V_1、W_1，尾端为 U_2、V_2、W_2。三相定子绕组有星形（Y）和三角形（△）两种接线方式，如图 6-19 所示。一台三相异步电动机定子绕组应该接成星形还是三角形，要以铭牌数据为准。

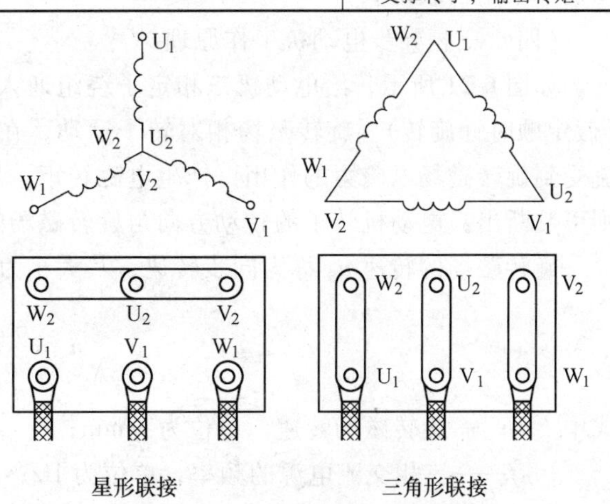

图 6-19 三相异步电动机定子绕组接线方式

（三）三相异步电动机铭牌数据

铭牌位于电动机的机座上，上面标明了电动机的型号、额定电压、额定电流等技术参数。如图 6-20 所示。三相异步电动机铭牌上主要数据及其意义如下：

三相异步电动机					
型号	Y90L-4	电压	380V	接法	Y
容量	1.5kW	电流	3.7A	工作方式	连续
转速	1400r/min	功率因数	0.79	温升	90℃
频率	50Hz	绝缘等级	B	出厂年月	×年×月
×××电机厂		产品编号		重量 kg	

图 6-20　电动机铭牌

（1）型号　例如：Y90L-4。其中“Y”表示三相异步电动机，“90”表示电动机的中心高为 90mm，“L”表示机座类别（L 表示长机座，M 表示中机座，S 表示短机座），“4”表示 4 极电动机。

（2）额定电压 U_N　指电动机在额定状态下运行时，应加在电动机定子绕组上的线电压，单位为 V 或 kV。

（3）额定电流 I_N　指电动机在额定电压、额定频率、轴端输出额定功率时，定子绕组输入的线电流，单位为 A 或 kA。

（4）额定功率 P_N　指电动机在额定状态下运行时，其轴上输出的机械功率，单位为 W 或 kW。对于三相异步电动机其额定功率为

$$P_N = \sqrt{3} U_N I_N \eta_N \cos\varphi_N$$

式中，U_N、I_N、η_N、$\cos\varphi_N$ 分别为电动机额定的线电压、线电流、效率、功率因数。

（5）额定转速 n_N　指电动机在额定状态下运行时转子的转速，单位为 r/min（转/分）。

（6）额定频率 f　指电动机在额定状态下运行时，定子绕组所接电源的频率。我国规定额定频率为 50Hz。

（7）连接方式　指电动机定子绕组的连接方法。小型电动机多采用Y联结；大中型电动机多采用△联结。

（四）三相异步电动机工作原理

如图 6-21 所示，给电动机三相定子绕组通入对称三相交流电，定子绕组形成旋转磁场（假定顺时针旋转）。旋转磁场相对转子运动，在转子绕组中产生感应电流。转子中感应电流受到旋转磁场电磁力的作用，产生电磁转矩，从而使转子转动起来。由右手定则和左手定则可判断出：电动机转子的转动方向与旋转磁场的转向相同。

旋转磁场的转速 n_S 称为同步转速，其大小为

$$n_S = \frac{60f}{p}$$

式中　n_S——旋转磁场转速，单位为 r/min；

f——三相交流电源的频率，单位为 Hz；

p——磁极对数。

旋转磁场的转向取决于定子绕组中电流的相序，总是由电流超前一相转向滞后一相。如果改变通入定子绕组的电流相序，即任意对调两根定子绕组电源接线，旋转磁场将反向旋

转，电动机转子也会反转。

转子转速不能等于同步转速，因为如果两者相同，则转子绕组将不切割磁力线，转子中就没有感应电流，也不能产生电磁转矩，电动机将停转。在额定状态时三相异步电动机转子转速总是略小于旋转磁场的转速，因此称为异步电动机。如果三相异步电动机受到外力拖动，使转子转速大于同步转速，电动机就变成发电机，开始向电网回馈电能。三相异步电动机带额定负载工作时，其转速与同步转速相差不大，一般转速差为同步转速的1%～7%。

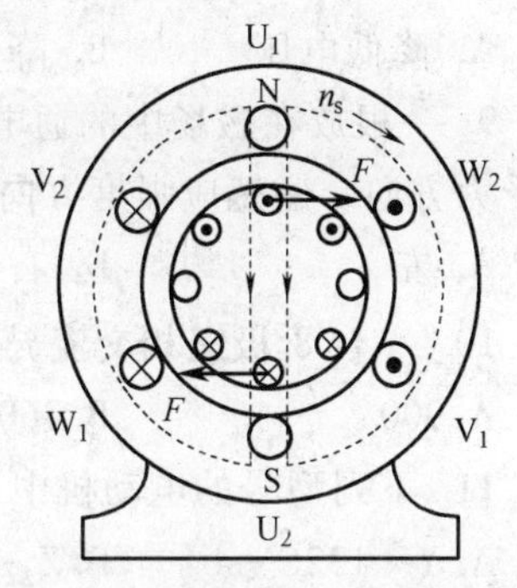

图6-21　三相异步电动机工作原理

知识测评

一、作图题

画出图6-22中通电导体受力的方向。

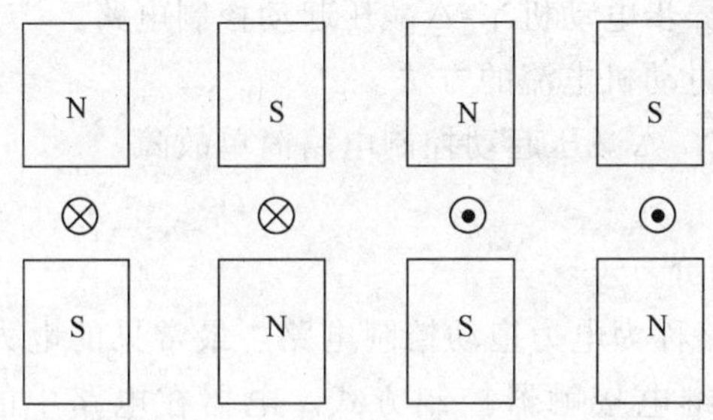

图6-22

二、选择题

1. 若要改变通电导线在磁场中的受力方向，可采用的方法（　　）。

A. 改变通电导线中的电流大小　　B. 只改变电流方向或只改变磁力线方向

C. 同时改变电流方向和磁力线方向　　D. 改变电流大小和磁场强弱

2. 两根通有同方向电流的平行导线之间（　　）存在。

A. 有吸引力　　B. 有排斥力　　C. 有电场力　　D. 无任何力

3. 当通电线圈平面与磁场的夹角为0°时，线圈受到的电磁转矩（　　）。

A. 最小　　B. 最大　　C. 不变　　D. 大小不定

4. 异步电动机铭牌上标定的功率是（　　）。

A. 视在功率　　B. 无功功率　　C. 有功功率　　D. 轴输出的额定功率

5. 一台电动机的效率是0.75，若输入功率是2kW，那么它的额定功率是（　　）kW。

A. 1.5　　B. 2　　C. 2.4　　D. 1.7

6. 一台额定功率是15kW，功率因数是0.5的电动机，效率为0.8，它的输入功率是（　　）kW。

A. 18.75　　B. 30　　C. 14　　D. 28

7. 三相异步电动机的正反转控制关键是改变（　　）。

A. 电源电压　　B. 电源相序　　C. 电源电流　　D. 负载大小

8. 要使三相异步电动机反转，只要（　　）就能完成。

A. 降低电压　　B. 降低电流　　C. 将任两根电源线对调　　D. 降低线路功率

9. 一根放在磁场中的通电直导体，图 6-23 中已标出电流方向和导体受力方向，磁感应强度方向应向（　　）。

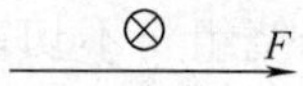

⊗ F

图 6-23

A. 左　　B. 右　　C. 下　　D. 上

10. 一台 8 极三相交流异步电动机电源频率为 60Hz，则同步转速为（　　）r/min。

A. 900　　B. 3600　　C. 450　　D. 750

11. 下列型号的电动机中，（　　）是三相交流异步电动机。

A. Y—132S—4　　B. Z_2—32　　C. SJL—500/10　　D. ZQ—32

项目能力训练　三相异步电动机Y-△减压起动控制电路的安装与调试

一、训练目标

1. 会安装、连接三相异步电动机Y-△减压起动控制电路。
2. 掌握测量三相异步电动机电流的方法。
3. 会使用万用表排除Y-△减压起动控制电路简单故障。

二、知识准备

（一）常用低压电器简介

控制电动机运转的电路称为电力拖动控制电路。最常见的电力拖动控制电路是由按钮、继电器、接触器等组成的继电接触器控制方式。电器在电路中的作用就是控制用电设备（例如电动机）的通断电、切换用电设备的工作方式、保护用电设备、控制或检测电参数或非电参数等。电器按工作电压的高低分为高压电器和低压电器。工作在交流额定电压 1200V 及以下、直流额定电压 1500V 及以下的电器称为低压电器。这里只介绍常用低压电器。低压电器的用途广泛，功能多样，种类繁多。常用低压电器分类见表 6-5。

表 6-5　常用低压电器分类

分类方法	类别	举例
按用途分类	配电电器	低压断路器、低压开关
	保护电器	熔断器、热继电器
	主令电器	按钮、行程开关
	控制电器	接触器、时间继电器
	执行电器	电磁铁、电磁离合器
按动作方式分类	手动电器	按钮、组合开关
	自动电器	接触器、时间继电器

1. 低压开关

低压开关主要用于接通和分断电路，在电路中常用作电源的总开关。常见的低压开关有组合开关、刀开关、低压断路器等。

（1）组合开关　组合开关又叫做转换开关，由于其结构紧凑、体积小、操作方便，广泛应用于机床上。常用的组合开关型号有 HZ5、HZ10、HZ15 系列等。HZ10 系列组合开关的外形、图形符号及文字符号如图 6-24 所示。HZ10 系列组合开关操作时用手转动手柄，可顺时针或逆时针方向每次旋转 90°，手柄通过绝缘方轴带动动触头转动，实现动、静触头的接通与断开。注意，断开状态时，应使手柄在水平位置。

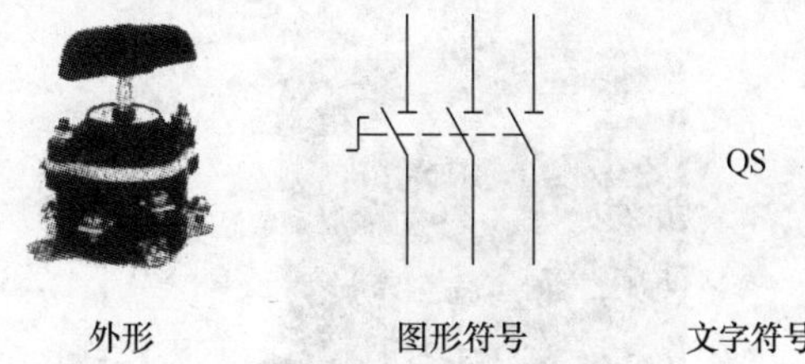

图 6-24　组合开关的外形、图形符号及文字符号

（2）刀开关　刀开关是一种结构最简单的手动电器，在低压电路中常用作电源隔离开关，也可用于不频繁接通和断开的小电流配电电路，如照明电路。按极数不同，刀开关分单极、双极和三极三种。刀开关一般与熔断器配合使用组成负荷开关，负荷开关的主要类型有开启式负荷开关与封闭式负荷开关。

1）开启式负荷开关。开启式负荷开关（又称为开启式开关熔断器组）广泛应用于照明电路和控制小容量电动机不频繁地直接起动与停止。开启式负荷开关有二极与三极两种，三极开启式负荷开关外形如图 6-25 所示。它没有灭弧装置，胶盖主要防止电弧伤人。开启式负荷开关图形与文字符号如图 6-26 所示。使用时应注意：必须垂直安装，不能水平放置，电源进线接到与静触头相连的接线柱上，出线接到与熔丝下端相连的接线柱上，合闸时手柄应朝上。

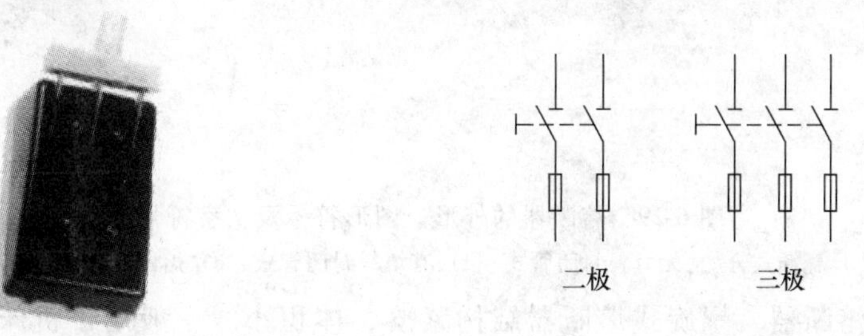

图 6-25　三极开启式负荷开关外形

图 6-26　开启式负荷开关图形与文字符号

2）封闭式负荷开关。封闭式负荷开关（封闭式开关熔断器组）的外形如图 6-27 所示。一般用于不频繁地接通和断开的电路，也可用于 15kW 以下三相交流电动机不频繁地直接起动。封闭式负荷开关具有储能分合闸装置，使触头分合迅速；还具有机械联锁装置，盖子打开时不能合闸，合闸时不能打开盖子。封闭式负荷开关在电路中的图形及文字符号与开启式负荷开关相同。

（3）低压断路器　低压断路器具有灭弧装置，能在电路发生短路、过载等故障时自动分断故障电路，是一种控制兼保护电器。有的低压断路器还具有欠电压、失电压以及漏电保护功能，因此得到了广泛应用。低压断路器主要用作低压配电电路的电源开关（不频繁地通断控制），也可直接控制电动机的运行。低压断路器的外形及符号如图 6-28 所示。

2. 熔断器

熔断器主要用作电气设备及电路的短路和过载保护，使用时和被保护电路串联。熔断器主要由熔体和熔座组成。线路短路或过载时，由于电流的热效应，使熔体熔断，从而切断故障电路起到保护作用。熔断器的图形符号及文字符号如图 6-29e 所示。常用的熔断器有螺旋式、瓷插式、封闭管式等。

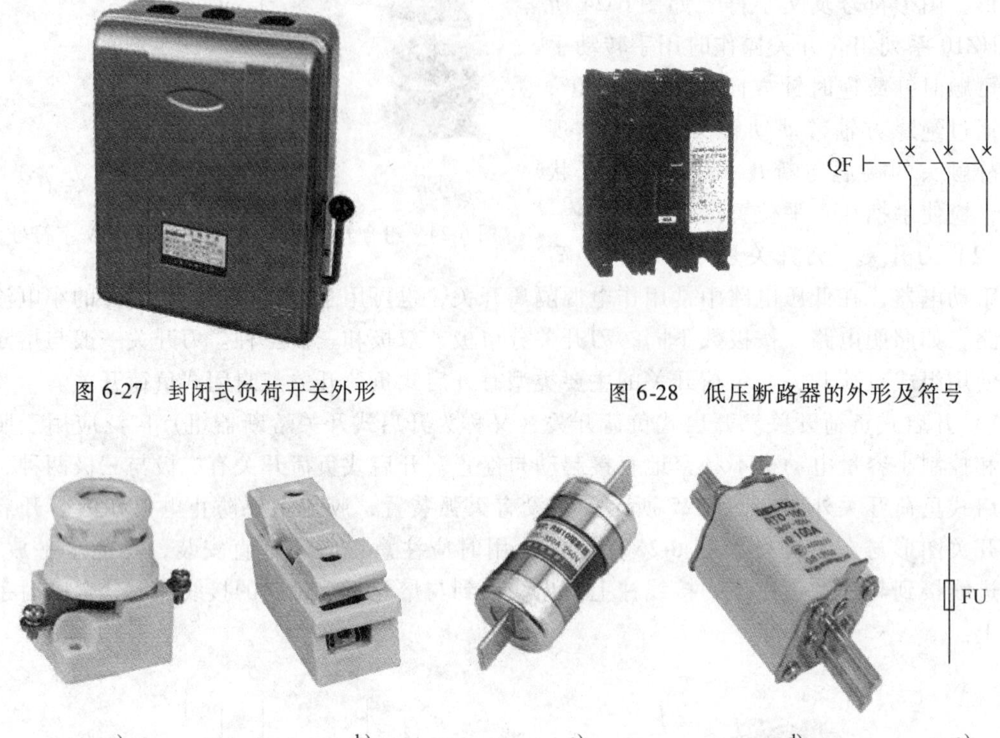

图 6-27　封闭式负荷开关外形

图 6-28　低压断路器的外形及符号

a)　b)　c)　d)　e)

图 6-29　熔断器的外形、图形符号及文字符号

a）螺旋式　b）瓷插式　c）无填料封闭管式　d）有填料封闭管式　e）熔断器的图形符号及文字符号

（1）螺旋式熔断器　螺旋式熔断器结构紧凑、体积小，一般用于机床电路或振动较大的场合。常见的是 RL1 系列熔断器，其外形如图 6-29a 所示。该熔断器熔管口有色标，可通过瓷帽上的玻璃口看见，熔断后会自动脱落。使用时按“低进高出”的原则接线，即电源进线接低接线柱，出线接高接线柱。

（2）瓷插式熔断器（又称为半封闭插入式熔断器）　瓷插式熔断器结构简单、价格便宜、更换方便，一般多用于照明线路。最常见的瓷插式熔断器是 RC1A 系列熔断器，其外形如图 6-29b 所示。

（3）封闭管式熔断器　封闭管式熔断器分为有填料式和无填料式两种。无填料封闭管式熔断器常用的是 RM10 系列熔断器，其外形如图 6-29c 所示。有填料封闭管式熔断器常见的是 RT0 系列熔断器，其外形如图 6-29d 所示。这种熔断器的填料为石英砂，具有较大的分断能力。熔管侧面有红色的熔断指示装置，在熔断器熔断后会自动弹出。有填料封闭管式熔断器一般用于有易燃、易爆气体和工作电流较大的场合。

3. 按钮

按钮是一种手动接通或断开控制电路的电器。按钮通过直接控制接触器或继电器，间接来控制电动机的运行状态。大多数按钮都具有自动复位功能。按钮的类型较多，按结构型式分为开启式、防水式、紧急式、旋钮式、钥匙操作式等。按钮可以做成单个（单按钮）、两个（双联按钮）、三个（三联按钮）或多个，如图 6-30 所示。按常态（不受外力作用）时触头的分合状态，按钮可分为常开按钮、常闭按钮和复合按钮三种。按钮的外形、结构示意图及符号如图6-31所示。按下复合按钮时，按钮的常闭触头先断开，常开触头后闭合；松开复合按钮时，按钮的常开触头先复位（断开），常闭触头后复位（闭合）。一般常开按钮用作起动按钮，常闭按钮用作停止按钮，复合按钮用于切换电路的工作状态。按钮帽有多种颜色，通常起动按钮用绿色，停止按钮用红色。常用的按钮型号有LA10、LA18、LA19、LA20等系列。

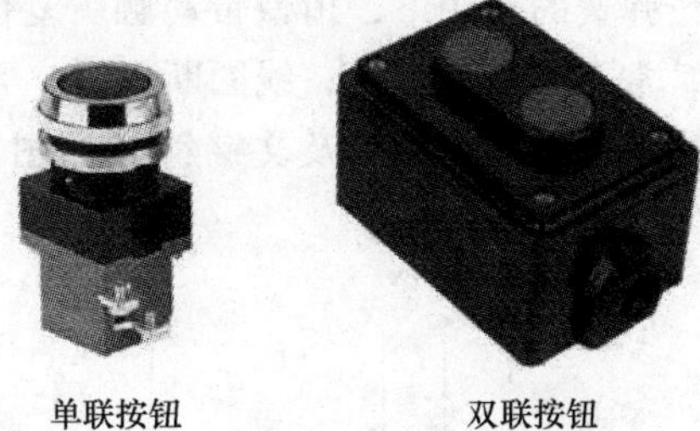

图6-30　按钮外形

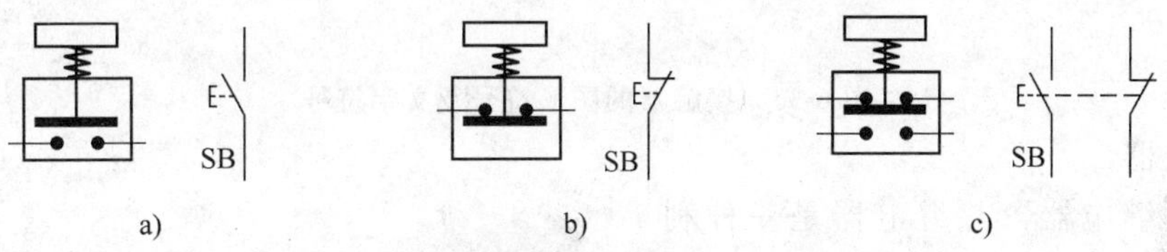

图6-31　按钮的外形、结构示意图及符号
a）常开按钮　b）常闭按钮　c）复合按钮

4. 接触器

接触器是一种频繁地接通和断开大电流电路的自动切换电器，具有低电压释放保护功能，主要用于控制电动机、电热设备、电焊机等。接触器触头按通过电流的大小分为主触头和辅助触头。主触头可通断大电流，如电动机的电流；辅助触头只能用于小电流电路，如控制电路。接触器触头按线圈未通电时的状态分为常开触头和常闭触头。接触器按主触头通过的电流种类可分为交流接触器和直流接触器。交直流接触器的工作原理类似，下面以交流接触器为例来介绍其工作原理。

交流接触器的外形及结构示意图如图6-32所示。一般交流接触器有三对主触头（常开触头）、四对辅助触头（两对常开触头、两对常闭触头）。其工作原理是：当接触器线圈通电时，铁心产生磁场并吸引衔铁闭合，衔铁带动触头动作（闭合或打开）；当线圈断电时，

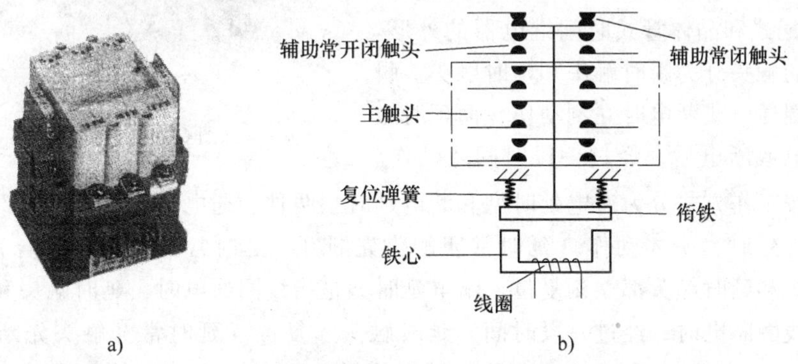

图6-32　交流接触器的外形及结构示意图
a）外形　b）结构示意图

在复位弹簧的作用下，衔铁带动触头复位。需注意的是：接触器在线圈通电时，常闭触头先断开，常开触头后闭合；线圈断电时，常开触头先复位（断开），常闭触头后复位（闭合）。

接触器的图形符号及文字符号如图 6-33 所示。常用的交流接触器型号有 CJ10、CJ20、CJX1 等系列。

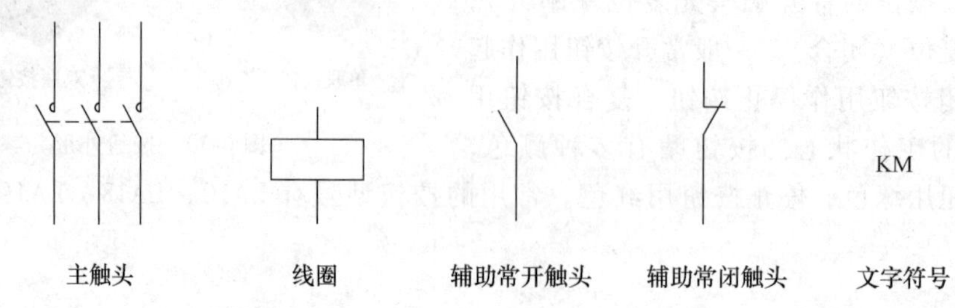

图 6-33　接触器的图形符号及文字符号

5. 继电器

(1) 热继电器　热继电器是一种利用电流热效应原理工作的电器，主要用于对连续运行的电动机进行过载保护。热继电器的外形及符号如图 6-34 所示。热继电器的主要部件是双金属片和绕在双金属片外面的热元件，热元件由电阻丝组成，工作时将热元件与电动机串联。当电动机过载时，过大的电流产生热量，使双金属片产生较大弯曲，从而使热继电器的常闭触头动作，断开控制电路，以达到保护电动机的目的。常用的热继电器的型号有 JR16、JR20、JR36 等系列。

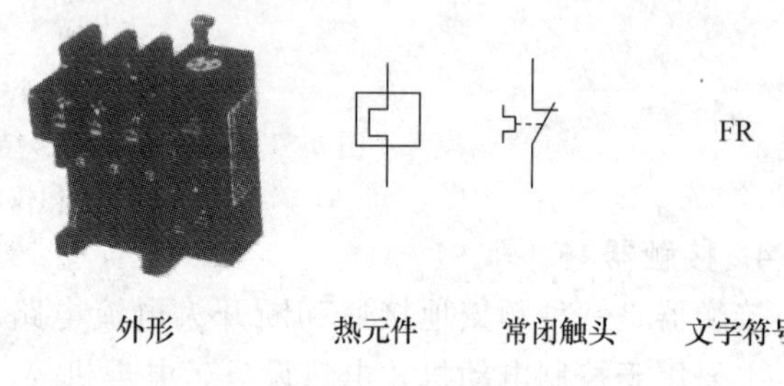

图 6-34　热继电器的外形及符号

(2) 时间继电器　时间继电器是一种得到外界信号后，延时一定时间才动作的电器。时间继电器的种类很多，主要有空气阻尼式（也叫气囊式）、电磁式、电动式、晶体管式等。图 6-35 为空气阻尼式和晶体管式时间继电器的外形。时间继电器的触头分为瞬时触头和延时触头。瞬时触头在线圈通电或断电时立刻动作，而延时触头在线圈通电或断电后，经过一段时间才动作。时间继电器按工作方式分为通电延时型和断电延时型两种。通电延时型是指线圈通电时，经过一段时间，延时触头才动作（延时常闭触头先断开，延时常开触头后闭合）；线圈断电时，瞬时触头和延时触头都立刻复位。断电延时型是指线圈通电时，延时触头和瞬时触头都立刻动作；线圈断电时，经过一段时间，延时触头才复位（延时常开触头先断开，延时常闭触头后闭合）。图 6-36 为时间继电器的图形符号及文字符号。常用的时间继电器型号有 JS7-A、JS20 系列。

空气阻尼式　　晶体管式

图 6-35　时间继电器

(二) 三相异步电动机全压起动控制电路

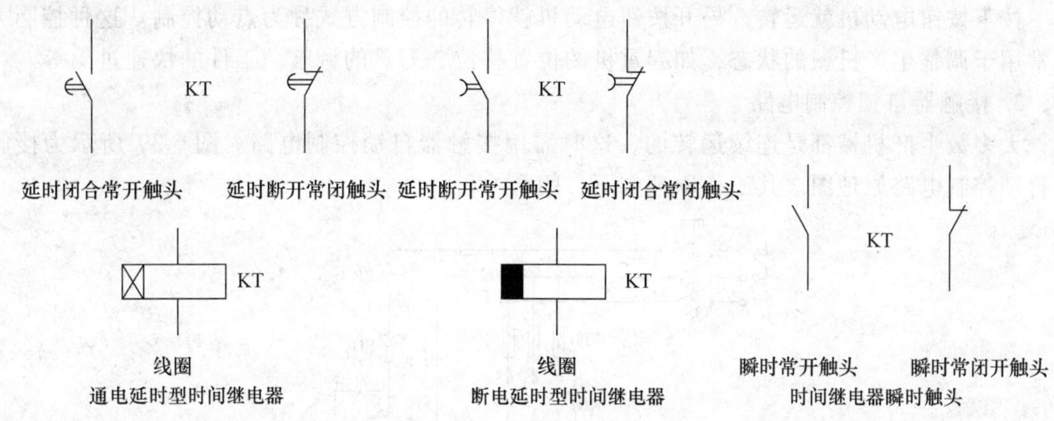

图 6-36　时间继电器的图形符号及文字符号

1. 手动控制电路

图 6-37 为低压断路器直接控制三相异步电动机起动的控制电路。其工作原理是：当闭合低压断路器 QF 时，电动机接通电源开始运转；当断开 QF 时，电动机断开电源停转。图中低压断路器也可改为转换开关或负荷开关。这类控制电路电器元件少、电路简单，但操作不方便也不安全，且不能进行自动控制，只能用于不频繁起动小容量电动机。实际生产中，应用较多的是由按钮和接触器组成的控制电路。

2. 点动控制电路

如图 6-38 所示为点动控制电路原理图。它是由按钮和接触器组成的最简单、最基本的控制电路，图中熔断器对电路起短路保护作用。

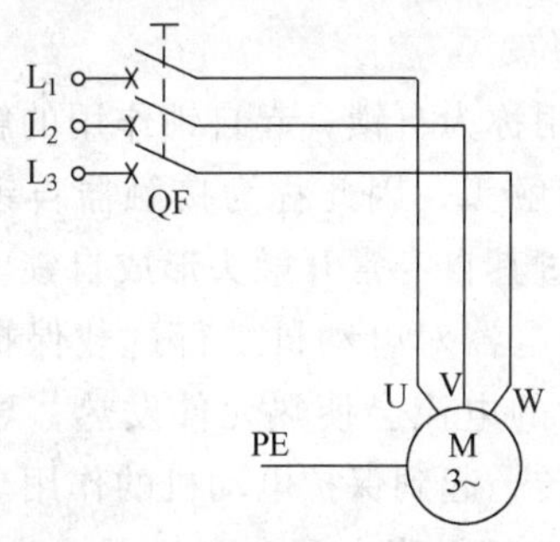

图 6-37　低压断路器直接起动控制电路原理图

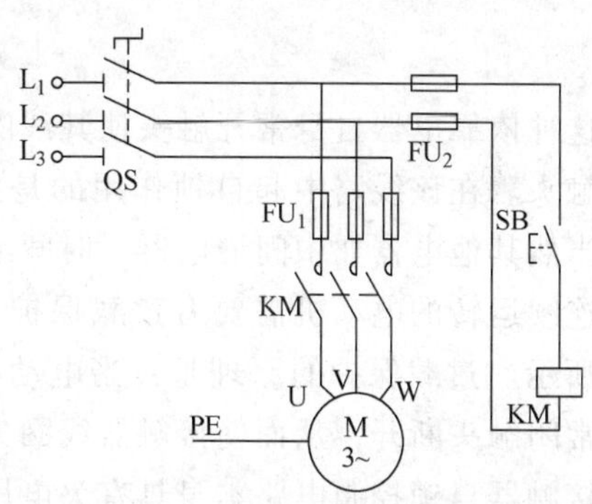

图 6-38　点动控制电路原理图

点动控制电路工作原理如下：

先闭合电源开关 QS，起动时，按下按钮 SB，接触器 KM 线圈得电，产生磁场吸引衔铁闭合，衔铁带动主触头闭合，电动机 M 通电运行；停止时，松开按钮 SB，接触器 KM 线圈断电，衔铁在复位弹簧的作用下使主触头断开，电动机断电停转，最后不再使用时，要断开 QS。一般叙述工作原理时，采用简单的文字和符号以及箭头（箭头方向表示信号传递的方向）来表达。描述如下：闭合 QS，

起动：按下 SB ⟶KM 线圈得电⟶KM 主触头闭合⟶M 得电运转

停止：松开 SB ⟶KM 线圈失电⟶KM 主触头断开（复位）⟶M 失电停转

不使用时，断开 QS。

按下按钮电动机就运转，松开按钮电动机就停转的控制方式称为点动控制。这种控制方式常用于调整生产机械的状态，如起重机的位置移位、刀具的调整、工件的快速进给等。

3. 接触器自锁控制电路

大多数生产机械都是连续运转的，这时需用接触器自锁控制电路。图 6-39 所示为接触器自锁控制电路原理图。其工作原理如下：闭合 QS，

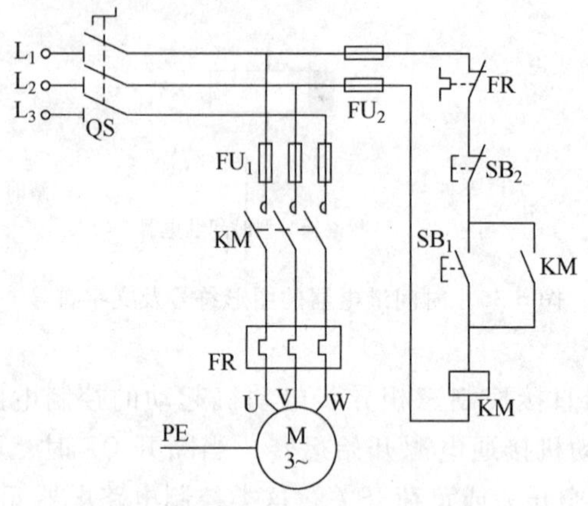

图 6-39 接触器自锁控制电路原理图

起动：按下 SB_1→KM 线圈得电→KM 主触头闭合→M 得电连续运转

└→KM 常开辅助触头闭合（形成自锁）

停止：按下 SB_2→KM 线圈失电→KM 主触头断开→M 失电停转

└→KM 自锁触头复位

这种依靠电器自身常开触头使其线圈保持通电的作用称为自锁，起自锁作用的触头称为自锁触头。在该线路中起自锁作用的是接触器常开辅助触头，因此称为接触器自锁控制电路。当然其他电器如中间继电器、时间继电器等也可通过其自身常开触头形成自锁。

连续运转的电动机需要有过载保护，一般采用热继电器对电动机进行过载保护，如图 6-39 所示。过载保护的原理是：当电动机过载时，过大的电流会使热元件发热，导致热继电器常闭触头断开，从而使接触器线圈失电，电动机停转，起到保护电动机的作用。

接触器自锁控制电路本身具有欠电压和失电压保护功能。当电网电压过低或失电压时，接触器的衔铁在复位弹簧的作用下会使主触头断开，从而使电动机断电停转；当电压恢复正常后，电动机不能自行起动，需按下起动按钮，电动机才能再次起动。该功能可防止机床自行起动发生意外事故。

4. 三相异步电动机（接触器联锁）正反转控制电路

当需要三相异步电动机反转时，就要用正反转控制电路。图 6-40 为三相异步电动机接触器联锁正反转控制电路。图中接触器 KM_1 闭合时，连接关系为 L_1—U、L_2—V、L_3—W，接触器 KM_2 闭合时，连接关系为 L_1—W、L_2—V、L_3—U。这样用两个接触器 KM_1 和 KM_2 就可以改变电动机定子绕组相序，从而实现电动机正反转控制。由图可知，如果接触器 KM_1 和 KM_2 同时闭合，会造成电源相线 L_1 与 L_3 短路。因此，要求这两个接触器，当一个接触器工作（得电）时，另一个接触器不能工作（得电）。这种当一个电器得电动作时，通

过其常闭触头使另一个电器不能得电动作的相互制约机制称为联锁，又叫做互锁。其工作原理如下：闭合 QS，正转控制：

起动：按下 SB_1→KM_1 线圈得电
- →KM_1 辅助常闭触头先断开，对 KM_2 联锁
- →KM_1 主触头闭合→M 得电连续正转
- →KM_1 自锁触头形成自锁

停止：按下 SB_3→KM_1 线圈失电
- →KM_1 主触头断开→M 失电停转
- →KM_1 自锁触头复位
- →KM_1 联锁触头复位，为 KM_2 得电做准备

由正转变为反转时，需先按下停止按钮 SB_3，再按下反转按钮 SB_2，原理如下：

起动：按下 SB_2→KM_2 线圈得电
- →KM_2 常闭辅助触头先断开，对 KM_1 联锁
- →KM_2 主触头闭合→M 得电连续反转
- →KM_2 自锁触头形成自锁

停止：按下 SB_3→KM_2 线圈失电
- →KM_2 主触头断开→M 失电停转
- →KM_2 自锁触头复位
- →KM_2 联锁触头复位，为 KM_1 得电做准备

反转变为正转时，也需先按下停止按钮 SB_3，再按下正转按钮 SB_1。

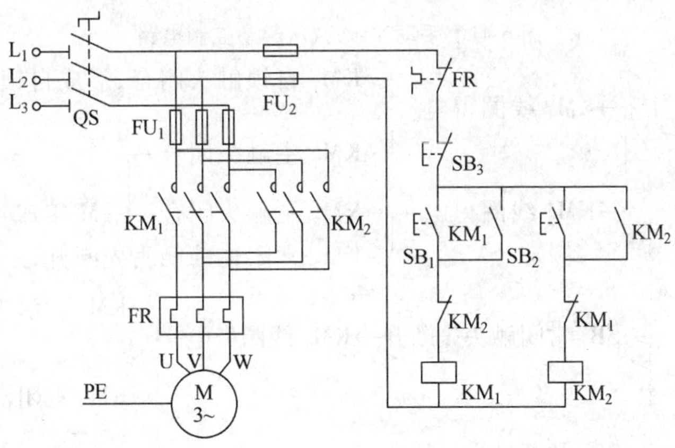

图 6-40　接触器联锁正反转控制电路

（三）三相异步电动机丫-△减压起动控制电路

三相异步电动机起动电流很大，为额定电流的 4 ~7 倍。当电动机功率较大时，起动电流会使电网电压明显降低，影响电网上其他设备的正常运行。因此大容量电动机在起动时，需要减小它的起动电流。大容量电动机常采用减压起动的方法来减小起动电流。三相异步电动机常用的减压起动方法有四种，分别是定子绕组串电阻（或电抗）减压起动、自耦变压器（补偿器）减压起动、星形-三角形（丫-△）减压起动和延边三角形减压起动。其中丫-△减压起动所用设备少、成本低、电路简单可靠、维修方便，在实际生产中应用较多。丫-△减压起动的方法是：三相异步电动机起动时定子绕组先接成星形联结，当转速接近额定转速时再改接成三角形联结，使电动机全压运行。电动机丫-△减压起动时，加在每相定子绕

组上的起动电压为三角形联结的 $1/\sqrt{3}$，起动电流为三角形联结的 1/3，起动转矩也是三角形联结的 1/3 ，所以这种减压起动方法只适用于轻载或空载起动，不适合满载起动。

小贴士 丫-△减压起动只适用于正常运行时定子绕组为三角形联结的电动机。

图 6-41 为手动丫-△减压起动控制电路，其工作原理如下：闭合 QS，

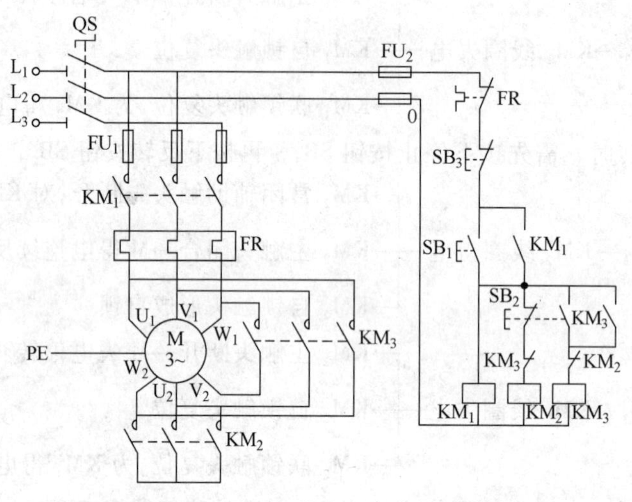

图 6-41　手动丫-△减压起动控制电路

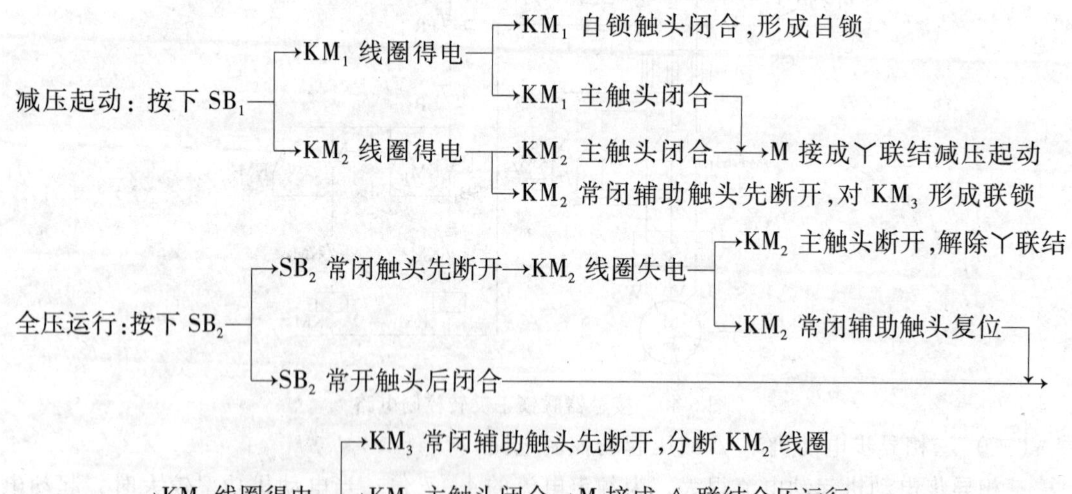

→KM_3 线圈得电→KM_3 常闭辅助触头先断开，分断 KM_2 线圈
→KM_3 主触头闭合→M 接成 △ 联结全压运行
→KM_3 自锁触头闭合

停止时，按下 SB_3，KM_1、KM_3 线圈都断电，电动机失电停转。

需要注意的是，KM_1 主触头闭合时，如果 KM_2 与 KM_3 同时得电，将会造成三相电源短路事故。为了避免 KM_2 与 KM_3 同时得电，在它们各自线圈回路互串对方接触器的辅助常闭触头，这种控制方式称为联锁。

（四）钳形电流表

钳形电流表使用方便，可以不断开被测电路，直接测量电路中的电流。有些钳形电流表还可以测量电压和电阻。钳形电流表实质上是一种配有电流互感器的电流表，其外形如图 6-42 所示。它的铁心可以开、合，测量时张开铁心，将被测导线套进铁心中心，再闭合铁心。这根导线便成为电流互感器的一次绕组。二次绕组与电流表连接成闭合回路，经过变换后，可在电流表上直接读出被测电流的大小。

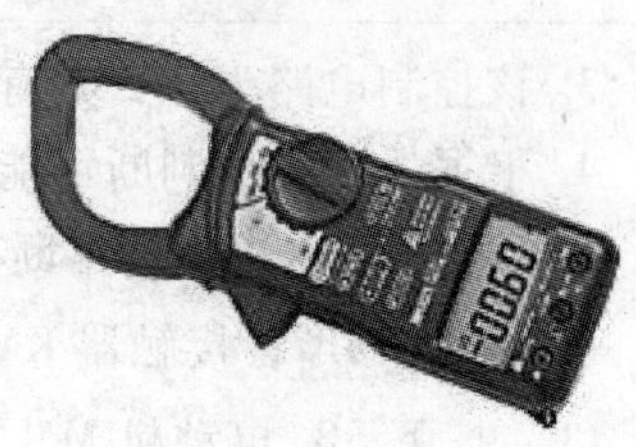

图 6-42　钳形电流表外形

钳形电流表测量交流电流的方法：

1）测量前，应先检查钳形铁心的橡胶绝缘是否完好无损，钳口应清洁、无锈，闭合后无明显的缝隙。如果指针不在电流零位上，还要进行机械调零。

2）测量前应先估计被测电流的大小，选择适当量程。如不清楚被测对象的大小，应先选最大量程试测，然后根据测量数值选择合适的量程。

3）当使用最小量程测量，其指针转动也不明显时，可将被测导线多绕几匝进行测量，匝数要以钳口中央的根数为准，其实际电流值应为仪表读数除以放进钳口内的导线根数。

4）测量时，应使被测导线处于钳口中央，并使钳口闭合紧密，以减少误差。

5）测量完毕，要将量程开关放到最大量程处。

三、训练步骤

1）首先检测所有元器件的好坏，然后按元器件布置图，将元器件安装在控制板上。

2）按图 6-41 所示电路进行接线，完成后需经指导教师检查。

3）检查无误，进行通电操作：先去掉主熔断器的熔体，只接通控制电路进行测试；测试正常，方可安装主熔断器熔体，连接电动机进行测试。

4）按下 SB_1，电动机丫联结起动，使用钳形电流表测量三相异步电动机起动电流或在电动机定子电路串入交流电流表进行测量，将电流表最大读数填入表 6-6 中；待电动机接近额定转速时，按下 SB_2，电动机△联结全压运行，测量电动机的电流，填入表 6-6 中。按下 SB_3 电动机断电停转。

5）断开电动机接线，再次起动电路，拉闸断电，再送电，验证电路是否具有失电压保护功能。

6）指导教师在控制电路设置故障若干，让学生进行故障排除练习。

表 6-6　电流表读数

电动机起动时电流表最大读数/A	电动机全压运行时电流表读数/A

想一想

1. 起动时，直接按下 SB_2 电动机能否起动？

2. 用钳形电流表同时测量三相异步电动机两根相线的电流会有什么结果，同时测量三根呢？

3. 该控制电路为什么具有失电压保护功能？

4. 根据故障现象判断可能的故障点：

① 按下 SB_1 熔断器熔断。

② 按下 SB_1，接触器 KM_1、KM_2 不能得电。

③ 按下 SB_1 电动机 M 只能点动运行。

④ 按下 SB_2 后，电动机失电停转。

四、注意事项

1）要认真执行安全操作规程的有关规定。

2）通电试机时，需一人监护，一人操作；通电过程中若遇到异常情况应立即断电检查。

3）不允许带电接线或更改电路。

4）排除故障时，不可用万用表欧姆挡带电检查；需带电检查故障时，一定要做好监护工作。

5）电动机必须可靠接地。

项目七　延时开关的制作与调试

7

项目描述

在前面的学习中我们知道了直流电和正弦交流电，那么电路中的电压和电流是不是只有这两种形式呢？不是的，非正弦交流电就不属于这两种形式了。在本项目将介绍非正弦交流电的基本知识、分析与计算方法。并通过项目能力训练——延时开关电路的安装与调试来巩固和检测读者对本项目知识点的掌握情况。

知识目标

1. 了解桥式整流电路的工作原理。
2. 了解非正弦交流电的概念与非正弦交流电的谐波分解。
3. 掌握非正弦交流电的有效值与平均功率的计算。
4. 了解滤波的概念。
5. 理解电路稳态与动态的概念，了解电路的过渡过程。
6. 掌握换路定律的应用，了解 *RC* 和 *RL* 串联动态电路分析方法。
7. 掌握分析一阶线性电路过渡过程的三要素法。

能力目标

1. 学会用示波器观测或电路仿真软件 Multisim 仿真观测非正弦交流电。
2. 会按电路制作与调试延时开关电路。

任务1　认识整流电路

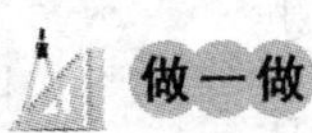

1. 利用 Multisim 仿真软件仿真如图 7-1a 所示电路，调节开关 J 的位置，观察灯泡的发光情况。开关在什么位置时灯泡会发光？原因是什么？

2. 利用 Multisim 仿真软件仿真如图 7-1b 所示电路，用示波器分别观察 a 点、b 点的波形。两点的波形一样吗？

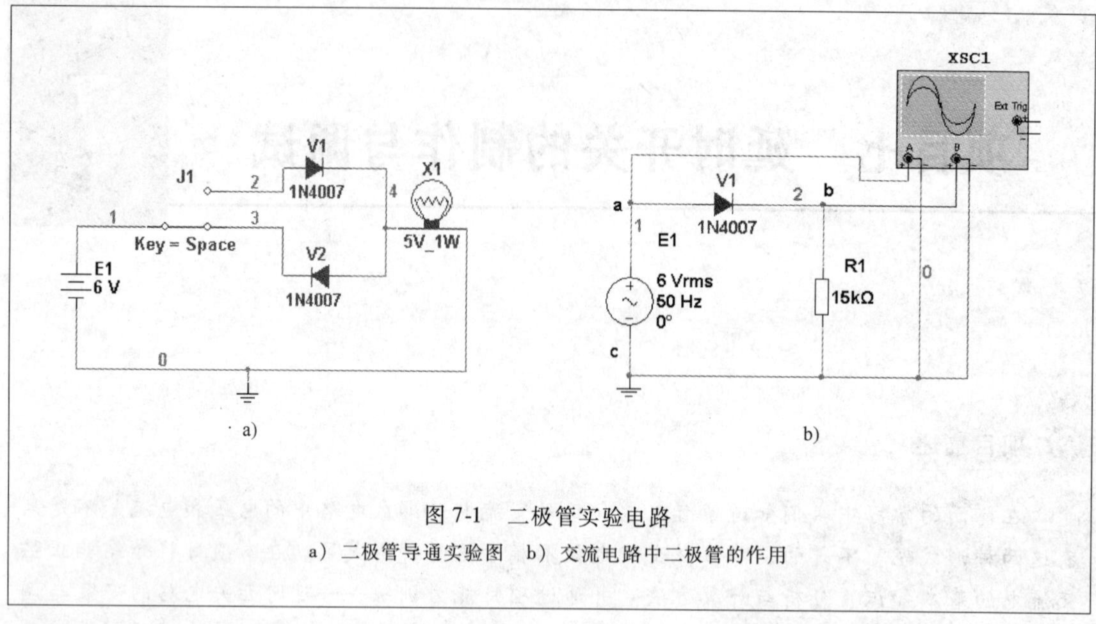

图 7-1　二极管实验电路

a）二极管导通实验图　b）交流电路中二极管的作用

知识链接

一、桥式整流电路

（一）单相桥式整流电路

利用二极管的单向导电性可以将交流电转换为直流电，这一过程称为整流，这种电路称为整流电路。

单相桥式整流电路如图 7-2 所示，该电路能将交流电变成脉动直流电。

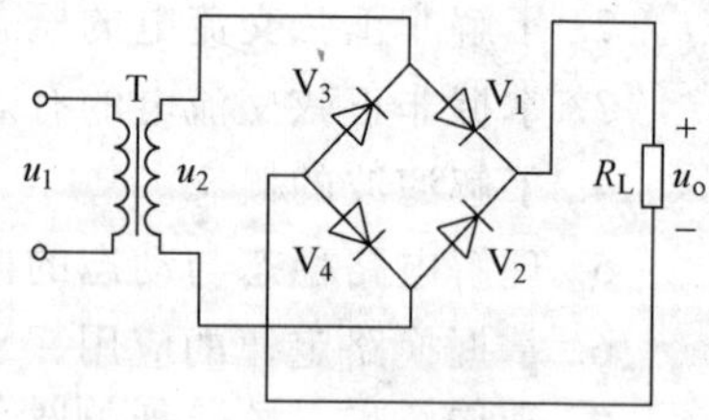

图 7-2　单相桥式整流电路

图 7-2 中，T 表示电源变压器，作用是将交流电网电压 u_1 变成合适的交流电压 u_2；R_L 是负载电阻；4 只整流二极管 $V_1 \sim V_4$ 依次接成电桥形式，故称桥式整流电路。

小贴士　在实际应用中，单相桥式整流电路可以用四个独立的整流二极管实现，也可以用集成器件“桥堆”来实现，如图 7-3 所示。图 7-4 为单相桥式整流电路的简化画法。

图 7-3　桥堆

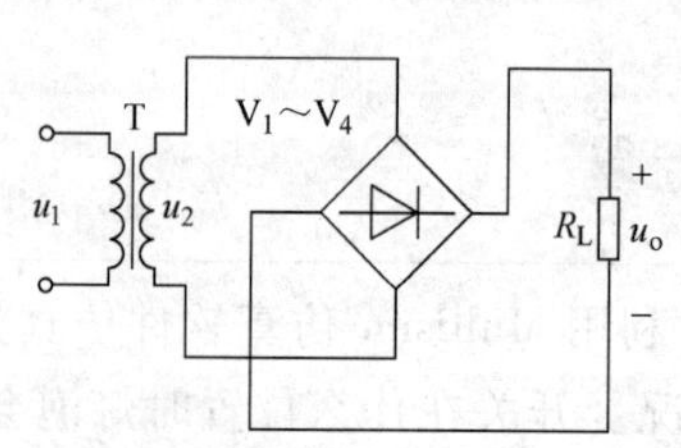

图 7-4　单相桥式整流电路的简化画法

（二）工作原理

单相桥式整流电路波形如图7-5所示，在 u_2 的正半周，即 $u_2>0$ 时，V_1、V_4 导通，V_2、V_3截止，故有图示 i_{V1}（i_{V4}）的波形；同样，在 u_2 的负半周，即 $u_2<0$ 时，V_2、V_3 导通，V_1、V_4 截止，故有电流 i_{V2}（i_{V3}）。

可见在 u 的正、负半周均有电流流过负载电阻 R_L，且电流方向一致，综合得到 u_O（i_O）的波形。

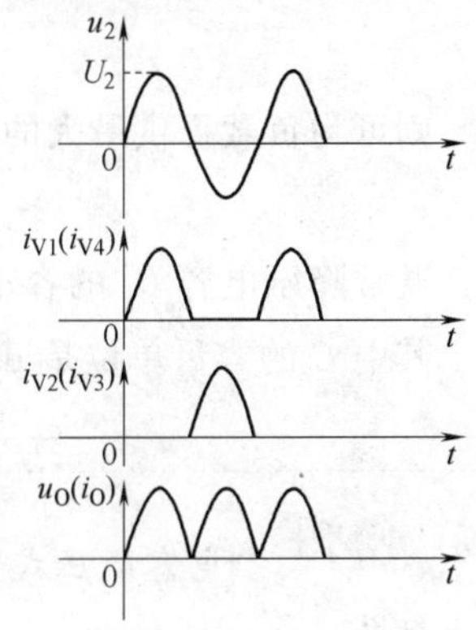

图7-5　单相桥式整流电路的波形

（三）相关计算

输出电压平均值为　$U_O=0.9U_2$

输出电流平均值为　$I_O=\dfrac{U_O}{R_L}=\dfrac{0.9U_2}{R_L}$

流过二极管的平均电流为　$I_V=\dfrac{I_O}{2}$

二极管承受的最大反向电压为　$U_{RM}=\sqrt{2}U_2$

桥式整流电路的特点是输出电压的直流成分高，脉冲成分低，每只整流二极管所承受的最大反向电压较小，变压器的利用效率高，因此被广泛使用。

二、电容降压电路

将220V交流电转换为低压直流电的常规方法是采用变压器降压后再整流滤波，当电路受体积和成本等因素限制时，最简单实用的方法就是采用电容降压电路。

（一）电路原理

电容降压式简易电源的基本电路如图7-6所示，C_1 为降压电容器，R_1 为关断电源后 C_1 的电荷泄放电阻。整流后未经稳压的直流电压一般会高于30V，并且会随负载电流的变化发生很大的波动，这是因为此类电源内阻很大，所以不适合大电流供电的电路。

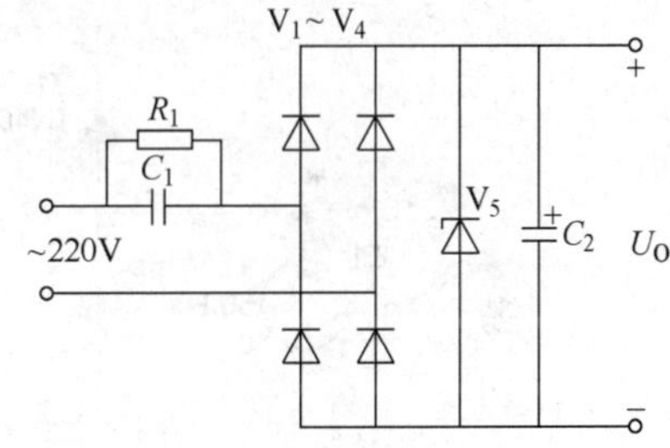

图7-6　电容降压式简易电源的基本电路

（二）器件选择

1）电路设计时，应先测定负载电流的准确值，然后来选择降压电容器的容量。因为通过降压电容 C_1 向负载提供的电流 I_O，实际上是流过 C_1 的充放电电流 I_C。C_1 容量越大，容抗 X_C 越小，则流经 C_1 的充、放电电流越大。当负载电流 I_O 小于 C_1 的充放电电流时，多余的电流就会流过稳压二极管，若稳压二极管的最大允许电流 I_{dmax} 小于 (I_C-I_O) 时易造成稳压管烧毁。

2）为保证 C_1 可靠工作，其耐压值选择应大于两倍的电源电压。

3）泄放电阻 R_1 的选择必须保证在要求的时间内泄放掉 C_1 上的电荷。

（三）应用举例

例7-1　已知电容降压式电源电路中 C_1 为0.33μF，交流输入为220V/50Hz，求电路可提供的电流 I_O。

解：C_1 在电路中的容抗 X_C 为

$$X_C = \frac{1}{2\pi fc} = \frac{1}{2\times 3.14\times 50\times 0.33}\times 10^6\Omega \approx 9.65\text{k}\Omega$$

流过电容 C_1 的最大电流（I_C）为

$$I_C = \frac{U}{X_C} = \frac{220}{9.65}\text{mA} \approx 23\text{mA}$$

则可为负载提供最大的电流 I_0 为

$$I_0 = I_C = 23\text{mA}$$

通常降压电容 C_1 的容量与负载电流 I_0 的关系可近似认为 $C = 14.5I_0$。其中 C 的容量单位是 μF，I_0 的单位是 A。

小贴士 电容降压式电源是一种非隔离电源，在应用上要特别注意绝缘防护，以防止触电。

三、观测整流电压

利用 Multisim 仿真软件仿真如图 7-7 所示电路，设置交流电源 E1 的参数值，使其输出电压为 12V，频率为 50Hz，示波器 A 通道连接 ab 两点，B 通道连接 cd 两点，观察两处电压波形。

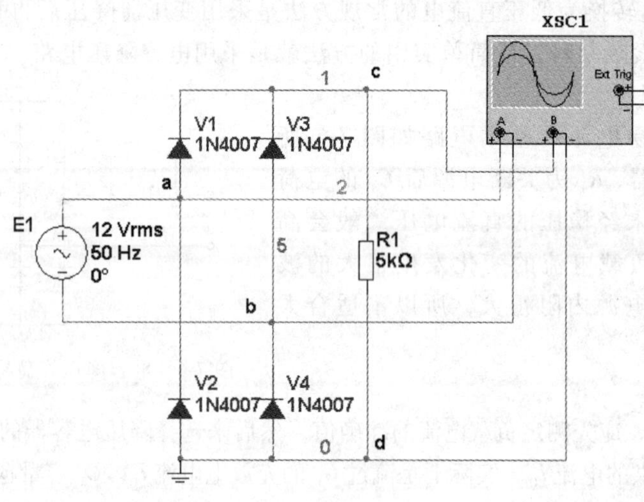

图 7-7　整流电路

知识测评

填空题

1. 利用二极管的________可以将______转换为______，这一过程称为______，这种电路称为______。

2. 单相桥式整流电路输出电压平均值 U_0 与变压器二次电压 U_2 的关系式为______。

3. 二极管最重要的特性就是________。在电路中，电流只能从二极管的________流入，________流出。

4. 在单相桥式整流电路中，若有一个二极管虚焊（断路），整流电路会变成________。

若有一个二极管方向接反，整流电路会出现________。

5. 在单相桥式整流电路中，二极管承受的最大反向电压为________。

6. 电容降压式电源是一种________电源，在应用上要特别注意绝缘结构防护，防止触电。

任务 2　分析非正弦交流电路

1. 利用 Multisim 仿真软件仿真如图 7-8 所示电路，改变交流电源 E1 的参数值，使其输出电压为 315V，频率为 10Hz，用示波器观察电压波形，显示的是什么波形？

2. 利用 Multisim 仿真软件仿真如图 7-9 所示电路，在图 7-8 电路基础上串联交流电源 E2，设置 E2 的电压为 105V，频率为 30Hz。用示波器观察两个交流电源电压叠加后的波形，是完整的正弦波形吗？

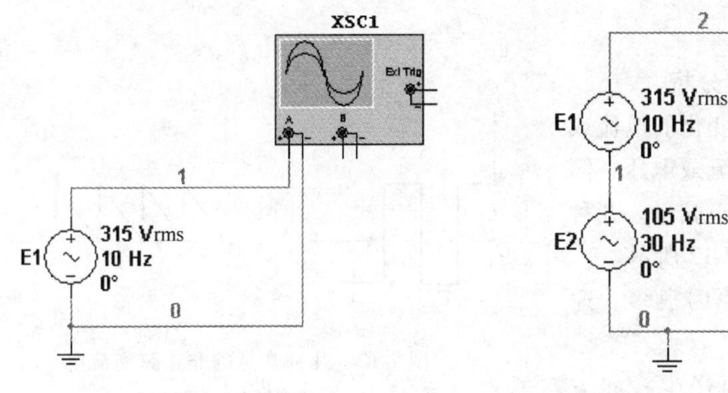

图 7-8　单个交流信号的波形

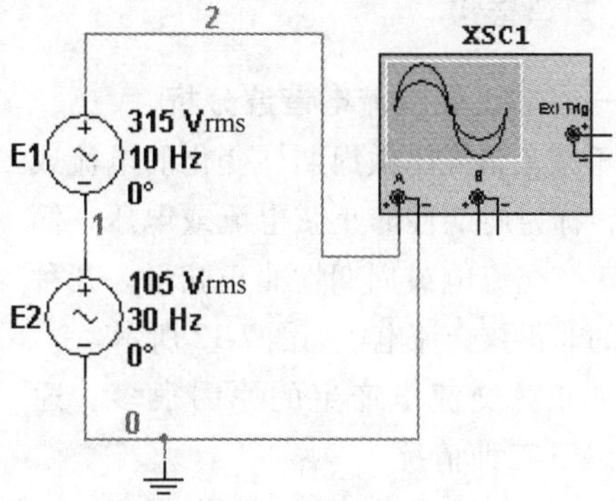

图 7-9　两个交流信号相叠加

3. 利用 Multisim 仿真软件仿真如图 7-10 所示电路，再次串联接入交流电源 E3，

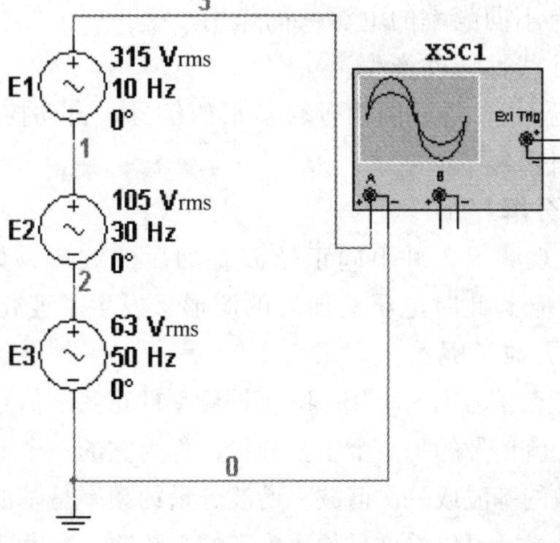

图 7-10　三个交流信号相叠加

设置 E3 的电压为 63V，频率为 50Hz。用示波器观察三个交流电源电压叠加后的波形，波形发生了哪些变化？所测得的波形和图 7-11 所示一样吗？

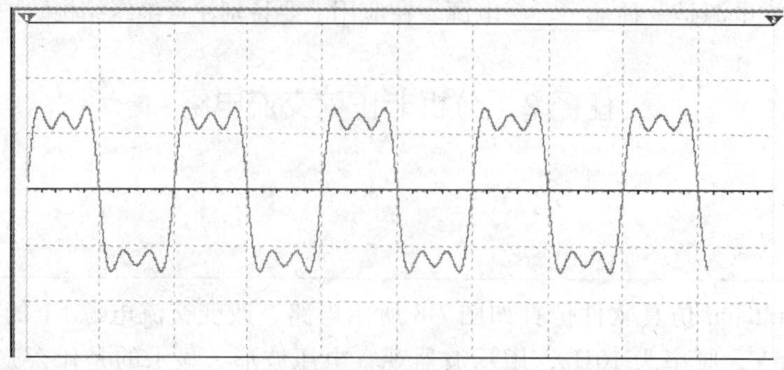

图 7-11　三个交流信号叠加后的波形

知识链接

一、非正弦交流电谐波分析

不按正弦规律做周期性变化的电流或电压，称为周期性非正弦电流或电压，简称非正弦交流电或周期性非正弦量。几种常见的非正弦交流电，如图 7-12 所示。

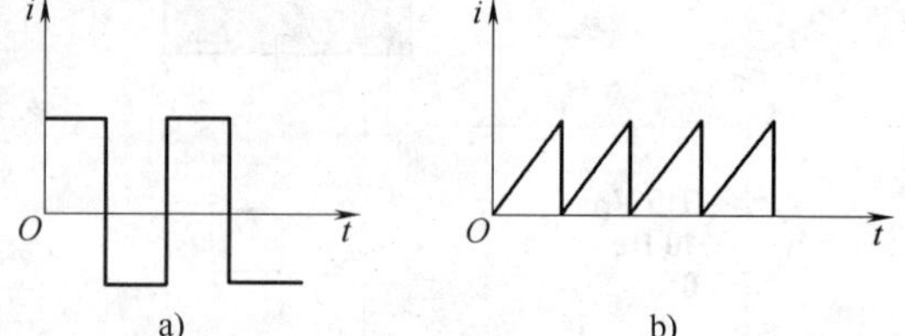

图 7-12　几种常见的非正弦交流电

a）方波　b）锯齿波

非正弦交流电产生的原因很多，通常有以下三种情况：

1）由非正弦交流电源产生。如方波发生器、锯齿波发生器等脉冲信号源，输出的电压就是非正弦周期电压。

2）由同一个电路中有不同频率的电源共同作用产生。

3）由电路中存在的非线性元件产生。

在通信技术中，由语音、音乐、图像等转换来的信号，自动控制及电子计算中用的脉冲信号，有很多都是非正弦信号。

二、非正弦交流电的分解

我们在“做一做”中观测了 3 种不同正弦波叠加后的波形，如果再串联两个正弦交流电源如图 7-13 所示。可以看到此时电压叠加后的波形又发生了变化，如图 7-14 所示。那么，这时的波形是不是很接近方波了呢？

在分析一个周期性非正弦信号时，可用一些不同频率的正弦波信号叠加后来等效，这一个过程称为谐波分析。非正弦交流信号的每一个正弦分量，称为它的一个谐波分量。频率与非正弦波频率相同的，称为非正弦波的基波或一次谐波，谐波分量的频率是基波的几倍，就称它为几次谐波。非正弦波含有的直流分量，可以看做是频率为零的正弦波，称为零次谐波。

非正弦交流电用谐波分量表示的一般形式为

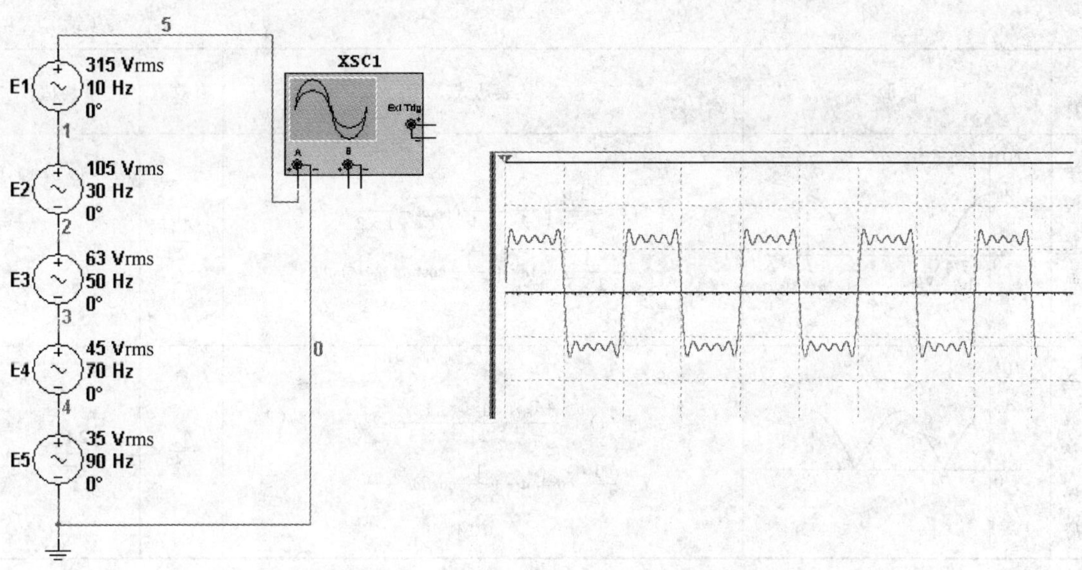

图 7-13　五个交流信号相叠加　　　　图 7-14　五个交流信号叠加后的波形

$$f(t)=A_0+A_{1m}\sin(\omega t+\varphi_1)+A_{2m}\sin(2\omega t+\varphi_2)+\cdots+A_{km}\sin(k\omega t+\varphi_k)$$

式中　A_0——零次谐波（直流分量）；

$A_{1m}\sin(\omega t+\varphi_1)$——基波（交流分量）；

$A_{2m}\sin(2\omega t+\varphi_2)$——二次谐波（交流分量）；

$A_{km}\sin(k\omega t+\varphi_k)$——$k$ 次谐波（交流分量）。

谐波分析就是根据一个已知的波形信号，求出它所包含的多次谐波分量，并用谐波分量表示。表 7-1 给出了几种周期性非正弦量的波形及谐波分量表达式。

表 7-1　几种周期性非正弦量的波形及谐波分量表达式（表达式中　$\omega=\frac{2\pi}{T}$）

名称	波形	表达式	有效值	平均值
三角波	$f(t)$, A_m, 0, $T/2$, T, t	$f(t)=\frac{8A_m}{\pi^2}\left(\sin\omega t-\frac{1}{9}\sin3\omega t+\frac{1}{25}\sin5\omega t+\cdots\right)$	$\frac{A_m}{\sqrt{3}}$	$\frac{A_m}{\pi}$
矩形波	$f(t)$, A_m, 0, $T/2$, T, t	$f(t)=\frac{4A_m}{\pi}\left(\sin\omega t+\frac{1}{3}\sin3\omega t+\frac{1}{5}\sin5\omega t+\cdots\right)$	A_m	A_m

（续）

名称	波形	表达式	有效值	平均值
半波整流波		$f(t)=\frac{2A_m}{\pi}\left(\frac{1}{2}+\frac{\pi}{4}\cos\omega t-\frac{1}{1\times3}\cos2\omega t-\frac{1}{3\times5}\cos4\omega t+\frac{1}{5\times7}\cos6\omega t-\cdots\right)$	$\frac{A_m}{2}$	$\frac{A_m}{\pi}$
全波整流波		$f(t)=\frac{4A_m}{\pi}\left(\frac{1}{2}-\frac{1}{1\times3}\cos2\omega t-\frac{1}{3\times5}\cos4\omega t-\frac{1}{5\times7}\cos6\omega t-\cdots\right)$	$\frac{A_m}{\sqrt{2}}$	$\frac{2A_m}{\pi}$

三、非正弦交流电路的计算

1. 有效值

周期性非正弦电流电的有效值与正弦交流电的有效值定义一样。即如果一个周期性非正弦交流电和一个直流电在相同时间内通过同一电阻时所消耗的能量相同，那么该直流电的数值就称为周期性非正弦电的有效值。

设周期性非正弦交流电的电流为

$$i=I_0+\sqrt{2}I_1\sin(\omega t+\varphi_1)+\sqrt{2}I_2\sin(2\omega t+\varphi_2)+\cdots$$

式中　I_0——直流分量；

I_1、I_2…——一次、二次…谐波的有效值。

由数学分析可得其有效值为

$$I=\sqrt{I_0^2+I_1^2+I_2^2+\cdots}$$

同理，若 $u=U_0+\sqrt{2}U_1\sin(\omega t+\varphi_1)+\sqrt{2}U_2\sin(2\omega t+\varphi_2)+\cdots$

则周期性非正弦交流电的电压有效值为

$$U=\sqrt{U_0^2+U_1^2+U_2^2+\cdots}$$

由此可知，周期性非正弦量的有效值等于它的各次谐波有效值平方和的平方根。

2. 平均值

周期性非正弦量的平均值等于它的波形在一个周期内的平均值，即

$$f_{av}=\frac{1}{T}\int_0^T|f(t)|\,dt$$

实际上，一个非正弦周期函数在一个周期内的平均值就等于它的零次谐波分量。因此，其平均值可按傅里叶级数展开后，求其恒定分量即可。

如果周期性非正弦量的波形是三角波、锯齿波、方波等用直线段组成的规则图形，可以用求面积平均值的方法来求平均值。

在波形与横轴所围成的面积中，横轴上方的面积称为正面积，横轴下方的面积称为负面积。如果在一个周期中，正、负面积相等，则该波形的平均值为零。例如正弦函数以及具有

奇函数对称波形的平均值全为零。但在工程技术中为了实际的需要，往往用到绝对平均值，即用非正弦量的绝对值求平均值，简称均绝值。如果电量的波形具有奇函数对称性，则可用半波来计算其绝对值的平均值。

3. 平均功率

周期性非正弦交流电通过负载时，负载消耗的功率，就是平均功率，又称为有功功率。周期性非正弦交流电路的平均功率与正弦交流电路的平均功率一样，等于瞬时功率在一个周期内的平均值。

设电路中电流、电压为

$$i = I_0 + \sqrt{2}I_1\sin(\omega t + \varphi_{i1}) + \sqrt{2}I_2\sin(2\omega t + \varphi_{i2}) + \cdots$$

$$u = U_0 + \sqrt{2}U_1\sin(\omega t + \varphi_{u1}) + \sqrt{2}U_2\sin(2\omega t + \varphi_{u2}) + \cdots$$

经过运算，其结果为

$$P = U_0I_0 + U_1I_1\cos\varphi_1 + U_2I_2\cos\varphi_2 + \cdots$$

式中　$P_0 = U_0I_0$——直流分量产生的平均功率；

$P_1 = U_1I_1\cos\varphi_1$——一次谐波产生的平均功率；

$P_2 = U_2I_2\cos\varphi_2$——二次谐波产生的平均功率；

φ_1、φ_2——一、二次谐波电压与电流的相位差。

上式表明，周期性非正弦交流电的平均功率等于各次谐波平均功率之和。

例 7-2　某电路电压为 $u = 50 + 60\sqrt{2}\sin(\omega t + 30°) + 40\sqrt{2}\sin(2\omega t + 10°)$ V，电流为 $i = 1 + 0.5\sqrt{2}\sin(\omega t - 20°) + 0.3\sqrt{2}\sin(2\omega t + 50°)$ A。求平均功率和电压、电流的有效值。

解： 平均功率为

$$P = U_0I_0 + U_1I_1\cos\varphi_1 + U_2I_2\cos\varphi_2 = 50 \times 1 + 60 \times 0.5\cos(30° + 20°) + 40 \times 0.3\cos(10° - 50°)\ \text{W} \approx 78.5\text{W}$$

电压、电流的有效值为

$$U = \sqrt{U_0^2 + U_1^2 + U_2^2} = \sqrt{50^2 + 60^2 + 40^2}\ \text{V} \approx 88\text{V}$$

$$I = \sqrt{I_0^2 + I_1^2 + I_2^2} = \sqrt{1^2 + 0.5^2 + 0.3^2}\ \text{A} \approx 1.16\text{A}$$

四、频谱

某信号函数以频率为横轴，以频率对应函数的幅值为纵轴所绘出的线段系称为该函数的频谱。

为了能直观地表明一个周期性非正弦量中各个谐波分量所占的比重，常采用频谱图表示法。在直角坐标系中以角频率 ω 为横轴，以振幅为纵轴，按频率的高低画出表示各次谐波振幅大小的线段，这些线段称为谱线。随角频率分布的图形称为振幅频谱图，简称为频谱图。

在周期性非正弦量的频谱图中，表示各次谐波幅值的谱线高低一般是不一样的，谱线越高，表示相应的谐波幅值越大，相应谐波对该周期性非正弦量的影响程度也越大，即该谐波所占的比重越大。

五、用电路仿真软件 Multisim 仿真

以信号发生器产生的三角波作为非正弦周期信号，进行傅里叶分析，分析步骤如下：

1）执行菜单命令 Simulate/Analysis/Fourier Analysis。

2）打开 Fourier Analysis 对话框。在 Sampling Options 区，设置傅里叶分析的基本参数，包括基频、分析的谐波次数、停止取样时间。也可单击右边的 Estimate 按钮，则程序会自动设置。在 Results 区，选择仿真结果的显示方式。

3）打开 Output 分页菜单，选定需分析的节点。

按 Simulate 按钮执行仿真。显示出傅里叶分析结果如图 7-15 所示。

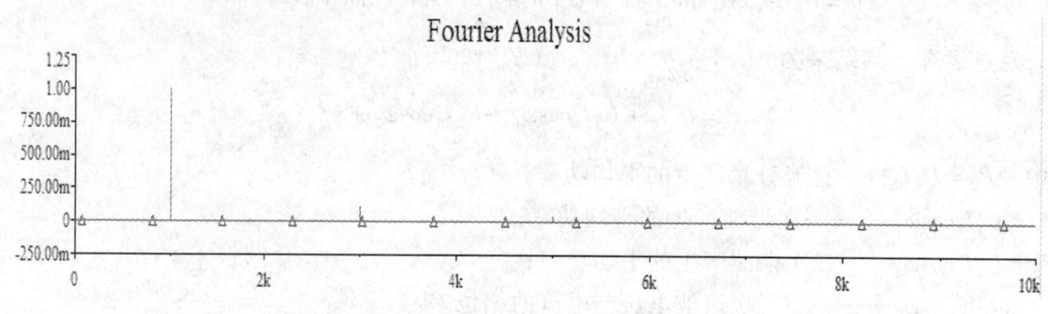

图 7-15　傅里叶分析结果

知识测评

填空题

1. 不按正弦规律做周期性变化的电流或电压，称为____________，简称________。

2. 非正弦交流电产生的原因通常有三种情况：

1）________________________________。

2）________________________________。

3）________________________________。

3. 非正弦交流信号的每一个正弦分量，称为它的一个________。

4. 周期性非正弦量的有效值等于____________。

5. 周期性非正弦交流电路的平均功率等于________。

6. 对某信号的函数以______为横轴，以各个频率对应函数的幅值为______所绘出的线段系称为该函数的______。

7. 为了能直观地表明一个周期性非正弦量中______所占的比重，常采用______表示法。

8. 在周期性非正弦量的频谱图中，表示各次谐波幅值谱线的高低一般是不一样的，谱线越高，表示________越大，对非正弦周期波形的影响程度也越______，即该谐波所占的比重越______。

任务3　认识滤波器

看一看

电源滤波器如图7-16所示，又名“电源EMI滤波器”，或是“EMI电源滤波器”，你知道它的功能吗？它可以对电源线中特定频率的频点或该频点以外的频率进行有效滤除，得到一个特定频率的电源信号，或消除一个特定频率后的电源信号。

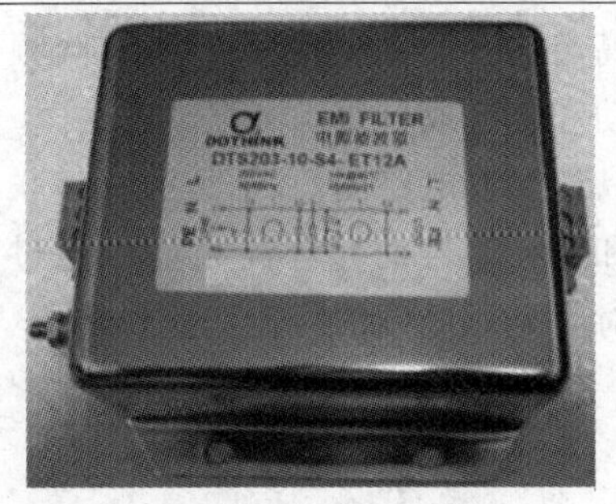

图7-16　电源滤波器

知识链接

滤波器是一种选频装置，可以使信号中特定的谐波分量通过，而极大地衰减其他谐波分量。在测试装置中，利用滤波器的这种选频作用，可以滤除干扰噪声或进行频谱分析，相当于频率“筛子”。

一、滤波器分类

滤波器可以分为四种：低通滤波器、高通滤波器、带通滤波器和带阻滤波器。

（一）低通滤波器

如图7-17所示，在频率0 ~ f_1时，其幅频特性平直，它可以使信号中低于f_1的频率成分几乎不受衰减地通过，而高于f_1的频率成分受到极大地衰减。低通滤波器可以用来滤除高频干扰信号。

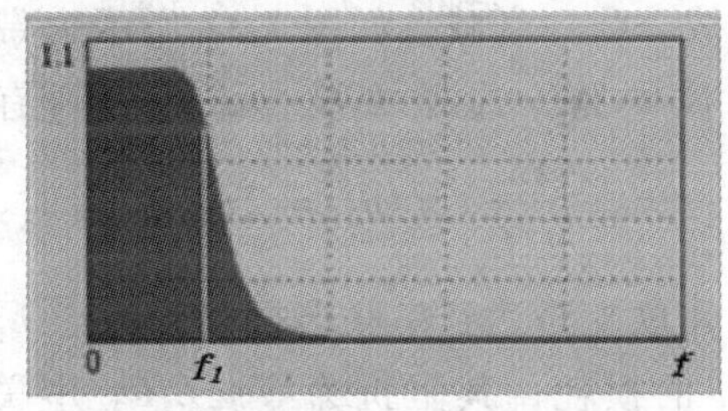

图7-17　低通滤波器幅频特性

低通滤波电路如图7-18所示。串联电感可以阻碍高频信号而允许直流和低频信号通过，并联电容则对高频信号起旁路作用。

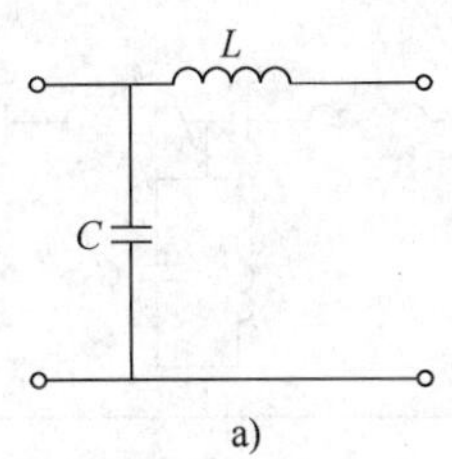

a)

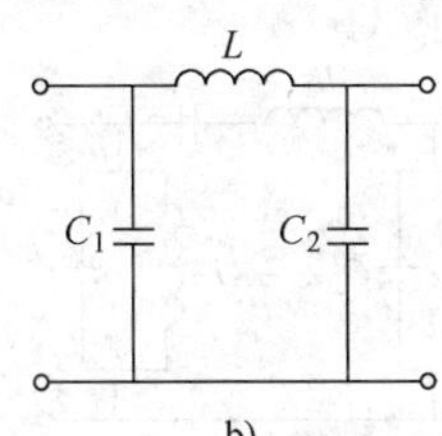

b)

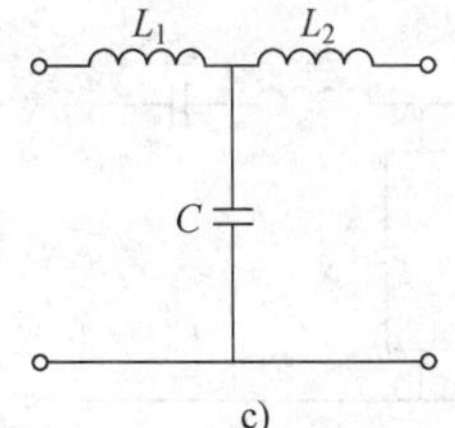

c)

图7-18　低通滤波电路

a）Γ型低通滤波器　b）π型低通滤波器　c）T型低通滤波器

（二）高通滤波器

如图 7-19 所示，与低通滤波相反，在频率 $f_1 \sim \infty$ 时，其幅频特性平直。它使信号中高于 f_1 的频率成分几乎不受衰减地通过，而低于 f_1 的频率成分将受到极大地衰减。

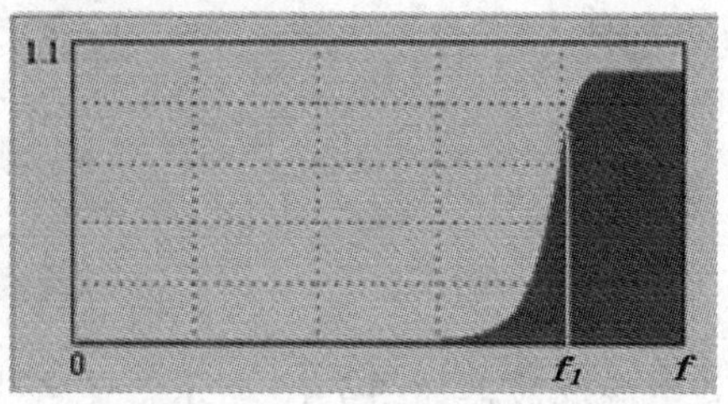

图 7-19　低通滤波器幅频特性

高通滤波器主要应用于抑制低频干扰、电源脉动和直流成分等。

高通滤波电路图 7-20 所示。串联电容阻碍直流和低频信号而允许高频信号通过，并联电感则对直流和低频信号起旁路作用。

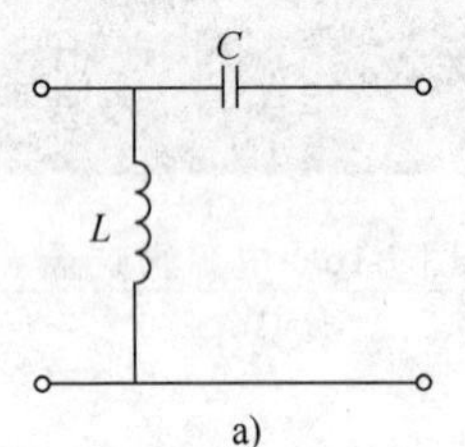

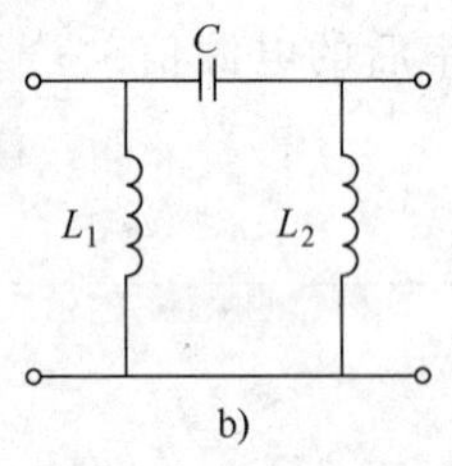

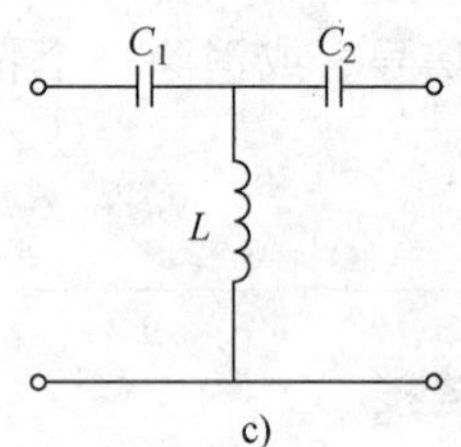

图 7-20　高通滤波电路

a）Γ 型高通滤波器　b）π 型高通滤波器　c）T 型高通滤波器

（三）带通滤波器

如图 7-21 所示，带通滤波器的通频带为 $f_1 \sim f_2$。它使信号中高于 f_1 而低于 f_2 的频率成分可以不受衰减地通过，而其他成分受到衰减。如图 7-22 所示为带通滤波电路。选择 $L_1C_1 = L_2C_2$，则有 $\frac{1}{\sqrt{L_1C_1}} = \frac{1}{\sqrt{L_2C_2}} = \omega_0 = 2\pi f_0$，此时，$L_1C_1$ 串联支路达到串联谐振，不考虑 L_1 和 C_1 的损耗，其阻抗为零。L_2C_2 并联支路达到并联谐振，其阻抗为无穷大。这样在 f_0 附近的频率信号很容易通过串联支路，而 L_2C_2 并联支路恰好把频带以外的信号滤掉。

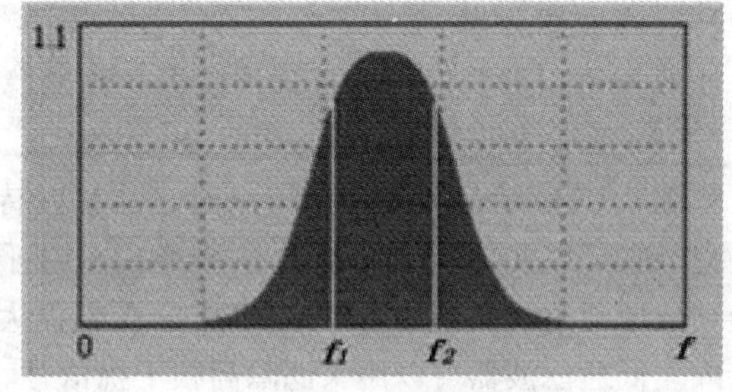

图 7-21　带通滤波器幅频特性

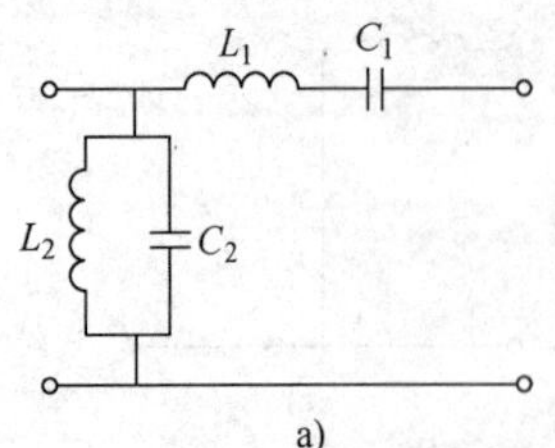

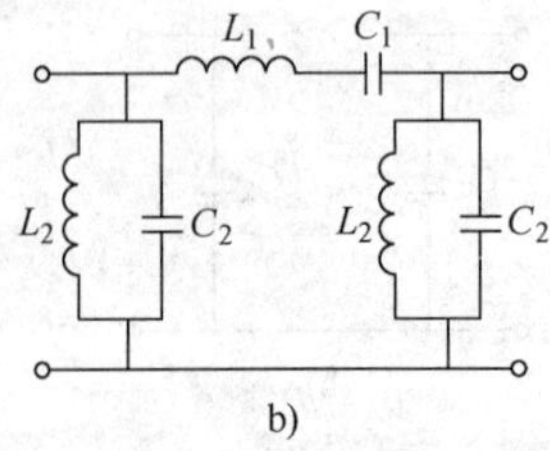

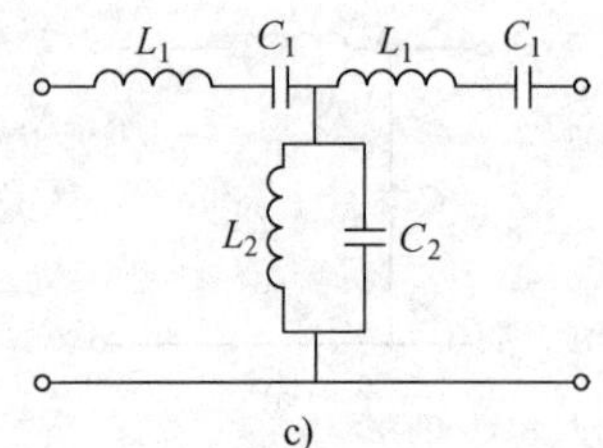

图 7-22　带通滤波电路

a）Γ 型带通滤波器　b）π 型带通滤波器　c）T 型带通滤波器

（四）带阻滤波器

如图 7-23 所示，与带通滤波相反，阻带的频率为 $f_1 \sim f_2$，它使信号中高于 f_1 而低于 f_2 的频率成分受到衰减，其余频率成分几乎不受衰减地通过。

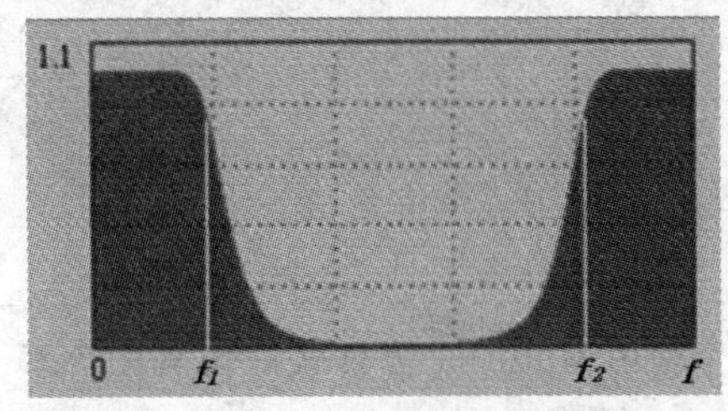

图 7-23　带阻滤波器幅频特性

如图 7-24 所示为带阻滤波电路。选择 $L_1C_1 = L_2C_2$，根据同样的原理，此时，L_2C_2 串联支路达到串联谐振，不考虑 L_2 和 C_2 的损耗，其阻抗为零。L_1C_1 并联支路达到并联谐振，其阻抗为无穷大。这样在 f_0 附近频率的信号被 L_1C_1 支路阻止，并由 L_2C_2 旁路掉。

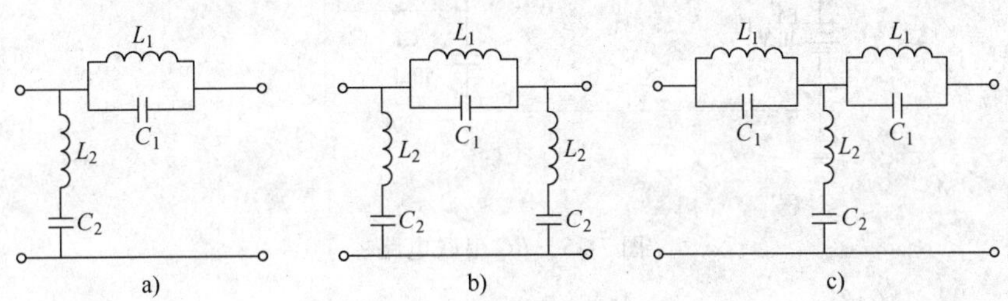

图 7-24　带阻滤波电路

a）Γ 型带阻滤波器　b）π 型带阻滤波器　c）T 型带阻滤波器

低通滤波器和高通滤波器是滤波器的两种最基本的形式，其他类型的滤波器都可以分解为这两种类型的滤波器，例如：低通滤波器与高通滤波器的串联为带通滤波器，低通滤波器与高通滤波器的并联为带阻滤波器。

二、工作原理

滤波器的基础是谐振电路，只要能构成谐振电路组合就可实现滤波。电感、电容形成的滤波器，称为集总参数滤波器；各种射频、微波传输线形成的谐振器，称为分布参数滤波器。理论上，滤波器是无耗组件。

知识测评

填空题

1. 滤波器可以分为四种：________、________、________和________。
2. 高通滤波器主要应用于________、________和________。
3. ____________是滤波器的两种最基本的形式，其他类型的滤波器都可以分解为这两种类型的滤波器。
4. 滤波器的基础是________，只要能构成________就可实现滤波。

任务4　分析 RC 串联动态电路

做一做

利用 Multisim 仿真软件仿真图 7-25 所示的电路，改变开关 J_1 的位置，用示波器观察电容 C_1 两端电压的波形变化。

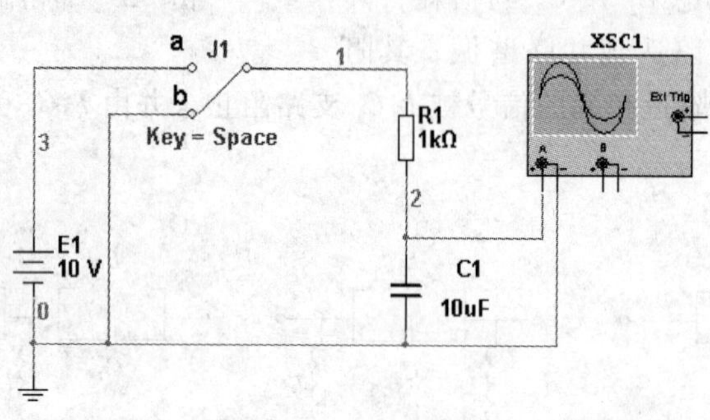

图 7-25　RC 串联电路

知识链接

一、动态电路基本知识

RC 或 *RL* 串联电路中的电压和电流随电源作恒定的周期性变化，电路的这种状态称为稳态过程。然而这种具有储能元件的电路在电路接通、断开，或电路的参数、结构、电源等发生改变时，电路从一种稳态经过一定时间过渡到另一种新的稳态，这一过程称为电路的过渡过程，又叫做瞬态过程或暂态过程。

过渡过程是因为能量必须渐变而引起的，此时的电路称为**动态电路**；求解动态电路中变量的变化规律称为**动态分析**。

在图 7-25 所示的电路中，当开关 J_1 由 b 调至 a 时，电源 E_1 通过电阻 R_1 对电容 C_1 进行充电，电容两端的电压由零逐渐上升到电源电压，保持电路状态不变，电容两端的电压就保持不变。当开关由 a 调至 b 时，电容器 C_1 与电阻 R_1 组成放电电路，电容两端的电压逐渐下降到零，同样保持电路状态不变，电容两端的电压就保持不变。电容的充电和放电过程都是瞬态过程，其波形如图 7-26 所示。

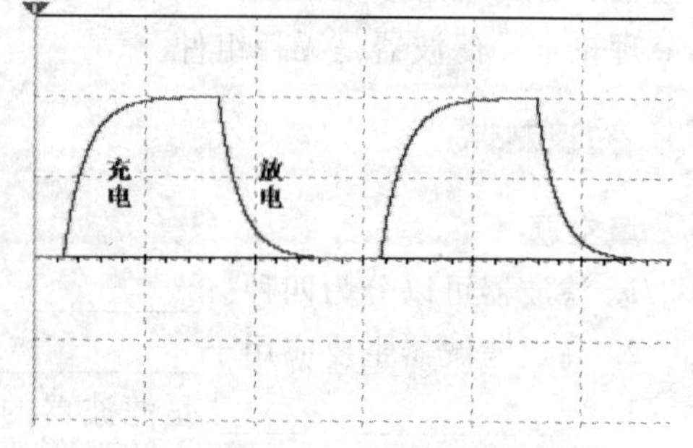

图 7-26　电容充电放电的波形

电路产生瞬态过程的原因是：

1）电路中含有储能元件（电感或电容）。

2）电路状态的改变或电路参数的变化。电路的这些变化称为**换路**。

二、换路定律

设 $t=0$ 为换路瞬间，则以 $t=0_-$ 表示换路前一瞬间，$t=0_+$ 表示换路后一瞬间，换路的时间间隔为零。从 $t=0_-$ 到 $t=0_+$ 瞬间，电容元件上的电压和电感元件中的电流不能突变，因此换路瞬间电容元件上的电压值与电感元件中的电流值不变，这称为换路定律。

用公式表示为

$$u_C(0_+)=u_C(0_-)\qquad i_L(0_+)=i_L(0_-)$$

三、*RC* 串联动态电路原理与仿真

为了进一步说明电路的工作原理，按照图 7-27 所示连接电路。用示波器同时观察电阻和电容两端电压的变化情况。我们可以得到图 7-28 所示的波形图。

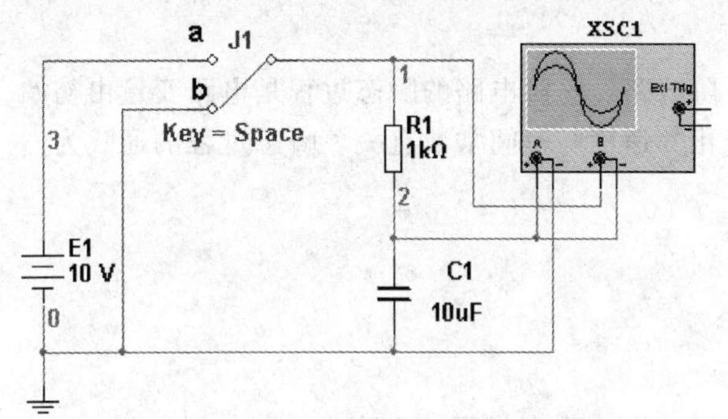

图 7-27　*RC* 串联仿真电路

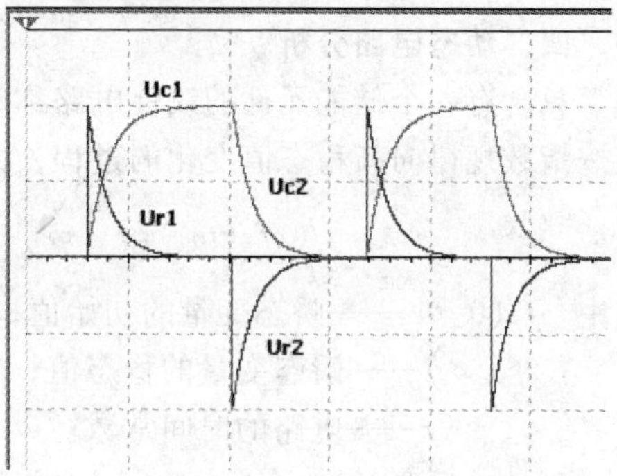

图 7-28　*RC* 动态波形

（一）*RC* 电路的充电

如图 7-27 中，开关 J_1 由 b 调至 a 瞬间，由于 $u_{C1}(0_-)=0V$，所以 $u_{C1}(0_+)=0V$，根据 KVL 可知 $u_{R1}(0_+)=E_1$，该瞬间电路中的电流为

$$i(0_+)=\frac{E_1}{R_1}$$

换路后电容开始充电，u_{C1} 逐渐上升，充电电流 i 逐渐减小，u_{R1} 也逐渐减小，如图 7-28 中的 u_{C1} 与 u_{R1} 曲线所示。当 u_{C1} 趋近于 E_1 时，充电电流 i 趋近于 0，充电过程基本结束。*RC* 电路的充电电流按指数规律变化。其数学表达式为

$$i=\frac{E_1}{R_1}e^{-\frac{t}{R_1C_1}}$$

则

$$u_{R1}=iR_1=E_1e^{-\frac{t}{R_1C_1}}$$

$$u_{C1}=E_1-u_{R1}=E_1\left(1-e^{-\frac{t}{R_1C_1}}\right)=E_1\left(1-e^{-\frac{t}{\tau}}\right)$$

式中 $\tau=R_1C_1$ 称为时间常数，单位是秒（s），它反映电容充电的快慢。τ 越大，充电过程越慢。一般 $t=(3\sim5)\tau$ 时，u_{C1} 为（0.95 ~0.99）E，认为充电过程结束。

（二）*RC* 电路的放电

如图 7-27 所示，电容充电至 $u_{C1}=E_1$ 后，将开关 J_1 扳到 b，电容通过电阻 R_1 放电。此过程中由于 $u_{C1}(0_-)=E_1$，所以 $u_{C1}(0_+)=E_1$，根据 KVL 可知 $u_{R1}(0_+)=-E_1$，该瞬间电路中的电流为

$$i(0_+) = -\frac{E_1}{R_1}$$

电路中电容与电阻形成电路，电容放电，电阻吸收电容中储存的能量。放电过程电容和电阻两端电压的变化曲线如图 7-28 中的 U_{C2}与 U_{r2}所示，电路中的电流及电压均按指数规律变化，其数学表达式为

$$i = -\frac{E_1}{R_1}e^{-\frac{t}{\tau}}$$

$$u_{R1} = -E_1 e^{-\frac{t}{\tau}}$$

$$u_{C1} = E_1 e^{-\frac{t}{\tau}}$$

$\tau = R_1 C_1$ 是放电的时间常数。

四、动态电路分析

只含有一个储能元件的线性电路称为一阶电路。一阶电路的瞬态过程是电路变量由初始值按指数规律向新稳态值变化的过程，其变化的速度与时间常数有关。瞬态过程的通式为

$$f(t) = f(\infty) + [f(0_+) - f(\infty)]e^{-\frac{t}{\tau}}$$

式中 $f(0_+)$——瞬态变量的初始值；

$f(\infty)$——瞬态变量的稳态值；

τ——电路的时间常数。

可见，只要求出 $f(0_+)$、$f(\infty)$ 和 τ 就可写出瞬态过程的表达式。

把 $f(0_+)$、$f(\infty)$ 和 τ 称为三要素，这种方法称为三要素法。

如 RC 串联电路的电容充电过程，$u_C(0_+) = 0$，$u_C(\infty) = E$，$\tau = RC$，则

$$u_C(t) = u_C(\infty) + [u_C(0_+) - u_C(\infty)]e^{-\frac{t}{\tau}}$$

由图像得出的结果与理论推导的完全相同，关键是三要素的计算。

$f(0_+)$ 由换路定律求得，$f(\infty)$ 是电容相当于开路或电感相当于短路时求得的新稳态值。$\tau = RC$ 或 $\tau = \frac{L}{R}$，R 为换路后从储能元件两端看进去的电阻。

例 7-3 在图 7-29 所示的电路中，已知 $E = 9$V，$R_1 = 10$kΩ，$R_2 = 20$kΩ，$C = 30\mu$F，开关 S 闭合前，电容两端电压为零。求：S 闭合后电容元件上的电压。

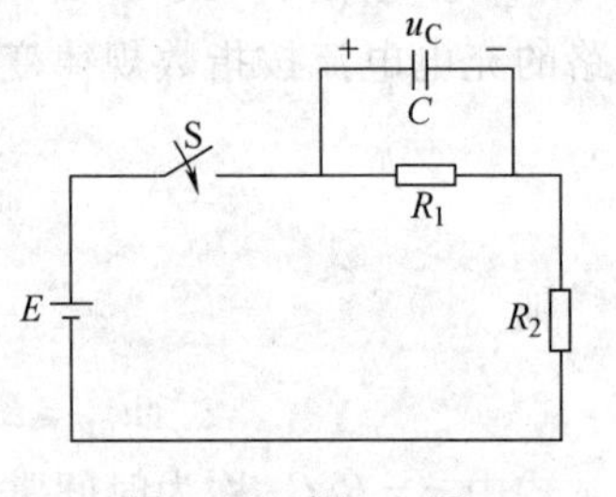

图 7-29 例 7-3 图

解：1）确定初始值

$$u_C(0_+) = u_C(0_-) = 0\text{V}$$

2）确定稳态值

$$u_C(\infty) = \frac{R_1 E}{R_1 + R_2} = \frac{10 \times 9}{10 + 20}\text{V} = 3\text{V}$$

等效电阻 $R = \frac{R_1 R_2}{R_1 + R_2} = \frac{10 \times 20}{10 + 20}\text{k}\Omega = \frac{20}{3}\text{k}\Omega$

3）确定时间常数

$$\tau = RC = \frac{20}{3} \times 10^{3} \times 30 \times 10^{-6}\mathrm{s} = 0.2\mathrm{s}$$

则 S 闭合后电容元件上的电压为

$$u_{C} = [3 + (0-3)\ e^{-\frac{t}{0.2}}]\ V = (3 - 3e^{-5t})\ V$$

知识测评

填空题

1. 电路产生瞬态过程的原因是

1）____。

2）____。

2. 换路定律用公式表示为__________、__________。

3. *RC* 电路的充电过程中电流的数学表达式为__________。电阻两端电压的数学表达式为__________。电容两端电压的数学表达式为__________。

式中，时间常数的表达式为__________，单位是__________，它反映了__________。一般 t = __________时，认为充电过程结束。

4. *RC* 电路的放电过程中电流的数学表达式为__________。电阻两端电压的数学表达式为__________。电容两端电压的数学表达式为__________。

任务 5　分析 *RL* 串联动态电路

做一做

利用 Multisim 仿真软件仿真如图 7-30a 所示的电路，改变开关的位置，用示波器观察电阻和电感两端电压的波形变化，并在 b 中画出波形，与图 7-31 比较是否相同。

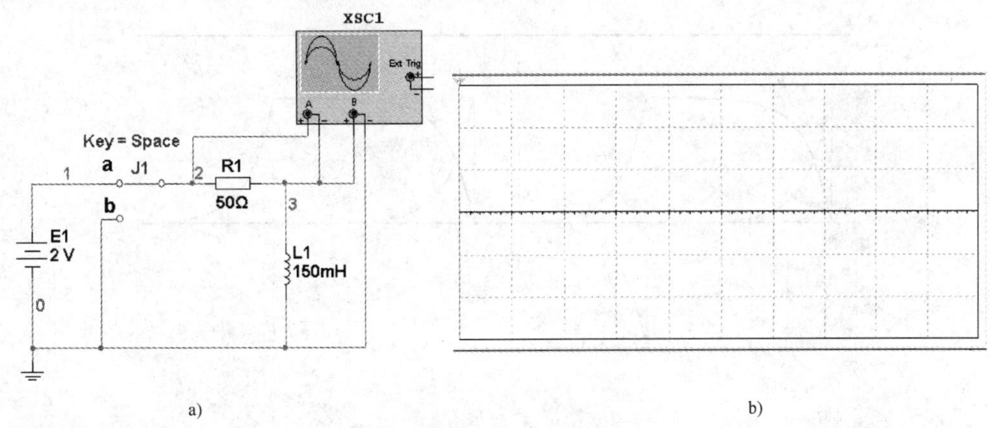

图 7-30　*RL* 串联仿真图

a）*RL* 串联电路　b）波形绘制框

知识链接

一、RL 电路接通电源

RL 串联电路与 RC 串联电路的过渡过程有相似之处，电路中的电压和电流也是按指数规律变化至稳态值的。电路达到稳态后，电感元件相当于短路。

在图 7-30a 所示的 RL 串联电路中，将开关 J1 由 b 调至 a 时，电阻 R_1、电感 L_1 与电源 E_1 串联，由于换路前电感元件中没有电流，即 $i_{L1}(0_-)=0A$。根据换路定律，电感元件中的电流不能突变，在开关 J1 闭合后的瞬间，电流的初始值为

$$i_{L1}(0_+)=i_{L1}(0_-)=0A$$

根据基尔霍夫电压定律可得回路方程

$$u_{R1}+u_{L1}=E_1$$

$$u_{R1}=iR_1$$

$$u_{L1}=E_1-u_{R1}$$

因为 $i_{L1}(0_+)=0A$，所以 $u_R(0_+)=i(0_+)R=0V$

$$u_{L1}(0_+)=E_1-u_{R1}(0_+)=E_1$$

电路接通后，由于电感元件的自感效应，电感两端感应出电动势，所以阻碍电感线圈中的电流变化。这样电路中的电流只能缓慢的增加，电阻两端电压也将缓慢地上升，而电感元件两端的电压会逐渐地降低，当电路过渡过程结束后，电路中的电压和电流达到稳态值，即

$$i(\infty)=\frac{E_1}{R_1}$$

$$u_{R1}(\infty)=i(\infty)R_1=E_1$$

$$u_{L1}(\infty)=E_1-u_{R1}(\infty)=0V$$

由仿真示波器可得到图 7-31 中曲线 u_{R1}、u_{L1}。u_{R1} 为电阻两端电压的变化曲线，u_{L1} 为电感两端电压的变化曲线。电路的时间常数 $\tau=\frac{L_1}{R_1}$，τ 值决定了电路中电压和电流变化的快慢。

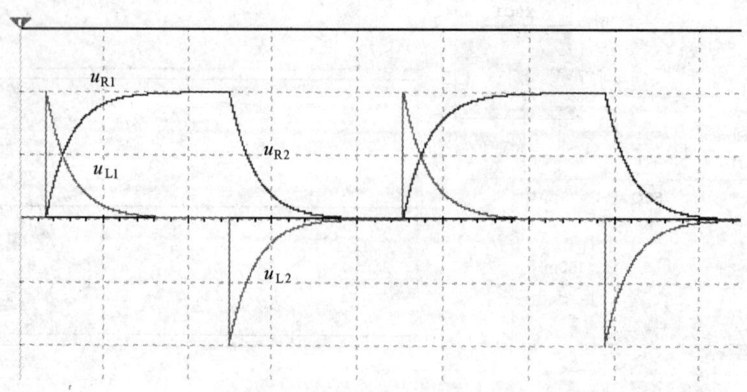

图 7-31　RL 串联电路波形

将电路的初始值和稳态值代入，可以得到电路过渡过程中电压和电流的表达式

$$i(t)=\frac{E_1}{R_1}-\frac{E_1}{R_1}e^{-\frac{t}{\tau}}=\frac{E_1}{R_1}(1-e^{-\frac{t}{\tau}})$$

$$u_R(t)=E_1(1-e^{-\frac{t}{\tau}})$$

$$u_L(t)=E_1e^{-\frac{t}{\tau}}$$

二、*RL* 电路切断电源

在图 7-30 所示的 *RL* 串联电路中，将开关 J_1 由 a 调至 b 时，电阻 R_1 和电感 L_1 与电源 E_1 断开，开关 J_1 在 a 位置电路已处于稳态，电感元件 L_1 相当于短路，L_1 中流过的电流 $i_L(0_-)=I=\frac{E_1}{R_1}$。在 $t=0$ 时刻将开关 J_1 拨到 b 位置，与电源支路断开，电感 L_1 与电阻 R_1 组成回路，电感 L_1 通过电阻 R_1 释放存储的能量，电路进入过渡状态。

根据换路定律，电感元件中的电流不能突变，则开关拨到 b 位置后的初始值为

$$i_{L1}(0_+)=i_{L1}(0_-)=I$$

根据基尔霍夫电压定律，有

$$u_{L1}=-u_{R1}$$

$$u_{L1}(0_+)=-u_{R1}(0_+)=-IR_1$$

以上是电路的初始状态，之后电感元件开始放电，随着放电的进行，放电电流不断地减小，直到电感元件中的能量全部消耗完毕，电路过渡过程结束，即

$$i(\infty)=0\text{A}$$

$$u_{R1}(\infty)=0\text{V}$$

$$u_{L1}(\infty)=0\text{V}$$

电路过渡过程中电阻两端电压和电感两端电压的变化曲线如图 7-31 中曲线 u_{R2}、u_{L2} 所示。可见 i_{L1}、u_{R1} 和 u_{L1} 均按指数规律衰减到零，衰减的速度取决于电路的时间常数 τ。

RL 串联电路放电过程中 $i_{L1}(t)$、$u_{R1}(t)$ 和 $u_{L1}(t)$ 表达式为

$$i(t)=Ie^{-\frac{t}{\tau}}$$

$$u_{R1}(t)=IR_1e^{-\frac{t}{\tau}}$$

$$u_{L1}(t)=-IR_1e^{-\frac{t}{\tau}}$$

例 7-4　图 7-32 所示电路中，已知 $E=10\text{V}$，$R_1=2\text{k}\Omega$，$R_2=3\text{k}\Omega$，$L=4\text{mH}$。S 闭合前，电路处于稳态，求开关闭合后电路中的电流。

解：(1) 确定初始值

$$i_L(0_-)=\frac{E}{R_1+R_2}=\frac{10}{2+3}\text{mA}=2\text{mA}$$

$$i_L(0_+)=i_L(0_-)=2\text{mA}$$

(2) 确定稳态值

$$i_L(\infty)=\frac{E}{R_1}=\frac{10}{2\times10^3}\text{A}=5\text{mA}$$

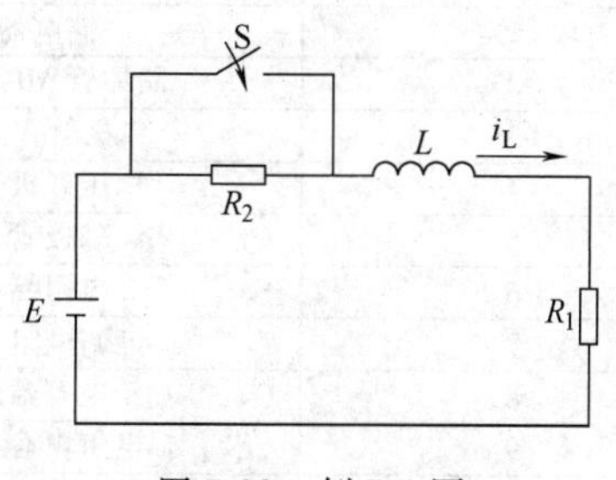

图 7-32　例 7-4 图

(3) 确定时间常数

$$R = R_1 = 2\text{k}\Omega$$

$$\tau = \frac{L}{R} = \frac{4 \times 10^{-3}}{2 \times 10^{3}} = 2 \times 10^{-6}\text{s} = 2\mu\text{s}$$

则开关闭合后电路中的电流为

$$i_L = [5 + (2-5)\,e^{-\frac{t}{2 \times 10^{-6}}}]\ \text{mA} = (5 - 3e^{-5 \times 10^{5}t})\ \text{mA}$$

知识测评

填空题

1. RL 电路充电过程电流的数学表达式为________。电阻两端电压的数学表达式为________。电感两端电压的数学表达式为________。式中时间常数的表达式为________。

2. RL 电路放电过程电流的数学表达式为________。电阻两端电压的数学表达式为________。电感两端电压的数学表达式为________。

3. 过渡过程是因为能量必须渐变而引起，此时的电路称为________；求解动态电路中变量的变化规律称为________。

4. 电路由于发生换路而从一种稳态过渡到另一种稳态的过程称为电路的________，过渡过程又称为________。

5. 只含有一个储能元件的线性电路称为________。电路的瞬态过程是电路变量由初始值按指数规律向新稳态值变化的过程，其变化的速度与时间常数有关。

6. 瞬态过程的通式为________。

项目能力训练　触摸延时开关的制作与调试

一、训练目标

1. 会按照电路原理图焊接实物电路。
2. 加深对电容的动态过程理解。

实训仪器及元器件见表 7-2

表 7-2　实训仪器及元器件

序　号	名　称	型号与规格	数　量
1	继电器 J	4098 型工作电压 6V	1
2	晶体管 VT_7、VT_8	9014	2
3	二极管 $V_1 \sim V_4$	1N4007	4
4	稳压二极管 V_5	2CW105	1
5	二极管 V_6	2CP10 或 1N4001	1
6	电阻器 R_1	1MΩ	1
7	可调电阻器 RP	100kΩ	1
8	电容器 C_1	2μF	1
9	电解电容器 C_2	100μF/35V	1
10	电解电容器 C_3	100μF/10V	1
11	按钮	无自锁按钮	1
12	专用印制电路板或万能板		1

二、知识准备

（一）继电器简介

继电器是一种用电流控制的开关装置，是各种自动控制电路中必不可少的执行器件。4098 型超小型继电器是一种使用广泛的继电器，如图 7-33 所示。

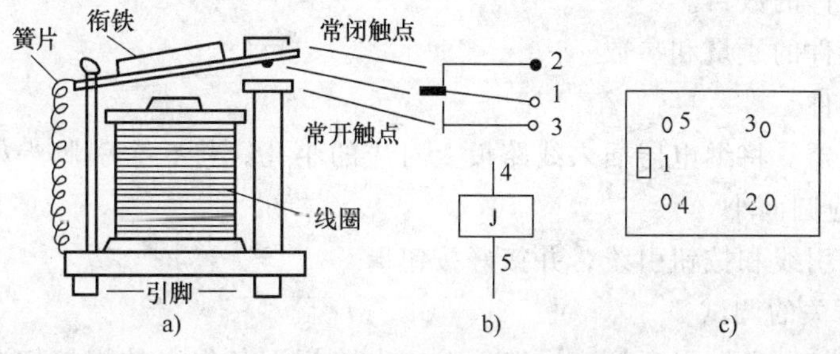

图 7-33　4098 型继电器

a）构造　b）图形符号　c）底视引脚图

引脚 1、2 为继电器的常闭触点，引脚 1、3 继电器的常开触点，引脚 4、5 之间为继电器线圈。4098 型继电器线圈的工作电压有 3V、6V、9V、12V 等多种规格。吸合时线圈中通过的电流约为 50mA，触点间允许通过的电流可达 1A（250V）。

（二）晶体管

晶体管 9014 的外形及其引脚如图 7-34 所示。

晶体管的主要作用是电流放大，h_{FE} 是晶体管的直流电流放大倍数。用数字万用表可以方便的测出晶体管的 h_{FE}，将数字万用表置于 h_{FE} 挡，若被测管是 NPN 型管，则将管子的各个引脚插入 NPN 插孔相应的插座中，此时屏幕上就会显示出被测管的 h_{FE} 值。

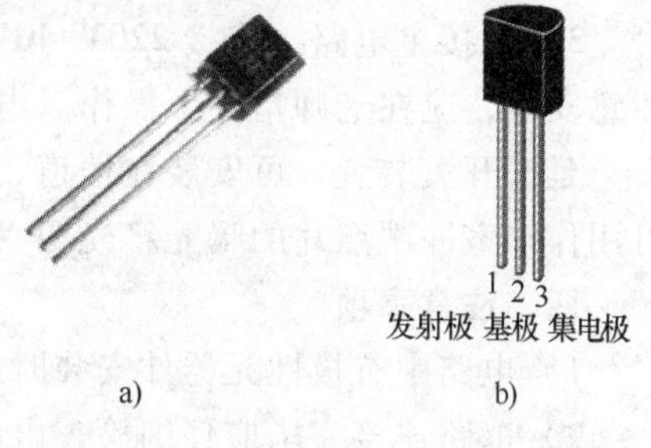

图 7-34　晶体管 9014 外形及引脚

a）外形　b）引脚

（三）延时开关电路工作原理

延时开关电路如图 7-35 所示。将电源接通后，再按下按钮 K，这时，晶体管 V_7、V_8 导通，继电器吸合。同时电源对电容器 C_3 充电。当 K 断开后由于 C_3 已被充电，它将通过 R_P 和 V_7、V_8 放电，从而维持晶体管继续导通，继电器仍然吸合。经过一段时间的放电，C_3 两极间电压下降到一定值时，不足以维持晶体管继续导通，继电器才释放。从 K 断开到继电器释放的时间间隔称为延时时间。它决定于 RP 和 C_3 的大小。一般 C_3 为 100μF 时，调节可调电阻器 RP 可获得 10～90s 的延时时间。若 C_3 取 1000μF，则延时时间可达 5min 以上。

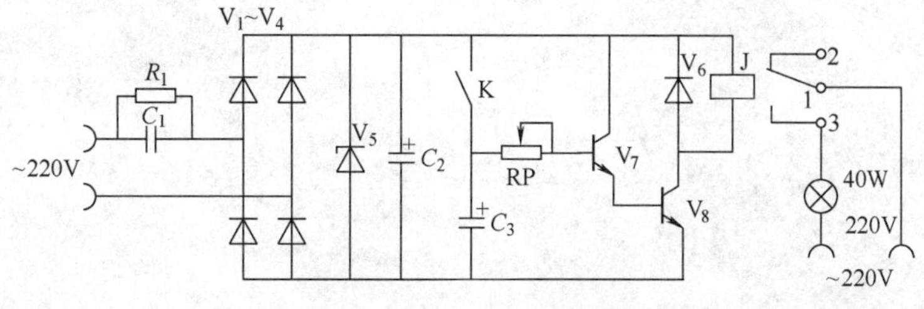

图 7-35　延时开关电路

继电器两端并联的二极管称为续流二极管，起保护作用，防止继电器断电释放时，由于自感产生高电压损坏晶体管。

三、训练步骤

（一）焊接电路

1）清点元器件的数目。

2）检测元器件的质量和参数。

3）焊接元器件。

4）焊接继电器。将继电器插入线路板上对应的小孔，将5个引脚焊好。注意焊接时间要尽量短，焊点应圆而小。

5）焊接电源引线和按钮引线，并接好按钮K。

（二）延时开关的调试

1）应先调试控制电路，后调主电路。检查电路板上各焊点的焊接情况，注意虚焊和假焊，邻近的焊点间应清理干净，防止焊点间短路。

2）按一下按钮，这时应听到“嗒”的一声，继电器吸合。几十秒钟后，应再听到“嗒”的一声，继电器释放。说明延时开关工作正常。如想改变延时时间，可调整RP。RP越大，延时时间越长。若要求延时时间大于这个电路的最长延时时间，可将C_3换为容量更大的电解电容器。

3）连接主电路。连接220V/40W照明灯，由于电路使用220V交流电，安装时要特别注意安全，应在老师指导下操作。电路板应封装在绝缘盒中，才可以使用。

延时开关装置，可安装在楼道、楼梯中，用于夜间照明，可做到“人走灯灭”。另外也可用作暗室冲洗照片的曝光箱光源（可控制曝光时间）。

四、注意事项

1）电路中有极性元器件安装时应注意引脚的识别。

2）电路连接完毕应仔细检查电路后，再进行通电实验。

3）因电路中用到了交流220V电源，在通电实验时一定要在老师的监督下完成。

附　录

附录 A　万用表使用方法

万用表又叫多用表，是一种用来测量交直流电压、直流电流、电阻等物理量的多功能便携式电工仪表。有些万用表还可测量交流电流、电容、电感以及晶体管的 h_{FE} 值等。万用表有模拟式（也称指针式）和数字式两种类型。

一、模拟万用表

模拟万用表种类很多，外形各异，但其基本使用方法是相同的。下面以 MF47 型万用表为例，来介绍模拟式万用表的使用。图 A-1 所示为 MF47 型万用表面板。

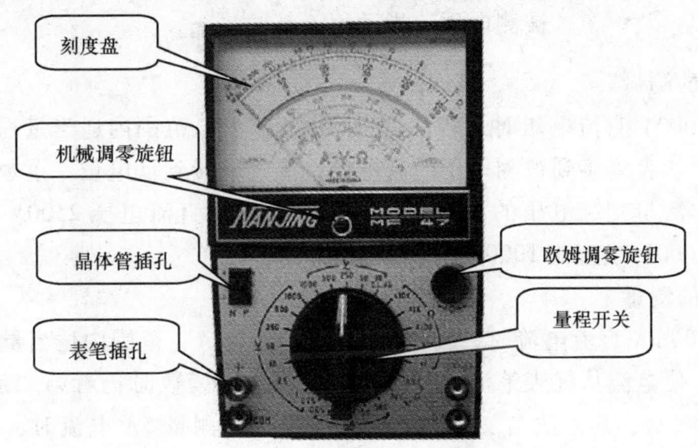

图 A-1　MF47 型万用表面板

（一）MF47 型万用表面板各部分的功能

1．刻度盘

刻度盘共有六条刻度线（从上向下）分别为：第一条用来测量电阻，其右端为 0，左端为∞，刻度分布不均匀，当量程开关在欧姆挡时，读此条刻度线；第二条用来测量交、直流电压和直流电流；第三条用来测量晶体管放大倍数；第四条用来测量电容；第五条用来测量电感；第六条用来测量音频电平。刻度盘上装有反光镜，以消除视差。

2．机械调零旋钮

如果表头指针不在左端零位，可用螺钉旋具旋转机械调零旋钮，使指针指零。

3．晶体管插孔

用于测量晶体管的直流放大倍数 h_{FE} 值，应按晶体管类型将三个引脚插入 e、b、c 插孔内。

4．量程开关

根据测量需要，用于选择功能和量程。

5. 欧姆调零旋钮

测量电阻时，应先将两表笔短接，调整欧姆调零旋钮，使指针指向欧姆刻度线零位。

6. 表笔插孔

用于插入万用表表笔，应将红、黑表笔分别插入“+”、“-”插孔中。如测量交、直流 2500V 或直流 5A 时，红表笔应分别插到标有“2500V”或“5A”的插孔中。

（二）MF47 型万用表使用方法

在使用前应检查指针是否指在机械零位上，如不指零则进行机械调零；检查红黑两表笔是否按红“+”、黑“-”插入相应的插孔内。

1. 交流电压的测量

测量 10～1000V 交流电压时，转动量程开关至“$\widetilde{V}$”范围内适当量程，把万用表并接在被测对象两端。读数时应看第二条刻度线的数值。为了读数方便，万用表第二条刻度线下面有三种量程，即 0～250V、0～50V、0～10V。当量程开关拨到 250V 时，用 0～250V 这组数据；当量程开关拨到 50V、500V 时，用 0～50V 这组数据；当量程开关拨到 10V、1000V 时，用 0～10V 这组数据。被测电压值为

$$被测电压=指示值\times\frac{量程}{满偏刻度数}$$

2. 直流电压的测量

测量 0.25～1000V 直流电压时，转动量程开关至“$\underline{V}$”范围内适当量程，把万用表并联在被测对象两端，红表笔接到被测电压的高电位，黑表笔接到低电位。读数时仍看第二条刻度线的数值，其方法与交流电压的测量方法类似。测量交直流电压 2500V 时，应将量程开关分别旋至交流 1000V 或直流 1000V 量程上。

3. 直流电流的测量

测量 0.05～500mA 直流电流时，转动量程开关至“$\underline{mA}$”范围内适当量程，把万用表串联于被测电路中，使电流从红表笔流入，从黑表笔流出。读数时仍看第二条刻度线的数值，只用 0～50V 这组数据，其方法与交流电压的测量类似。测量 5A 电流时，量程开关应放在 500mA 量程上。

4. 电阻的测量

转动量程开关至“Ω”范围内适当量程。在测量电阻之前，应先把两表笔短接，调整欧姆调零旋钮，使指针对准欧姆零位。把红、黑表笔分别接在电阻两端，待指针偏转后，在电阻刻度线上读出数值，再乘以该量程的倍率，就是被测电阻值。例如测量一个电阻时，指示值为 10，倍率挡为 ×100，那被测电阻的实际阻值为 $10\times100\Omega=1\text{k}\Omega$。

如果短接表笔时，指针不能调到零位，说明电池电压不足或仪表内部有问题。每次换挡后，都要再次进行欧姆调零，以保证测量准确，并且动作要快，以免过度消耗其内部电源电量。

值得注意的是：测量电阻时，红表笔接内部电源的负极，黑表笔接内部电源的正极。严禁在被测电阻带电情况下测量电阻，以免损坏万用表。

5. 电容、电感的测量

转动量程开关至交流 10V 挡，将被测电容或电感一端接任意表笔，另一端接在交流 10V

电源的一端，电源的另一端接另一支表笔，指针所指刻度即为被测电容或电感值。

6. 晶体管直流放大倍数 h_{FE} 的测量

转动量程开关至 ADJ 挡，将红、黑表笔短接，调整欧姆调零旋钮，使指针对准 300h_{FE} 刻度线，然后转动量程开关到 h_{FE} 挡，把晶体管引脚 E、B、C 按类型（NPN 型晶体管应插入 N 插孔内，PNP 型晶体管应插入 P 插孔内）分别插入相应插孔内，指针指示数值约为晶体管的直流放大倍数值。

晶体管反向截止电流 I_{CEO}、I_{CBO} 的测量与音频电平的测量由于使用较少，在这里不作介绍。

（三）使用模拟万用表的注意事项

1）测量时，万用表应水平放置，以免造成误差，同时还要注意外界磁场对万用表的影响。

2）测量电压或电流时，为避免烧坏开关，应在切断电源情况下变换量程。

3）在测量过程中，禁止用手触摸表笔的金属部分，这样一方面可以保证测量结果的准确性，另一方面又可以保证人身安全。

4）测未知量的电压或电流时，应先选择最高量程进行试读，根据试读数值，选择适当量程进行测量，以便使读数更准确，并避免烧坏万用表。

5）测量高压时，要站在干燥绝缘板上，并一手操作，防止意外事故。

6）测量结束后，应拔出表笔，并将量程开关旋至交流 250V 挡。

7）若长期不用，需将表内电池取出，以防电池电解液渗漏而腐蚀内部电路。

二、数字万用表

现在数字式万用表的使用已成为主流。与模拟式仪表相比，数字式万用表具有灵敏度高、准确度高、读数方便、使用更简单、便于携带等特点。下面以 MAS830L 型数字万用表为例，介绍数字式万用表的使用方法。图 A-2 所示为 MAS830L 型万用表面板。

（一）MAS830L 型数字万用表面板各部分功能

（1）LCD 显示器　主要用于显示测量结果。

（2）背光灯键　按背光灯键，背光灯点亮，约 5s 后自动熄灭。

（3）量程开关　根据测量需要，用于选择功能和量程。

（4）表笔插孔　用于插入万用表表笔，应将红、黑表笔分别插入“VΩmA”、“COM”插孔中。如被测电流在 200mA 和 10A 之间，红表笔应插入“10A”的插孔中。

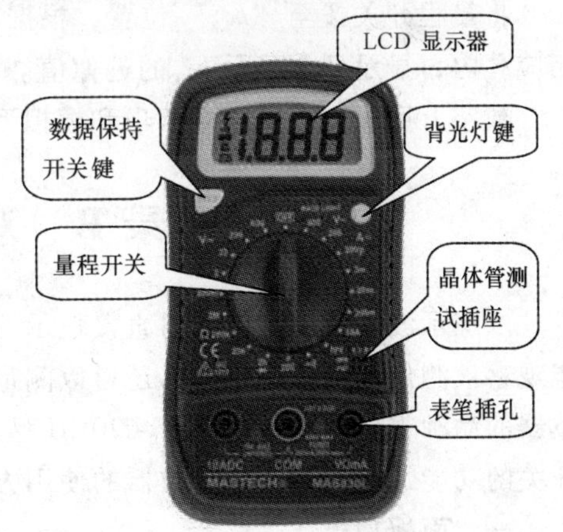

图 A-2　MAS830L 万用表面板

（5）晶体管测试插座　用于测量晶体管的 h_{FE} 参数。

（6）HOLD（数据保持开关）键　在测量中按下 HOLD 键，仪表显示器上将保持测量的最后读数并且 LCD 上显示“H”符号；释放数据保持开关，仪表即恢复正常测量状态。

（二）MAS830L 型数字万用表使用方法

1. 交直流电压的测量

根据需要将量程开关拨至“V ⎓”（直流）或“V ~”（交流）的适当量程，将表笔与被测线路并联，显示值即为测量读数。测量直流电压时，数字万用表能自动显示红表笔所接端的极性。如果显示器显示“1”，表示已经超过量程，量程开关应旋至更高量程。

2. 直流电流的测量

将量程开关拨至“A ⎓”（直流）的适当量程，并将万用表串联在被测电路中即可进行测量。

3. 电阻的测量

将量程开关拨至“Ω”的适当量程，将表笔并联到被测电阻上，从显示器读取测量结果。

应注意单位：在“200”挡时单位是“Ω”，在“2K”到“200K”挡时单位为“KΩ”，“2M”挡时单位是“MΩ”。在测量1MΩ以上的电阻时，可能需要测量几秒钟后读数才能稳定，这对于高阻的测量是正常的。测量电阻时，红表笔接内部电源的正极，黑表笔接内部电源的负极，这与模拟式万用表正好相反。因此，测量晶体管、电解电容器等有极性的元器件时，必须注意表笔的极性。

4. 二极管测试

将量程开关拨至“—▶|—”位置，用红表笔接二极管的正极，黑表笔接负极，这时显示器会显示二极管的近似正向压降值。

5. 电路通断测试

将量程开关拨至“•)))”位置，将两表笔分别接到被测电路中的两点。如果两点间电阻较小，内置蜂鸣器会发出响声。

6. 晶体管 h_{FE} 测量

将量程开关拨至“h_{FE}”位置，根据被测晶体管类型，将各个引脚插入晶体管测试插座相应孔内，显示器会显示 h_{FE} 的近似值。

数字万用表的使用注意事项和模拟万用表基本一样，这里不再赘述。

附录B 双踪示波器的使用

双踪示波器是一种能同时直接显示两个电压信号变化规律的电子测量仪器。利用它不仅能观察被测信号的变化过程，还可以测量信号的电参数，如幅值、频率、相位差等。双踪示波器的品种很多，我们以MOS-620CH型双踪示波器为例，来简要介绍该示波器主要旋钮及开关的功能，并说明双踪示波器的使用方法。MOS-620CH型双踪示波器面板如图B-1所示。

一、面板功能

（一）示波管操作部分与电源系统

（1）2——INTEN（亮度旋钮） 调节轨迹（或光点）的亮度。

（2）3——FOCUS（聚焦旋钮） 调节轨迹（或光点）的粗细（或大小）。

（3）4——TRACE ROTATION（轨迹旋转） 为半固定电位器的可调端，用来调整水平轨迹与刻度线平行。

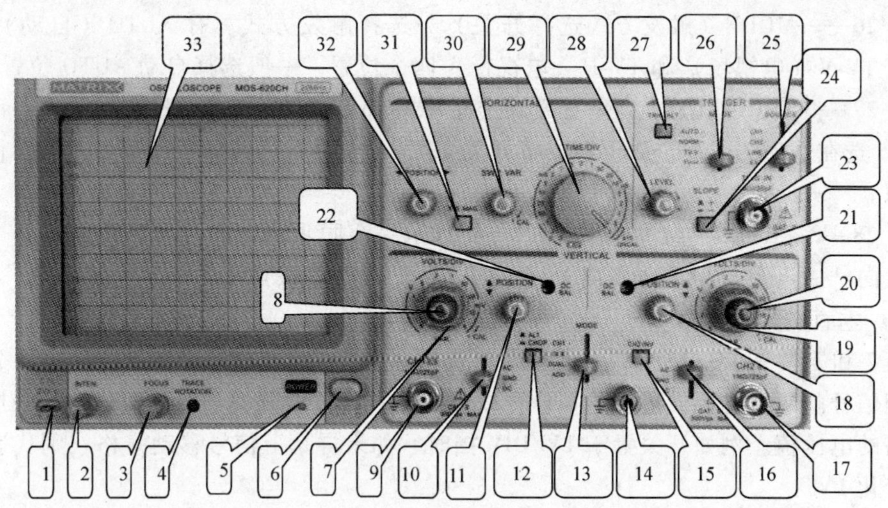

图 B-1　MOS-620CH 型双踪示波器面板

（4）6——POWER（电源开关）　接通或关闭电源，当此开关接通时，发光二极管 5 发亮。

（5）33—荧光屏　荧光屏是示波管的显示部分。屏上有水平方向和垂直方向的刻度线，水平方向指示时间，垂直方向指示电压。水平方向分为 10 格，垂直方向分为 8 格，每格又分为 5 份。根据被测信号在屏幕上占的格数乘以适当比例常数（TIME/DIV 或 VOLTS/DIV），就能得出所测波形的时间值或电压值。

（二）水平轴操作部分

（1）32——POSITION（水平位移旋钮）　调节轨迹在屏幕上的水平位置。

（2）31——X10 MAG（扫描扩展开关）　按下时扫描速度扩展 10 倍。

（3）30——SWP VAR（水平微调旋钮）　微调水平扫描时间，使扫描时间校正到与面板上 TIME/DIV 指示值一致。逆时针旋转到底为校正位置。

（4）29——TIME/DIV（水平扫描速度开关）　从 0.2μs/DIV 到 0.5s/DIV，扫描速度共分 20 挡。开关的指示值代表信号在水平方向移动一个格的时间值。例如在 1μs/DIV 挡，光点在屏上移动一格代表时间值 1μs。当设定在 X-Y 位置时，该仪器可作为 X-Y 示波器，CH1 为水平轴，CH2 为垂直轴。

（三）触发操作部分

（1）23——TRIG IN（外触发输入端）　用于外部触发信号。当使用该功能时，开关 25 应设置在 EXT 的位置上。

（2）24——SLOPE（极性开关）　触发信号的极性选择。“+”上升沿触发，“-”下降沿触发。

（3）25——SOURCE（触发源选择开关）　有 CH1（通道 1）、CH2（通道 2）、LINE（交流电源）和 EXT（外部触发信号）四个位置。CH1：当垂直方式选择开关 13 设定在 DUAL 或 ADD 状态时，选择通道 1 作为内部触发信号源。CH2：当垂直方式选择开关 13 设定在 DUAL 或 ADD 状态时，选择通道 2 作为内部触发信号源。LINE：选择交流电源作为触发信号。EXT：选择外部信号作为触发信号源，外部信号由 23 输入。

（4）26——MODE（触发方式选择开关）　选择触发方式。有 AUTO（自动）、NORM（常态）、TV-V（电视场）和 TV-H（电视行）四个位置，一般选择自动 AUTO 位置即可。

（5）27——TRIG. ALT　当垂直方式选择开关 13 设定在 DUAL 或 ADD 状态，而且触发源开关 25 选在通道 1 或通道 2 上，按下开关 27 时，它会交替选择通道 1 和通道 2 作为内触发信号源。

（6）28——LEVEL（触发电平旋钮）　显示一个同步稳定的波形，并设定一个波形的起始点。向“+”旋转触发电平向上移，向“-”旋转触发电平向下移。

（四）垂直轴操作部分

（1）7 和 19——VOLTS/DIV（Y 轴分度值开关）　从 5mV/DIV～5V/DIV 共分 10 挡，可按被测信号的幅度选择最适当的挡位，以便观测。该波段开关指示的值代表荧光屏上垂直方向一格的电压值。例如开关置于 1V/DIV 挡时，如果屏幕上信号移动一格，则代表输入信号电压变化 1V。

（2）8 和 20——垂直微调旋钮　微调灵敏度大于或等于 1/2.5 标示值，在校正位置时，灵敏度校正为标示值。

（3）9——CH1（通道 1 输入端）　在 X-Y 模式下，作为 X 轴输入端。

（4）17——CH2（通道 2 输入端）　在 X-Y 模式下，作为 Y 轴输入端。

（5）10 和 16——AC-GND-DC（耦合方式选择开关）　选择垂直轴输入信号的输入方式。AC：交流耦合。GND：垂直放大器的输入接地，输入信号被断开。DC：直流耦合。

（6）11 和 18——POSITION（垂直位移旋钮）　调节光迹在屏幕上的垂直位置。

（7）12——ALT/CHOP（交替/断续开关）　在双踪显示时，放开此键，表示通道 1 与通道 2 交替显示（通常用在扫描速度较快的情况下）；当按下此键时，通道 1 与通道 2 同时断续显示（通常用于扫描速度较慢的情况下）。

（8）13——MODE（垂直方式开关）　选择 CH1 与 CH2 放大器的工作模式。CH1 或 CH2：通道 1 或通道 2 单独显示。DUAL：两个通道同时显示。ADD：显示两个通道的代数和 CH1 + CH2。按下 CH2 INV（开关 15）按钮，为代数差 CH1 - CH2。

（9）15——CH2 INV（通道 2 信号反向开关）　当按下此键时，通道 2 的信号以及通道 2 的触发信号同时反向。

（10）21 和 22——CH1 和 CH2 的 DC BAL　用于衰减器的平衡调试。

（五）其他

（1）1——CAL（校准信号输出端）　提供幅度为 $2V_{pp}$ 频率 1kHz 的方波信号，用于校正 10:1 探头的补偿电容器和检测示波器垂直与水平的偏转因数。

（2）14——GND（接地端）　示波器机箱的接地端子。

二、测量前准备工作（以使用 CH1 通道测量交流信号为例）

1）打开示波器，通电预热 15min。

2）将触发方式开关置于 AUTO，触发源开关置于 LINE，垂直方式开关置于 CH1，耦合方式选择开关置于 GND。

3）调节亮度、聚焦、水平位移、CH1 通道垂直位移等旋钮，使屏幕中央显示一条亮度适中、聚焦良好的扫描基线（水平亮线）。

4）将耦合方式选择开关置于 AC，并把示波器探头插入 CH1 通道输入端。

5）将探头探针连接至示波器校准信号输出端，根据屏幕显示波形校准示波器。

三、基本测量方法

调节垂直位移旋钮，使扫描基线与水平刻度线重合，以便读数。接入被测信号，根据被测信号调节 VOLTS/DIV 旋钮和 TIME/DIV 旋钮，并将对应的微调置于校准位置，使屏幕显示的波形大小适中且稳定。

1. 信号幅值测量

读出波形在竖直方向距离水平刻度线的格数，乘以 VOLTS/DIV 旋钮的指示数值，得到被测信号的幅值。若用 10:1 探头时，读数应再乘以 10。

2. 信号周期测量

读出波形每个周期在水平方向所占格数，乘以 TIME/DIV 旋钮的指示数值，得到被测信号的周期。信号周期的倒数即为频率。

四、示波器的使用注意事项

1）示波器正常使用温度为 0～40℃，要注意防振和防尘。

2）示波器使用之前要先预热，并用标准信号进行校准。

3）光点亮度要适中，但不要长期停留在一点，以防损伤屏幕。

4）输入电压不能超过最大允许输入电压值。

5）如果短时间不使用示波器，可将亮度调到最小。使用完毕，要将电源关掉，同时将各按钮弹出，恢复最初状态，以延长示波器的使用寿命。

附录 C　Multisim10 仿真软件简介

电子设计自动化（EDA）技术是在计算机辅助设计（CAD）基础上发展起来的计算机设计软件系统。Electronics Workbench（简称 EWB）软件是加拿大 Interactive Image Technologies（简称 IIT）公司于八十年代末、九十年代初推出的 EDA 软件，用于电子电路仿真与设计。Multisim 是 EWB 软件的升级版本。IIT 公司被美国国家仪器有限公司（NI）收购后，软件更名为 NI Multisim。Multisim 用软件虚拟电子元器件、电工仪器仪表，实现了“软件即元器件”、“软件即仪器”。可以说，学会了 Multisim 软件，就相当于拥有了一个设备齐全的电子实验室。目前 Multisim 软件已在电子工程设计和电工电子类课程教学中得到了广泛应用。Multisim 软件版本很多，其中 Multisim10 版有着丰富的元器件库，虚拟仪器仪表种类齐全，具有强大的电路分析能力，因此目前使用较多。这里仅对 Multisim10 作简单介绍。

一、Multisim10 基本界面

启动 Multisim10，可以看到如图 C-1 所示用户界面。Multisim10 界面和 Office 工具界面相似，主要有菜单栏、标准工具栏、视图工具栏、主工具栏、仿真开关、元件工具栏、仿真工具栏、仪器工具栏、设计工具箱、电路绘制窗口等。用户可以通过菜单或工具栏改变主窗口的视图内容，通过对各部分的操作可以实现电路图的输入、编辑，并根据需要对电路进行相应的观测和分析。

（一）菜单栏

Multisim10 共有 12 个主菜单，通过菜单可以对软件的所有功能进行操作。从左至右依次为 File（文件）菜单、Edit（编辑）菜单、View（视图）菜单、Place（放置）菜单、

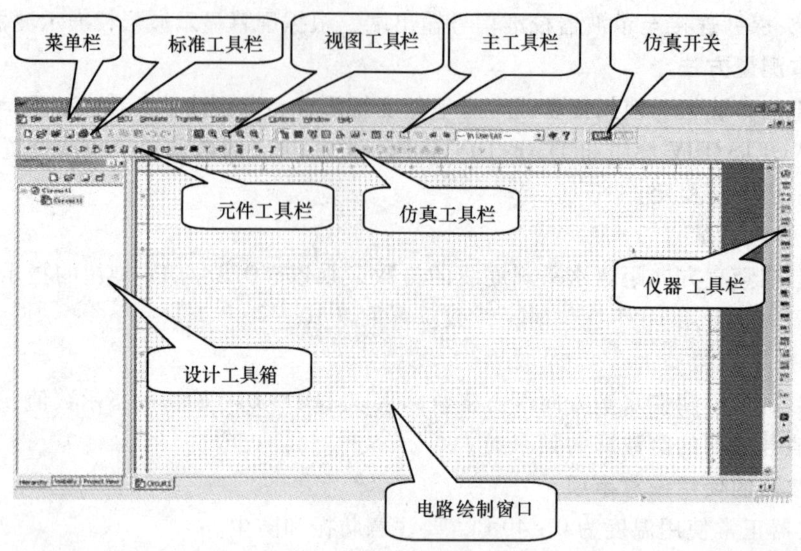

图 C-1　Multisim10 用户界面

MCU 菜单、Simulate（仿真）菜单、Transfer（转换）菜单、Tools（工具）菜单、Reports（报表）菜单、Options（选项）菜单、Windows（窗口）菜单和 Help（帮助）菜单。每个菜单都有一个下拉菜单项，用户可以根据需要选择相应的菜单功能。Multisim10 菜单中有些与一般 Windows 应用软件菜单功能基本相同，如 File、Edit、View、Windows、Help 等。此外，还有一些 EDA 软件专用的选项，如 Place、Simulate、Transfer、Tool 等。

File 菜单中包含了对文件和项目的基本操作，如打开、保存和打印等。Edit 菜单下的命令主要用于对所绘电路和元件进行各种编辑操作，如撤销、剪切、粘贴、删除、旋转等。View 菜单用于确定仿真界面上显示的内容以及电路图的缩放和元件的查找。通过 Place 菜单中的命令如 Component（放置元器件）、Junction（放置连接点）、Bus（放置总线）等可在电路窗口内输入电路图。MCU 菜单提供调试 MCU 的操作命令。Simulate 菜单用于执行仿真分析命令。Transfer 菜单提供的命令可以完成 Multisim 对其他 EDA 软件需要的文件格式的输出。Tools 菜单中主要是针对元器件的编辑与管理的命令，如 Component Wizard（元件向导）、Database（数据库）等。Reports（报表）菜单提供材料清单等 6 个报告命令。通过 Option 菜单可以对软件的运行环境进行设置。Help 菜单提供了对 Multisim 的帮助和辅助说明。

（二）工具栏

Multisim10 提供了多种工具栏，并以层次化的模式加以管理，用户可以通过 View 菜单中的选项方便地将工具栏打开或关闭。通过工具栏，用户可以直接使用软件的各项功能。

（1）Standard（标准）工具栏　它包含了常见的文件操作和编辑操作。

（2）View（视图）工具栏　它可以方便地调整所编辑电路的视图大小。

（3）Main（主）工具栏　它是 Multisim 的核心，使用它可进行电路的建立、仿真和分析，并最终输出设计数据等。

（4）Simulation Switch（仿真开关）　它可以控制电路仿真的开始、结束和暂停。

（5）Components（元件）工具栏　它包括 16 种元件库以及放置层次模块和放置总线的

命令，如图 C-2 所示。每个元件库中放置着同一类型的元件。Multisim 中元件分为实际元件和虚拟元件：实际元件是有封装的真实元件，参数是确定的，不可改变；虚拟元件只能用于仿真，用户可以根据需要修改其参数。层次模块是将已有的电路作为一个子模块加到当前电路中。

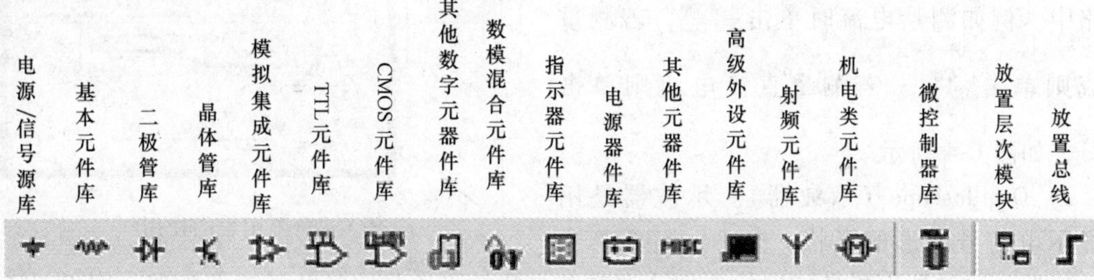

图 C-2　元件工具栏

① 电源/信号源库包含有电源、信号源、受控源、控制函数块等元件。

② 基本元件库包含有电阻、电容、电感、开关、变压器等多种基本元件以及三维虚拟元件。

③ 二极管库包含有二极管、发光二极管、整流器、稳压二极管、可控硅等元件。

④ 晶体管库包含有各种型号的晶体管、达林顿管、MOS 管等元件。

⑤ 模拟集成元件库包含有运算放大器、诺顿运算放大器、比较器、宽带放大器、特殊功能放大器等元件。

⑥ TTL 元件库包含有各种 74 系列 TTL 数字集成电路芯片。

⑦ CMOS 元件库包含有 40 系列和 74HC 系列等多种 CMOS 数字集成电路芯片。

⑧ 其他数字元器件库包含有 DSP、FPGA、CPLD、VHDL 等多种元件。

⑨ 数模混合元件库包含有 555 定时器、ADC/DAC 等多种数模混合集成电路元件。

⑩ 指示器元件库包含有电压表、电流表、探测器、蜂鸣器、电灯、数码管等元件。

⑪ 电源器件库包含有熔丝、三端稳压器、PWM 控制器等多种电源器件。

⑫ 其他元器件库包含有传感器、晶振、真空管、光耦合器、滤波器等元件。

⑬ 高级外设元件库包含有键盘、LCD 等多种外围设备。

⑭ 射频元件库包含有射频电容、射频电感、射频晶体管等多种射频元件。

⑮ 机电类元件库包含有开关、继电器、电动机等多种机电类器件。

⑯ 微控制器库包含有 8051、PIC 等单片机和一些 ROM、RAM。

（6）Instruments（仪器）工具栏　它包含各种对电路工作状态进行测试的虚拟仪器仪表及探针，如图 C-3 所示。仪器工具栏从左到右分别为万用表、函数信号发生器、功率表、双通道（踪）示波器、四通道示波器、波特图示仪、频率计、字信号发生器、逻辑分析仪、逻辑转换器、伏安特性分析仪、失真分析仪、频谱分析仪、网络分析仪、安捷伦函数发生器、安捷伦万用表、安捷伦示波器、泰克示波器、测量探针、LabVIEW 测试仪和电流探针。这里仅介绍万用表与双踪示波器。

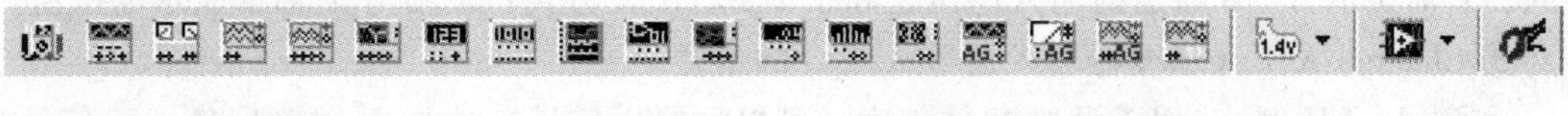

图 C-3　仪器工具栏

1）Multimeter（万用表）。万用表可以用来测量交直流电压、交直流电流、电阻等，用法与实际万用表类似。测量电压时，将万用表并联在电路中；测量电流时，将其串入电路中。例如测量电流时单击 A ，若测量交流则单击 ∿ ；若测量直流电流则单击 — ，如图 C-4 所示。

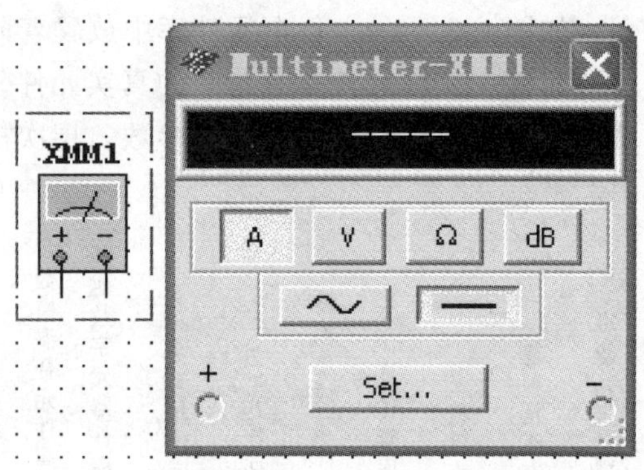

图 C-4　万用表的使用

2）Oscilloscope（示波器）。示波器是用来显示电信号波形的形状、大小、频率等参数的仪器。示波器面板各按键的作用、调整及参数的设置与实际的示波器类似。图 C-5 所示为用示波器观测函数信号发生器输出波形（正弦波）的方法以及示波器显示的波形。

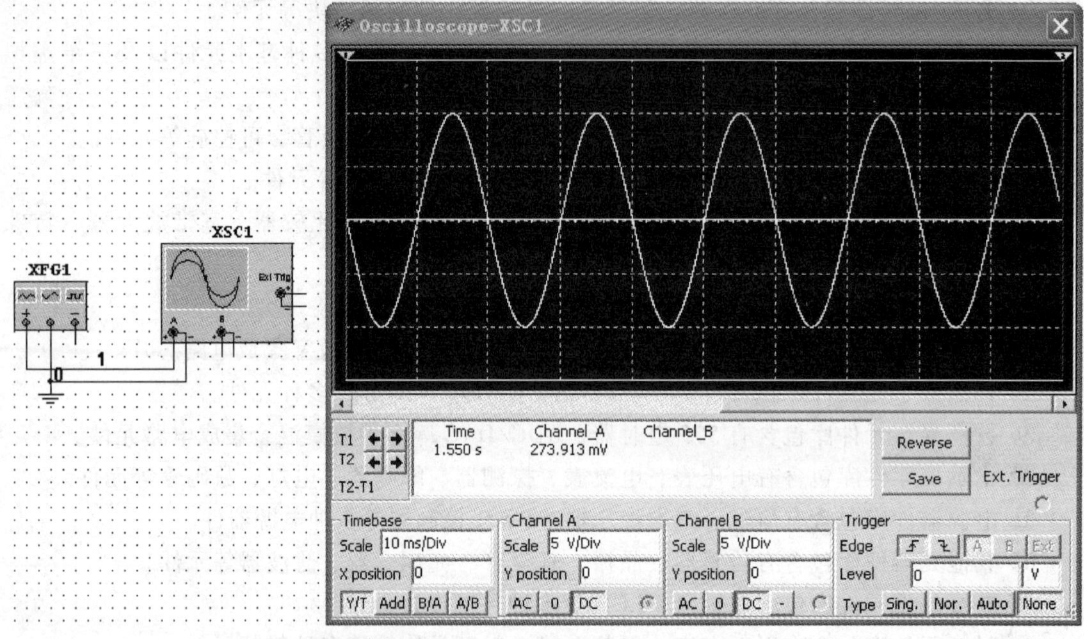

图 C-5　示波器的使用

① Timebase（时基）设置。

a. Scale（比例）。用于设置 X 轴刻度，显示信号时需选择合适的时间刻度。X 轴刻度可选择范围为 1fs/ Div ~ 1000Ts/ Div。

b. X position（X 轴位置）。用于控制波形在 X 轴的起始点。当 X 轴位置为 0 时，信号从示波器屏幕的左边缘开始；为正值时 X 轴起始点右移；为负值时 X 轴起始点左移。X 位置的选择范围为 -5 ~ +5。

c. 显示方式选择。Y/T 方式：X 轴显示时间，Y 轴显示电压值；Add 方式：X 轴显示时间，Y 轴显示 A、B 通道的输入电压之和；A/B、B/A 方式：X 轴与 Y 轴都显示电压值。

② Channel A/B（示波器输入通道 A/B）的设置。

a. Scale（比例）。用于设置 Y 轴刻度，可根据输入信号来选择 Y 轴刻度值，使信号波形在示波器屏幕上显示出合适的幅度。Y 轴刻度可选择范围为 1fV/Div ~ 1000TV/Div。

b. Y position（Y 轴位置）。用于控制波形在 Y 轴的起始点。改变 A、B 通道的 Y 轴位置有助于比较或分辨两通道的波形。当 Y 轴位置为 0 时，Y 轴起始点与 X 轴重合；为正值时，Y 轴起始点上移；为负值时，Y 轴起始点下移。Y 轴位置可选择范围为 -3 ~ +3。

c. Y 轴输入耦合方式。AC 方式：示波器显示信号的交流成分；DC 方式：示波器显示信号的直流成分与交流成分叠加以后的波形；0 方式：从 Y 轴起始点位置显示一条水平直线。

③ Trigger（触发方式）设置。Edge（边沿）触发方式：可选择上升沿或下降沿触发方式；Level 用于设置触发电平的大小；Type（类型）用于设置触发方式，一般选择 Auto（自动）触发，此时选择“A”或“B”，则由相应通道的信号作为触发信号。如选择“Sing”为单脉冲触发；如选择“Nor”为一般脉冲触发；如选择“EXT”为外触发输入信号触发。

④ 示波器读数。在仿真状态下，用鼠标单击“Reverse”按钮，可使示波器屏幕在黑色与白色背景之间切换。若要精确显示波形的参数，可用鼠标将垂直游标拖到需要读取数据的位置。在示波器屏幕下方的方框内，会显示垂直游标与信号波形相交点的时间值与电压值以及两游标之间的时间、电压的差值。

（三）设计工具箱

设计工具箱用来管理原理图的不同组成元素，由 3 个选项卡组成，分别为 Hierachy（层次化）选项卡、Visibility（可视化）选项卡和 Project View（工程视图）选项卡。

（四）电路绘制窗口

在电路绘制窗口中可进行元件的编辑、电路的绘制、仿真分析以及波形数据显示等操作，还可以在电路绘制窗口中添加说明文字及标题框等。

二、Multisim10 基本操作

Multisim10 的文件操作与 Windows 类似，这里不再赘述。

1. 元件操作

（1）选择元件符号标准　选择 Options 菜单中的 Global preferences，打开 Parts 页。在 Symbol standard 区中含有两套电器元件符号标准：ANSI 是美国标准，DIN 是欧洲标准。其中 DIN 标准接近我国标准，建议选择 DIN 标准。

（2）放置元器件（以放置电阻为例）　单击元件工具栏中基本元件库图标，则弹出如图 C-6 所示对话框。各部分含义如下：

Database：数据库，默认情况下为 Master Database，它是常用的数据库；Group：元件库名称；Family：元件库所包含的元器件系列名称；Component：元器件名称；Symbol：选中元器件符号。

单击 RESISTOR，单击 OK 按钮，此时元件即被选出，电路窗口中出现浮动的元件，将鼠标移动至电路窗口空白处合适位置，单击鼠标左键即可放置元件。用同种方法可以放置其他元件。

（3）选中元件、编辑元件　选中元件的方法和一般的 Windows 类似。元件的编辑包括移动、旋转、复制、剪切和删除等操作。元件的移动可用鼠标拖拽，也可通过键盘上的上下左右键移动。旋转、复制、剪切和删除等操作，可通过用相应的菜单、工具栏选择相应的操作命令实现，或从右键单击元件弹出菜单中选择相应的操作命令实现。

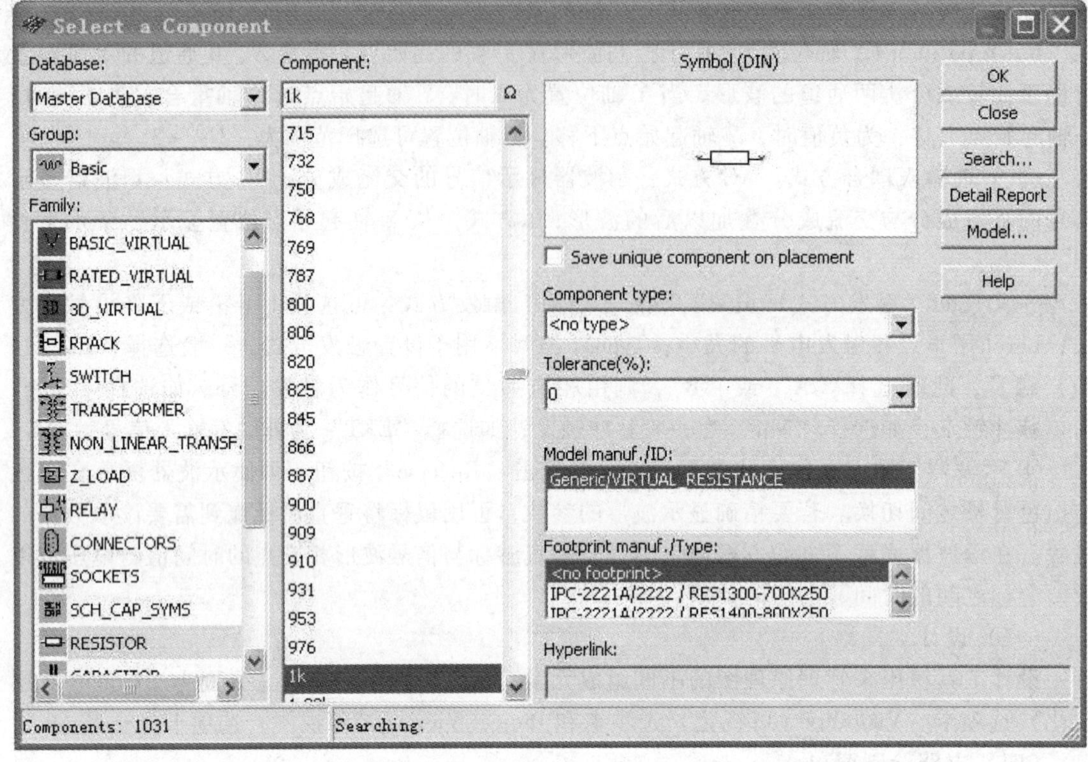

图 C-6　基本元件库对话框

（4）元件参数设置　选中该元件，从右键单击元件弹出菜单中选 Properties（元件属性），可以设定元器件的 Label（标签）、Display（显示）、Value（参数）和 Fault（故障）等特性，也可通过双击元器件弹出的对话框进行。

2. 导线的操作

（1）连接点的使用　连接点是一个小圆点，单击 Place 菜单中 Junction 可以直接将连接点插入连线中。一个连接点最多可以连接来自四个方向的导线。在连接电路时，软件自动为每个节点分配一个编号，是否显示连接点编号可由 Options→Sheet Properties 对话框的 Circuit 选项设置。

（2）元件连线　鼠标指向一元件的端点，出现小黑圆点后，单击鼠标左键并拖动，会出现一条导线，拖动导线到需要连接元件或仪表的端点，出现小红圆点后单击鼠标左键，两端点之间的导线就连接完毕。此时导线会自动以垂直角度连接，且不会覆盖其他元件或仪表。若需向电路中插入元器件，可直接将元器件拖到导线中间，然后释放鼠标即可插入电路中。若想自己决定连线路径，只需在拐弯处单击即可。如果需要从元件端点连接到某一条线的中间，则只需要用鼠标左键单击该端点，然后移动鼠标到所要连线的位置出现小红圆点后再单击鼠标左键即可。对于相交的两条线不会产生连接点，如果想让相交线连接，可在交叉点上放置一个连接点。

（3）删除连线　选定该导线，按下键盘上的 Delete 键或单击鼠标右键，选择删除即可。

（4）改动连线　用鼠标拖动导线的端点离开它与元件的连接点，拖至另一元件端点即可实现连线的改动。

(5) 改变导线颜色　选定该导线，单击鼠标右键，选择 Change Color 选项，出现颜色选择框，然后选择合适的颜色即可。

3. 仪器的操作

(1) 放置仪器　在仪器库工具栏中选择所用的仪器图标，用鼠标左键单击，将鼠标移动至电路窗口空白处合适位置，单击鼠标左键即可放置仪器。

(2) 仪器连接　根据需要将仪器的连接端（接线柱）与相应电路的连接点相连，连线过程类似元件连线。

(3) 设置与改变仪器参数　双击仪器图标打开仪器面板，用鼠标操作仪器面板上相应按钮或修改相应参数即可。

4. 仿真步骤

1) 在电路绘制窗口放置元件，连接导线，设置元件参数。

2) 放置和连接测量仪器，设置测量仪器参数。

3) 启动仿真开关，在仪器上观察仿真结果。

参 考 文 献

[1] 李国成，刘振强. 电工电子技术 [M]. 北京：机械工业出版社，2007.

[2] 李传珊，刘永军. 电工基础 [M]. 北京：电子工业出版社，2009.

[3] 李敬梅. 电工基础 [M]. 2版. 北京：中国劳动社会保障出版社，2003.

[4] 李敬梅. 电力拖动与技能训练 [M]. 3版. 北京：中国劳动社会保障出版社，2001.

机械工业出版社

教师服务信息表

尊敬的老师：

您好！感谢您多年来对机械工业出版社的支持与厚爱！为了进一步提高我社教材的出版质量，更好地为职业教育的发展服务，欢迎您对我社的教材多提宝贵意见和建议。另外，如果您在教学中选用了《电工基础（项目式）》（展同军　马永杰　主编）一书，我们将为您免费提供与本书配套的电子课件。

一、基本信息

姓名：________ 性别：________ 职称：________ 职务：________

学校：________________ 系部：________

地址：________________ 邮编：________

任教课程：________ 电话：________（O）手机：________

电子邮件：________ qq：________ msn：________

二、您对本书的意见及建议

（欢迎您指出本书的疏误之处）

三、您近期的著书计划

请与我们联系：

100037　机械工业出版社·技能教育分社　陈玉芝　收

Tel：010-88379079

Fax：010-68329397

E-mail：cyztian@gmail.com 或 cyztian@126.com